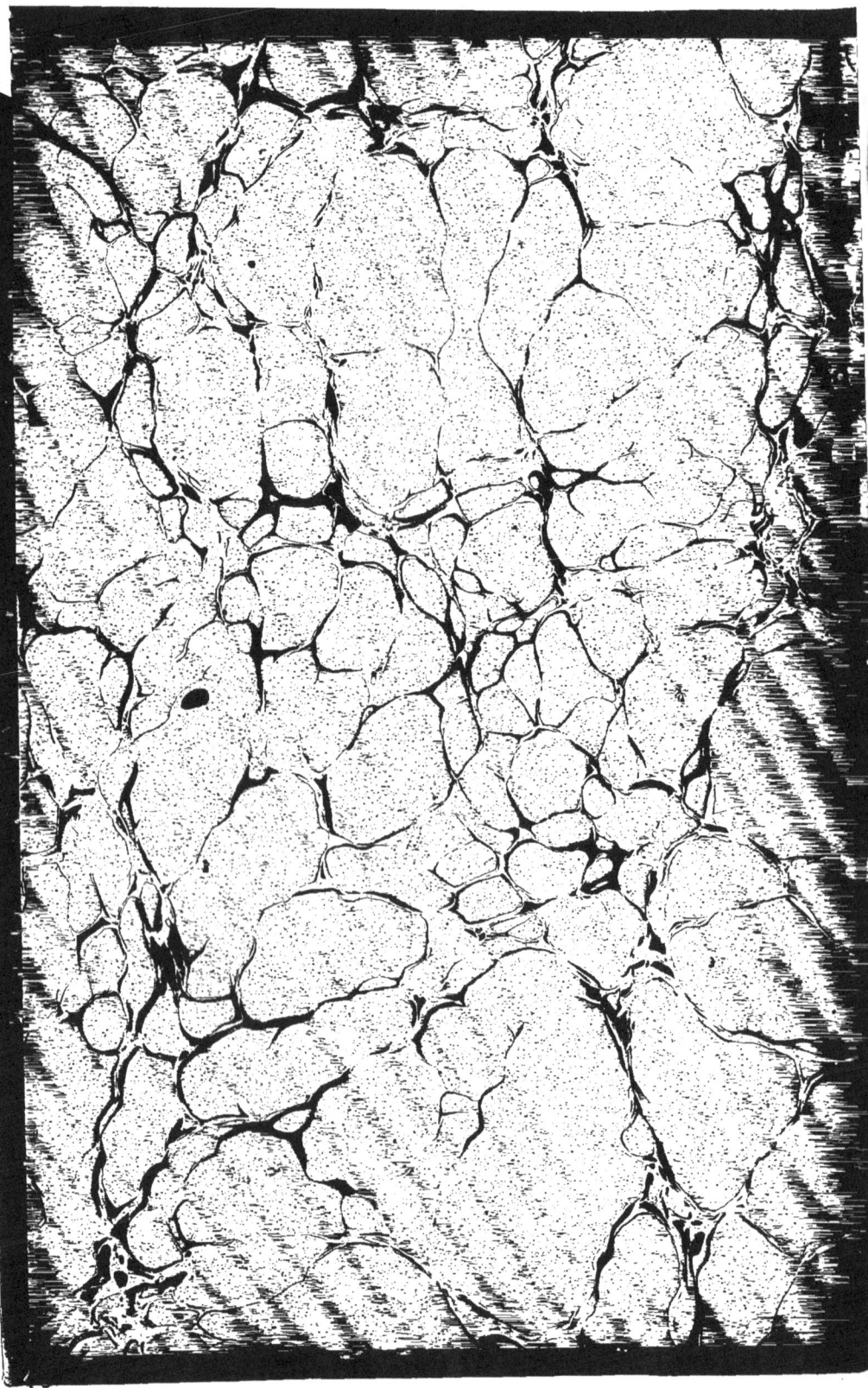

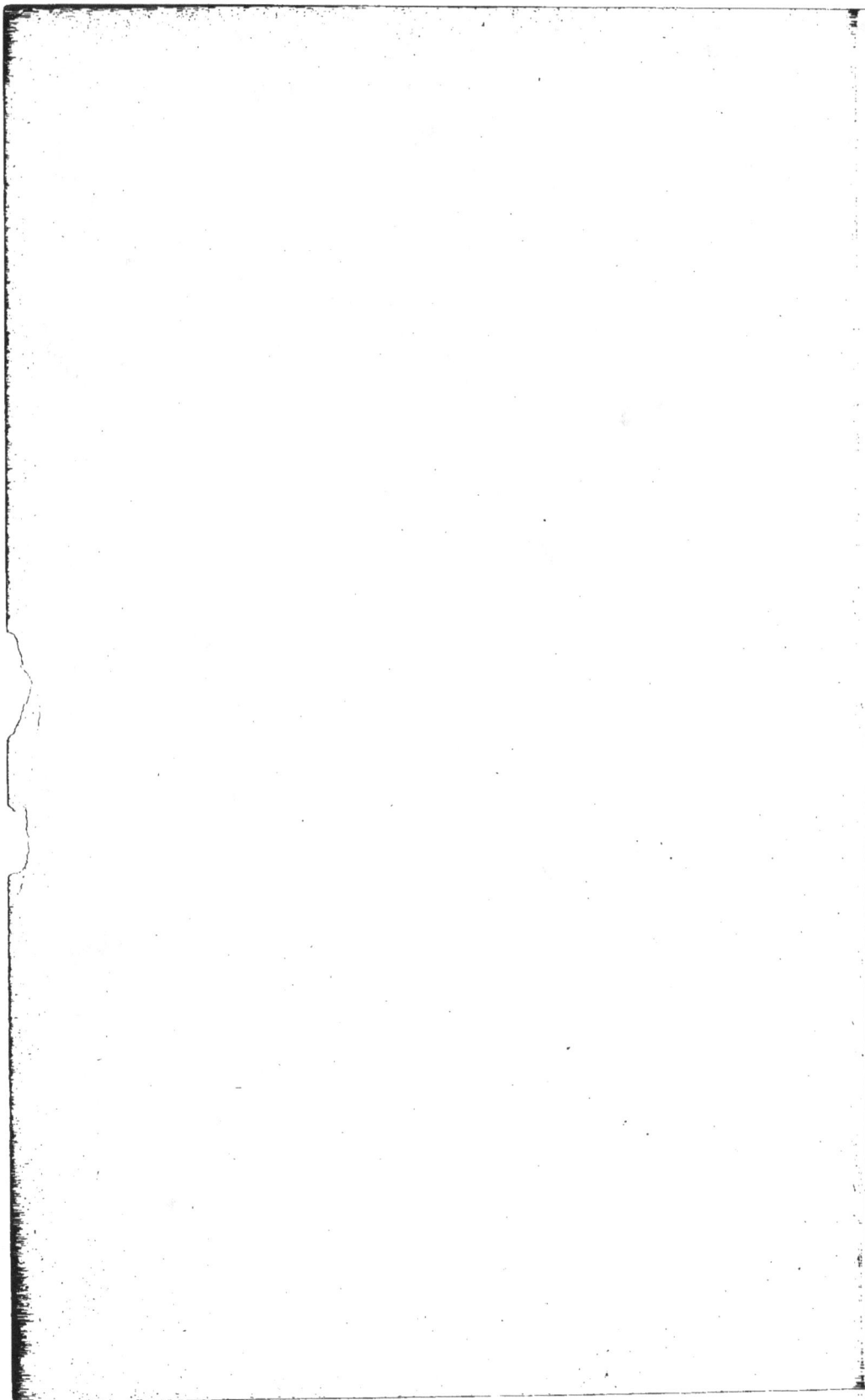

Conserver la Couverture

CHARLES DIGUET

LA
CHASSE EN FRANCE

OUVRAGE ILLUSTRÉ DE 122 GRAVURES

D'APRÈS LES DESSINS DE

Jules **DIDIER, GÉLIBERT, GRIDEL, Ch. JACQUE, MALHER**

OUDART, etc., etc.

PARIS

LIBRAIRIE FURNE

JOUVET & Cie, Éditeurs

5, RUE PALATINE, 5

LA

CHASSE EN FRANCE

TOURS, IMPRIMERIE DESLIS FRÈRES

CHARLES DIGUET

LA

CHASSE EN FRANCE

OUVRAGE ILLUSTRÉ DE 122 GRAVURES

D'APRÈS LES DESSINS DE

Jules DIDIER, GÉLIBERT, GRIDEL, Ch. JACQUE, MALHER

OUDART, etc., etc.

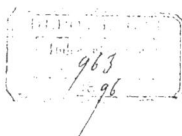

PARIS

LIBRAIRIE FURNE

JOUVET & Cie, Éditeurs

5, RUE PALATINE, 5

AU MARAIS.

INTRODUCTION

Avant de clore notre œuvre cynégétique par ce livre *La Chasse en France*, qui la résume complètement, nous tenons à dégager, de toutes ces pages et autres écrites, avec une ardeur juvénile, ceci : c'est que nous nous sommes bien gardé de chercher à diminuer l'homme pour le replonger dans l'animalité.

Si nous avons souvent fait l'éloge de la chasse en elle-même, plaisir sain et distant de beaucoup d'autres, nous n'avons été affirmatif que comparativement. Ici-bas, toutes nos joies, quand elles ne se rattachent point à l'au-delà, sont entachées de matérialisme.

Au nombre des délassements, la chasse est un des plus honnêtes, des plus salutaires à l'esprit et au corps.

Notre livre est loin de renfermer un cri de négation à l'exemple de Darwin. Nous protestons contre l'idée que la terre est un paradis.

Nous avons, pour la science qui ne reconnaît la vie qu'à la matière, un profond sentiment d'horreur. Notre esprit va plus loin et s'élève vers l'impérissable.

On a mené grand bruit, en ces temps si fiers de leur étiquette de scientifiques, de la résolution d'un professeur au Muséum de Philadelphie, d'aller s'établir au milieu d'une forêt, à seule fin de composer un dictionnaire du langage simiesque.

Un autre savant, séduit par cette idée, est allé, paraît-il, installer dans un poulailler, un phonographe destiné à enregistrer les sons divers émis par les gallinacés, en vue d'une grammaire d'un nouveau genre, *ad usum juventutis*. Jaloux des succès éventuels de l'Américain, le savant Français s'est proposé de noter le gloussement des poules, canards, etc. Ce langage, dans l'avenir, aura ses professeurs, à telle enseigne qu'aux langues mortes, latin et grec, on substituera l'usage des langues vivantes, d'un usage familier dans les basses-cours, les ménageries et les bois!

La fausse science pousse sans cesse les cris du paon qui ne regarde point ses pieds!

Eh! oui, le langage des bêtes existe depuis qu'elles sont créées, et il existera jusqu'à la consommation des siècles, sans amélioration, sans qu'un *iota* soit changé à la gamme des sons, parce que la nature a imposé le *ne varietur* à ces espèces secondaires non perfectibles. Ceux qui vivent avec les animaux, interprètent beaucoup mieux que ne le feront les savants en question, les sons qu'ils émettent, la signification de leurs appels.

Les bêtes ont un langage : un vocable pour demander, un vocable pour exprimer la frayeur, un vocable pour manifester la joie ou la douleur. Tous les animaux de même espèce se comprennent entre eux, et nous ne serions pas étonné que ce que l'on pourrait appeler l'idiome d'une espèce, fût, en partie du moins, compris par tous les êtres composant le genre entier de cette création inférieure.

Ainsi, le cri triomphant ou menaçant de l'oiseau de proie, est-il interprété comme il convient par le chamois et par le lièvre, de même que les cris d'effarement d'une basse-cour mettent en défiance le renard ou la martre en tournée de rapine. De plus, certains animaux, vivant dans la familiarité de l'homme, arrivent à comprendre la signification de certains mots : tels le cheval, le chien, le chat, les pigeons, les poules. Ils s'habituent au langage humain, ne se trompent point, et cela, sans qu'il soit utile de recourir à une intonation particulière accompagnée d'un geste. Certains individus sont plus perfectibles les uns que les autres, ce qui prouve que, dans les espèces secondaires, l'intelligence a ses degrés, comme chez l'homme.

Il y a des chiens qui comprennent un vocabulaire de cent mots. Et, ce qui met en lumière leur compréhension auditive, raisonnante, c'est que tel animal élevé à entendre une langue ne comprendra pas les mêmes mots dans un autre langage. C'est sur le chien que se porte le nombre le plus complet et le plus varié d'observations.

Nous ne contestons nullement le langage des bêtes ; au contraire, en étudiant les facultés rudimentaires dont elles sont douées, nous sommes frappé d'admiration pour l'ordre qui a présidé à toute création.

Descartes ne voyait dans les animaux que des machines ; les tendances modernes, prétentieusement scientifiques, visent à en faire la base d'espèces commençantes.

L'abîme qui existe entre l'homme et l'animal est à jamais infranchissable. L'enthousiasme que l'on manifeste pour les novateurs dont nous venons de parler ne tend à rien moins qu'à laisser infiltrer partout la misérable doctrine du darwinisme. Révolte contre l'ordre établi, suppression du Créateur pour se substituer à lui. En l'espèce, les animaux avec leur seul instinct ne sont pas les plus bêtes.

La Chasse en France ne vise point à développer une thèse de ce genre complexe et élevée ; elle s'adresse aux amis de la gaie science, les entretient d'un sujet qui leur est cher. Rien de plus. Ce livre est, pour ainsi dire, l'histoire de trente années de chasse. Nous y avons consigné nos notes personnelles.

Comme le comporte le sujet, nous avons touché à bien des choses : aux origines de la chasse, à son évolution à travers les âges dans notre pays, à sa pratique moderne, aux armes, aux chiens, aux mœurs des animaux, à l'élevage, à la migration, à la culture, à la vénerie, au code de la chasse, à son importance économique, etc.

Nous n'avons eu garde d'oublier les auteurs qui nous ont précédé dont les œuvres demeureront : et cela, pour le mieux de la santé morale et physique.

La Chasse en France sera, nous le croyons, le livre des grands, des enfants, de ceux qui veulent savoir, et aussi de ceux qui sachant, désirent avoir de chez eux une échappée sur la vie des champs.

4

Nous espérons pour notre œuvre plus qu'une flambée de rampe ; à cause du sujet d'abord ; ensuite parce qu'elle défend la vie active, le vieux sang gaulois contre l'envahissement de la morphine ; parce qu'elle incite à la conservation des espèces en vue d'entretenir la perpétuelle jeunesse de la nature.

CHARLES DIGUET.

Paris, 1896.

PREMIÈRE PARTIE

HISTORIQUE DE LA CHASSE. — LES ARMES DE CHASSE
LE TIR. — LES CHIENS D'ARRÊT

CHAPITRE 1

Un auteur ancien, Pline, je crois, a écrit que l'origine de la monarchie est due à quelque chasseur adroit, supérieur aux autres. L'idée est
ingénieuse, et tout aussi vraisemblable que celle dont s'est inspiré Voltaire
quand il composa ce vers légendaire :

> Le premier qui fut roi, fut un soldat heureux.

La chasse a précédé la guerre. Les premiers pasteurs de peuples
poursuivirent les fauves, d'abord en vue de leur sécurité, et ensuite pour
subvenir aux besoins de la vie, plus préoccupés alors de mettre à profit
les ressources que leur offrait la terre que de se ruer les uns sur les
autres pour l'agrandissement de territoires. Aujourd'hui... mais, nous nous
garderons bien de toucher à l'histoire de l'humanité dans ses évolutions
sociales, et si souvent insociables ; nous ne voulons parler ici que de la
belle et bonne vie en plein air, si large, si bienfaisante. Nous allons en
tracer rapidement les grandes lignes, depuis ses origines jusqu'à notre
époque, où elle paraît reverdir à nouveau, pour la plus grande joie des
contempteurs des plaisirs factices.

La chasse est un goût inné chez l'homme, et le plus noble plaisir que
la Providence ait mis dans ses mains. C'est dans cet exercice vivifiant
qu'il se retrempe, puise une vigueur nouvelle d'esprit et de corps, et jouit
complètement de lui-même. Avec son parfum de liberté et d'indépendance,
ce délassement est une source de joies saines et inépuisables. La chasse
est peut-être le seul plaisir qui ne laisse point de remords ; sa pratique
bien entendue fortifie le corps, détourne l'esprit des attractions énervantes

de la vie des villes, retrempe les ressorts de la volonté. Elle offre le
délassement le plus complet pour les hommes d'étude ; ceux qui pourront
s'y livrer quotidiennement acquèreront longue vie, et vivront en joyeuse
humeur.

Aux temps les plus reculés, la chasse fut une conséquence de l'isolement de l'homme ; elle eut pour point de départ la défense, le besoin de
nourriture, la nécessité de se vêtir. Les premières armes ont été les
ongles, les dents, les pierres et les branches d'arbres, brisées dans ce
but ; mais, comme ces moyens n'étaient pratiques que pour ce que l'on
pourrait appeler le corps-à-corps, les poursuites des animaux convoités se
faisaient à la course. La tactique des chasseurs consistait à acculer les
bandes qu'ils chassaient sur les bords des abimes, et à les forcer à se
précipiter dans le vide ; après quoi, ils roulaient de grosses pierres sur les
grands animaux qui gisaient les membres brisés au fond des gouffres. Ils
faisaient la curée sur place à l'aide de pierres taillées en forme de racloirs.
L'animal capturé, dépecé, fournit bientôt lui-même de nouvelles armes.
L'os, l'ivoire, la corne, furent utilisés : on perça les os, on y ajouta même
des dents de poisson, afin de rendre ces objets plus meurtriers. Ainsi
font encore aujourd'hui les peuplades sauvages de l'Afrique centrale.

Les errants des grands bois de l'Europe se trouvaient être, à cette
époque, l'auroch ou bœuf primitif, le grand cerf, les éléphants, les rhino-
céros et les fameux mammouths, ces gigantesques éléphants revêtus d'une
épaisse crinière.

Les premiers animaux capturés fournirent donc des armes à l'homme
pour vaincre ceux qui restaient ; mieux même, celui-ci ne tarda pas à
trouver parmi eux des auxiliaires. Le chien est le premier qui se
rapprocha instinctivement de son souverain terrestre, pour l'aider dans
cette tâche ; il se domestiqua, pour ainsi dire, de lui-même et devint un
aide puissant. Ainsi, les mammifères carnivores jouèrent immédiatement
un rôle actif dans la chasse à travers les forêts. Nous verrons comment
plus tard l'homme, en progressant, fit servir les oiseaux rapaces pour
capturer les habitants de l'air.

Après le chien, ce compagnon de l'humanité à son berceau, vinrent
le cheval et les bêtes de somme qui, peu à peu subjuguées, participèrent
à ses conquêtes successives. L'homme commença alors à fabriquer des
armes, avec lesquelles il pût atteindre les fauves dans leurs courses. L'invention de l'arc et des flèches, dont les extrémités furent armées d'abord

de petites pointes en pierre, à laquelle plus tard fut substitué le fer,
est simultanée. L'inventeur de l'arc fut Lamech, père de Noé.

Possesseur du chien, du cheval et de l'arc, l'homme prit rapidement
sa revanche; il chassa pour se procurer des animaux de toute espèce.
La chasse servit à la domestication : d'abord utilité pour la vie au jour le
jour; en second lieu, utilité pour la vie en société; plus tard viendra le
délassement et le plaisir. Alors qu'il passe de l'état sauvage à l'état pas-
toral agricole, elle lui rend d'incontestables services : elle devient une profession, en attendant qu'elle prenne les proportions et le caractère d'un
art savant et compliqué.

Perfectionnée et ennoblie, nous la verrons changer progressivement
d'allures, devenir un spectacle. Le premier pas de la civilisation est donc
l'arc, inventé par le père de Noé; l'Écriture glorifie le surnom de « fort
chasseur » donné à Nemrod, petit-fils de Cham; puis, vient Ésaü dont
l'aventure prouve jusqu'à quel point la passion de la vie en plein air est
innée au cœur de l'homme, et plus tard Hercule, le dompteur d'animaux
dont les douze travaux sont devenus une légende.

Les Grecs et les Romains étaient passionnés pour la chasse. Cyrus
le Conquérant, maître de cent vingt satrapies, ignorait le nombre de ses
chiens de chasse; souverain d'un empire qui s'étendait depuis l'Indus
jusqu'à la mer Egée et de la mer Caspienne au golfe Arabique, lorsqu'il disposait des richesses de l'Asie Mineure, il décida que l'entretien de ses meutes serait supporté par quatre villes qu'il désigna à cet
effet. Xénophon, l'auteur de la *Cyropédie*, consacre un livre à l'art de
la chasse, qu'il recommande avec instances à la jeunesse hellénique.
Licurgue, dont le but principal était de former un état guerrier sans conquêtes, voulant qu'un exercice continuel développât la force et l'adresse
des jeunes gens, promulgua une loi qui les obligeait à aller chaque matin
à la chasse. Seul, Solon trouva mauvais que ses concitoyens se livrassent
à de semblables plaisirs; en cela, il se rencontra avec Moïse, qui l'avait
proscrite comme étant indigne des enfants d'Israël; mais les Athéniens
n'en continuèrent pas moins leurs exploits cynégétiques, dans lesquels
ils se distinguèrent, à l'exemple des Spartiates, des Thessaliens et des
Thraces.

Moïse, en défendant à son peuple de chasser, avait tout particulièrement proscrit le lièvre du nombre des aliments. Les cailles seules trouvaient grâce devant lui : ce fut même une grande ressource dans le désert,

2

et les Hébreux ne se firent pas faute de s'en régaler. A propos du lièvre,
il est curieux de constater que la répulsion pour sa chair remonte aux
temps préhistoriques. A l'appui de ce fait, les savants affirment que les
cavernes et les cantonnements lacustres n'ont présenté aucune trace de
cet animal; les Juifs, influencés par leur législateur, le regardaient comme
impur. Encore aujourd'hui, plusieurs peuples conservent les mêmes préjugés : ainsi, les Lapons et les Groenlandais le bannissent de l'alimentation.
Chez les Hottentots, les femmes le mangent, mais non les hommes.

Il est évident que cette antipathie de certains peuples modernes pour
la chair du lièvre, est un héritage des temps primitifs de l'humanité.

Pauvre lièvre ! avoir été si longtemps un objet de mépris, lui si charmant en ses allures et si admirablement créé pour être chassé, lui si délicat ! Combien les destinées ont changé !

Plus tard, Martial le glorifiera comme le premier des quadrupèdes, et
après lui, du Fouilloux lui fera dire : « Sur toute beste on me donne le prix. »

Les anciens et les modernes sont singulièrement revenus de la répulsion qu'il inspirait ; et, si c'est pour sa plus grande gloire, ce n'est pas à
coup sûr à sa plus grande satisfaction. Si on le consultait, il voudrait sans
nul doute revenir au temps où l'on reconnaissait moins de qualités à sa
modeste personne. Comme les sages, il ne demanderait que l'oubli et la
solitude.

Il devint rapidement un gibier très apprécié, et encore il arriva, par
la suite, qu'on lui reconnut des propriétés merveilleuses. Les dames
romaines estimaient son sang comme le plus précieux des cosmétiques
pour la peau du visage et celle des mains. Désormais, c'en était fait de la
quiétude en laquelle il filait des jours ignorés !

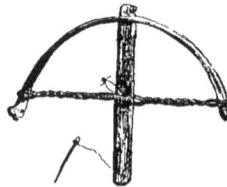

CHAPITRE II

Les Romains aussi étaient grands amateurs de chasse : chasseurs d'hommes, il était naturel qu'ils devinssent chasseurs d'animaux ; le spectacle de la chasse devait s'ajouter à celui de la guerre. Les cirques regorgèrent d'animaux sauvages que l'on fit se combattre entre eux, puis par des esclaves et des *bestiaires*. Après les animaux d'Europe : cerfs, daims, ours, sangliers, vinrent les éléphants de Numidie, les grands fauves : lions, tigres, etc.

La première *venatio* dont les historiens fassent mention date de l'an 502 de la fondation de Rome (250 ans avant l'ère chrétienne).

Un empereur ne dédaigna point de descendre dans l'arène, pour se mesurer avec les plus redoutables hôtes du désert. Commode combattit sept cents fois, et tua pour son compte plusieurs milliers d'animaux, parmi lesquels les lions furent inscrits pour une centaine. Il faisait transformer les arènes en forêts où étaient lancés un millier de cerfs, des daims, des autruches et des sangliers en nombre égal. Les barrières enlevées, les chasseurs se ruaient sur ces animaux, et chacun en tuait le plus qu'il pouvait. Un autre jour, c'étaient des centaines de lions. Les prodigalités des maîtres du monde ne connurent plus de bornes. Sous Pompée, le peuple vit périr dans l'amphithéâtre jusqu'à six cents lions, quatre cent dix panthères et une vingtaine d'éléphants. César, à son tour vainqueur de Pompée, fit paraître dans les fêtes quatre cents lions, quarante éléphants et une girafe. Auguste organisa vingt-six chasses dans lesquelles périrent trois mille cinq cents animaux. Un Romain donna, pour son édilité, des jeux où en une journée on tua mille ours.

Ces tueries formidables laissent loin derrière elles la façon encore timide, avec laquelle l'homme, à l'âge de la pierre, attaquait les animaux. En dehors de ces massacres, la chasse proprement dite était très prisée par quelques patriciens : Pline, Jules César, Cicéron, Marc-Antoine, se sont adonnés à ce noble exercice. Mais, ainsi que le rapporte Salluste, la plupart du temps, les esclaves allaient chasser le gibier pour leurs maîtres.

Les Gaulois — César le consigne dans ses *Commentaires* — se livraient à la chasse avec passion. Peuple guerrier et agreste, ils aimaient, dans les entr'actes que leur laissait la guerre, à braver le danger et à poursuivre les animaux jusqu'au fond des antres. Leurs armes étaient l'angon, sorte de javelot, et une espèce de pieu dont la pointe était en cuivre ou en fer. La Gaule, recouverte d'épaisses forêts, était bien faite pour alimenter cette passion. Sous la domination romaine, cependant, les Gaulois délaissèrent cet exercice qui convenait si bien à leur nature.

Ce fut sous les Francs que la chasse redevint le passe-temps favori de tous. Guerriers, prêtres, chefs de tribu s'honoraient, avant tout, d'être chasseurs, et chacun conservait avec soin les dépouilles des animaux qu'il avait capturés : bois de cerfs, défenses de sangliers, têtes de loups, peaux de toute provenance, attestaient l'audace et l'adresse du vainqueur.

La fusion entre les diverses tribus s'opère peu à peu, bien que lentement; avec Clovis, naît la nation française, chez laquelle le goût de la chasse, profondément inné, se continuera sans interruption, tout en se modifiant. La chasse va devenir un plaisir, un délassement, en même temps qu'un art que les réglementations atteindront forcément.

Pour être complète, l'histoire de la chasse devrait s'étendre à tous les lieux et à tous les temps; mais alors, il nous faudrait écrire un précis d'histoire universelle. Nous avons dû nous borner à esquisser à grands traits les principales phases qu'elle a traversées; il nous reste à entrer de plain-pied dans le domaine d'aujourd'hui. Avant de commencer, il nous paraît séant, toutefois, de dire quelques mots des patrons des chasseurs.

Bien avant que les chasseurs se donnassent un patron, les fauves avaient le leur. Nous ne parlerons que pour mémoire, de saint Antoine auquel, rapporte un théologien du xvᵉ siècle, Malléolus, les habitants des campagnes avaient coutume de vouer leurs cochons. Et, continue le

théologien, ils s'en trouvaient bien : les cochons voués à saint Antoine
étaient plus intelligents, plus sagaces que les autres, et mal en prenait
aux vagabonds, mécréants, qui se permettaient de les injurier ou de les
malmener.

Le patron des fauves est saint Blaise, évêque de Sébaste, martyrisé
vers 316. C'est en souvenir de son supplice, au cours duquel les bour-
reaux lui déchirèrent les entrailles avec des peignes de fer, que les
cardeurs l'ont pris pour leur patron. On l'invoquait pour les maladies
des bestiaux. Les cerfs, les daims, les chevreuils, dit la légende, se pres-
saient en foule sur son passage, et il les bénissait : cette bénédiction était
pour eux un préservatif contre les attaques des bêtes carnassières. Vers
cette époque, plusieurs saints avaient le don, assure-t-on, d'exercer un
pouvoir miraculeux sur les animaux, en particulier, sur ceux nuisibles.
Ainsi, saint Bernard, se trouvant à Frogny, dans le diocèse de Laon,
se préparait à monter en chaire, lorsqu'une quantité considérable de
mouches envahit l'église. Les fidèles, incommodés par un bourdonne-
ment insupportable, étaient sur le point de quitter l'église, lorsque le
saint dit : « Je les excommunie! » A ces paroles, les mouches tombèrent
mortes en si grande quantité qu'il fallut les enlever avec des pelles. De
là, l'expression proverbiale depuis en usage par toute la France : « Tomber comme les mouches de Frogny. »

Saint Martin, évêque de Tours, qui vivait au iv᷒ siècle, et que quelques
traditions font figurer parmi les patrons des chasseurs, doit être bien
plutôt considéré comme le protecteur des oiseaux, ainsi qu'il appert de
la chronique, d'après laquelle son nom servit à baptiser l'hirondelle dite
« martinet ». Voici l'événement à la suite duquel on considéra cet oiseau
comme appartenant au saint, et d'où il tira le nom qui, depuis, lui a été
conservé.

Un jour, un paysan vit s'abattre sur sa chènevière un tourbillon
de ces oiseaux qui, en rasant la pointe des épis, lui firent croire qu'ils
allaient la dévaster. Il se mit donc en faction, afin de les pourchasser; mais
ce fut en vain; tous les jours, dimanches et jours de fête, malgré sa
présence, ils ne cessaient de voler sur la chènevière, si bien qu'il en
arriva à ne plus vouloir quitter son champ même pour aller à la messe.
Ces innocentes bêtes, en rasant sa récolte, volaient tout autour de lui
en poussant leurs cris accoutumés, et semblaient le narguer. Dans sa
détresse, il invoqua saint Martin; grande fut sa surprise lorsqu'il vit un

dimanche, avant la messe, toute la bande effrontée se rassembler sous une grange ouverte et y demeurer tout le temps que dura l'office. Le brave homme avait eu sa prière exaucée ; il put désormais assister à la messe comme c'était sa coutume, car le miracle se renouvela jusqu'au jour où il eut terminé sa récolte.

Avant de devenir évêque d'Auxerre, saint Germain, gouverneur de cette ville, était un chasseur passionné, tirant vanité de son habileté à tel point qu'il faisait suspendre à un grand arbre de la place publique, comme autant de trophées, les dépouilles des animaux qu'il avait tués : bois de cerfs, têtes de sangliers. Saint Amator, évêque d'Auxerre, lui fit quelques représentations à ce sujet, lui disant qu'il agissait comme les païens. Mais Germain, dans toute la fougue de la jeunesse et de sa passion, ne tint aucun compte de ces remontrances.

L'évêque alors, profitant d'une absence du chasseur, fit abattre le fameux arbre et disparaître toutes les dépouilles dont Germain était si fier. Le futur saint ne parut pas disposé à souffrir patiemment cet outrage, il résolut même de s'en venger. Mais l'évêque ne lui en donna point le temps, il convoqua une assemblée de fidèles dans son église et, comme Germain était chrétien, il s'y rendit. Le prélat le fit saisir et tonsurer séance tenante ; il lui fit revêtir incontinent l'habit ecclésiastique, en lui disant que c'était lui qui lui succéderait. Ce fut, en effet, ce qui arriva, car, Amator étant mort le 1er mai 418, Germain fut élu évêque par le peuple et le clergé.

Une fois monté sur le trône pontifical, Germain se sépara de sa femme, s'astreignit à une pénitence austère, donna ses biens aux pauvres, et peu de temps après renonça aux plaisirs de la chasse. De toutes les passions humaines, ce fut donc celle de la chasse qui survécut le plus longtemps dans son cœur. Dom Viole, dans la vie de ce saint, écrit que la forêt de Laye, près Paris, avait été mise sous sa protection par le roi Robert. Le P. Lebœuf marque une prédilection pour saint Germain l'Auxerrois en disant que : « si cet évêque a été chasseur plus certainement encore que saint Hubert, il ne s'est pas sanctifié à ce métier. »

Saint Eustache fut également offert comme patron des chasseurs, par quelques écrivains qui se fondent sur une tradition, d'après laquelle ce saint aurait eu, dans sa jeunesse, une vision pareille à celle de saint Hubert.

Dix cors.

Voici comment cette vision est rapportée dans la *Légende dorée* : « Eustache, qui fut dist Placidas, estoit maistre de la chevalerie de Trajan. Si comme ung jour qu'il estoit allé vener, il trouva une assemblée de cerfs entre lesquels il en veit ung beau et plus grant que les aultres qui saillit en la forêt déserte. Et se sépara Eustache de la compaignie des aultres chevaliers et des aultres nobles hommes qui couraient après les aultres cerfs; mais il fut celuy qui de tout son pouvoir se forçoit de prendre le grant cerf, et si comme le cerf veit que il le suyvait de tout son pouvoir, il se mist dessus une roche. Et lors Eustache espioit comment il pourroit être prins. Et si comme il le regardoit, il veit entre les cornes d'iceluy cerf la forme d'une croix resplendissante plus que le soleil et l'image de Jésus-Christ qui, par la bouche du cerf, ainsi comme jadis par la bouche de l'asne de Baslaam parlant à celuy disant : « Placidas pourquoi me poursuis-tu? Je suis Jésus-Christ que tu honores ignorament. Tes aulmosnes sont montées jusqu'à moy au ciel ; pour ce Placidas, je viens à toy, si que par ce cerf que tu choyes, je te preigne. »

Eustache tomba de cheval et, s'étant relevé, courut se faire baptiser.

L'aventure de saint Eustache a trouvé crédit auprès des poètes et des légendaires. Hardouin de Fontaine-Guérin parle de la vision de saint Eustache dans son *Trésor de vénerie*, 1394.

Il la raconte en ces termes :

> On trouve en la sainte Escripture
> Qu'un chevalier molt renommé,
> De Rome, Placidas nommé,
> Est allés en boys pour chacier
> Des cerfs ; s'en un adrécier
> Vers luy, qui fus grans à merveilles
> Et avoit entre les oreilles
> Sestoit sur son chief adroictement
> Un cruciflx-Dieu, proprement
> Ainsy comme en la croix fut mis
> Pour racheter tous ses amis.

> . . . .

La naïveté de ces vers, en leurs expressions comme en leur facture, est un document d'une certaine importance, tant au point de vue de la poétique de l'époque, que de la ténacité avec laquelle s'était accréditée la légende.

La tradition de l'apparition du cerf à Placidas, a été très répandue

3

en Allemagne au xvᵉ siècle. Albert Dürer l'a représentée dans une de ses estampes. Beaucoup ont cru que l'intention de l'artiste avait été de représenter saint Hubert, et cette estampe est donnée sous le titre de « la conversion de saint Hubert » dans plusieurs catalogues.

Il y a là erreur; car Dürer, parlant de sa gravure dans le journal de son voyage aux Pays-Bas, écrit nettement « saint Eustache » et non point « saint Hubert ». Diverses phases de la vie de saint Eustache sont représentées sur une des verrières de l'église Saint-Patrice à Rouen : on y voit l'apparition du cerf miraculeux. Le même sujet est représenté sur les vitraux de la cathédrale de Rouen et de celle de Chartres.

Jacques du Fouilloux, en parlant de la race des limiers de Saint-Hubert, dont les abbés conservent la race en l'honneur et mémoire du saint, dit : « qui estoit veneur avec saint Eustache ». Il n'y a donc aucun doute que ce saint ait eu sa dévotion comme saint Germain l'Auxerrois.

Saint Hubert! Arrêtons-nous, ainsi qu'il convient, devant ce grand nom, en face duquel tous ceux que nous venons de citer s'effacent pour ainsi dire, et qui est si universellement connu que beaucoup ignorent en quel degré de vénération étaient les autres.

Hubert était fils de Bertrand, duc d'Aquitaine, et de Hugberge, sœur de sainte Ode. L'époque de sa naissance est fixée vers l'an 658. Ses parents descendaient de la première race royale de France. Les ducs d'Aquitaine étaient les plus grands vassaux de la couronne, et ils devinrent les soutiens des Mérovingiens. Quand Hubert quitta la Neustrie pour échapper à la tyrannie d'Ebroin, il vint auprès de Pépin d'Héristal, duc d'Austrasie, qui le créa grand veneur. Saint Hubert nous appartient donc comme Français et comme premier grand veneur de notre pays, où la chasse fut toujours en honneur.

Nommé grand veneur par Pépin d'Héristal, il eut bientôt dépassé son maître en exploits cynégétiques, car la chronique rapporte que cet incomparable chasseur forçait un lièvre à la course, assommait d'un coup de poing un sanglier qu'il arrêtait par ses boutoirs!

Près de Tervueren, il existe une chapelle où saint Hubert a suspendu un cor de chasse colossal. Cet olifant, creusé dans une dent d'éléphant, est énorme, le son se perd dans cette trompe géante.

Ce fut le vendredi saint de l'année 683 qu'eut lieu la conversion du patron des chasseurs : ce jour-là, au lieu de faire ses dévotions, Hubert chassait en forêt d'Ardennes, lorsque ses chiens lancèrent un énorme dix cors. L'animal, après s'être fait chasser quelque temps, se met subitement à marcher d'assurance et, au moment où la meute arrivait pour l'hallali, il fait volte-face.

En même temps, l'intrépide chasseur aperçoit entre les bois du cerf une croix lumineuse; les chiens soudain se couchent à terre, et il entend une voix qui lui crie : « Hubert! Hubert! Jusques à quand poursuivrez-vous les bêtes dans les forêts? Jusques à quand cette vaine passion vous fera-t-elle oublier le salut de votre âme? Ignorez-vous que vous êtes sur terre pour connaître et aimer votre Créateur et ainsi le posséder dans le ciel? Si vous ne vous convertissez, vous serez, sans remise, précipité dans les enfers. »

En présence d'un événement aussi merveilleux, le chasseur, touché par la grâce, saute à bas de sa monture, se prosterne et s'écrie : « Seigneur! que voulez-vous que je fasse? » La voix mystérieuse lui répondit : « Va vers saint Lambert, il te fera connaître mes volontés. » Aussitôt le cerf disparut.

Hubert avait couru son dernier cerf ! S'il continua à chasser encore pendant quelque temps, ce fut pour détruire les bêtes féroces et prendre quelques lièvres.

Toutefois, il obéit à l'injonction de la voix céleste et alla trouver l'évêque de Liège, qui lui dit qu'il n'avait qu'à « obéir sans retard aux instructions venues d'en Haut ». Le chasseur se fit donc ermite dans la forêt des Ardennes, luttant encore entre le désir de chasser et la résolution qu'il avait prise de vaincre cette passion. Plus tard, il succéda à saint Lambert sur le siège épiscopal de Liège. Il mourut à Tervueren le 20 mars 727.

Son corps fut d'abord déposé dans l'église de Liège, et, alors, commença à se manifester un grand élan populaire pour rendre des honneurs à sa dépouille mortelle. Plusieurs miracles eurent lieu sur son tombeau. La translation de ses cendres à l'abbaye d'Andage ou d'Andaine eut lieu le 3 novembre, en 743, par les soins des moines qui donnèrent à leur monastère le nom du saint qu'il conserva par la suite. La fête de saint Hubert fut alors fixée au 3 novembre, jour de la translation des reliques. Ce ne fut toutefois que vers le x⁰ siècle qu'il eut, d'une façon irrévocable, la suprématie sur tous les patrons que, jusqu'alors, révéraient les chasseurs. Indépendamment des miracles dont son tombeau a toujours été l'objet, nous croyons que la date de sa fête, placée à une époque où chasseurs et veneurs sont en campagne, n'a pas peu contribué à le faire revendiquer comme unique patron par tous ceux qui prisent les plaisirs de la chasse.

C'est, du reste, l'opinion du P. Le Bœuf. Dans une lettre insérée en 1735 au *Mercure de France*, il affirme que la dévotion à ce saint s'est accréditée de plus en plus et généralisée, principalement à cause de la saison dans laquelle eut lieu la translation du corps de monseigneur saint Hubert d'Ardeine au monastère d'Andaine. « Elle se fit, ajoute-t-il, au temps dans lequel Louis le Débonnaire avait coutume d'être occupé à chasser dans ces quartiers-là. »

En 1884, nous avons, sous le titre : *Vision de saint Hubert*, donné une relation complète de l'aventure, qui fit du chasseur un prélat, puis un saint, ainsi que l'historique de la célèbre abbaye.

La devise de la croix de saint Hubert est : *in tran-vast* (inébranlable dans la fidélité).

CHAPITRE III

Il faudrait un livre spécial pour citer tous les écrivains qui ont préconisé la chasse, les uns en prose, les autres en vers, la plaçant au premier rang des délassements humains.

Nous avons nommé Xénophon; vient César qui, dans ses *Commentaires*, dit que, lors de sa conquête des Gaules, il existait, chez les Francs, une loi condamnant à l'amende les jeunes gens devenus trop gras par le manque d'exercice, et leur enjoignant de chasser. Pline le Vieux, dans son *Histoire naturelle*, cherche à en propager le goût; un historien grec, du nom d'Arrien, qui avait, lui aussi, chassé dans la Gaule, nous transmet que nos ancêtres avaient obtenu une race de chiens qui chassaient jusqu'à quatre lièvres par jour à la course; il constate, en outre, que dans la Gaule, on ne se servait point de filets pour la chasse; ces engins, indignes de véritables chasseurs, étaient abandonnés à ceux qui voulaient tirer profit des animaux sauvages. Oppien, poète grec d'Anazarbe, a laissé un poème didactique sur la chasse, publié, en 1575, sous le titre : *Les quatre livres de la vénerie d'Oppien*.

C'est vers le XII⁰ et le XIII⁰ siècle, que l'on retrouve à nouveau des documents sur l'art de vener. Les préceptes se transmettaient par tradition orale des maîtres aux disciples. A la fin de ce volume, nous donnerons un tableau complet des principaux auteurs et ouvrages français cynégétiques qui, toujours, feront autorité.

Les vieux maîtres ont tracé les grandes lignes, les règles, en un mot, de l'art de la vénerie dont on s'est peu écarté; ceux qui les suivent ont traité de la chasse d'après les modifications et surtout en vue de la perfection des armes. Aussi, la chasse à tir et au chien d'arrêt, ignorée des premiers, a-t-elle donné motif à des travaux intéressants dans lesquels chaque auteur a révélé son tempérament particulier, en exposant les résultats de l'expérience acquise.

Ainsi que cela était à prévoir, la chasse, comme tout ce qui est bon et enviable, excita les jalousies, engendra de gigantesques abus. Elle ne tarda pas à devenir un privilège, et les privilèges étant favorisés par la naissance, il s'ensuivit nécessairement des causes de discorde que des ordonnances cherchèrent à réprimer. Ce nouveau nœud gordien fut dès lors une source de conflits, que l'épée ne trancha point parce qu'un droit humain ne saurait s'escamoter.

La passion de la chasse, inféodée à la nation gauloise, ne put être satisfaite que par les rois, les princes et les grands seigneurs, qui revendiquèrent ce plaisir comme l'apanage de la royauté, de leurs principautés et de leurs grandesses. La principale partie de l'éducation des princes consistait dans l'art d'élever des chiens et des oiseaux. De là vient, sans doute, le nom de hobereaux, que l'on donnait comme sobriquet à quelques petits gentilshommes. Ceux qui entretenaient des meutes s'appelaient : « Gentilshommes à lièvres. »

Au moyen âge, ainsi que l'a très bien dit M. Blaze, la chasse était une espèce de franc-maçonnerie : elle avait ses initiations, ses signes de reconnaissance. Un chasseur, maître ès-vénerie, était partout bien accueilli et logé où qu'il allât. Sans souci d'aucune sorte, quand la fantaisie lui en prenait, il voyageait six mois, un an, trouvant partout des compagnons de l'ordre.

La chasse au faucon était alors le suprême plaisir des grands. En France, un gentilhomme ne marchait jamais sans ses armes, ses chiens et un faucon sur le poing ; il allait, accoutré de la sorte, à l'église. Plusieurs de nos rois, notamment Louis XIII, surnommé le dieu de la fauconnerie, élevèrent la chasse à l'oiseau à la hauteur d'institution d'État.

A côté de la vénerie il y avait la louveterie, fondée primitivement dans un but d'utilité publique ; ce fut Charlemagne qui le premier enjoignit aux nobles d'entretenir dans leurs provinces des équipages pour la destruction des loups alors nombreux. Plus tard, cette fonction fut confiée aux baillis et aux sénéchaux. Ce ne fut que vers le xve siècle que la direction en fut confiée à un chef suprême, officier de la maison du roi, qui prit le nom de grand louvetier. La Révolution de 1789 supprima la louve-

terie, mais Napoléon Ier la restaura et la fit rentrer dans les attributions
du premier grand veneur. En 1830, elle fut définitivement annexée à
l'Administration des Eaux et Forêts.

Puisque nous venons de parler de Charlemagne, disons qu'il entretenait une meute très remarquable, et qu'il offrit un certain nombre
de ses chiens en présent au Soudan de Perse, pour servir à la chasse
aux lions.

D'après Hinicar, quatre veneurs étaient attachés à la cour de la
première race. Au xiie siècle, les officiers de la vénerie furent placés sous
la surveillance d'un chef qu'on appela successivement : maître-veneur,
maître de la vénerie, grand veneur. Au xive siècle, il reçut, en outre, la
charge de grand forestier.

Jetons un coup d'œil sur les réglementations successives de la
chasse. Aujourd'hui que la chasse n'est pas un droit exclusif, on ne lira
pas sans étonnement les peines sévères dont la législation féodale frappait
les délinquants.

L'historien Froissard raconte qu'Enguerrand de Coucy fit pendre deux
jeunes gens, de noble race, pour avoir chassé sur ses terres. Vers la
même époque 1283, parut un édit portant que celui qui déroberait un
lapin, la nuit, serait pendu ; que, si c'était en plein jour, il serait puni d'une
amende. Tout en réservant la monstruosité de la peine comparée au délit,
il n'en est pas moins instructif d'étudier le fond de la pensée de celui qui
lança cet édit, dans la différence des deux peines : le châtiment suprême
et une simple amende ; on peut voir déjà quelle profonde distinction on
faisait entre la chasse de nuit et la chasse de jour.

Il serait à souhaiter que nos législateurs s'inspirassent de cette idée
fort juste au fond, dans l'application des peines pour délits de braconnage. Le braconnier de nuit est un dangereux malfaiteur ; l'expérience
quotidienne le prouve surabondamment ; il ne saurait être assimilé au
braconnier surpris en plein jour fusillant un malheureux lapin. Cela est
cependant ; et l'indulgence facile des Tribunaux à l'égard du premier,
prouve que notre loi sur la chasse est non seulement boiteuse dans son
texte, mais encore que ceux qui l'appliquent ne s'ingénient guère à en
étudier l'esprit.

En 1318, sous Philippe-le-Long, les ordonnances restrictives commencent à être précises : les coupables étaient condamnés à la prison.
Charles VI, en prince débonnaire, ordonna seulement la confiscation des

engins, *sans aucune répréhension*. Charles VII, dérogeant aux prescriptions de ses prédécesseurs, qui réservaient le droit de chasse à la noblesse, autorisa tous les habitants du royaume à tuer les loups. En outre, une ordonnance de 1436 décida que le Trésor royal payerait vingt sols par chaque bête abattue. Mais Louis XI et Charles VIII rétablirent la peine de mort pour semblables délits, et elle fut quelquefois appliquée.

Il estoit plus remissible de tuer cinq hommes que cinq cerfs ou ung sanglier, écrit Claude de Seysel.

François Ier, appelé le père de la vénerie, ordonna pour la première fois une amende de deux cent cinquante livres tournois; ceux qui ne pouvaient point payer étaient fustigés de verges. En cas de récidive, ils devaient être battus de verges autour des forêts où ils avaient commis le délit: s'ils étaient pris une troisième fois, ils étaient condamnés aux galères. Les mêmes peines étaient applicables aux recéleurs de gibier.

Henri II, bien que « froid et stérile », ainsi que l'a appelé si judicieusement Guizot, chercha, par d'autres moyens qui ne manquaient point de finesse, à arrêter le braconnage; il rendit une ordonnance dont le but était de dégoûter les braconniers par la modicité du prix du gibier, pour lequel il établit un maximum.

Les marchands ne pouvaient vendre un lièvre, un héron, une perdrix que douze deniers tournois; un lévraut, un héronneau et un perdreau que six deniers, le tout sous peine de dix livres d'amende. Il était permis de prendre à ce prix tout le gibier en vente.

Charles IX, le premier, défendit aux gentilshommes de chasser sur les terres ensemencées ou dans les vignes, sous les peines de payer des dommages et intérêts aux paysans.

Henri III, beaucoup plus rigoureux que ses prédécesseurs pour le privilège royal, commença par ordonner la destruction des chiens couchants, accordant quatre écus par tête de chien. Mais il ne s'en tint pas là; trois ans plus tard, il faisait défense aux roturiers et non nobles, *sous peine de hart*, de contrevenir à *nos dites ordonnances, ni de s'entremettre du fait des chasses en aucune sorte que ce soit, ni moins porter arquebuses arbalètes, tenir furets ni autres engins quelconques servans au fait desdits chasses.*

Henri IV — qui l'aurait pensé — revient aux errements tant soit peu sauvages de quelques-uns de ses prédécesseurs: les verges et la peine de mort sont en vigueur dans ses ordonnances. Il prohibe la chasse aux chiens couchants comme *chasse cuisinière* destructive des cailles et des perdrix, sous peine de trente-trois écus, du double en cas de récidive, du triple pour la troisième infraction. A défaut de payement, les verges, le bannissement. Ces ordonnances ne furent pas appliquées de son vivant : elles furent plutôt dressées en vue d'être un épouvantail que pour être exécutées.

Louis XIII ne changea rien aux ordonnances en vigueur. Il ne s'occupa, en résumé, que de la chasse à l'oiseau, à laquelle il excella et qui était sa grande affaire. « Le roy, écrit d'Arcussia, s'exerce à toutes sortes de vol, et se peut dire avec vérité qu'il n'y a fauconnier au monde qui lui puisse rien apprendre en cette science. J'en parle pour en avoir veu les effects. Et si je diray encore qu'il n'y a sorte d'oyseau que les siens ne prennent ; les aigles mêmes ne s'en peuvent sauver. »

Louis XIV supprima la peine de mort, sans rien changer aux autres peines ; il maintint l'interdiction des chiens couchants et défendit de tirer au vol, à trois lieues près, des plaisirs du roi. La même ordonnance défend à ceux qui cultivent la terre de faucher les prairies avant la Saint-Jean, afin de ne pas déranger les couvées de perdrix et de cailles. Ce qui prouve, entre paranthèse, que le dicton populaire : « A la Saint-Jean perdreaux volants », n'est pas un vain mot et que ce souverain en promulguant son ordonnance l'avait en vue. C'est à Louis XIV que nous devons l'origine de l'épinage sur les terres gardées. Il obligea les paysans de mettre en terre des épines, à raison de cinq par arpent, immédiatement après la récolte, pour protéger le gibier. Deux déclarations, l'une de 1709, l'autre de 1710, permettent d'arracher en tout temps les chardons et autres mauvaises herbes des blés, sauf aux officiers des charges à veiller que, sous ce prétexte, on ne vole les œufs de perdrix.

A cette époque, un simple particulier, quelque étendue de terre qu'il possédât, ne pouvait chasser, si ces terres étaient ce qu'on appelait roturières ; il fallait, pour avoir le droit de chasser, posséder un fief.

La première réflexion que fait naître la lecture de ces ordonnances, la plupart odieuses, mais que motivent, sans les justifier, les mœurs du temps, est que la passion de la chasse doit être bien grande et indéracinable du cœur de l'homme, comme l'est un droit humain, puisque, malgré les peines cruelles dont étaient punis les délits, il se trouvait encore des coupables.

Il est vrai que les Parlements qui enregistraient les ordonnances, avaient le droit de les modifier, et ils usèrent de ce droit. Sous François Iᵉʳ, les capitaineries jugeaient des délits de chasse, et les appels de ces jugements étaient portés au Conseil du roi.

Jusqu'à la Révolution, la chasse fut un droit royal établi à la suite de la conquête. Il était d'usage, chez les Francs, que tout terrain enlevé à l'ennemi fût la propriété du souverain. La totalité du sol des Francs ou de la Gaule appartenait donc au chef des Francs. Celui-ci en confiait la garde à ses compagnons d'armes, tout en en conservant la nue-propriété : de là les bénéfices et les fiefs. Peu à peu la nature de ces fiefs se modifia, ils devinrent héréditaires : ce fut l'origine de la féodalité, le seigneur se substitua au roi. C'est pour maintenir l'exercice de ce droit, dont ils étaient particulièrement jaloux, que le roi et les seigneurs édictèrent des peines extrêmes, peu en rapport avec la nature du fait.

Tout cela est fort loin heureusement : le passé est le passé. En 1789, l'Assemblée constituante a aboli le régime féodal en France; on ne distingue plus entre le domaine direct et le domaine utile : le droit de chasse n'est plus séparé de la propriété, il appartient au propriétaire du sol, moyennant une redevance à l'État qu'il acquitte sous la forme du permis de chasse.

Notre législation actuelle a un double objet : celui de permettre aux propriétaires de se défaire des animaux nuisibles et de faciliter la multiplication du gibier au printemps; car, on ne saurait trop le répéter, le gibier est une des richesses du sol, et, tant que son accroissement n'est pas tel qu'il puisse réellement nuire à l'agriculture, il est de bonne économie domestique de veiller à sa conservation. Le jour où il n'y aura plus de gibier en France, nous serons absolument tributaires des pays voisins. La chasse, aujourd'hui, est à la portée de tous; chacun peut s'y livrer comme il l'entend; mais il appartient, dans l'intérêt du pays même, au gouvernement, de protéger le gibier par tous les moyens possibles.

CHAPITRE IV

Le premier acte de la Révolution avait donc été de décréter l'égalité des conditions et la suppression des droits exclusifs de chasse, de garenne, de colombage. Robespierre réclama plus tard la liberté illimitée de la chasse, comme n'étant pas une faculté inhérente à la propriété ; Merlin prenant la question de plus haut démontra que si, d'après les lois romaines, le gibier est la propriété de celui qui s'en empare, il y a un autre principe qu'elles proclament : c'est que chacun a le droit d'empêcher un étranger d'entrer dans sa propriété pour y chasser le gibier.

L'Assemblée, le 30 avril 1790, décréta qu'il était défendu à toutes personnes de chasser en quelque temps et de quelque manière que ce fût sur le terrain d'autrui, sans son consentement.

C'est sur cette base nouvelle que fut réglementée la législation de 1812 ; enfin, toutes ces dispositions éparses se trouvèrent codifiées en 1844. On a cherché à concilier le plaisir individuel avec la conservation du gibier et le respect de la propriété.

L'économie de cette loi, sous l'empire de laquelle nous vivons, en attendant une jurisprudence nouvelle, qu'on nous promet comme plus progressive et en rapport avec la vie moderne, peut se résumer en cinq règles fixes :

1° Obtenir un permis de chasse ;

2° Chasser sur son terrain, ou être muni d'une autorisation du propriétaire ;

3° Ne chasser qu'en temps permis ;

4° Ne chasser que sur les terrains ouverts ;

5° N'user, pour chasser, que des moyens autorisés par la loi.

Après avoir fait l'historique sommaire de la chasse, avant d'entrer dans la théorie pratique, il nous paraît intéressant de dire quelques mots des rapports de l'Église avec la chasse. Ce sera comme le complément indispensable de la chronique féodale. Les amateurs de curiosités ne seront peut-être pas fâchés de savoir que certains nobles prélats, des plus illustres même, ne dédaignèrent pas de faire la guerre aux hôtes des bois.

Ecclésiastiques, religieux et princes de l'Église, se sont adonnés à la chasse, ce droit des gens. Les seigneurs ecclésiastiques obéissaient en cela à l'éducation familiale, aux habitudes de leur race. Pour les religieux, ils étaient chasseurs un peu par situation ; les abbayes, les monastères se trouvant bâtis au milieu des bois, il leur fallait repousser les incursions des bêtes fauves et aussi subvenir à leur nourriture. En ce qui concerne les princes de l'Église, ils étaient à la fois auxiliaires et représentants du pouvoir royal ; comme tels, ils en avaient certaines prérogatives. Cependant, à mesure que l'on avance, le haut clergé se désintéresse de la chasse et même la condamne.

La mort des bêtes a, en effet, par elle-même, un côté sanguinaire qui convient peu à des hommes de paix. Si licence est donnée individuellement de se livrer à la chasse, celle à cor et à cris avec grand apparat est mise en suspicion par les théologiens.

Déjà même au ɪvᵉ siècle, saint Jérôme, docteur de l'Église latine, s'élève vivement contre les chasseurs, n'ayant d'indulgence que pour les pêcheurs. Plus tard, le pape Nicolas Iᵉʳ défend aux évêques de chasser bêtes à poil et oiseaux ; il suspend même de ses fonctions l'évêque Lanfroy pour avoir contrevenu à ses instructions.

Au xviiᵉ siècle, le théologien Thiers, professeur de droit canonique à Chartres, regarde la chasse, d'après les conciles et synodes précédents, comme absolument interdite aux ecclésiastiques ; ce qui n'empêcha point ceux-ci de se divertir de temps à autre en ce joyeux exercice.

Au moyen âge, évêques et gens d'Église prisaient fort la fauconnerie ; ils se montraient jaloux de leurs privilèges, entraient à l'église avec leurs oiseaux de chasse sur le poing et les déposaient sur les marches de l'autel pendant l'office.

Quelques seigneurs prétendaient avoir le droit de les mettre jusque sur l'autel, ce que faisait le sieur de Sassay. Les prélats, voyant cela, firent de même; seulement ils eurent soin de les placer à gauche, du côté de l'Évangile, à seule fin d'affirmer la suprématie de l'Église sur le châtelain, qui se bornait à les mettre du côté de l'épître. Les abbayes, au xive siècle, cultivaient aussi la chasse de haut vol.

Les grands animaux jouent un rôle important dans les légendes religieuses et, en particulier, le cerf. Comme nous l'avons vu, c'est aux cerfs que l'on doit la conversion de saint Eustache, de saint Hubert. Les peaux de ces animaux servaient à envelopper le corps des rois après leur mort. Les cerfs sont souvent le point de départ de la fondation de monastères

G. Dubouchet del.

et d'abbayes : telle l'abbaye de Saint-Gilles et combien d'autres. Geoffroy, comte d'Anjou, fonda l'abbaye de Sainte-Marie, à Saintes, pour les religieuses bénédictines, avec la dîme des cerfs et des biches qu'on prendrait dans l'île d'Oléron, pour couvrir les livres du chapitre. L'abbé Suger, prieur de l'abbaye de Saint-Denis, à laquelle le droit de chasse était concédé, voyant ce droit usurpé par les seigneurs voisins, convoqua les feudataires de l'abbaye et organisa en personne une chasse dans la forêt d'Iveline, pour bien établir que le droit de chasser dans les bois abbatiaux appartenait exclusivement à l'abbaye.

Hugues de Mâcon, qui chassait dans les forêts d'Auxerre, faisait rapporter son gibier à son de trompes à travers la ville, afin d'affirmer son droit de chasse en qualité d'abbé de Pontigny. L'abbé du Bec-Hellouin faisait chasser, par procuration, le renard et le chat sauvage. Enfin, une charte de Philippe-Auguste confirma à l'abbaye de Saint-Germain-des-Prés l'abandon qui, précédemment, lui avait été fait du droit de chasse à courre, à tir et à la haie.

On éludait assez aisément la défense canonique, sous le prétexte que les ordonnances faisaient exception, lorsqu'il s'agissait d'animaux dont la multiplication pouvait nuire aux biens de la terre.

Aux xvıe et xvııe siècles, il y a toujours des défenses ; mais il est à penser qu'elles ne regardaient que la chasse bruyante ; encore y avait-il à cet époque des accommodements. Mazarin, en 1646, chassait bravement le sanglier dans la forêt de Fontainebleau, et servait lui-même la bête au couteau. Camille de Neufville, archevêque de Lyon (1666), entretenait une meute qui ne restait point oisive ; Philippe de Vendôme, grand prieur de France, était réputé pour avoir la plus belle meute et chassait avec le Dauphin. N'oublions pas non plus le cardinal de Rohan dont le faste dépassa celui des prélats ses prédécesseurs.

Parmi les grands dignitaires de l'Église, pour clore la liste abrégée des fanatiques de la chasse, citons encore Julien de la Rovère, pape, sous le nom de Jules II, Jean de Médicis, Léon X ; en dernier lieu, Sa Sainteté le pape Léon XIII, qui chasse, paraît-il, au rocolo dans les jardins du Vatican.

La Révolution de 1789 a jeté comme un voile sur toutes ces choses ensevelies désormais avec les droits féodaux. Si, sous l'Empire et sous la Restauration, quelques gens d'Église se livraient à l'exercice de la chasse, la chronique n'en parle point.

Les quelques ecclésiastiques qui, aujourd'hui, prennent un fusil pour tuer un malheureux lapin en bordure de bois ou une grive qui, par les jours de neige, vient se poser sur le sorbier du presbytère, ceux mêmes qui vont tirer une perdrix dans le champ de pommes de terre du sacristain, ne font plus parler d'eux et n'enfreignent point les lois canoniques.

Le bon curé de campagne fusillant merles, sansonnets et loriots, dont la « rapineuse engeance » convoite les fruits de son jardin, ne tomberait pas sous le coup d'une interdiction de la part de son évêque. Ce sont là amusements honnêtes qui ne sauraient compromettre son caractère.

J'ai connu un curé qui en agissait ainsi ; toutefois, il n'aurait jamais voulu faire œuvre de destruction, même sur un moineau, avant d'avoir dit sa messe. Il jugeait avec beaucoup de sens que c'était mal se préparer à célébrer le saint Sacrifice en répandant le sang d'un être vivant. Entre messe et vêpres, il n'avait plus le même scrupule ; si, au moment où il se disposait à aller donner le premier coup de cloche pour vêpres, lorsque le sacristain se trouvait en retard, il apercevait un merle à bec jaune sautillant sur son houx aux fruits rouges, il prenait son fusil à un coup et expédiait rapidement le maraudeur.

J'en sais un autre, un des prêtres les plus dévoués et les plus excellents, qui occupe en ce moment une cure de campagne très difficile, que lui a confiée son évêque, marquant par là en quelle estime il tient son caractère, pour lequel l'exercice de la chasse serait le suprême bonheur en ce monde ! S'il ne s'y livre point, comme il pourrait le faire, demeurant dans une campagne très reculée, ayant à sa disposition un parc réservé, c'est uniquement par convenance et pour ne point donner prise à la malignité.

N'étant encore que vicaire dans une petite ville de l'Eure, il desservait une paroisse située à une lieue de là. Un jour qu'il en revenait à travers champs en disant son bréviaire, à l'orée d'un petit bois, il aperçoit tout à coup un lièvre assis à dix pas en face de lui.

Ainsi qu'il me l'a raconté, le sang ne lui fait qu'un tour, et il lance son bréviaire à la tête du lièvre !

Comme bien on pense, il ne ramassa que le livre sérieusement disloqué. « Si j'avais eu un fusil, » dit-il souvent.

Le fait de chasse par quelques ecclésiastiques, au temps où nous vivons, si chasse il y a, n'a plus rien à voir avec les chasses fastueuses dont nous avons parlé, au cours desquelles il y avait danger de tomber dans quelque irrégularité.

La race gauloise est une race de chasseurs; si notre patron, saint Hubert, une fois entré dans les ordres, a continué quelque temps encore à poursuivre les bêtes fauves, hormis le cerf, il ne nous paraît point révoltant que les ecclésiastiques, entre les devoirs du culte, brûlent de la poudre sur quelque menu gibier.

La chasse, a écrit de Franchière, est un moyen honnête pour alléger les ennuis qui surviennent quelquefois, et donner plaisir à l'homme pour lequel Dieu a fait toute chose.

CHAPITRE V

Le goût de la chasse est inné et se développe de très bonne heure. Nous pensons que ce goût, quand il existe, doit être satisfait et encouragé chez ceux qui l'apportent en naissant, avec les passions et entraînements formant le bagage de toute créature humaine. Car la chasse est, non seulement un plaisir délectable pour les initiés, mais encore un exercice hygiénique pour améliorer la santé, la fortifier, équilibrer les forces du corps, donner une vigueur salutaire à l'esprit. C'est la gymnastique la plus complète, parce qu'en elle se trouvent réunis tous les autres facteurs qui entrent, plus ou moins divisés, dans les différents sports.

A ce point de vue, il est nécessaire d'en propager le goût. Le jeune homme pourra se développer physiquement et cérébralement, grâce à elle. Plus tard, il s'en abstiendra, si tel est son bon plaisir, mais il lui devra d'être fort et bien constitué.

La chasse donne à l'esprit qu'elle repose une vigueur nouvelle. Elle résume d'une façon pondérée tous les exercices : la course, l'escrime, le trapèze, les jeux d'haltères, et les autres! car elle agit simultanément sur toute l'économie, mettant en jeu tous les muscles, ce que ne font que partiellement les exercices précités, ses caudataires.

De plus, elle a l'avantage inappréciable d'avoir pour domaine le grand air ; en sorte que les poumons eux-mêmes participent abondamment de ses effets salutaires. Elle accoutume le corps à braver les intempéries des saisons, le relève dans ses défaillances, l'assagit dans l'exubérance de sa sève.

Le chasseur, accoutumé à se lever matin, écrème chaque jour l'air pur et vital des premières heures du jour; c'est là un bain de santé, un tonique pour supporter les fatigues ultérieures, et, de jour en jour, il se familiarise avec ces soubresauts disparates de la vie normale sédentaire. L'initiation peut avoir ses épines ; mais, comme pour la science, si les racines en sont amères, les fruits en sont doux.

Ainsi qu'il ressort de l'historique que nous avons fait de la chasse, l'homme, chasseur d'instinct, a chassé d'abord par utilité, ensuite par agrément. A mesure que la vie en société se constituait sur d'autres bases, ce plaisir se modifiait, devenait l'apanage des classes privilégiées, tout en demeurant un goût profondément enraciné au cœur de tous, comme l'est un droit de naissance.

Notre vie moderne, avec son excessive recherche de l'extériorité et de la parade, l'a foncièrement atteint. De la vie en plein air sont nés les sports et le sportsman, un dérivé du chasseur.

Nous ne nous occuperons que des chasseurs passionnés pour les émotions et incidents de la chasse. Ceux-là seuls méritent le titre de disciples de saint Hubert ! Parmi eux, il y a des nuances, bien que le fond du manteau soit de même couleur. La chasse nous passionne tous différemment : parmi les émotions multiples que comporte cet exercice, il en est une ou deux que chacun de nous recherche de préférence.

Il en est que l'isolement, au milieu de la nature, les admirables paysages de la saison automnale et même de l'hiver, enfièvrent au point de leur faire regarder le gibier comme l'accessoire. D'autres ressentent leur plus vive émotion à l'instant même où leur coup de fusil atteint le gibier et le cloue sur place. Quelques-uns confessent que leur plus grande joie est de voir leur chien ferme à l'arrêt.

La jouissance suprême de beaucoup consiste à palper, avec une sorte de tendresse, le gibier abattu et à le mettre au fond de leur carnier.

Pour un certain nombre, le plaisir consiste dans le départ, enguirlandé d'espérances, sans les fatigues de la route et les déceptions du retour.

L'explosion du volier de perdrix partant en gerbe d'un regain, réalise pour quelques-uns la suprême émotion, tandis que d'autres ne sont séduits que lorsque cet aimable gallinacé part isolé et leur offre un beau coup de longueur.

Enfin, il s'en trouve pour lesquels le plus grand charme apparaît au moment où, rentrés au logis, ils peuvent ôter leurs bottes.

Ces derniers frisent un peu le sportsman, ils sont sollicités par deux désirs réunis : celui de faire une partie *select*, et celui de mettre à l'air un veston d'une coupe irréprochable.

Un bon chasseur ne prise pas toutes les sensations au même degré ; mais, parmi celles dont est si féconde la chasse, il en est plusieurs qui le passionnent également et sont comme le bouquet aromal qui se dégage de cet ensemble capiteux. Ce sont : le travail du chien, le coup de fusil magistralement envoyé, la ruse avec le gibier, la pièce coquettement démontée, la prise de possession de l'animal arrêté à distance dans sa course folle, le décor de la plaine ou du bois prêtant un charme pénétrant et varié à ces péripéties multiples.

Les variétés de chasseurs sont infinies.

Il y a le chasseur dilettante, lequel va à la chasse comme à la parade : le chasseur bon enfant, qui jamais ne conteste une pièce, toujours jovial, aimant la chasse, le déjeuner, la causerie : type assez agréable ; le tueur, celui-ci tue abondamment, mais l'habitude de réussir lui fait souvent croire que les pièces abattues par ses voisins sont les siennes, il n'entend guère raillerie. A rapprocher de ce dernier, l'infortuné qui ne tue jamais ; comme l'autre, il s'imagine que toutes les pièces lui partant à droite ou à gauche, sur lesquelles il tire en conscience, sont victimes de son plomb. Il envoie régulièrement un coup de fusil à la pièce gisant à terre, et, avec un imperturbable sang-froid s'écrie : « Elle y est! » Au fond il croit ce qu'il dit. Le chasseur malin n'éblouit personne, ne veut point compromettre sa réputation de tireur; aussi, s'isole-t-il autant que possible, ne tire le gibier qu'à coup sûr. Enfin, vient le chasseur qui, sans se préoccuper de ses voisins, chasse pour chasser; ce n'est pas le plus mauvais. Voilà pour les espèces.

En ce qui se rapporte aux nationalités, voici ce que nous avons observé :

Le Français est chasseur avant tout ; il est né tel, il aime le chien et son fusil, ne fait pas fi du pittoresque, ni de la mise en scène champêtre.

Le Belge est un fin tireur, un tueur, mais il est réfractaire à la poésie de la chasse; celle-ci consiste à marcher devant soi, à tirer le plus de pièces possibles. Il a le coup de fusil brutal, ainsi que le Teuton.

Le Hollandais, plus positif encore, ne voit que le résultat : ses polders doivent rapporter tant par saison, cela suffit. Il lui faut des barques armées d'un petit canon chargé à mitraille.

L'Anglais nous est supérieur comme tireur, mais point comme chasseur. Cependant, il a dans l'esprit une certaine poésie qui lui fait
apprécier le paysage.

L'Espagnol se rapproche du Français, il aime la poésie de la chasse :
le travail du chien, le coup de fusil et le cadre dans lequel il se meut.

L'Italien est bon affûteur : il a les qualités du chasseur et du tireur.

Les trois vertus théologales du chasseur sont : l'activité, la sobriété,
la prudence. Il doit s'habituer à se coucher tôt et à se lever de bon
matin en toute saison : les premières heures du jour sont, non seulement
prescrites pour l'hygiène, mais encore elles sont les meilleures pour la
chasse. Les veillées continues alourdissent fatalement le sang, surex-
citent les nerfs, et comme le sommeil est absolument nécessaire, surtout
à celui qui fatigue beaucoup, à quelques exceptions près, il est évident
que celui qui ne dormira point les premières heures de la nuit sera forcé
de se rattraper le matin. On cite des chasseurs et des veneurs ne dormant
que très peu. Cela n'infirme point ce que nous disions, car ce phéno-
mène, enviable du reste, n'est dû qu'à une vie tout entière consacrée à
la chasse, à une habitude résultant d'une irrésistible volonté. Il est sage,
étant donnée la moyenne d'*endurance* que peuvent fournir les santés
modernes, de mettre en pratique le vieux proverbe de nos pères :
« Dormir sept heures, c'est assez pour un jeune comme pour un vieux,
on en accorde huit aux paresseux, mais jamais neuf à personne. »

Si la chasse est la santé du corps, il faut s'y préparer et la pratiquer
avec une méthode raisonnée.

En d'autres livres, je me suis étendu sur la question du vêtement, je
ne crois pas utile d'y revenir. Qu'il soit bien entendu, pour mémoire, que
la flanelle sur la peau est nécessaire l'été comme l'hiver, afin d'éviter les
refroidissements ; que la laine est le meilleur tissu à employer ; qu'en
outre, la couleur sombre doit être adoptée de préférence, surtout pour
l'arrière-saison et la chasse au bois ; qu'enfin, les vêtements doivent être
amples sans exagération, de façon à ne point entraver les mouvements.

Quant à la chaussure, elle réclame une attention toute particulière. Ni
trop large ni trop étroite, en cuir souple, la fleur en dedans, les semelles
larges, dépassant l'empeigne, le talon bas : telles sont les conditions
indispensables pour éviter ce qu'on appelle la prison de saint Crépin.

Les ampoules, petits maux au début, peuvent clouer pour plusieurs
jours le chasseur à la maison, ce qui est l'aventure la plus désagréable.

CHAPITRE VI

L'industrie moderne a laissé loin derrière elle les essais tentés depuis l'invention de la poudre ; depuis un demi-siècle, elle a marché d'un pas de géant ; elle a plus fait au cours de ces cinquante dernières années que pendant les quatre siècles précédents. Les inventions se sont succédé sans interruption; presque chaque année a marqué une progression constante.

A l'heure qu'il est, les armes de chasse ont atteint un degré de perfection tel, comme portée et comme commodité, qu'il est permis de se demander si, pour un temps du moins, la fièvre de l'innovation ne deviendra pas stationnaire. Nous ne parlons pas, bien entendu, de ces améliorations ou, mieux, de ces dérangements, qu'y apporteront de temps en temps les armuriers avides de clouer leur nom à quelque nouveau système.

Le degré auquel nous sommes arrivés présentement devrait satisfaire les plus difficiles. Et, soit dit en passant, ce n'est pas sans quelque appréhension pour la dépopulation du gibier que nous voyons ces perfectionnements. Je sais bien qu'il y a des insatiables qui désireraient encore enchérir sur ce progrès notable ; témoin ce chasseur qui m'écrivait, il y a quelques années, afin que je lui fisse connaître un fusil d'une portée telle qu'il pût tuer un lièvre à 100 mètres.

On y arrivera peut-être, mais il n'est pas besoin d'être grand prophète pour dire que, si jamais on atteint ce résultat, il se trouvera des non-satisfaits qui demanderont 150 mètres!

La portée du fusil actuel a fait oublier tous les systèmes précédents.

Sont rentrés dans les musées à l'état de curiosité, comme l'arc et l'arbalète : le fusil à mèche, le fusil à pierre, le fusil à baguette, le fusil à tambour ; on pourrait ajouter que le fusil Lefaucheux à broche, premier modèle, est sur le point de rejoindre ses devanciers.

Le fusil à percussion centrale tient la corde, ses avantages incontestables sur le fusil à broche justifient la faveur dont il est l'objet.

Avant d'entrer dans quelques détails sur cette arme de choix, presque universellement adoptée, il ne messiérait pas d'aborder la question de mode. Celle-ci, jouant un rôle prépondérant, a porté un coup funeste à l'industrie française ; depuis longtemps déjà elle est acquise aux produits d'origine étrangère, et, par ce fait, a coûté pas mal de millions à notre pays.

L'anglomanie a envahi nos mœurs et jusqu'à notre langue. Le turf, la chasse, tout ce qui a trait au sport est badigeonné aux couleurs britanniques et américaines. La fabrication française des armes a été sérieusement atteinte par cette manie, explicable seulement par la tendance, innée chez nous, à trouver bien tout ce qui se fait au-delà de nos frontières.

Certains armuriers, dont le nom s'est répandu à force de réclames tapageuses, armuriers par l'étiquette qu'ils ont prise comme enseigne, ont favorisé l'industrie étrangère au lieu de celle de la Patrie. Les uns n'ont pas assez de louange pour les armes anglaises ou américaines, les autres préconisent les armes belges ; il en est même qui ont tenté d'introduire le commerce des armes allemandes, sacrifiant ainsi la concurrence française à leur profit personnel. Ils agissent de la sorte, parce qu'en vendant des produits étrangers, ils éliminent plus facilement la comparaison de leurs prix exagérés avec les prix modérés des fabricants français. Or, les cinq sixièmes des fusils, vendus en France pour des fusils anglais ou américains, sont des armes fabriquées à Saint-Etienne ou à Liège, dont on expédie les canons à Birmingham ou à Washington, afin que là, on les paraphe avec le poinçon anglais ou américain. Ils reviennent ensuite et sont revendus trois et quatre fois plus cher que s'ils portaient leur marque d'origine. Les neuf dixièmes des armes belges sont offertes au public comme armes de Saint-Étienne, parce qu'on sait le public très ignorant sur la connaissance des poinçons qui caractérisent la provenance.

La France peut produire en abondance des armes de toute espèce,

de tous les prix comme aussi les qualités les plus fines. Notre arquebu-
serie, dénigrée systématiquement, pour faire place à l'exploitation des
armes américaines, anglaises ou belges, peut, sans conteste, lutter avec
ce qui se fait de mieux à l'Étranger; et ce qu'il y a d'indéniable, c'est
qu'elle est supérieure comme fini et comme élégance. Les amateurs
sérieux savent à quel point nos ouvriers français appliquent l'art à la
mécanique, donnent un cachet spécial à tout ce qui sort de leurs mains!

Nous ne voulons pas dire qu'il n'y ait point de très bons fusils
anglais ; certes, l'Angleterre fournit de bonnes armes ; mais il y a loin,
de là, à déclarer qu'elles sont supérieures aux armes de fabrication
française. Elles coûtent plus cher, sont moins élégantes, voilà tout. Est-il
un fusil aussi ridiculement laid que le fusil sans chien, autour duquel on
a fait un tel bruit que c'était à se demander si les fabriques, travaillant
nuit et jour, arriveraient à satisfaire toutes les demandes? Le fusil a
fait long feu, et nous connaissons des chasseurs, très entichés de lui à
son apparition, qui n'en veulent plus entendre parler : ils ont pu se
convaincre que ses mérites ne correspondaient nullement à la réclame
funambulesque dont il avait été l'objet.

Nous avons dit que les armes étrangères atteignaient des prix beaucoup plus élevés que les nôtres ; voici les prix fantastiques auxquels
atteignent les fusils *courants* des marchands de Londres et de Paris,
1,500 francs, 1,800 et 2,000 francs, alors que 1,500 francs en France
représentent le prix maximum d'une arme de choix, dite d'Exposition.

Le choix d'un fusil est affaire importante. On peut tuer avec toutes
les armes possibles, même les plus invraisemblables ; on ne chasse bien
qu'avec un fusil répondant à son tempérament ainsi qu'à sa conformation
physique ; de là, deux qualités : sa qualité intrinsèque, sa qualité relative
eu égard au possesseur.

Il est donc difficile de déterminer le choix absolu du chasseur, pas
plus qu'on ne pourrait choisir un vêtement pour un autre ; c'est à l'inté-
ressé qu'il appartient de se décider après observation minutieuse de sa
personne. Les uns tireront mieux avec une crosse droite et longue, d'autres
avec une crosse demi-courte, pentée, en un mot avec l'ancienne crosse
française. Tout cela dépend de la taille, de la carrure, de la longueur des
bras et de celle du cou.

La première qualité d'un fusil est de pouvoir s'épauler rapidement,
sans tâtonnements. Aussi, entre plusieurs fusils, doit-on s'arrêter sans

hésiter sur celui qui, mis à l'épaule, permet de trouver le plus promptement le but au bout de la ligne de mire. De là l'importance capitale de la
forme de la crosse : celle-ci doit être légère, d'un grain serré en droit fil,
surtout à la poignée, et les veines en suivre la forme.

Le cœur de noyer est le meilleur bois à employer à cet usage. Une
fois la crosse choisie, faisant corps avec la structure de l'individu,
le second point indispensable est que l'arme soit bien équilibrée. Un fusil
ne doit être ni trop lourd ni trop léger ; trop lourd, il fatigue inutilement,
ne tombe point en joue facilement, ce qui va à l'encontre de la première
qualité que l'on doit rechercher; trop léger, il ne saurait donner de brillants
effets de tir, une importante diminution dans le poids ne s'obtenant qu'au
détriment de la culasse, diminution ayant pour conséquence l'augmentation
du recul. Le poids normal d'un bon fusil, facile à manier, est de 3 kilogrammes environ.

L'arme de luxe n'est point nécessaire ; cependant le fusil de chasse,
tel que nous le comprenons dans sa plus grande simplicité, doit être un
objet d'art. Aussi, l'intérêt du chasseur est-il de s'adresser aux vieilles
maisons bien connues (1). Sous ce rapport, le fusil dit « fusil de Paris »
est celui qui prime tous les autres.

Les armes se chargeant par la culasse sont de deux sortes : les fusils
pour cartouches à broche et les fusils à percussion centrale; d'où il suit
que le choix du chasseur devra porter sur trois points : le système, le
mode de fermeture, le calibre. Toutes les préférences peuvent se justifier
dès que le fusil est bien fait, et comme l'on dit: « des goûts et des couleurs il ne faut point discuter. »

Notre prédilection est pour le fusil à feu central. Celui-ci est plus
élégant, et, s'il ne triomphe pas aussi absolument pour la portée qu'on a
voulu le faire croire, sur le fusil à broche, il est bien certain qu'il y a un
léger avantage de concentration en sa faveur. Il ne pourrait en être autrement, les qualités solides de ce genre de percussion étant de toute évidence.
Avec elle, point d'échappement de gaz; le chargement et le déchargement,
d'une très grande rapidité, ne demandent aucune attention, car il ne s'agit
plus, comme avec la cartouche à broche, de placer la tige dans son logement avant de fermer l'arme ; grâce aux platines rebondissantes, toutes
causes d'accidents sont réduites aux limites extrêmes du possible.

---

(1) Fauré Le Page, Gastinne-Renette.

En outre, les cartouches dont on se sert ont l'avantage inappréciable d'offrir moins de dangers que celles à broche. Elles ne sauraient éclater en tombant ainsi qu'il arrive pour celles-là ; elles se portent plus facilement, ne déchirent point les poches, s'emballent beaucoup plus aisément s'il est nécessaire de les transporter en grosse quantité.

Nous n'en sommes plus au temps où l'on éprouvait une certaine difficulté à se procurer des cartouches à percussion centrale ; un chasseur, dont la provision est épuisée, peut se ravitailler partout. Il n'y a donc aucune objection sérieuse à élever contre l'emploi de cette arme, qui offre le suprême degré de perfection atteint jusqu'à ce jour.

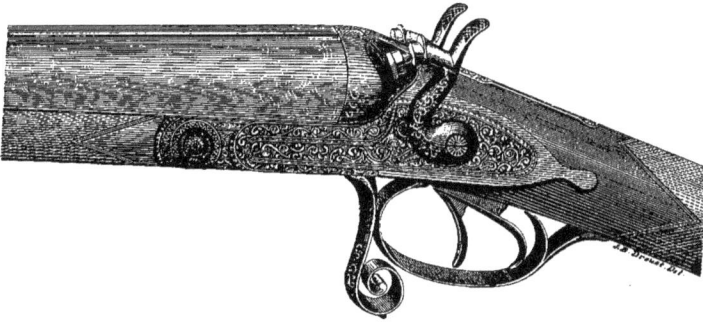

En ce qui touche au mode de fermeture, nous préconiserons, par expérience, la fermeture à double verrou avec levier à volute, en avant de la sous-garde. Cette fermeture élégante, d'une manœuvre extrêmement facile, très solide, ne se détériore point à l'usage ; elle sert d'appui normal à la main gauche pour la mise en joue. C'est la véritable fermeture française. Deux raisons me font rejeter la clef entre les deux chiens, se mouvant de droite à gauche pour faire basculer ; la première est, qu'après un certain nombre de coups de feu tirés successivement, la culasse, fortement échauffée, dilate le métal de cette clef placée trop près du tonnerre, en arrête parfois le fonctionnement ; la seconde est que cette petite pédale entre les deux chiens, juste en face de la ligne de mire, dérange le rayon visuel.

La fermeture sur le côté, à droite ou à gauche, me paraît peu commode et d'une solidité relative.

Enfin, la fermeture à clef sur la sous-garde qu'elle emboîte, se

6

rapprochant par sa solution et par sa manœuvre de la volute, qui a toutes nos préférences, est la seule pouvant être discutée et approuvée selon le goût de chacun.

La question du calibre, sur laquelle bien des avis sont partagés, est très importante, particulièrement pour ceux qui n'ayant qu'une arme s'en servent pour la plaine, le bois et le marais. A ceux-là nous conseillerons un juste milieu, lequel nous paraît réunir les conditions les plus favorables de tir en toute circonstance : c'est le calibre 16. Il permet de tirer de loin et de près, à l'ouverture comme à l'arrière-saison.

On semble être un peu revenu de l'engouement que l'on avait manifesté pour les n° 10-12, et l'on paraît disposé à revenir aux anciens petits calibres des fusils à baguette. Les tireurs apprécient avec juste raison les calibres 20 et 22, dont le coup plus précis, la portée plus longue, la pénétration plus vive, sont très appropriés aux tirs de pointe.

Avec un petit calibre, il est indispensable de viser plus sérieusement; les coups de hasard sont peu fréquents. Pour un chasseur pratiquant, un fusil calibre 20, bien en main, est une arme de choix, très maniable à cause de sa légèreté, permettant d'évoluer facilement là où un fusil lourd est un obstacle.

Le calibre 12 est bon pour la plaine, le marais et les chasses de mer. Il faut réserver le calibre 8 pour les canardières à la hutte.

Un des premiers soucis des chasseurs, en achetant un fusil, est de savoir à quelle distance portera l'arme qu'ils veulent acquérir. Préoccupés de ce très légitime désir, les armuriers ont inventé le *choke-bored* et le *choke-rifled*. Le mot choke-bored dérive de deux verbes anglais: *to choke* étrangler, et *to bord* forer. Le choke-bored est donc le forage à étranglement. On l'applique aux deux canons de l'arme ou à un seul. Ce forage particulier de l'âme du canon a pour effet de resserrer les plombs et d'en régulariser l'éparpillement. Le canon ainsi foré est à l'intérieur cylindrique depuis la chambre jusqu'à environ 5 centimètres de la bouche ; là il se rétrécit sur une longueur de 3 centimètres pour redevenir cylindrique jusqu'à la bouche. C'est ce rétrécissement à la bouche qui produit le groupement d'une manière plus normale que dans le fusil à canon ordinaire.

Le *choke-rifled* est en tout semblable au *choke-bored* ordinaire, mais la partie cylindrique au rétrécissement est pourvue de fines rayures longitudinales.

La portée est à peu près la même dans les deux systèmes; l'avantage qu'offre le *choke-rifled* est de permettre de tirer à balle presque sans danger pour le canon, tandis que le *choke-bored* ne la supporte point. Il est, de plus, prouvé que, dans ce dernier système, le gros plomb réussit moins bien que celui de grosseur moyenne, ou même le petit.

Bien que la portée du *choke-bored* ou du *rifled* soit au-dessus de la portée normale du canon lisse, il ne faudrait pas, cependant, nourrir de trop grandes illusions à son sujet.

La portée plein coup d'un *choke-bored* est une moyenne de 42 mètres, c'est-à-dire toute la charge. A 60 mètres, c'est encore un beau coup ; à cette distance le but reçoit une partie de la charge avec une force de pénétration presque double de celle obtenue avec un canon ordinaire. On pourra tabler sur cette vérité. Nous recommanderons de n'utiliser le *choke-bored* qu'au-delà de 30 mètres.

Il n'est pas hors de propos de parler, incidemment, des armes de chasse à canon rayé. La plupart des chasseurs tirent le sanglier, le loup, le cerf, en un mot tous les grands animaux, avec des armes à canon lisse, chargées à balle. Il y a là danger pour le chasseur lui-même et pour ses voisins, car les ricochets des balles rondes sont particulièrement à craindre. Une balle sphérique est susceptible des plus grands écarts, elle peut revenir en arrière, aller à droite ou à gauche, etc. L'arme rayée, à projectile cylindroconique, expose à beaucoup moins de dangers, en outre, elle favorise la précision du tir. Mais bien des chasseurs ne possèdent qu'un fusil, d'autres hésitent à faire l'acquisition d'une carabine dont l'usage est loin d'être quotidien. Voici un moyen terme moins dispendieux, auquel on pourrait s'arrêter. Lorsqu'on commandera un fusil, il suffira de faire faire un canon supplémentaire s'adaptant à la même monture, comportant un canon rayé et l'autre lisse. On aura ainsi deux armes sur la même couche, ce qui est très important, et cela pour une différence de prix insignifiante.

Il nous reste à dire quelques mots sur la longueur des canons.

Cette longueur doit être telle que toute la charge de poudre ait le temps de se comburer entièrement à l'intérieur, avant que le projectile ait franchi l'orifice de l'arme. Elle variera pour le calibre 12 de 65 à 70 centimètres; pour le calibre 16, de 70 à 72 centimètres. Plus la poudre que l'on emploiera sera vive, plus le canon pourra être court. Un canon trop long ajoute inutilement à la lourdeur de l'arme, ne rend pas la portée meilleure, fait baisser le coup.

Le fusil étant le bijou du chasseur, il est tout naturel que celui-ci mette sa coquetterie à l'entretenir en bon état, d'autant mieux que cette coquetterie, qui n'a de superficiel que le nom, concourt à le conserver indemne de détérioration. Un fusil maintenu en bonne tenue, non seulement fait honneur à son possesseur, mais encore donne, sous tous les rapports, des résultats bien meilleurs que l'arme dont l'entretien aura été négligé. Fonctionnant toujours irréprochablement, il nécessitera rarement une réparation; il s'usera beaucoup moins, et, si c'est une de ces armes de choix que nous avons indiquées, il fournira toute la carrière d'un chasseur.

Avec les armes modernes, sans culasse adhérente, les soins à donner sont à la portée de tous. Ce parfait entretien exige peu de temps si on a soin de nettoyer l'arme couramment, c'est-à-dire chaque fois que l'on s'en est servi.

Tout d'abord, il convient, lorsqu'on revient de la chasse, de passer, à l'aide de la baguette *ad hoc*, un chiffon de laine dans les canons afin de les déterger de la crasse adhérente. Après avoir passé ce tampon deux ou trois fois, on glissera un nouveau morceau de laine, imbibé d'huile à base de pétrole ou de pétrole pur. On aura aussi soin d'essuyer les parties métalliques de la garniture, ainsi que la crosse; après quoi, on repassera légèrement un chiffon graissé de la même huile. C'est là le nettoyage ordinaire.

Pour le grand nettoyage, on démontera le canon, que l'on décrassera au moyen d'une brosse en crin, après quoi on passera à plusieurs reprises la houppette d'acier fin afin d'enlever les taches de rouille qui pourraient adhérer aux parois; ensuite on l'essuiera avec un tampon bien sec, auquel en succédera un autre graissé de pétrole.

Pour les fusils à percussion centrale, il est bon de huiler légèrement l'extracteur ainsi que les percuteurs.

Si vous ne devez vous servir de votre arme que dans un temps plus ou moins long, il est de rigueur de ne point la laisser exposée à l'air ou à l'humidité, de la graisser entièrement tant à l'intérieur qu'à l'extérieur et de l'envelopper dans un fourreau de laine.

Il est de bonne prudence de ne jamais retarder le nettoyage : d'abord parce que l'arme laissée sans soins au retour de la chasse, alors qu'elle est humide, soit de la sueur des mains, soit des vapeurs atmosphériques, se rouille et se détériore facilement, ensuite parce que, le lendemain, pour la nettoyer convenablement, il faudra passer trois fois plus de temps ; en outre, le travail sera plus difficile à exécuter.

L'hiver, par les temps de brouillard, principalement dans la chasse au marais, nous engageons les chasseurs à passer une légère couche de graisse ou de pétrole sur les canons, les platines et les garnitures avant de partir pour la chasse. Cette précaution empêchera les canons de se piquer. Quant aux platines, il ne faut y toucher que rarement ; encore dirons-nous à ceux qui sont peu expérimentés sur ce point, de confier leur fusil à un armurier. Plus un canon est fin, plus il doit être ménagé, aussi, en aucun cas, ne doit-on se servir du grattoir en fer ; son usage peut changer la portée de l'arme.

Nous ne sommes point partisan de la coutume généralement adoptée par les chasseurs, au retour de la chasse, de confier leur fusil à nettoyer aux gardes. Ceux-ci s'en emparent avec zèle, il est vrai, pour les *bouchonner*, mais ils n'ont pas toujours le soin que réclame une arme de choix. Quelquefois ils ne sont pas au fait du démontage tout particulier du fusil qui leur échoit, et peuvent fausser les pièces. D'autres les grattent abominablement. Parfois aussi, cette besogne salariée est féconde en inconvénients, tel : l'échange des fusils. Après le dîner, vous montez en voiture avec votre boîte à fusil pour gagner le chemin de fer. Arrivé chez vous, vous vous apercevrez que dans votre boîte se trouve une arme qui n'est plus la vôtre !

Ce sont là petits incidents qui ne sont pas toujours plaisants.

CHAPITRE VII

Tous les fusils ne s'accommodent pas de la même charge de poudre ; car non seulement ils sont de taille différente, mais encore parce que, si je puis m'exprimer ainsi, deux armes de même taille, de même force, ne sont pas toujours du même tempérament ; le régime de l'une n'est pas applicable à l'autre. Il appartient donc au possesseur de l'arme de se guider sur le calibre, sur le tempérament de son fusil, sur sa propre expérience de chasseur, enfin, sur plusieurs essais successifs, avant de déterminer la charge de poudre noire et de plomb.

A titre de renseignements généraux, voici les charges qui conviennent le mieux aux calibres les plus en usage : il est bien entendu que nous avons en vue les fusils étoffés, de choix, qui ont subi les trois épreuves.

CALIBRE	POUDRE			PLOMB
20	3 gr. $^1/_2$ à 4 gr. $^1/_2$	même 5 avec cartouche longue		20 à 30 grammes.
16	4 à 5 gr.	— 6	—	24 à 26 —
12	5 à 5 gr. $^1/_2$	— 7	—	30 à 44 —
10	8 à 9 gr.	— 10	—	35 à 60 —

Ces dosages n'ont, en réalité, rien d'absolu ; c'est au chasseur décider, d'après ces indications sommaires et plusieurs expériences personnelles, s'il diminuera la charge ; nous disons diminuer, car l'augmentation, s'il y avait lieu, ne devrait être que d'un demi-gramme.

Disons aussi que le dosage se modifie suivant les qualités de la poudre que l'on emploie. C'est à chaque tireur de déterminer lui-même, pour son arme, cette charge-type, qui lui servira de point de départ. Il faut se persuader qu'il n'y a point de charge unique, que celle-ci peut et doit varier suivant la poudre, la température ; qu'elle ne saurait être la même l'été que l'hiver. En l'espèce, la poudre est le facteur premier et mérite une grande attention.

Les poudres sont vives ou lentes : les premières agissent brusquement, les autres progressivement. Dans un canon court, il est bon d'employer la poudre vive ; la poudre lente est préférable dans un canon long. Les poudres françaises à grains très fins sont généralement vives ; les poudres à grains moyens sont d'ordinaire en faveur ; leur principale qualité est d'être bien granulées.

J'ai beaucoup chassé avec les poudres anglaises et belges, je les estime supérieures à nos poudres françaises, bien qu'elles soient brisantes ; mais, comme il est assez difficile de s'en procurer, il faut nous contenter de celles que met à notre disposition le Gouvernement. La poudrière de Sevran-Livry a, pendant quelque temps, livré à la consommation une poudre de chasse se rapprochant beaucoup des poudres anglaises et belges. Cette poudre à gros grains était supérieure à celles mises précédemment dans le commerce.

Depuis, l'État a émis de nouveaux types qui se divisent en deux catégories :

Poudre de chasse ordinaire (fine) ;

Poudre de chasse forte (superfine).

Chacune de ces deux catégories est divisée en quatre numéros.

POUDRE DE CHASSE ORDINAIRE (FINE)				POUDRE DE CHASSE (SUPERFINE FORTE)			
NOMBRE DE GRAINS AU GRAMME				NOMBRE DE GRAINS AU GRAMME			
N° 0	N° 1	N° 2	N° 3	N° 1	N° 2	N° 3	N° 4
800	2,500	5,000	10,000	2,500	5,000	10,000	25,000

PRIX DES BOITES

POUDRE DE CHASSE ORDINAIRE (FINE)....	1 fr. 20	2 fr. 40	3 fr. 90
POUDRE DE CHASSE FORTE (SUPERFINE)...	1 fr. 50	3 fr. »	7 fr. 50

L'Administration a fait connaître, dans sa circulaire, qu'il n'a pas semblé nécessaire de créer des types plus fins que le n° 4 de la poudre de chasse forte, lequel se rapproche beaucoup, à l'aspect, de la poudre de chasse extra-fine, et n'en diffère que parce qu'il contient en moins les très fins grains et quelques gros grains. Si les consommateurs demandent qu'il leur soit délivré des poudres spéciales ne rentrant point dans les catégories réglementaires, il pourra leur être donné satisfaction après autorisation de l'Administration supérieure. Ces poudres seront rangées dans la troisième catégorie, dite spéciale (extra-fine). Du reste, la poudre extra-fine, en usage précédemment, pourra être mise à la disposition des consommateurs.

Après plusieurs expériences faites par des armuriers consciencieux, il a été reconnu que la plus avantageuse pour le chasseur était la poudre commune n° 2. Ce numéro ne donne pas de recul, a plus de pénétration. Si le fusil dont on se sert est un calibre 12, on ajoutera à la charge un quart de gramme ou même un demi-gramme.

La poudre de bonne qualité doit être bien granulée, dure, lustrée, point trop friable ; elle doit s'enflammer instantanément, crasser peu. Afin de s'assurer que la poudre se trouve dans ces conditions, on versera en un seul tas une demi-charge sur une feuille de papier blanc, on y mettra le feu au moyen d'un charbon ; si elle est bien fabriquée à un degré convenable de siccité, elle s'enflammera spontanément, formera un nuage blanc compact, et presque sans déformation si l'on a opéré à l'abri des courants d'air. Après la combustion, le papier ne présentera qu'une tache grisâtre, large comme une pièce de cinq francs, composée de petites lignes semblables à des traits de crayon allant du centre à la circonférence. La mauvaise poudre laisse, sur le papier, une forte tache noire et le brûle par places.

Il n'est jamais prudent de conserver une grande quantité de poudre chez soi. Toutefois, il est bon d'en avoir par avance une boîte ou deux d'un hecto. Maintenue dans un endroit sec pendant plusieurs mois, elle acquiert des qualités supérieures à celle qu'on achète au moment précis où l'on doit s'en servir.

On aura soin de placer sa provision en lieu sûr, éloigné du foyer, afin d'éviter les accidents. On peut la faire sécher au soleil, mais jamais au feu ; il serait téméraire d'imiter ces imprudents qui la versent dans une poêle qu'ils suspendent quelques instants au-dessus d'un brasier. Les plus graves malheurs peuvent résulter d'une pareille tentative.

Nous recommandons les mêmes précautions au sujet des cartouches.

Je ne puis terminer ce que je viens de dire sur la poudre sans toucher un mot d'une invention toute récente, par laquelle on a cherché à détrôner la poudre noire ; j'ai nommé la poudre pyroxylée, ou poudre de bois.

En plusieurs circonstances, j'ai été appelé à dire tout le *mal* que je pensais de cette invention qui a causé plus d'accidents qu'on n'en a enregistrés. A cette occasion, j'ai reçu des lettres de tous les coins de la France, en particulier du Nord, où l'on trouve de bons chasseurs et de fins tireurs, approuvant absolument les théories que j'avais exposées. Un chasseur, notamment, me mandait que, s'étant servi pendant quatre ans de la fameuse poudre sans accident d'aucune sorte, il venait tout d'un coup de vérifier par lui-même que cet engin était des plus dangereux, que dans une même chasse son fusil avait éclaté; qu'un sien ami avait été dangereusement blessé. Il ne me semble donc point utile de répéter ici ce que j'ai déjà écrit à ce sujet.

A nouveau seulement, je consignerai ceci : qu'elle est dangereuse, qu'elle détériore les armes — c'est là son moindre défaut — que la confection des cartouches avec ladite poudre peut causer des accidents, qu'enfin des cartouches conservées en provision sont une menace permanente.

Sa seule qualité est de ne point produire de fumée. Quant aux autres avantages que ses partisans mettent si fort en relief, ils ont été point par point réfutés.

Beaucoup de chasseurs fanatiques des innovations, qui l'avaient adoptée au début, l'ont abandonnée par la suite. J'en donnerai la preuve suivante : Après s'être élevée, en 1885, à 3,091 kilos, la vente de la poudre pyroxylée, pour l'ensemble de la France, s'est abaissée, en 1886, à 2,878 kilos, contre 430,639 kilos de poudre de chasse noire.

Il nous semble qu'il y a là un indice éloquent qui doit nous donner à réfléchir.

La poudre, c'est le souffle; le plomb, c'est la pensée formulée en caractères ineffaçables.

Aussi, le chasseur doit-il être soucieux de la qualité du plomb dont il se sert pour confectionner ses cartouches. On a émis les avis les plus divers sur le plus ou moins d'excellence de la provenance, et l'on n'est point encore d'accord.

Le plomb pur est le meilleur; imbus de ce principe indéniable, beaucoup d'amateurs jettent leur dévolu sur le *chilled-schot*, ou plomb anglais. D'autre part, on a écrit que le plomb pur anglais détériorait promptement les canons fins : ce fait ne nous semble pas prouvé.

Ce qu'il y a de certain, c'est que le plomb pur, plus pesant, conserve mieux sa vitesse. En France, on obtient la dureté au moyen d'un mélange d'antimoine.

7

Cependant, il convient de se méfier du plomb trop dur, car c'est uniquement le poids qui fait la pénétration, sa densité est moindre que celle du plomb pur à égalité de volume. Le plomb pur se déforme facilement, surtout lorsqu'on le tire dans un canon *choke-bored*, tandis que le plomb durci résiste : sa pénétration est plus accusée dans les petites distances. Le plomb durci étant plus léger que le plomb pur, une même charge contiendra plus de graines ; donc il sera plus avantageux, la zone dans laquelle il est efficace se trouvant plus garnie.

Dans les coups de longue portée, le plomb pur a une prééminence marquée ; il est aussi préférable pour les canons lisses : le plomb à mélange d'antimoine réussit mieux dans les canons forés *choke*.

De quelque nature qu'il soit, le plomb doit être dense, absolument sphérique, uniforme pour le même numéro, bien entendu.

La grosseur est déterminée par les numéros ci-après : 0000, 000, 00, 0, 1, 2, 3, 4, 5, 6, 7, 8, 9, 10, 11 et 12.

Plombs de Paris.

Cette désignation, bien qu'à peu près générale, n'est point universelle pour toute la France. Ainsi, dans quelques départements, rares du reste, le numérotage du plomb est en sens inverse de celui adopté à Paris. Les nos 11 et 12, qui représentent, pour la généralité des chasseurs, les grains microscopiques, désignent les plus gros.

C'est aux chasseurs à se renseigner sur la valeur des numéros du plomb en usage dans la localité où ils se trouvent. Sans cette précaution, ils s'exposeraient à des surprises absolument désagréables, surtout s'ils ont recours aux cartouches toutes faites. On s'imagine qu'avec le gros plomb on atteint mieux le gibier, qu'on le foudroie d'une façon certaine. C'est là une erreur des jeunes années !

Le gros plomb conserve mieux sa vitesse, est moins sujet aux déviations que le petit, par conséquent, porte plus loin ; le petit plomb garnit davantage, atteint la pièce en un plus grand nombre d'endroits, d'où il résulte que, dans la plupart des cas, à l'ouverture, le petit plomb et celui de moyenne grosseur suffisent pour arrêter tout gibier.

La grosseur du plomb à employer varie, du reste, suivant les saisons, la nature du gibier que l'on chasse, l'état de l'atmosphère ; on ne saurait, à ce sujet, établir de règle invariable. Voici les plombs auxquels il nous semble que l'on doit donner la préférence :

7 et 8 pour perdreaux, cailles, râles, bécasses, sarcelles, poules d'eau ;

9 et 10, pour bécassines et même les cailles ;

10 et 12, pour le tir des alouettes, grives, sansonnets et autres menus oiseaux ;

4 et 6 pour lièvres, lapins, canards, perdrix, canepetières.

Les n°s 1, 2, 3. sont réservés pour le gibier de marais, de mer, le chevreuil, les lièvres et les renards en arrière-saison.

Les 0000, 000, 00, 0, sont affectés au gros gibier : la biche, le daim, le loup. Le sanglier, le cerf, le chamois, le bouquin se tirent à balles, bien que quelques chasseurs emploient avec succès le double et le triple zéro. La charge à chevrotines est un mauvais coup sans précision, dangereux à cause des ricochets qui, quelquefois, récompense un maladroit et ne paie pas l'adresse d'un bon tireur.

Cela dit, nous engageons les chasseurs à adopter un plomb pour tel ou tel gibier, et à ne point s'en départir.

En agissant ainsi, ils obtiendront une plus grande régularité dans les coups de fusil, ce qui n'est pas sans importance. Quoique les avis soient partagés, nous tenons à insister sur l'avantage qu'il y a à ce que les deux canons de l'arme de chasse soient chargés chacun d'une cartouche de plomb différent : soit, par exemple, le coup droit avec du 8 et le coup gauche avec du 6. En voici la raison. Le coup droit d'ordinaire est lâché le premier, il se tire à meilleure portée sur le gibier courant, tandis que le coup gauche, chargé d'un numéro plus fort, est là pour toute éventualité, soit pour une portée plus grande, soit pour un gibier autre. Ainsi, je tue une caille avec du 8 ou du 9 ; à mon coup de fusil, un lièvre détale à 30 ou 35 mètres, la cartouche de 6 meublant le canon gauche me permettra de l'arrêter.

Il en sera de même pour le marais ; en chassant la bécassine, il peut se faire qu'un canard ou un autre oiseau de forte taille vienne à s'élever des roseaux. Avec la précaution que je viens d'indiquer, je serai en mesure de servir le gros gibier surgissant spontanément, si j'ai réservé le coup gauche pour un tir de pointe.

Les partisans du système contraire se basent sur l'indécision que peuvent produire les canons de l'arme chargés différemment. Je ne crois pas à cette hésitation lorsqu'on a l'habitude de la chasse. Si la pièce part de loin, je presse la détente gauche, voilà tout. J'estime, au contraire, que cette différence de charges dans les deux canons est des plus utiles, puisqu'elle pare à toutes les éventualités (1).

Il ne suffit pas d'avoir une arme excellente, il faut encore qu'elle soit bien chargée. Si la précision et la portée dépendent en partie du fusil, la bonté, ou plutôt l'efficacité du coup de feu, ressort de la façon dont est combinée la charge et de la bonne fabrication de la cartouche.

Le chargement des cartouches est un point important. En dehors de la poudre et du plomb, les deux facteurs d'une bonne charge sont la douille et la bourre. On ne doit se servir que de douilles de première qualité ; pour cela, il faut s'attacher aux meilleures marques de fabrique ; d'autant mieux qu'aujourd'hui cet article vendu partout est descendu à l'état de camelotte. Nous n'admettons les douilles inférieures que pour la chasse aux alouettes, aux grives, en hiver. Hors de là, servez-vous de douilles de bonne marque à carton très résistant, à renfort métallique : celles signées Eley's et Gaupillat ont, à juste titre, la faveur des chasseurs ; je mentionnerai également les douilles belges de Backmann. Lorsque vous vous approvisionnerez de douilles, assurez-vous qu'elles entrent facilement dans la chambre du fusil. Il y a des armes qui n'admettent point les cartouches à bourrelet ; c'est là un avis non négligeable, lorsqu'il s'agit de faire une provision.

On parle souvent des douilles réamorçables. C'est là une *amorce* d'armurier inventeur d'un petit instrument pour réamorcer ; résultat : vendre un article de plus sans compter les amorces : on perd beaucoup de temps sans profit à cette petite chinoiserie, dans l'exécution de laquelle on ne réussit pas toujours ; aussi, pensons-nous que la cartouche brûlée peut être jetée sans regret.

La bourre joue un rôle important dans la confection de la cartouche ; ses bonnes qualités sont pour beaucoup dans les effets du coup de feu. La meilleure est, sans contredit la bourre grasse, épaisse ; elle obture le passage des gaz en les retenant en entier derrière elle pendant son trajet jusqu'à la bouche du canon ; elle rend de tels services dans les canons

(1) Le plomb le plus recommandable est le 6 étoile anglais de Newcastle. Pour 36 grammes il donne 380 grains, tandis que le 6 ordinaire anglais ne donne que 338 grains pour 36 grammes. Seulement le plomb étoilé coûte un peu plus cher, et tous les armuriers n'en tiennent pas. La régularité du plomb de Newcastle est très supérieure à celle du plomb français.

choke-bored que son emploi, dans ce cas, est absolument indispensable ;
puis, elle offre l'avantage de nettoyer les parois du canon à chaque
coup de fusil.

Nous signalerons la bourre de Gevelot : *Elastic Wadding.*

La bourre grasse plate, d'épaisseur moyenne, est bonne à employer
sur le plomb, elle sert à la fermeture de la cartouche.

Il est utile de savoir bien confectionner des cartouches. Il ne s'agit
plus ici de charges à la bonne franquette, comme on s'en permettait lorsqu'on chargeait les fusils à marteau par l'extrémité du canon. Un mauvais
coup, excusable alors, à cause des circonstances dans lesquelles on se
trouvait, et de la rapidité qui, for-
cément, présidait à cette opération
en pleine bataille, n'a plus aujour-
d'hui sa raison d'être. Les coups
préparés à l'avance doivent être
raisonnés.

La majeure partie des chasseurs
font leurs cartouches eux-mêmes ;
c'est là une bonne coutume, d'abord
parce qu'il n'y a que le chasseur qui,
par expérience, puisse arriver à bien
connaître le tempérament de son
fusil, ensuite parce que c'est plus
économique, et qu'enfin on est sûr
du coup préparé.

Pour la cartouche ordinaire :
1° on versera la charge de poudre

A. Poudre.
B. Bourre.
C. Plomb.
D. Rondelle en carton

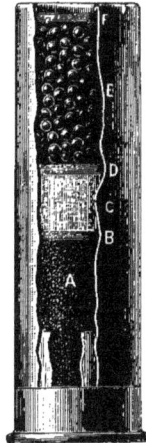

A. Poudre.
B. Rondelle.
C. Bourre.
D. Rondelle.
E. Plomb.
F. Rondelle.

au moyen d'une chargette soigneusement vérifiée, car il est bon de se
méfier des mesures que débite le commerce ; 2° on fera descendre sur la
poudre une rondelle en carton goudronné, imperméable, lequel l'isolera
de la bourre grasse ; 3° cette bourre grasse, une fois descendue bien à
plat, on appuiera légèrement en prenant soin de ne pas trop écraser la
poudre ; 4° on versera le plomb ; puis, après avoir agité la douille afin
d'entasser uniformément les grains, on introduira la bourre de fermeture,
demi-bourre sur laquelle on puisse inscrire le numéro du plomb. Un carton
blanc simple dissémine peut-être plus le plomb, et peut s'employer à

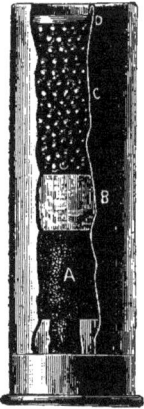

l'ouverture, je pense que la demi-bourre un peu molle, sur laquelle on peut inscrire le numéro du plomb, est préférable. Si elle est mince, on ajoutera un carton blanc ; 5° on sertit. Un sertissage régulier est de rigueur.

La cartouche à l'usage des canons *choke-bored* diffère, en ce que la bourre grasse qui sépare la poudre du plomb doit être isolé au-dessous et en dessus par une rondelle de carton lustré ou goudronné.

Le chargement des cartouches à balles est simple :

1° Verser la charge de poudre ; 2° descendre une bourre grasse bien à plat ; 3° *tasser* légèrement ; 4° introduire la balle ronde ou conique, après l'avoir trempée dans du suif fondu ; 5° étrangler la cartouche à l'aide d'un instrument appelé *étrangleur* sans avoir recours à une bourre quelconque.

On ne doit employer la balle ronde seulement dans un canon lisse.

Pour confectionner des cartouches, il faut être bien outillé : avoir un moule, des chargettes scrupuleusement graduées, un bon sertisseur et un ciseau pour rogner le bord des douilles, lorsqu'il y a lieu.

Nous ne saurions trop recommander la prudence lorsqu'on manie la poudre : il est dangereux de procéder à la fabrication des munitions à la lumière ou auprès du feu, et de fumer pendant cette opération. L'étincelle échappée d'une cigarette peut tomber sur la poudre dont est remplie la sébile, y mettre le feu, et causer de graves accidents de personne. La perte instantanée de la vue n'est pas un des moindres malheurs que peut causer une imprudence.

Il n'y a pas, dans l'espèce, de prudence exagérée : nous prions nos lecteurs de se le bien persuader, et de n'attendre point d'en avoir fait la triste expérience pour s'en convaincre.

CHAPITRE VIII

On naît chasseur, on devient tireur.

Le tir est un art : l'expérience jointe aux dons natifs fait le chasseur ; la justesse du coup d'œil secondée par le sang-froid engendre le tireur. On a fait des traités à perte de vue sur la balistique, assimilant le tir du gibier au tir à la cible, au tir aux pigeons, et l'on a tant soit peu divagué. Nous ne voulons pas dire qu'il ne faille pas se préoccuper de la vitesse avec laquelle un projectile quelconque : balle, plomb ou grenaille, arrive au but. Il est bien certain que l'humidité de l'air réduit les portées ; que le vent violent fait obstacle au plomb ; s'il souffle dans le dos il ajoute à la force de la poudre ; si, au contraire, il souffle dans le nez, il abaisse la charge, et l'on devra tirer plus haut.

Toutes les théories mathématiques applicables au tir à la cible, au tir au posé, sont d'une éxécution difficile à la chasse.

Le tir à la chasse doit être passionnel ; il serait puéril de s'inquiéter outre mesure de la trajectoire.

Les écrits sur ce sujet ne sont point sans valeur ; mais ils ne sauraient être pris à la lettre parce que, à part quelques grandes lignes invariables, reproduites par les uns et les autres en termes différents, ils manquent d'unité, c'est-à-dire qu'ils sont dans leurs détails absolument personnels.

Le tir du chasseur est tout d'appréciation instinctive : la formule la plus précise, en a été donnée par Adolphe d'Houdetot dans son *Chasseur Rustique*. « Si le bon tueur ajuste une pièce, c'est sans ébranlement ; sa main gauche sur laquelle repose le poids du fusil suit les mouvements du gibier... Elle ne s'arrête pas, tandis que la droite attaque progressivement la détente. L'arme obéit avec souplesse, le coup part, la fumée se dissipe. »

Tel est le théorème dont on ne doit point se départir.

La seconde condition *est le sang-froid* sans lequel on ne réussira qu'accidentellement. Se bien posséder, ne point se laisser impressionner par le départ du gibier, tout est là. Ce deuxième précepte n'est pas toujours facile à exécuter pour les tempéraments nerveux, cependant il est un gage de succès : l'impression que cause généralement l'explosion du gibier s'enfuyant de sa retraite est la cause principale des coups manqués, soit seize sur vingt, de la part de chasseurs qui ne manquent pas de justesse dans le coup d'œil.

Cela est si vrai que l'on atteint plus facilement la pièce lorsqu'elle est loin que lorsqu'elle est près de soi ; car l'émotion diminue à mesure que l'objet convoité s'éloigne. Autre considération dans le même ordre : plus le désir de tuer tel gibier plutôt que tel autre est intense, plus ce désir vous paralysera dans les moyens d'exécution.

Ainsi, si c'est un lièvre qui soit l'objectif suprême de vos désirs, vous le laisserez courir indemne malgré vos deux coups de fusil, et vous culbuterez facilement le perdreau qui lui succédera, les conditions de tir se trouvant les mêmes pour les deux pièces, cela, parce que vous aurez été plus fortement ébranlé par la vue de l'un que par celle de l'autre.

Le même raisonnement est applicable à la perdrix si c'est celle-ci qui soit votre *desideratum*.

L'intensité trop violente du vœu passionnel intérieur fait perdre la tête.

Le sang-froid s'acquiert par l'habitude.

On arrive rapidement à se maîtriser en voyant beaucoup de gibier, partant de ce principe, que la cohabitation avec certaines espèces de la société humaine les rend beaucoup moins imposantes que lorsqu'on ne les connaît que par des aperçus fugitifs.

Les natures par trop incandescentes se familiariseront avec le gibier, en fréquentant les endroits où se fait l'élevage, les jardins zoologiques. La vue journalière des animaux que l'on est appelé à chasser assagit l'imagination en lui donnant comme un avant-goût de la possession. La vue d'une couvée de perdreaux, d'un ou deux levrauts, initie aux mœurs de ces bêtes charmantes, habitue l'œil à leurs soubresauts, si bien, qu'en peu de temps, leurs congénères des bois et de la plaine n'affoleront plus les trop nerveux.

C'est en se familiarisant de toutes les manières possibles avec le gibier que l'on conquiert la possession de soi-même, lorsqu'il se présente à l'improviste.

Pour bien tirer, il est nécessaire de posséder un fusil approprié à sa conformation physique. Une arme bien en main, pour ainsi dire intime, parfaitement équilibrée, point trop lourde, compte pour beaucoup dans le succès. Ce fusil acquis, exécutez fréquemment, lentement d'abord, puis rapidement les mouvements de mise en joue : fixez un point quelconque à droite, à gauche, en bas, en haut, en faisant le simulacre de tirer : habituez-vous à pivoter vivement sur vous-même, particulièrement de gauche à droite, car c'est là la conversion la plus difficile à exécuter. Le pivotement sur soi-même de droite à gauche est des plus faciles, parce qu'il est naturel ; en sens inverse, le corps entier doit se mouvoir, il est, par conséquent, plus malaisé de suivre l'évolution du gibier.

Dans les exercices préparatoires, comme en chasse, la première préoccupation est de bien épauler. Pour bien épauler, il faut que la plaque de couche soit placée d'aplomb dans le creux de l'épaule, position que l'on obtient d'autant plus facilement que le coude droit est relevé à la hauteur de l'épaule. On aura soin d'élever l'arme horizontalement, c'est-à-dire parallèlement au rayon visuel. L'exécution de la manœuvre est irréprochable lorsque l'œil arrive au point de mire en même temps que la crosse à l'épaule.

Quant à la position du corps, la meilleure est la plus naturelle, étant donné le terrain sur lequel vous vous trouvez. La théorie de la posture : le pied droit porté en arrière et à droite du gauche, est bonne pour le *stand*, mais peu praticable en chasse où l'on doit manœuvrer naturellement sans que le corps soit gêné.

Il y a deux manières d'épauler :

La première, adoptée par les Anglais, qui convient parfaitement aux armes à crosse droite, consiste à mettre vivement le fusil à l'épaule, tout en maintenant le canon dans la direction du but, le coude relevé pour conserver l'aplomb, et à presser la détente. Ces deux mouvements s'opèrent simultanément. Au préalable, le chasseur fixe la pièce la tête haute, afin d'en suivre tous les mouvements. En tirant, on tient la tête droite. Dans cette façon de tirer, le bras gauche est allongé pour soutenir

8

l'arme. On ne cherche pas le point de mire, c'est le bout du canon qui seul détermine la direction du coup de feu.

La seconde méthode d'épauler, dite méthode française, convient particulièrement aux armes à crosse pentée. Dans l'application de cette autre méthode, la main gauche, en avant du pontet de sous-garde, soutient l'arme; le coude gauche est serré contre la poitrine, la joue du tireur accole celle de l'arme. Cette seconde manière favorise le tir à longue portée.

Je crois que l'on peut allier les deux méthodes.

Lorsque le gibier paraît, regardez-le bien les deux yeux ouverts; de cette façon vous envisagerez la pièce dans tous ses mouvements et dans ses tendances. Épaulez rapidement, ne fermez l'œil gauche que lorsqu'il sera temps de concentrer votre rayon visuel sur le gibier bien en vue; attaquez progressivement la détente en suivant l'objectif avec le canon. Cette opération très pratique ne retarde point le coup; pour le chasseur expérimenté, c'est l'espace d'un éclair; pour le débutant, elle a l'avantage d'apaiser son émotion avant de lâcher le coup. Une fois que l'on est maître de ses sens, l'arme obéit avec souplesse.

N'oublions pas que le tir a ses inspirations, son génie; un bon tireur a ses principes, mais il règle son tir suivant les circonstances. Il en est qui ne mirent point et jettent le coup soudainement comme par intuition; d'autres, doués d'un sang-froid excessif ne cherchent que les coups sûrs à longue distance, les coups bien visés.

Le tireur au vol doit avoir du tempérament, du talent, et bien que nous insistions d'une façon toute spéciale sur le calme nécessaire, nous ajouterons que, dans le tir de la plume, la fougue, la passion, la fièvre, sont qualités nécessaires. Une certaine exaltation contribue au succès; il n'y a point là contradiction. La fougue caractérise le tireur brillant : sous l'empire de la passion, l'émotion disparaît, les facultés deviennent plus vives. Le tireur passionné tire plus vite, profite de nombreux coups perdus pour le chasseur ordinaire, par ce fait que le coup est différent pour chaque *nouvelle* pièce qui part : il obéit à l'inspiration.

Il y a tireurs et tueurs.

Les premiers savent bien placer un coup de fusil à distance, ce qui est la grande joie du chasseur dilettante! mais ils manquent quelquefois; les seconds sont les tueurs; ils tuent très fréquemment, ils assomment. Les coups de longueur flattent les instincts délicats du chasseur; mais celui qui ne s'attacherait qu'à ces coups séduisants, risquerait de tirer rarement et de ne pas briller par le nombre de pièces abattues. Il faut donc qu'il s'exerce à savoir jeter son coup de fusil. Le coup de feu rapide est indispensable au bois, en particulier à la chasse au lapin. Ce tir enfiévré, rapide, s'apprend par la pratique. La difficulté de ce tir spécial qui, dans les débuts, paraît insurmontable, est fort vite vaincue.

Résumons les principes fondamentaux pour acquérir un bon tir :

1° Bien épauler; 2° ne pas se presser; 3° apprécier les distances.

Il ne faut point oublier que la portée d'une arme est d'au moins 40 mètres; qu'on a tout le temps de viser. Il vaut mieux tirer à 40 mètres qu'à 20: il y a dix chances d'atteindre le but, tandis qu'il n'y en a qu'une en tirant de trop près. Ce qui est vrai pour le petit gibier, l'est davantage pour le gros, parce qu'il s'agit d'atteindre la bonne place, donc : il faut viser juste.

En thèse générale, couvrez la pièce : si c'est un lièvre défilant devant vous, ne voyez que les oreilles; si c'est une perdrix, tirez en plein corps : le canon du fusil doit vous cacher une partie du gibier.

On distingue trois sortes de portées :

1° Le but en blanc, est la portée à laquelle on tire sans tenir compte de l'attraction terrestre : 25 mètres;

2° La petite portée est celle à laquelle, en tirant bien, on atteint mortellement le gibier, entre 25 et 40 mètres; c'est la portée la plus sûre;

3° La longue portée est celle où l'on tire au delà de 45 mètres; dans cette portée, les chances de tirer sont dans le rapport de trois coups de feu pour une pièce abattue. A 45 mètres, le coup baisse d'environ 10 centimètres, à 65 de 20 centimètres au moins.

L'appréciation nette des distances demande une certaine habitude.

Les différents états du ciel, la brume, le temps clair, le soleil du matin, le soleil couchant, les surfaces planes, les terrains accidentés, la pièce vue d'en haut ou d'en bas, sont autant de causes d'erreurs d'optique.

Voici quelques observations qui serviront à l'appréciation des distances :

Lorsqu'un gibier quelconque : lièvre, faisan, chevreuil, perdrix, canepetière, est vu dans sa grosseur normale, il est à portée ; vous pouvez tirer avec chance de réussite ; si, au contraire, il vous apparaît plus petit ou plus gros, ne tirez pas.

Un gibier peut paraître plus gros lorsqu'il passe à l'horizon ou sur une éminence, s'il est éclairé d'une certaine façon par le soleil. Dans ce cas, on le voit plus gros, mais on ne le distingue pas mieux, c'est là le critérium. Au contraire, il se présente plus petit si c'est à cause de l'éloignement réel ; alors, il convient de s'abstenir. Mais il peut arriver aussi que la cause apparente de petitesse provienne du milieu dans lequel il se trouve. Les sous-bois sont des trompe-l'œil.

En plaine, en plein air, sur les surfaces unies, quand il ne se trouve pas de bois pour opérer des jeux de lumière, on juge aisément de la grandeur réelle.

Une autre observation qui ne trompe point, c'est la couleur. Tout chasseur a nettement précis à l'œil le pelage ou la plume du gibier qu'il chasse. Or, quand le pelage ou la couleur de la plume apparaît nettement, la portée est bonne.

Je regarde la vision précise de la couleur d'un animal, comme un des témoignages les plus probants de la distance réelle. Une perdrix dont on distingue bien la couleur des plumes est à portée ; si l'on voit la tête et le bec, à plus forte raison. Un lièvre dont vous pouvez dire : il est blond ou il est gris, doit être tiré : il ne se trouve pas à plus de soixante pas. Lorsqu'il passe en travers, si vous distinguez son épaule, il est à bonne distance.

Toute perdrix *isolée* dont on entend le vol est encore à distance voulue. Il n'en est pas de même lorsque c'est une compagnie dont l'essor se fait entendre de loin.

La nomenclature des points de repère pour la constatation des distances est facile à retenir : la grosseur, la couleur et le bruit.

La couleur ne trompe jamais, elle s'applique plus aux moyennes distances que la forme naturelle, laquelle se précise de plus loin et fournit, par conséquent, un diagnostic plus étendu.

Cela dit pour ceux que paralysent des éloignements fallacieux et qui se privent de bons coups de fusils ; mais il ne s'ensuit pas que l'on ne doive tirer qu'à des distances que l'on pourrait appeler épinglées.

On ne se repent jamais d'essayer un coup de longueur. Un plomb va loin et vous récompense de ce que l'on pourrait appeler de l'audace. Celui qui tire raisonnablement à toutes les distances, est sûr de rapporter à la maison plus de gibier qu'un timide qui n'ose risquer un coup de fusil. En chasse, il ne faut pas craindre de tirer.

La bonne portée, pour un lièvre, une perdrix, un faisan ou une caille, est de 25 à 40 mètres avec les plombs 7, 6 et 4.

Nous avons longtemps pensé, avec beaucoup de nos confrères, qu'un tireur, qui avait manqué une pièce de son premier coup, devait épauler de nouveau s'il ne voulait pas rester dans la chance défavorable.

Des observations récentes m'amènent à dire que cette mise en bas de l'épaule de l'arme, une réelle perte de temps, n'est point indispensable. Il suffit d'ouvrir les deux yeux à nouveau afin de bien distinguer le but ; lorsqu'on refermera l'œil gauche, la ligne de tir sera rectifiée.

On peut réduire les coups à quatre espèces : le coup droit, quand le gibier fuit devant le chasseur ; le coup oblique, lorsqu'il part à droite ou à gauche ; le coup perpendiculaire, lorsqu'il passe au-dessus de la tête du chasseur ; le coup plongeant, quand il descend au-dessous du chasseur.

Dans les coups obliques, il faut viser la pièce en tête si la distance ne dépasse pas 25 mètres ; mais, si la course ou le vol sont rapides, visez à 30 ou à 40 centimètres en avant ; au cas où la distance serait de 45 à 50 mètres, il faudrait ajouter 8 ou 10 centimètres.

On ne doit jamais hésiter à tirer à 60 ou 70 mètres un gibier passant en travers ; c'est dans cette position que l'animal est le plus vulnérable ; souvent de semblables coups à grande distance réussissent. Dans les coups plongeants il est nécessaire de viser en avant et au dessous.

Le coup perpendiculaire n'est autre que le coup dit « coup du roi », par abus de langage. Il faut tirer un peu en avant du bec. S. M. Charles X, un bon tireur, excellait dans la pratique de ce coup perpendiculaire, et c'est en son honneur qu'il a été, par la suite, appelé le « coup du roi ».

Le coup double ne consiste point à abattre plusieurs pièces du même coup.

Pour le coup double, les pièces de gibier peuvent partir simultanément, ou l'une après l'autre, dans la même direction ; ou, l'une à droite, l'autre à gauche, mais les deux coups de feu sont indispensables.

Quand, d'aventure, un coup de fusil chargé à grenaille fait tomber six et même huit pièces d'un même volier, soit d'étourneaux, de pluviers, ou d'alouettes ou de ces oiseaux qui volent en compagnies compactes, on a fait ce qu'on appelle un beau coup de fusil, mais point coup double, lors même que l'on aurait lâché les deux coups.

S'il m'arrive d'abattre du même coup deux perdreaux se croisant, j'ai fait tout simplement un coup heureux, bien que le coup de fusil ait été voulu et que je l'aie combiné pour obtenir ce résultat.

Le doublé est le triomphe du tireur se possédant admirablement, choisissant ses pièces sans trouble, de quelque côté qu'elles viennent et quelle que soit leur nature ; il ne saurait être assimilé à ces coups de chance que le hasard offre quelquefois aux plus inexpérimentés.

CHAPITRE IX

Les chiens. — Le chien, ami dévoué de l'homme. — Coadjuteur précieux du chasseur. — Chiens d'arrêt a poil ras. — Chiens a longues soies. — Français. — Anglais.

Au point de vue passionnel, le chapitre traitant la question des chiens nous paraît être un des plus intéressants d'un livre consacré à la chasse. Le chien, c'est l'ami de l'homme, le coadjuteur le plus précieux dont le concours double le plaisir de la bonne vie en plein air.

Entre tous, le chien est l'animal qui perçoit le plus vivement et associe le plus nettement les idées, ce qui me conduit à dire que c'est le plus intelligent des animaux.

Il se souvient, donc il pense.

Il reconnaît les amis de son maître, manifeste une aversion instinctive pour les ennemis que ce maître a pu accueillir sans défiance.

En dépit de son nom, dont un abus de langage a tiré une qualification déshonorante pour les malandrins de l'espèce raisonnante et parlante, le chien est un noble animal, essentiellement bon, dont la vie toute de dévouement est pleine d'enseignements.

« L'homme trouvant cet animal si merveilleusement disposé à lui obéir, dit M. de Quatrefages, semble s'être complu à le mettre à l'épreuve. Il lui a *tout* demandé, il en a *tout* obtenu. Pour lui, ce bon entre les bons, s'est fait bête de somme, bête de trait, de guerre, de garde, de chasse, de défense, d'écurie et de boudoir. Avec lui, il a émigré d'île en île ; partout l'homme l'a à ses côtés, toujours utile, parfois indispensable, satisfaisant à ses caprices de luxe et à ses plus impérieux besoins. »

Le chien, c'est la bonté passive dans tout ce qu'elle a de plus élevé : quant à son utilité, elle est aussi grande que celle du cheval.

Le chasseur dit : « Mon chien et moi ! » Il a raison. Que d'hommes n'ont jamais eu pour ami que cette excellente bête, la plus sagace, la plus intelligente, la plus fidèle que la création ait produite. A chaque heure, il donne une leçon à l'humanité. Vivant, il nous aime, que nous soyons pauvres ou riches ; en expirant, il nous chérit ; il meurt quelquefois pour protéger son maître ; il participe de notre vie tant pour la douleur que pour le plaisir.

L'histoire témoigne du cas que les hommes les plus dignes de ce nom ont fait de lui. Princes, poètes, savants, lui ont assigné la première place parmi les animaux ; saint Basile, saint Ambroise l'ont apprécié comme il le mérite.

S'il n'est pas un animal, quel qu'il soit, qui n'atteste clairement la prévoyance attentive de l'organisateur de ce monde, le chien doit être regardé comme étant dans le mode majeur dans l'échelle de ces auxiliaires. Pour mon compte, je ne connais pas d'animal qui manifeste d'une façon plus lumineuse la sollicitude de la Providence à notre égard.

D'où vient le chien ? Quelle est son origine ?

Descend-il de l'*adive ?* espèce de chacal qui s'apprivoise facilement, lequel, d'après les *Chroniques de France*, les femmes de la cour de Charles IX possédaient en guise de chien. Qu'importe ! Le chien a été le compagnon de l'humanité dès son berceau, et l'Écriture rapporte qu'un de ces fidèles animaux veillait auprès du cadavre d'Abel.

Ce qu'il y a de certain, c'est que le chien est l'animal qui a subi les plus profondes modifications suivant les climats, la façon dont il a été traité et, par suite, de croisements successifs. Nous en avons une preuve palpable dans les espèces obtenues depuis le commencement du siècle par les Anglais. Il a allongé, effilé ses jambes pour les besoins du service ; il s'est rapetissé, a contourné ces mêmes jambes, afin de se glisser dans les broussailles et d'entrer dans les terriers ; son ossature s'est développée, sa soie s'est épaissie et allongée aux approches du Pôle nord en vue des intempéries des saisons, et aussi, en vue du travail qu'on exigeait de lui ; il s'est affiné, au contraire, est devenu délicat, alors que nous lui demandions un service de plaine sous un ardent soleil. En un mot, il s'est métamorphosé au gré de chacun, en vue de nos besoins multiples : de là, les espèces qui divisent le genre.

Nous allons nous occuper présentement des chiens d'arrêt, collaborateurs du chasseur à tir. Dans des chapitres spéciaux consacrés à la vénerie, nous parlerons des chiens courants.

Après le fusil, le jeune homme ne désire rien tant qu'un chien.

A côté de l'utilité incontestable de l'animal dont, par avance, il s'est parfaitement rendu compte, son désir s'accroît par le sentiment instinctif de la domination. Or, la première jouissance de l'homme dominateur, est de faire acte, sur un être vivant, de l'apanage qui lui a été octroyé : la possession d'un fusil est le rêve accompli, la possession d'un chien est la joie complète. Le fusil, si séduisant par lui-même, parce que, à proprement parler, il n'est pas absolument inerte ; que sa fabrication et la poudre lui donnent, par instants, des éclairs de vie, a contre lui l'infériorité éternelle de l'objet en face de l'être vivant. Le chien est, pour ainsi dire, le certificat d'homme.

Si le chien se présente sous la forme d'un esclave soumis, il sera bientôt l'ami, le conseil. Son naturel impressionnable se modifie suivant les circonstances, il se fait le serviteur dévoué de qui veut bien l'aimer.

Avant d'entrer dans les considérations qui doivent présider au choix de ce coadjuteur de tous les jours, nous allons nous occuper des différentes races et des qualités afférentes à chacune.

Les chiens d'arrêt se divisent en deux espèces : les chiens à poil ras, les chiens à poil long, autrement dit, les braques, les épagneuls lesquels se subdivisent en chiens français et en chiens anglais, sans compter deux types étrangers que nous mentionnerons, afin que la nomenclature soit complète.

CHIENS FRANÇAIS

BRAQUES

ÉPAGNEULS

Le vieux braque français.
Le braque français.
Le braque sans queue du Bourbonnais.
Le braque Dupuy.
Le braque bleu d'Auvergne.
Le braque de Toulouse et de l'Ariège.
Le braque Saint-Germain.

L'épagneul de pays.
L'épagneul de Pont-Audemer.
Le griffon.

Le barbet.

CHIENS ANGLAIS

CHIENS A POIL RAS

ÉPAGNEULS OU SETTERS

Le pointer.

Le setter anglais.
Le setter gordon.
Le setter Laverack.
Le red-irish setter.
Retrievers.

Le cocker.
Le springer.
Le clumber-spaniel.
Le water-spaniel ou épagneul Mac Carthey.

Viennent ensuite :

Le pointer espagnol.
Le braque allemand.

Tous les chiens que nous venons de nommer sont excellents pour la chasse ; suivant le proverbe, ils chassent de race, il ne resterait donc plus après cette nomenclature, que l'embarras du choix. Cependant, ces groupes contenant des individus ayant chacun ses aptitudes particulières, sa valeur relative à côté de sa valeur intrinsèque, ainsi qu'une conformation différente, nous passerons en revue chaque espèce. Comme on ne saurait apprécier parfaitement un chien qu'en le voyant travailler dans le milieu pour lequel la nature l'a créé et l'éducation l'a formé, je vais tâcher d'énumérer les qualités des espèces, afin que chacun puisse diriger son choix. De plus, à chaque portrait moral, j'ajouterai quelques notes en vue du portrait physique, qui pourront servir de signalement.

LE VIEUX BRAQUE FRANÇAIS

Le braque tire son nom du verbe braquer, en latin *librare*, qui signifie balancer ; en effet, les chiens de cette race tournent, cherchent, guettent à droite et à gauche. Le vieux braque français, appelé aussi braque Charles X, quand il est moucheté régulièrement sans grandes taches, est le vieux chien de nos pères avec lequel ils chassaient classiquement, alors que la chasse n'était pas devenue un sport. Depuis, ce chien a été amélioré par des croisements, il est devenu le braque ordinaire dont nous parlerons plus loin. Ce gros chien, un peu lourd d'allures, est ordinairement blanc, marron ou marron gris moucheté. On le rencontre un peu partout, notamment dans le Midi.

Il quête au pas, tête haute, évente le gibier de loin, arrête admirablement. Très intelligent, il est attentif à la voix du maître et ne demande qu'à être conduit avec douceur. Il a le jarret solide, ne s'épate point pendant les grandes chaleurs.

La tête est carrée, le museau assez long, les babines tombantes ; les oreilles plantées un peu bas sont longues, grosses, légèrement plissées ;

l'œil brun ou jaune, le cou assez court, la poitrine large, le rein solide, les pattes fortes, le poil gros. Le fouet de la queue est droit. C'est un chien vigoureux, très bon pour un débutant.

LE BRAQUE FRANÇAIS

Les qualités du type que nous venons de décrire se retrouvent dans la race améliorée et généralisée, au point de ne former, aux yeux de beaucoup, qu'une seule et même race.

La tête carrée est forte, les babines tombent comme chez le précédent. Les oreilles sont placées un peu moins bas ; quant au nez, il est brun, bien ouvert ; le rein court et solide ; les pattes fortes ; le fouet gros à sa naissance, plus mince à l'extrémité ; le poil est plus fin que chez l'ancien chien. La couleur varie du blanc marron au marron gris et au marron.

Le braque a le nerf olfactif développé, c'est un chien sage ; bien dressé il peut faire tuer beaucoup de gibier.

Si l'on désire employer le braque au marais, il faut l'y contraindre dès sa première éducation, car il aime peu l'eau par nature ; cependant il s'y fait, et travaille bien dans les joncs. Toutefois, on aurait tort de lui donner trop fréquemment l'habitude du marais, vu qu'une humidité constante lui serait funeste en attaquant les articulations.

La plaine est son domaine : c'est là qu'il brille dans tout son éclat. Bien que vigoureusement constitué, il a l'apparence beaucoup plus légère que le vieux braque ; en réalité, il est plus vif ; ses attitudes sont pleines d'élégance. C'est une bête de premier ordre à cause de sa docilité ; il se recommande aux jeunes chasseurs.

LE BRAQUE SANS QUEUE DU BOURBONNAIS

Grâce à cette particularité qui le qualifie, le braque du Bourbonnais est facile à reconnaître parmi ses congénères ; non qu'il soit privé absolument de queue, mais il n'en a qu'un rudiment.

Le braque du Bourbonnais, malgré cette disqualification, qui contribue encore à donner au corps trapu une allure lourde, est remarquable pour ses qualités cynégétiques.

Cette race existe dans toute sa pureté.

Les signes distinctifs sont : tête carrée, museau long, oreilles plantées un peu en arrière, nez brun, cou épais, pattes fortes, rein court, poil demi-fin. Robe mouchetée de petites taches, à peu près similaires comme grandeur, qui le rendent comme truité sur fond blanc, marron clair ou fauve. Ce braque du Bourbonnais, vigoureux et rustique, est un chien de ressources. En admettant l'hérédité d'écourtement dû, d'après nous, à une habitude d'opération pratiquée sur plusieurs générations, nous dirons que

Braque sans queue du Bourbonnais,
d'après un dessin de Mahler pour l'*Acclimatation*.

écourter ou *essoriller un chien de chasse, c'est le dégrader*. C'est là une manie cruelle qu'ont eue pendant longtemps quelques chasseurs et qui, malheureusement, subsiste encore. Les partisans de l'écourtement se sont retranchés derrière ce fallacieux prétexte, qu'une queue longue en battant les broussailles, provoquait le départ du gibier avant que l'arrêt fût bien établi. C'est là une absurdité qui devrait avoir fait son temps.

Un chien de race est toujours bien proportionné ; la nature fait
bien ce qu'elle fait ; il est absurde de vouloir substituer son jugement
personnel à sa logique créatrice.

LE BRAQUE DUPUY

Cette race, représentée par de grands chiens au pelage blanc et
marron, tire son nom de son créateur, un chasseur du nom de Dupuy,

Braque Dupuy, d'après un dessin de Mahler pour l'*Acclimatation*.

et date de quatre-vingts ans. Doué d'un odorat puissant, ce chien a l'œil
très ferme, évente le gibier de loin. La chaleur ne l'incommode point, il
quête au pas, tête haute, est très résistant. Sa quête est généralement
plus étendue que celle du précédent. La tête est fine et longue, le museau
long, légèrement convexe ; les oreilles longues, un peu plissées, sont

plantées à l'arrière de la tête, le nez est brun, les babines tombent, le rein solide et arqué, les pattes longues et sèches, le poil fin, mais sans brillant. Le braque Dupuy est un bon chien, léger, nerveux, fidèle à son maître, intelligent ; il se dresse naturellement, va à l'ajonc. En chas..., son allure habituelle est le grand trot.

LE BRAQUE BLEU D'AUVERGNE

Son nom lui vient de la couleur remarquable bleue, formée par un truitage blanc et noir avec grandes taches noires. Il a quelque similitude avec les chiens dits de Gascogne. C'est un chien fort sage.

Braque bleu d'Auvergne, d'après un dessin de Mahler pour l'*Acclimatation*.

Bien que fortement membré, il ne manque pas d'élégance. La tête ronde est régulièrement tachetée de noir et de blanc ; le nez est noir, très ouvert ; il a la poitrine large, le cou plutôt court, le rein court et large, les pattes nerveuses, le fouet moyen ; le poil est luisant et fin. Chien élégant et léger. On le croit originaire d'Italie.

LE BRAQUE DE TOULOUSE ET DE L'ARIÈGE

On pense que cette race peu ancienne est issue du croisement de notre braque français avec le Saint-Germain. Le braque de Toulouse n'a certes pas l'élégance de ce dernier ; il s'en rapproche seulement par la couleur. Sa livrée est blanche, marbrée de taches orange.

Il possède des qualités de premier ordre, jouit d'un odorat puissant, a la quête rapide, chasse le nez haut. Il rapporte bien, a une passion marquée pour le lièvre. Son endurance est extrême ; les plus grandes chaleurs ne l'abattent point.

Braque de Toulouse et de l'Ariège,
d'après un dessin de Mahler pour l'*Acclimatation*.

Ce chien a la tête allongée, le museau long et droit. Son œil est particulièrement doux ; les oreilles bien tombantes, un peu tournées, sont attachées à l'arrière de sa tête. Le nez ouvert est généralement rose ou marron très clair ; la poitrine est large, le rein développé, moins long que celui du braque Dupuy, le fouet est légèrement arqué. Les pattes sont fines, le jarret de derrière est bas. Son poil, aux reflets d'argent brillant, est fin. L'ensemble de sa physionomie est bonasse.

LE SAINT-GERMAIN

Ce joli braque blanc et orange est un de ceux qui flattent le plus la vue, tant par la netteté de sa livrée que par la gracieuseté de ses formes.

Braque Saint-Germain, d'après un dessin de Mahler pour l'*Acclimatation*.

Tour à tour classé parmi les chiens anglais et les chiens français, son origine est encore contestée. Nous croyons, cependant, devoir lui assigner une place parmi les chiens de notre pays, pour deux raisons : la première est que cette race florissait sous Louis XV et que, régénérée par le sang du pointer, elle fut présentée à S. M. Charles X par M. de Girardin, son grand veneur; la seconde, c'est que ce chien ne chasse point comme le pointer. Il procède tout autrement.

C'est donc, à notre humble avis, un chien français dont les spécimens premiers ont été conservés par le peintre Oudry, dont les tableaux sont au Louvre.

Adoptés par le roi Charles X qui, après les avoir vus à l'œuvre, n'en voulut plus d'autres, ces chiens firent fureur. Empressons-nous de dire que le Saint-Germain mérite cet engouement; c'est une jolie bête câline, plus facile à dresser que le pointer, chassant au petit galop, s'éloignant peu et d'un flair excellent.

Quant à la dénomination de chien de Saint-Germain ou de Compiègne, ainsi qu'on l'appela quelquefois, elle vient, croyons-nous, de ce que cet animal fut présenté au roi à Saint-Germain, et que c'est dans les tirés de la forêt de ce nom qu'il fit ses premières armes qui lui valurent la faveur de tous. Peut-être aussi est-ce Charles X lui-même qui le baptisa ainsi du nom de l'ancien patron des chasseurs, saint Germain l'Auxerrois, en opposition avec le type du chien courant de saint Hubert.

Les deux chiens du roi s'appelaient *Miss* et *Stop*. La race est aujourd'hui bien fixée.

Ce chien, très remarquable, a la tête carrée, le museau moyen un peu fuyant, le crâne plus bombé que celui du pointer. Les oreilles, plantées haut le coiffent bien. Le nez est d'un rose plus ou moins foncé; — un nez noir est une exception rare — la poitrine est large, le rein de moyenne longueur et arqué; il a les pattes nerveuses et fines; le fouet bas ne dépasse pas le jarret, son poil est fin.

Ce chien élégant, mais un peu capricieux, ne ferait pas bonne figure sous la tutelle d'un novice ; délicat, il professe une vive répugnance pour les ronciers.

L'ÉPAGNEUL DE PAYS

Nous appelons « épagneul de pays » ce bon gros chien blanc et marron, ou marron et gris moucheté, à larges oreilles soyeuses, à physionomie aimable, attirante, duquel sont sortis tant de dérivés en France, en Angleterre, où cette race, tout particulièrement soignée et améliorée, a été la souche des races présentement en vue.

Il en est qui préfèrent l'épagneul au braque, à cause de sa belle fourrure, de sa soumission, de son caractère absolument familial. Plus fidèle que le braque, c'est le chien de partout et de tous; il est indiqué pour le jeune chasseur et pour celui qui, ne pouvant avoir qu'un chien,

10

doit employer le même animal à toutes les besognes : à la plaine, au bois, au marais, aux ronciers et à l'eau.

L'épagneul arrête bien, rapporte à merveille ; extrêmement sociable, docile, sage, se pliant à tous leurs caprices, c'est bien là le précieux ami que recherchent les humbles. Délaissé depuis quelques années, cet animal à longues soies, superbement coiffé, élégant, est séduisant tant par sa tenue extérieure que par ses qualités morales.

Je ne sais s'il reconquerra jamais sa célébrité d'autrefois, mais, certainement, on y reviendra. Il se trouve encore en France quelques belles familles, de cette bonne race conservée par les amateurs, chez lesquelles les qualités qui la distinguent sont parfaitement évidentes.

Le défaut de l'épagneul, — qui n'en a point ? — est d'avoir l'odorat moins développé que le braque, et de ne pouvoir résister aux grandes chaleurs pendant lesquelles il perd de ses facultés : la grande sécheresse l'accable et le rend mou. Ce chien quête sous le canon du fusil, s'éloigne peu ; il barre, balance brillamment à droite et à gauche, broussaille avec entrain, est très courageux.

La tête de l'épagneul est grosse, bien encadrée par de fortes oreilles tombantes, terminées par des soies ondoyantes ; le nez brun est assez gros ; le cou court ; le rein est long, un peu plat ; la patte est fine, garnie d'un cordon soyeux ; le fouet en panache de moyenne grandeur est garni de longues soies qui vont en diminuant vers l'extrémité. L'épagneul convient à la chasse de tout gibier, particulièrement à celle du gibier d'eau.

Tous les épagneuls, de quelque taille qu'ils soient, peuvent être employés à la chasse. Le manque d'exercice, l'excès de nourriture sont nuisibles à cet animal, si chaudement vêtu, il devient alors promptement obèse et perd de ses qualités.

L'ÉPAGNEUL DE PONT-AUDEMER

L'aimable et vaillante bête que ce chien trapu, vigoureux, à tête fine, surmontée d'une huppe, au pelage marron et gris moucheté !

Pour la chasse aux canards, à la bécassine, à la marouette, à tous les oiseaux de marais, c'est un auxiliaire exceptionnel, d'une intelligence hors ligne. Cette race admirable, qu'un instant on avait pu croire perdue, a été représentée à l'Exposition canine de Paris, en 1889, par plusieurs spécimens de la plus grande beauté. Plutôt oubliée que discréditée, cette espèce nous paraît reconstituée dans toute sa pureté, prête à reconquérir la période de juste célébrité qu'elle a eue. Nous souhaitons pour les chasseurs qu'elle redevienne en faveur, l'épagneul de Pont-Audemer étant un chien parfait.

La tête, légèrement pointue, se caractérise par une huppe bien formée. Les oreilles touffues, larges, plantées haut, sont longues. Le nez est brun ; le rein court et solide ; les pattes fortes, nerveuses, sont garnies d'un beau cordon de soie.

Épagneul de Pont-Audemer, d'après un dessin de Mahler pour l'*Acclimatation*.

Son poil frisé est plus bourré que celui de l'épagneul type. Le fouet attaché haut, très garni de poils frisés est de longueur médiocre. Quelquefois on le raccourcit, mais à tort.

LE GRIFFON

Comparé aux deux précédents, le griffon n'a pas autant d'attirance ; sa figure rébarbative, son air inculte, ne permettent pas à tous de l'apprécier à sa juste valeur. Que d'intelligence, cependant; que de bonté sous ces traits hirsutes ! Ce chien courageux, fidèle, infatigable, excellent pour aller à l'eau, barboter dans les marais, pénétrer dans les fourrés inextricables, est le premier des chiens quand il est bon, c'est-à-dire parfait, alors il n'a pas son égal. Malheureusement hirsute de caractère comme d'aspect, il est très difficile à dresser.

Nous avons en France plusieurs espèces de griffons, dont la couleur varie: le griffon de Vendée, le griffon de Bresse, le griffon des dunes de Boulogne, le griffon à poil dur, dit korthal.

Griffon à poil dur, d'après un dessin de Mahler pour l'*Acclimatation*.

La tête de ce dernier est un peu longue, couverte de poils durs formant moustaches et sourcils; les oreilles sont de grandeur moyenne; le nez est brun, les pattes sont fortes, bien garnies de poils durs; le rein est court; le fouet horizontal garni de poils ne forme point panache. Les couleurs préférées sont le gris d'acier avec plaques brunes, ou encore le brun ou gris blanc avec jaune.

Physionomie parlante.

La tête du griffon à poil long a l'aspect plus buisonneux ; le museau, long, est couvert par de longues moustaches ; le nez, blond ou brun, s'ouvre largement. Le brun marron est la couleur dominante de la livrée : poil demi-soyeux, terne d'aspect, lisse ou ondulé.

L'expression d'ensemble est douce, intelligente. Bon pour toute espèce de chasse. le griffon dompté est, grâce à ses qualités natives, un chien inestimable.

LE BARBET

Il serait superflu de s'appesantir sur l'intelligence du barbet. Tout le monde connaît cet animal qui ne paye pas de mine, traverse la vie en philosophe, prodiguant son dévouement à qui le lui demande. Apte à tous les genres d'instruction, il ne se rebute devant aucun travail. ne s'indigne contre personne et, tout crotté qu'il puisse être, n'éprouve aucune humiliation en face de qui que ce soit.

Adopté par les saltimbanques depuis que les chasseurs l'ont délaissé, il n'en garde pas rancune à l'espèce humaine ; demain, il sera notre auxiliaire si nous le désirons. Le barbet, résistant admirablement aux froids les plus durs, est très bon pour la chasse au marais, il nage comme un poisson, poursuit avec une grande sagacité le gibier blessé, le rapporte sûrement.

On pourrait l'employer concurremment avec un chien d'arrêt; il ferait les fonctions de *retriever* pour le chasseur de sauvagine.

Il a la tête ronde. le museau un peu court noir ou brun, des poils couvrant en partie ses yeux, et de longues moustaches pendantes lui donnent un peu de l'air du griffon. Ses oreilles, longues, plates, sont garnies de poils frisés. Le rein est court et vigoureux, le fouet relevé fort poilu, forme crochet à l'extrémité. Le barbet arbore toute les couleurs. Les pattes, grosses et fortes, sont garnies de poil de haut en bas ; sa toison est longue, laineuse et frisée.

Aspect trapu et vigoureux.

LE POINTER

Nous voici arrivé à parler de Sa Grâce le Pointer, le plus brillant des chiens d'arrêt.

Au point de vue de la puissance de son odorat, de ses qualités de premier ordre, aucun autre congénère ne lui est supérieur. Il évente le gibier à des distances extraordinaires, part au galop, prend le vent et tombe hypnotisé en face de la pièce qu'il a éventée. Son arrêt est admirable ; arrivé à distance voulue, il stoppe résolument, le regard haut et flamboyant, le corps allongé, la queue rigide, la patte gauche repliée, tandis que les trois autres pattes foulent verticalement le terrain. Il attend comme pétrifié. Son ardeur ne connaît point les défaillances, sa quête vertigineuse, d'une élégance suprême, est tellement fascinante que parfois on se résoudrait à ne pouvoir approcher du gibier, satisfait que l'on serait du spectacle platonique dont les yeux sont réjouis.

Pointer, d'après un dessin de Mahler pour l'*Acclimatation.*

Ce bel animal, dressé automatiquement, comme le savent dresser quelques dresseurs anglais, n'a point de rival. C'est la perfection dans ce qu'il y a de plus fini, mettant au service de ses qualités natives la science de la chasse la plus accomplie.

Mais, il faut bien le dire, c'est de cette qualité maîtresse de son odorat

extraordinaire, de sa fougue et de la rapidité de sa quête, que découlent
ses défauts. S'il n'a pas été brisé par un dressage rigoureux, toutes
ces qualités si précieuses tournent au détriment du chasseur. Son
tempérament brûlant lui fait oublier le chasseur et ses appels ; il chasse
pour lui. Il part, il est parti ! Quand reviendra-t-il ? Quand bon lui
semblera.

Afin de pouvoir tirer avec lui quelques pièces de gibier, il faudra
attendre que le temps et l'âge l'aient assagi. Cette perspective n'est pas
toujours réjouissante. Et, étant même admis un dressage parfait, beaucoup de ces nobles bêtes, lorsqu'elles ne sont plus sous la main de celui
qui a fait leur éducation, se relâchent et s'émancipent lorsque l'occasion
s'en présente.

Il serait donc mal inspiré, le jeune chasseur qui, à sa première
entrée en campagne, se ferait accompagner par ce brillant batteur
d'estrades !

Le pointer, infatigable, passionné pour la chasse, demande un
maître à sa hauteur ; en outre, il lui faut une terre très giboyeuse.

Non plus, il ne faudrait point l'employer à toute sauce ; il est trop
grand seigneur pour être réduit à l'usage de « bonne à tout faire ».
Ainsi, pour le rapport, il ne s'en montre pas très soucieux ; il s'y fait, mais
c'est contre son gré. En Angleterre, il a son domestique, le *retriever*.
Son ardeur incomparable le dispose bien en faveur de tout gibier, mais il
serait imprudent de ne pas le couper dès qu'il se trouve sur la piste d'un
gibier piétant, tel que le râle de genêt. Les randonnées du roi des cailles
pourraient, par la suite, être funestes à la fermeté de son arrêt, son
ardeur le pousserait infailliblement à courir sur cette piste fuyante. Bien
qu'il chasse admirablement la bécassine, nous engageons fort à ne point
l'employer dans cette chasse, parce que de longues stations dans les
endroits humides donneraient rapidement des rhumatismes à ce chien
d'ordre, fait pour la plaine sèche.

En résumé, le pointer est un gentleman auquel il faut un domaine
digne de son sang. Il appartient à la Chambre des Lords de l'espèce canine.
Il sait ce qu'il vaut, et il vaut beaucoup.

On compte deux races de pointers : les pointers de haute taille et
ceux de taille moyenne.

La robe varie ; il en est de fauves, de blancs, de blancs teintés,
d'autres avec le corps d'une même couleur, la tête et les oreilles marron.

Lorsque le pointer n'est point unicolore, plus les taches de la tête sont régulières, plus il est beau. La tête est carrée ou longue, très accentuée et nerveuse ; l'œil fauve, comme celui du lièvre ; les oreilles fines, bien plantées, souples, tombent à plat ; le museau est droit, le nez noir, large, a les narines très dilatées ; la poitrine est profonde, spacieuse ; les jambes sèches sont nerveuses, le fouet droit, fin comme un nerf de bœuf, est recouvert de poil.

Ce chien est d'une élégance suprême.

LE SETTER ANGLAIS

En anglais, *setter* signifie : chien couchant. Le setter n'est autre que l'épagneul amélioré ; avec des qualités d'endurance supérieures à celles de notre épagneul, il a pris, au-delà de la Manche, divers manteaux de couleur : noir, fauve ou marron. Il est parfois comme truité de petites taches noires sur fond blanc.

Les setters, doués d'un odorat aussi puissant que les pointers, ont des avantages sur ces derniers ; le premier, c'est qu'ils peuvent supporter toutes les intempéries, être employés au marais aussi bien qu'en plaine et dans les bruyères ; le second, c'est qu'ils rapportent parfaitement et sont d'un dressage plus facile.

L'aspect du setter est plus élégant que celui de l'épagneul français ; il a la tête plus fine, plus longue, les oreilles plus courtes ; le corps moins trapu est mieux découpé ; le fouet presque droit a la forme d'une palme. C'est un chien très résistant, plus répandu que le pointer, parce qu'il est bon à toutes les chasses et qu'il est plus docile.

LE SETTER GORDON

Nous tenons en grande estime ce chien d'Écosse, noir brillant, marqué de feu, aussi distingué qu'aimable dans l'intimité. C'est un chien de premier ordre, fort à la mode il y a quelques années, approprié à la chasse française, brillant au marais. J'ai possédé cette race, j'en fais l'éloge sans restriction ; elle va parfaitement à l'eau, arrête bien, rapporte admirablement, a la dent douce. Doué d'une grande intelligence, le Gordon est prudent, méthodique, suit la piste du gibier blessé à travers les méandres des roseaux et ne l'abandonne point ; c'est un des meilleurs chiens de marais. Il n'a contre lui qu'une constitution moins résistante que celle des autres setters, il s'use plus promptement qu'eux à ces rudes labeurs de la chasse à la sauvagine. Les grandes chaleurs le fatiguent, il perd de ses moyens dans la plaine aride et surchauffée ; moins vite, que le pointer, le gordon est apte à toutes les chasses de notre pays ; il fournit un excellent travail en plaine et dans les jeunes taillis. Créée par le duc de Gordon dont elle a conservé le nom, cette race sans cesse améliorée, facile au dressage, donne pleine satisfaction.

Setter Gordon, d'après un dessin de Mahler pour l'*Acclimatation*.

La couleur du setter gordon est noire, avec feu à la tête, aux sourcils, à la poitrine, aux pattes et sous le ventre.

On s'est évertué à dire que les taches blanches, soit à la poitrine, soit aux pattes, étaient un signe d'altération de sang ; les points fixés pour cet animal répudient absolument ces moucherures comme des signes de dégénérescence. C'est là une erreur dont il serait temps de revenir, qui prouve que, parmi les jurés, pour juger les chiens, il se trouve, comme en

11

politique, des sectaires dont la carrière est de lancer, *ex cathedra*, des énormités.

Le poitrail du gordon peut être blanc et les pattes tigrées, partant tricolore, sans que, pour cela, il y ait mésalliance.

Je pourrais citer des chiens de cette espèce, dont le pédigrée est irréprochable, qui offrent cette particularité.

La tête est belle, bien proportionnée, surmontée d'une éminence; l'œil fauve ou bleu très foncé est doux; les oreilles, plantées haut, garnies de poils luisants ondulés, sont de longueur moyenne; le fouet est court, fort à la racine, fin à l'extrémité; le cordon des pattes de devant est long et fourré; ce cordon soyeux, de couleur fauve, contribue à augmenter la séduction de leur parure. L'extrémité des pattes est fauve.

Le poil luisant est d'un noir bleu.

LE LAVERACK

Je n'ai point eu, jusqu'alors, en ma possession de chien de cette espèce, je n'ai donc point pu l'étudier dans sa vie passionnelle, comme j'ai fait pour les pointers, setters gordon et autres; mais j'ai vu de beaux spécimens de cette race travailler en plaine, dans les épreuves de fieldtrials, et je m'empresse de rendre hommage à leurs qualités de premier ordre.

Le laverack est un animal d'une extrême vigueur, à grande quête; il chasse au galop. Il a bon nez, est élégant, a conquis la faveur auprès des amateurs.

Certainement, il arrivera pour lui ce qui s'est passé pour d'autres : la mode inconsciente qui brise tout, le fera délaisser après l'avoir eu pour favori!

Quels sont les grands hommes ou les héros qui peuvent se flatter de n'être pas, un jour, vilipendés?

Toujours est-il que le laverack est un brillant animal, un peu vite peut-être pour nos chasses, mais qui mérite la faveur.

La couleur de ces chiens varie; on en trouve de blancs et orange, de noirs, de blancs piquetés de virgules d'un noir bleu qui leur a fait donner la qualification de blue-belton. Les setters laverack ne diffèrent guère des setters anglais ; ils constituent seulement une famille de chiens améliorés et perfectionnés par le sportsman dont ils portent le nom.

La tête du laverack est fine, longue, très dégagée ; le museau allongé se termine par un nez noir ; le rein est fort ; les pattes de devant sont garnies de ce cordon soyeux, apanage des épagneuls ; le fouet, à peu près droit, est très garni surtout à sa naissance, l'extrémité se termine en pinceau. Le poil, fin, ondule fortement au poitrail et sous le ventre.

Laverack, d'après un dessin de Mahler pour l'*Acclimatation*.

C'est un chien de grand air, et cela sans jeu de mots.

LE RED IRISH SETTER

Cet épagneul irlandais, couleur rouge brique, au nez marron, à l'œil passionné, n'est guère propre à la chasse en France, à moins qu'on ne le destine au marais, son domaine. Encore, faut-il qu'il ait passé par les mains d'un maître dresseur, à cause de sa nature exubérante.

Bien dressé, il est remarquable : ses attitudes sont belles ; violent, il fait l'effet d'un ouragan, et il demeure vaillant jusqu'aux extrêmes limites de sa carrière.

Nous ne le recommandons point aux jeunes gens. La fougue du maître et de l'auxiliaire combinées ensemble ne produiraient que la tempête, il n'en sortirait que des mécomptes.

Red irish Setter, d'après un dessin de Mahler pour l'*Acclimatation*.

LE RETRIEVER

Si je parle du retriever, c'est parce que j'ai dit que le pointer était un grand seigneur, dédaigneux du rapport, et qu'en Angleterre, comme on reconnaissait le bien-fondé de ses goûts seigneuriaux, on s'était empressé de lui donner un domestique, le retriever, dont l'occupation unique consiste à aller chercher le gibier que le très puissant pointer a fait lever et que le maître a abattu. Le retriever n'est autre qu'un chien de rapport qui se tient derrière le chasseur, puis va, sur un signal, chercher la pièce culbutée.

En France, son utilité nous paraît très contestable.

Nous tenons tous à ce que nos chiens rapportent; or, ce grand larbin, se tenant sur nos talons, nous paraîtrait parfois embarrassant.

Cependant, ce chien a sa raison d'être dans les chasses écossaises où le gibier abonde, et où on l'utilise pour accompagner les gardes à la suite des tireurs dans les battues. Avec le dressage méticuleux de leurs chiens, il est admissible que les chasseurs d'Outre-Manche ne veuillent pas que le pointer ou autres chiens d'arrêt compromettent leur éducation automatique, en s'adonnant à plusieurs besognes à la fois. La thèse est soutenable.

Cocker, d'après un dessin de Mahler pour l'*Acclimatation*.

LES COCKERS

Ces petits épagneuls, très prisés dans le Royaume-Uni, accrédités auprès de beaucoup de chasseurs français, sont d'excellents chiens d'une intelligence affinée, d'une énergie à toute épreuve. Quêteurs infatigables, ils pénètrent dans les ronciers les plus fourrés, toujours attentifs à satisfaire le maître.

A la fois chien de foyer, de bois et de marais, cet animal convient parfaitement au chasseur de campagne, qui, chaque jour, prend son fusil pour aller buissonner ou fouiller les bordures d'étang. Quoi qu'il n'arrête pas, ce chien fait tuer beaucoup de gibier : c'est le chien du fourré. Il débusque le lièvre ou le lapin, fait prendre rapidement l'essor à la perdrix.

Les couleurs du cocker sont variées ; on en voit de couleur marron, de noirs, de marrons et blanc. La tête est assez longue, le museau carré, les oreilles sont longues et soyeuses, la queue courte. Ils sont bien bâtis et nerveux.

Water Spaniel, d'après un dessin de Mahler pour l'*Acclimatation*.

Les variations de cockers sont nombreuses : nous citerons le *clumber spaniel* plus long que le cocker, bas sur pattes, la tête très développée, c'est un chien lent et muet. Les clumbers par couples peuvent faire, avec succès, l'office de rabatteurs ; le *springer* est excellent pour la chasse à la bécasse ; le *water spaniel* est un chien type sans égal pour aller à l'eau par les temps les plus durs, sans qu'il en soit incommodé. Ce dernier a la tête large, le crâne un peu relevé en dôme, surmonté d'un toupet finissant en pointe. L'œil vif est couleur d'ambre ; le fouet gros à la naissance se termine en pointe ; la robe

consiste en boucles courtes frisées ; la couleur est foie intense ou
puce.

Quoique d'aspect fougueux dans son ensemble, il est cependant doux.

Les épagneuls d'eau rapportent, ils ne peuvent être surpassés comme
amis et compagnons fidèles.

LE POINTER ESPAGNOL

Après avoir parlé des races de chiens d'arrêt françaises et anglaises,
nous citerons le pointer espagnol, peu connu aujourd'hui en dehors
de la péninsule Ibérique. A cause de ses qualités de premier ordre, il
mérite l'attention des chasseurs.

Doué d'un odorat aussi puissant que celui du pointer anglais, cet
animal l'emporte sur ce dernier par une obéissance passive. Quant à sa
sagacité, elle est au-dessus de tout éloge.

Nous sommes très surpris que, depuis qu'on s'applique à la reconstitution de différentes races des chiens d'Angleterre et d'Europe, on n'ait
pas songé à s'approprier, par l'éducation, ce beau produit de l'Espagne.
Il nous semble que ce type, hors ligne, déjà rare dans sa pureté, par
delà les Pyrénées, soigneusement recherché, serait bien vu par ceux que
la longue quête des chiens anglais épouvante et qui désirent un chien de
haut nez. Le pointer espagnol ne court point, il marche d'un pas régulier,
la tête haute, flairant l'air, et non le sol. On est en droit de croire que
ce chien qui, grâce à sa corpulence, à l'épaisseur de ses membres, et
aussi au climat d'Espagne, se fatigue rapidement, au point que trois ou
quatre heures de chasse par jour lui suffisent, ferait très bonne figure
dans nos chasses sous des zones moins brûlantes.

Il y aurait donc tout avantage à répandre ce bel animal en France.

De haute taille, un peu lourd, ce chien a la tête très forte, le
museau carré et gros ; il a les babines épaisses, les oreilles pleines
retombent en avant; le fouet assez épais est droit.

Physionomie accentuée.

Ce quêteur de premier ordre demande un maître aimant à se donner
de la peine en chassant ; il le secondera merveilleusement.

On comprend que nos pères, pour lesquels la chasse était un plaisir,
au service duquel ils déployaient une activité incessante, en fissent
grand cas.

LE BRAQUE ALLEMAND

Nous ne devons point passer sous silence le braque allemand, un chien de formes lourdes et épaisses, manquant absolument de distinction, mais bon chasseur, dur au travail, sage et apte à toutes les chasses.

La livrée de ce chien est généralement blanc bleu, avec taches noires aux oreilles et sur le corps. La tête large est massive ; les pattes sont lourdes ; le fouet long, épais à la base, se relève légèrement à l'extrémité.

Il n'est point un chien, parmi ceux dont je viens d'esquisser la physionomie, qui ne puisse être un animal de premier ordre, et donner pleine satisfaction au chasseur.

Nous avons les chiens à poil court, en vue de la plaine, ceux à poil long : griffons épagneuls pour les fourrés, les zones marécageuses ; les chiens supportant la chaleur, ceux endurant le froid et l'eau ; les chiens français, les chiens anglais : les chiens à quête restreinte, ceux à longue quête.

Le chasseur, suivant son goût, aura à choisir, dans les deux grandes classifications, l'espèce qui lui conviendra.

Quelles sont les raisons destinées à déterminer son choix ? C'est ce que nous allons tâcher d'examiner, en nous inspirant de ces principes, à savoir : que la race pure est une première condition de succès, en outre, que l'éducation et la cohabitation avec l'homme modifient le naturel des animaux, qu'enfin chaque espèce a sa qualité dominante, chaque individu ses qualités natives.

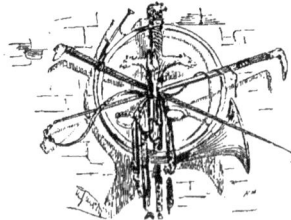

CHAPITRE X

Du choix d'un chien d'arrêt. — Parallèle entre les chiens anglais
et les chiens français

1° Chassez-vous dans les zones chaudes, froides ou tempérées? 2° Le département dans lequel vous chassez est-il boisé? 3° Quel est le gibier dominant dans votre contrée? 4° Chassez-vous en plaine ou en marais? 5° Chassez-vous toute l'année? 6° Est-ce un chien à tout faire que vous désirez? 7° Votre goût personnel est-il pour les chiens à poil long ou à poil ras? 8° Quel prix voulez-vous y mettre?

C'est seulement lorsqu'on est édifié par ces renseignements que l'on peut se permettre de hasarder un conseil; encore ne le soumet-on que discrètement, car il y a une foule de considérations secondaires qui vous échappent. Mais les points que nous venons de consigner sont de la dernière importance; c'est sur eux que l'on doit tabler, lorsqu'on désire acquérir cet ami de tous les jours, ce co-partageant de nos fatigues et de nos joies.

Il serait téméraire de préciser *a priori* quelle est la meilleure espèce de chiens. Il y en a d'excellents dans toutes les espèces; chaque race a ses qualités spéciales; de plus, chaque individu, en dehors des dons inhérents à sa race, en possède qui lui sont personnels.

Quelle que soit l'espèce à laquelle vous vous arrêtiez, choisissez un chien de race. Avec une bête de sang, on ne perd jamais ses peines au dressage. Attachez-vous à connaître les étalons et les lices dont vous voulez un produit; observez le caractère de vos reproducteurs, car les défauts, comme les qualités, se transmettent héréditairement. Choisissez les chiens les plus ardents. On peut toujours modérer l'ardeur d'un chien qui en a trop, d'ailleurs les années s'en chargent; on ne saurait en donner à celui qui en manque.

12

Le vieil adage : « le bon chien fait le bon chasseur » a sa réciproque :
« le bon chasseur fait le bon chien ».

Le chien d'arrêt, chassant avec passion, compte sur son maître,
attend avec fièvre le coup de fusil devant lui procurer le plaisir de
rapporter la pièce qu'il vient d'arrêter.

Tout en priant le lecteur de se reporter à ce que nous avons dit de
chaque chien, en particulier, nous allons résumer les affinités de certains
types, en vue de telles ou telles chasses.

Les chiens à poil ras, bravant les fortes chaleurs, conviennent pour
les plaines découvertes et arides.

Les chiens à poil long résistent au froid, vont à l'eau, sont, par
conséquent, destinés aux marais, aux ajoncs et aux fourrés.

Le chien français est indiqué pour les chasses de petites dimensions
et coupées ; quêtant sous le fusil, il convient généralement.

Les chiens anglais, séduisants par leurs grandes allures, la finesse
de leur odorat, doivent être réservés pour les plaines giboyeuses d'une
certaine étendue, affectées aux grandes cultures.

Le braque français quêtant au pas, d'un arrêt sûr, docile, est très
apte à accompagner un débutant.

L'épagneul français, le plus aimable des chiens, rapporte à merveille ;
avec lui on peut chasser partout : en plaine, au bois, au marais ; il donne
beaucoup de satisfaction, et peut être regardé comme le chien à tout
faire ; c'est sur le braque français ou l'épagneul qu'un chasseur modeste
devra arrêter son choix. Le braque pour les terrains montueux, pierreux,
l'épagneul pour les contrées humides. Un chien sage, d'un tempérament
formé, de quatre ou cinq ans, rendra plus de services à un commençant qu'un jeune chien.

Les chiens anglais : pointers, setters, les griffons, demandent un
chasseur chevronné ; un guide inexpérimenté ne viendrait point à bout
de leur tempérament fougueux, parfois capricieux. Ces deux races, à
grande quête, seront comme les fusils de luxe, la récompense de
plusieurs années de pratique, et réservées pour les chasses particulièrement protégées par saint Huber

Ne prenez jamais un chien médiocre, il tient la place d'un autre et ne
vous donnera que des ennuis. Pour la chasse, les races pures sont plus
intelligentes que les autres. Les deux signes les plus caractéristiques du
sang sont : la tête et le fouet.

Un chien qui a une jolie tête, le museau bien ouvert, dont le fouet est indemne de toute critique, est, dix-huit fois sur vingt, un bon chien, très près du pur sang. Les qualités chasseresses passent de génération en génération, à dose native d'abord, puis à dose qui s'accroît par l'éducation et par la pratique de la chasse.

Si l'on vous présente deux produits de race pure, l'un appartenant à un étalon et à une lice de haute filiation, conservés uniquement pour la reproduction; l'autre provenant de chiens chassant constamment, choisissez ce dernier. Le produit d'une chienne qui chasse beaucoup est préférable au produit d'une chienne sédentaire; le sang transmettant les qualités d'éducation, son dressage sera plus facile, sa sagacité se développera plus vivement.

On prétend qu'il vaut mieux avoir une chienne qu'un chien. Je le crois; j'ai eu en grande partie des chiennes, et je m'en suis toujours bien trouvé. Je pense que la femelle a des qualités supérieures à celles du mâle; elle est plus attentive, plus aimable, plus affinée. Il est bien entendu qu'elle exige une grande surveillance; il serait lamentable de la laisser marivauder. Non plus que dans la société, il ne faut souffrir de mésalliances entre vos chiens. Un pointer se mésallierait même avec un setter, celui-ci fût-il de haute lignée! En cela la plus stricte observation des convenances est exigée.

Un chien parfait n'a pas de prix.

Des pointers, vainqueurs aux expositions et aux field-trials, ont atteint le prix de 10,000 francs. Le prix moyen d'un de ces animaux bien dressé varie entre 25 et 50 louis. Il en est de même pour les setters, notamment les laveracks.

Les prix des chiens français sont loin d'être aussi élevés, si j'en excepte le Saint-Germain.

Un braque parfait se vend en moyenne 20 louis. Quant à l'épagneul, c'est le plus abordable.

Un griffon excellent, travaillant en plaine comme au bois et au marais, est inestimable.

Un bon chien peut quelquefois ne coûter que 100 à 150 francs; quel que soit le prix que l'on vous fasse, ne commencez pas par le discuter. Prenez le chien à l'essai huit jours; après, vous serez édifié sur la bonne foi du vendeur. Si celui-ci ne consentait pas à laisser essayer le chien, rompez immédiatement avec cet honorable industriel, ne regrettez point le chien.

Avant de terminer ce chapitre, nous dirons un mot des races anglaises et françaises en général.

England for ever! tel est le mot de ralliement. En dehors des chiens anglais, il n'y a point de salut. Obséquieux envers la mode, nous nous privons des bons chiens français dont nous laissons éteindre les races, et cela pour le plus grand dommage de la chasse qui nous reste. On a fait plus que de se passionner, ce qui, après tout, était bien naturel et ne faisait de mal à personne : il s'est trouvé des sectaires, tellement engoués de l'opinion qu'ils cherchaient à faire prévaloir, qu'ils ont mis au ban des chasseurs ceux qui se permettaient de ne point penser comme eux. Ils ont versé des flots d'encre, pour persuader que ceux qui se servaient de chiens français n'entendaient rien à la chasse.

Nos pères qui, je crois, en savaient autant que nous sur ce sujet, n'ont pas attendu après eux pour éprouver les jouissances les plus vives de ce plaisir charmant.

Ces méthodistes ont fait un bruit tel que leur vacarme eût pu suffire pour dégoûter des pointers et des setters, si ceux qu'ils frappaient d'ostracisme n'avaient, dans leur bon sens, jugé que ces nobles bêtes étaient tout à fait innocentes des sottises de leurs maladroits amis.

Les amateurs de chiens français ont rendu hommage aux qualités hors ligne des chiens d'Outre-Manche ; le ridicule est resté à ces méthodistes.

Depuis vingt ans et plus, les Anglais ont importé les derniers vestiges des nobles races délaissées par nous ; par des croisements successifs, ils en sont arrivés à nous offrir les chiens pour lesquels nous nous passionnons. Ils ont amélioré, là est le secret.

Le pointer, malgré son certificat d'origine, n'a pas toujours la forme idéale du type que nous connaissons. Nous avons constaté, à une exposition de Paris, que les pointers primés étaient loin de ressembler à ce type primitif d'après lequel on a établi les points.

A force de vouloir améliorer, la belle tête de ces nobles bêtes s'était soudain convertie en tête de braque allemand, effet de l'effort tenté pour avoir de la vigueur ! Cette erreur a été reconnue, on en reviendra au prototype.

Pour les huit dixièmes de nos chasses, les chiens anglais sont des cinquièmes roues de carrosse. Ce sont des animaux de parade, moins utiles que nos chiens français.

Ce qu'il faut au pointer, ce sont des plaines très giboyeuses d'une grande étendue. Dans ces chasses minuscules où l'on ne compte que trois ou quatre compagnies de perdrix, un pointer avec ses grandes allures, me fait l'effet d'un cheval de sang attelé à une carriole dans un chemin de traverse.

Soyons pratiques une bonne fois. Si notre bourse ne peut contenir que des pièces de cinq francs en or, ne cherchons point à y introduire des pièces de cent sous en argent.

Je maintiens que, dans la majeure partie de nos chasses, on tuera plus de gibier avec un braque ou un épagneul bien dressés qu'avec un pointer ou un setter.

Dans les plaines du Nord plantées de betteraves d'une grande surface, un pointer fera merveille, travaillera pour son maître. Celui-ci ne se dérangera qu'aux arrêts. Mais, dans nos chasses modestes — elles sont en majorité — quel est le chasseur qui ne préférera pas un chien quêtant à 50 mètres de lui, à ce coursier, tout admirable qu'il soit, mais dont l'ardeur l'éloigne jusqu'à 500 mètres? Avec le premier, il tirera plus souvent qu'avec le second; or, que désire un chasseur? Tirer, tuer, s'il le peut. Dans ces conditions, le chien français lui sera d'un meilleur secours.

Le pointer est un chien que l'on ne saurait trop admirer: brillant, infatigable, doué d'un flair extraordinaire — j'en parle par expérience — auquel il faut un maître de haute volée, de race comme lui, de plus, un large *stand* pour ses évolutions. Il n'épluche pas le terrain; il l'embrasse d'une seule aspiration, reconnaît spontanément le parti qu'il peut en tirer.

Cet hommage rendu, je dis aux chasseurs: point de fausse honte, de sacrifice bête à l'usage. Prenez un chien français, si vous n'êtes pas dans les conditions voulues pour vous servir de cette noble bête. Le chien français présente de sérieux avantages; il est plus près d'un modeste chasseur que ce grand seigneur qui laisse au *retriever* le soin d'aller chercher le gibier. A cottage modeste, il ne faut point un hall construit pour un château.

On peut s'extasier sur un arrêt à 500 mètres; mais, encore un coup, il nous semble que le premier désir du chasseur est de pouvoir arriver à cet arrêt. Plus il est admirable, plus il est naturel de désirer en profiter. Or, la plupart du temps, les perdrix arrêtées prennent l'essor avant que vous ayez eu le temps de faire seulement cinquante pas.

Ce que nous devons priser avant tout, c'est l'arrêt utile, nous permettant de rejoindre le chien et de tirer.

Le braque français allégé, le braque Dupuy, le braque du Bourbonnais, le Saint-Germain, l'épagneul de Pont-Audemer, le griffon, l'épagneul ordinaire, sont des types trop négligés, d'une valeur incontestable.

Nous sommes Français, servons-nous d'armes françaises, de chiens français, chassons à la française. Cette belle chasse de nos pères en vaut bien d'autres.

Je suis, d'ailleurs, convaincu que, dans un avenir peu éloigné, il se fera un mouvement de réaction en faveur du chien français ; ceux qui auront pris les devants, auront montré un certain courage, étant donné le respect humain, cette sotte bête qui empêche les meilleures actions.

Mes plus beaux chiens d'arrêt, jusqu'à ce jour, ont été de race anglaise : une chienne setter gordon, et une chienne pointer, toutes les deux absolument hors ligne ; c'est donc sans parti-pris que je soumets les susdites appréciations au lecteur, afin qu'il puisse en tirer profit.

CHAPITRE XI

On a beaucoup écrit sur le dressage du chien, et l'on peut presque
dire : *tot homines tot sensus !* Les uns préconisent les moyens violents ;
les autres, la douceur tempérée par la fermeté. Nous nous déclarons
absolument partisan de cette seconde méthode, la seule humaine donnant
les meilleurs résultats ; car il ne faut pas oublier que le chien a la bosse
de l'amativité, que ses affections sont vives, ses sentiments plus divers,
plus délicats, que chez tout autre animal. C'est à propos de lui qu'il est
utile de transcrire ici le proverbe espagnol : « Abstenez-vous du bâton ;
avec le bâton, le bon devient méchant, le méchant pire. »

Le but de l'éducation du chien est de développer ses bons instincts
en corrigeant les défauts de son tempérament.

Le premier devoir du professeur est d'étudier le tempérament de
l'élève. En dehors de la race, les animaux, en particulier les chiens, ont,
comme les hommes, des individualités marquées, dont il serait irréfléchi
de ne point tenir compte.

Quoi qu'on en dise, il y a des chiens qui font eux-mêmes leur éducation, semblables en cela à quelques hommes qui, sans avoir fréquenté
l'école, se sont instruits eux-mêmes. Mais c'est là une exception pour
les uns, comme pour les autres.

Cela admis, traçons les grandes lignes du dressage le plus simplement possible. L'expérience du chasseur et l'observation compléteront
ces notes.

Si la première qualité native de l'animal est d'être doué d'un puissant odorat, la première qualité due à l'éducation est la docilité.

Au moindre coup de sifflet, au commandement, à un geste de la main, il doit s'arrêter. Pour obtenir cette obéissance passive à toute épreuve, il est besoin de s'y prendre de bonne heure.

A six mois, un chien est apte à recevoir les premières notions de son éducation. Dès cet âge, vous pouvez l'habituer à vous accompagner, tout en ayant grand soin de l'empêcher de s'écarter et de piquer des courses folles, devant ou en arrière de vous, à travers la campagne. C'est dans vos premières sorties qu'il faut lui apprendre que vous êtes bien le maître, toute résistance est inutile. S'il est timide, ayez égard à cette timidité, usez envers lui de persuasion, comme vous le feriez pour un enfant. Ne vous abandonnez jamais à un mouvement de colère; la colère affole et rebute l'élève en le terrifiant. Après les premières sorties, vous inaugurerez les leçons du rapport. C'est ici que commence le dressage. Jusqu'alors, vous l'avez tenu près de vous dans une douce familiarité, afin d'en faire votre ami; à présent, vous allez lui faire comprendre que vous attendez quelque chose de lui, qu'il vous doit ses services en retour de l'affection que vous lui témoignez. Le chien perçoit nettement les sons, retient promptement les mots, comprend leur signification. Il faut donc un vocabulaire à son usage : ce vocabulaire est plus étendu pour lui que pour aucun autre animal.

Lorsque le psalmiste s'écrie : *Nolite fieri sicut equus et mulus quibus non est intellectus*, il dégage, de ce mépris apparent et spirituel, le chien. En effet, celui-ci a la faculté de saisir, par un travail comparatif qui s'effectue dans son cerveau, le sens des mots qu'on lui adresse.

Tandis que le vocabulaire pour le cheval, le mulet et l'âne, se trouve très restreint, le lexique du chien compte, en moyenne, vingt-cinq à trente mots, indépendamment des phrases courtes. Encore n'établissons-nous pas cette moyenne que pour l'espèce en général; car il y a des individus dont le lexique va bien de soixante à quatre-vingts mots. Le chien saisit à merveille la phrase courte quand elle renferme le mot dominant, si ce dernier est prononcé nettement. Sans doute, il s'occupe peu des conjonctions, des adverbes, des qualificatifs, à moins que ceux-ci ne soient pris substantivement. Il écoute comme le bon nègre parle, et ne se trompe point. Une phrase dite entre haut et bas, lorsqu'il est couché ou lorsqu'on lui tourne le dos, comme si l'on parlait à une autre personne est immédiatement saisie, si elle a trait à lui directement, ou s'il est question de chasse; il suit la conversation. Un chien comprend, mais ne comprend que sa langue d'origine. Un animal élevé avec un vocabulaire anglais [1], a besoin de quelques leçons de traduction pour comprendre les mêmes mots débités en français. Il est donc de première nécessité de toujours se servir des mêmes vocables pour obtenir les mêmes services.

Voici la nomenclature des mots de la première éducation, mots avec lesquels il sera, en peu de temps, aussi familiarisé qu'avec les vocables : son nom et la soupe :

Derrière ; — apporte; — marche; — assis ; — couché ; — cherche ; — donne ; — doucement ; — tout beau ; — prends.

La première leçon de rapport consistera à jeter loin de l'animal que l'on tiendra près de soi une balle en peau ou un morceau de bois. Nous préférons la balle en peau, parce que le contact du bois dur qu'il saisit nerveusement peut lui rendre la dent dure. En outre, nous conseillons beaucoup de varier les objets de rapport ; dès que l'élève commencera à rapporter couramment la balle réglementaire, vous substituerez à celle-ci un oiseau mort ou une peau de lapin bourrée de foin.

Étant donné l'objet que vous désirez faire rapporter, vous le montrez à votre élève et simulez l'action de le lancer. Celui-ci regarde en l'air, puis ne voyant rien s'échapper de vos mains, il attend. Après plusieurs feintes, vous lancez l'objet; presque toujours le chien courra après; s'il n'agissait pas ainsi, vous le conduiriez vers l'endroit où il est tombé et, avec douceur, vous le lui mettriez dans la gueule en lui disant : « Prends ».

Tout en flattant l'animal, vous maintiendrez quelques instants la chose à rapporter dans sa mâchoire, après quoi vous la retirerez très doucement en disant : « Donne ». Cela fait, caressez-le, donnez-lui une petite friandise. Ne s'agit-il pas, dans les débuts, d'exploiter à votre bénéfice les deux passions natives du sujet, à savoir : le jeu et la gourmandise !

Lorsqu'au premier signal il file vers l'objet lancé, le flaire, il convient de lui répéter le mot : « Apporte » ; s'il résistait, il faudrait agir comme précédemment, le ramener à l'endroit d'où il est parti en lui maintenant en gueule la chose lancée. Ce n'est qu'au point de départ que vous lui direz : « Donne ». Quand il rapportera à toute réquisition, vous le ferez asseoir pour vous présenter son butin. Répétez ces premières leçons deux à trois fois par jour, mais que chaque exercice soit de courte

---

[1] Louis XIV regardait l'anglais comme l'idiome créé pour parler aux chiens.

13

durée, afin de ne point le lasser. Il est bon de ne le faire cesser que sur une bonne exécution.

Au mot: « *cherche* » vous donnerez ensuite une extension qu'il n'avait pas encore. Au lieu de lancer ostensiblement l'objet à rapporter, vous le cacherez, au préalable, dans une touffe d'herbe ou derrière un arbre. Accompagné de l'élève, vous l'exciterez en prononçant à plusieurs reprises le mot: « Cherche ». Au cas où il s'obstinerait à ne point se soumettre à cette investigation, vous remplaceriez l'objet à trouver par un morceau de pain frotté de viande ou de fromage. La gourmandise, excitée par l'odorat, fera son œuvre. Brisé à cet exercice, au moment où, découvrant l'objet, il s'apprêtera à le saisir, articulez le mot: « *Tout beau* », afin de le maintenir en expectative et ne le laissez s'en emparer que lorsque vous aurez dit: « *Prends.* »

Une méthode assez pratique pour lui inculquer le sens des mots: « tout beau », est de le faire assister à vos repas. Avec un os tendre de volaille que vous lui présenterez, vous le ferez attendre anxieux par ce vocable que vous répéterez jusqu'à ce qu'il l'ait bien compris. S'il se précipitait sur l'os ainsi offert, une légère tape le rappellerait incontinent à l'ordre.

Toutes ces leçons d'initiation doivent être graduées: on se gardera d'exiger trop à la fois. Procédez par la douceur et l'objurgation, si besoin est, réservez les corrections pour plus tard, dans les cas de récidive. Plus vous exercerez son intelligence, ses sens et sa bonne volonté, plus vous le doterez de qualités.

Pendant ces premiers cours du jeune âge, commandez avec fermeté, en vous gardant de cris trop bruyants, qui n'auraient pour résultat que de l'effrayer et de lui faire perdre la tête.

Les mots: « *tout beau* » sont ceux du vocabulaire qu'il importe de bien faire entrer dans la cervelle de l'élève. Toute la discipline est comprise dans ces huit lettres. Quand un chien, en entendant ce mot, s'arrêtera net, son éducation sera presque faite ; c'est un gage de la passivité voulue pour l'avenir. Avec ces mots, vous pouvez arrêter un chien en veine de courir sus aux poules qu'il rencontre, ce qui produit parfois des mésaventures.

Quant aux corrections, il est indispensable d'y recourir parfois. Le cas échéant, que ces corrections soient justes, jamais brutales. Les moyens de correction sont: le fouet ou la niche où l'on envoie honteusement l'indiscipliné ou l'entêté. Jamais, au grand jamais, vous ne devez tirer les oreilles a un chien : d'abord parce que c'est très douloureux et que vraisemblablement vous n'ambitionnez pas le titre de bourreau, ensuite parce que ce procédé peut amener des maladies incurables. En outre, il ne faut jamais recourir aux coups de pied qui peuvent estropier l'animal ou lui faire venir des tumeurs. Nous protestons également contre cette triste habitude, qu'ont certains chasseurs, d'envoyer un coup de fusil à leur chien lorsque celui-ci s'éloigne trop. Par ce procédé, on peut arriver à dégoûter pour toujours un chien de la chasse. Souvent on le blesse ; quelquefois, le résultat obtenu est de le faire fuir lorsqu'il entend un coup de fusil. La belle avance !

Vient aussi le fameux collier de force !

D'aucuns prétendent qu'un chien n'est jamais bien dressé si l'on n'a pas eu recours à cet instrument ; d'autres répudient absolument ce qu'ils regardent comme une barbarie.

Il y a mieux : un Anglais, William Floyd, un garde-chasse Anglais, qui a laissé une brochure sur le dressage du chien d'arrêt, déclare que, pour sa part, il n'a *jamais employé le fouet en aucune circonstance.*

Cette assertion de la part d'un maître en l'espèce, tranche, selon moi, la question du collier de force.

Lorsque vous irez en plaine, les premières fois, avec votre chien, attachez une simple corde à son collier ordinaire, une saccade sur cette ficelle légère, de 15 mètres environ, l'avertira des manquements qu'il pourra faire, et modérera suffisamment ses emportements.

Dans son livre sur le *dressage du setter*, M. Edward Laverack écrit : « Je fais rarement usage du fouet ou du sifflet, mais je laisse mes chiens exercer leur sagacité naturelle, en déployant leurs ressources pour trouver le gibier ». Méditons ces préceptes d'un éleveur en renom.

Si votre élève, de par sa nature, est destiné à aller à l'eau, il ira naturellement ; pour la première leçon dans l'élément liquide choisissez un temps chaud, afin que votre injonction commence par être un plaisir.

Avant d'entrer sérieusement en chasse avec un jeune chien, il faut se préoccuper de son arrêt. Les époques excellentes pour les promenades en plaine de ce débutant sont les mois de janvier et de février, lorsque les perdrix sont accouplées, ou les mois de juillet et d'août après les moissons, alors que le gibier tient ferme. Menez-le à bon vent ; lorsqu'il tombera en arrêt, approchez-vous de lui en disant : *Tout beau !*

Tenez ferme la corde, et imprimez une forte saccade s'il s'élance au moment où la perdrix s'enlève. Nous résumerons maintenant les points relatifs à l'entrée en chasse.

1° On doit débuter par la plaine, particulièrement sur la plume : perdrix ou caille, mieux cette dernière qui permet de tenir longtemps l'arrêt ;

2° Ne jamais mettre un jeune chien, dans ses premiers essais, sur la piste d'un lièvre dont la fuite à vue pourrait lui donner envie de courir. L'inconvénient disparaîtra lorsque l'animal demeurera impassible devant l'essor esbrouffant d'un voler de perdrix ;

3° Pour le bois, on inaugurera le dressage en tâtant d'abord les bordures ; lorsqu'il se contiendra dans ces premières escarmouches, vous avancerez dans les fourrés. Au début, ne tirez jamais qu'à l'arrêt ;

4° Commencez par faire chasser votre chien seul, afin qu'il ne soit ni distrait ni entraîné par ses congénères.

Un chien ne doit point s'éloigner du chasseur ; c'est-à-dire manœuvrer dans un périmètre d'au delà de 25 à 50 mètres ; il doit marcher doucement ; le nez haut ; pister en zigzags par allures circulaires ; son arrêt doit être solide, ce qui fait dire vulgairement qu'il arrête comme un pieu ; enfin, il doit rapporter le gibier sans le froisser et revenir promptement.

Les noms courts et sonores doivent être adoptés de préférence. Les noms longs à prononcer se perdent dans les couches de l'air, ce qui oblige souvent à n'accentuer que la dernière syllabe. A quoi bon donner des noms multiples et prétentieux tels que : *chelmsford-candidate, Mam'-zelle Nitouche, Black prince of Saint-Maure, Roze of Westmoreland*, etc.

Revenons aux noms anciens d'une syllabe, de deux au plus, que l'on prononce facilement et que l'écho répète en note vibrante.

En voici quelques-uns, tant anciens que modernes, que je livre aux choix des amateurs : Fox, Love, Diane, Dane, Black, pour un chien noir ; Stop, Phanor, Miss, Néro, Duck, Stag, pour un pointer ; Sultan, Dick, Léda, Tempête, pour un reid-rish setter ; Médor, Athos, Bob, Ferdreau, Kate, Marquise, Castille, Fly, etc.

Tous ces noms simples, aisés à prononcer, résonnent, sont aisément portés par l'écho ; c'est là ce que l'on doit chercher.

Les terminaisons en *a*, en *o* et en *e*, sont du meilleur effet : Thisbé, Toto, Mirza ou Tata.

Il est très séduisant, lorsqu'on habite la campagne, sinon toute l'année, au moins plusieurs mois, et qu'on a des loisirs, d'élever des chiens.

C'est là un plaisir charmant qui vous donne une connaissance de la nature de ces animaux, en vous initiant à l'éveil progressif de leur intelligence.

L'élevage des puppies est peu compliqué du reste. Si vous avez chez vous la mère de cette intéressante famille, c'est à elle qu'incomberont les soins des premiers jours. Elle porte soixante-deux à soixante-trois jours; pendant tout le temps de sa gestation, il faut lui faire prendre un exercice quotidien modéré, en évitant tout effort violent. La dernière semaine, elle ne sortira qu'en laisse; la nourriture devra être raffraichissante : ainsi le lait et le bouillon de veau sont aptes à la disposer pour le grand événement.

Il est bon, pendant la parturition, d'ôter les jeunes chiens de dessous la mère, à mesure qu'ils naissent, afin d'éviter que celle-ci ne les écrase dans les efforts qu'elle fera. Les nouveaux-nés seront placés dans une corbeille remplie de ouate, et enveloppés de flanelle, puis mis devant le feu jusqu'à ce que la mère ait complètement mis bas. Alors, on les replacera progressivement auprès d'elle en commençant par ceux qui ont été enlevés les premiers. Les premiers jours qui suivront la délivrance, soit trois au plus, on ne donnera à la chienne qu'un peu de gruau, fait de farine d'avoine bien cuite avec du lait, ou de la farine d'avoine avec du bouillon de tête de mouton; point de nourriture solide. La farine d'avoine devra bouillir à petit feu d'une heure et demie à deux heures jusqu'à ce qu'elle soit parfaitement cuite. Lorsque la sécrétion du lait sera établie, la nourriture deviendra plus substantielle sans cesser cependant d'être claire; elle consistera en pain et lait.

En vue de ne pas trop fatiguer une chienne, on se sert de lices nourricières. Le bull-terrier se prête bien à cet office. Le seul soin que vous ayez à prendre des puppies, c'est de les maintenir dans une extrême propreté; à trois semaines, on commencera à les laver tous les huit jours, avec du savon et de l'eau chaude dans laquelle vous aurez versé une cuillerée d'acide phénique pour détruire la vermine. Ce lavage hebdomadaire sera continué après le sevrage, environ six ou huit semaines.

Pour choisir un jeune chien, il faut consulter son goût selon la couleur : les uns prennent le plus lourd, les autres le dernier né; ce sont là, croyons-nous, des motifs déterminants bien chanceux que la routine seule consacre. Distinguez un puppie bien constitué, d'une jolie livrée. Si la lice est excellente et que vous désiriez un mâle, conservez celui qui lui ressemble; si l'étalon est excellent, optez pour les chiennes qui revêtiront

sa couleur. La fille tient du père, le fils de la mère. Cet axiome, vrai
pour les hommes, l'est également pour les bêtes.

Les puppies réclament une nourriture saine, fortifiante dans une
mesure modérée ; jusqu'à l'âge de trois mois, donnez-leur à manger trois
et quatre fois par jour : du pain, du lait, du bouillon de tête de mouton.
A mesure que les jeunes chiens grandissent, il leur faut le grand air et
l'exercice. La chaleur, la sécheresse avec une nourriture substantielle,
les préserveront de la maladie. Il faut éviter avec un soin extrême
l'humidité ; aussi conseillerons-nous l'élevage du printemps afin que les
élèves soient déjà forts quand l'hiver arrivera.

Il est nécessaire de bien nourrir les chiens, surtout dès qu'ils ont
atteint l'âge de huit mois : une nourriture tonique, de la soupe grasse
deux fois par jour à des heures régulières. Il ne faut point changer l'heure
de la soupe ; entre temps, un morceau de pain, si vous allez en chasse, et
les dessertes de la table ; car je ne crois point que vous laisserez votre
compagnon toujours au chenil, je pense qu'il assistera quelquefois à vos
repas. Un chien d'arrêt est un ami, il doit avoir, de temps à autre, sa
place marquée au foyer.

Je pense que la viande donnée comme nourriture ordinaire aux chiens
d'arrêt, leur est préjudiciable. Elle provoque des maladies certaines,
leur rend l'œil chassieux, fait tomber le poil. Un peu de viande de cheval,
surtout quand il est jeune, dans le but de fortifier, voilà qui est bien ; mais
il ne faut pas en abuser. La soupe est le meilleur aliment ; elle remplace
avantageusement les biscuits et autres inventions d'industriels en quête
de réclame intéressée ; mais, il faut se garder de la donner chaude, la
nourriture froide est la plus saine.

Le chenil pour les chiens d'arrêt est bien plutôt un dortoir que la
résidence habituelle. Cette résidence exposée au soleil, doit être d'une
propreté excessive. La litière, quelle que soit la nature, sera fréquemment
renouvelée. Le plancher sur lequel dormira le chien, doit être élevé du
sol à environ dix-huit à vingt centimètres, afin de l'isoler contre l'humidité.
Si le chenil n'est point une simple guérite en bois, mais un local construit
ad hoc, il faut qu'il soit bâti en briques, badigeonné à la chaux : les
banquettes se replieront contre les murs de façon à faciliter le lavage des
dalles ; la lumière et surtout l'air doivent y pénétrer abondamment. Un
récipient d'eau fraîche, fréquemment renouvelé, sera établi à portée du
chien. Pavé en briques ou garni de ciment, le sol présentera une légère

déclivité pour l'écoulement des eaux. Les ouvertures seront distribuées
de manière à éviter les courants d'air.

En rentrant de la chasse, ne renvoyez point votre chien, ainsi que le
font quelques-uns, sans en prendre soin. Faites-le bouchonner avec de la
paille sèche, faites-lui donner une litière neuve, une soupe un peu copieuse ;
s'il a été mouillé, ne l'envoyez au chenil qu'après lui avoir fait passer
une heure devant un bon feu.

DEUXIÈME PARTIE

LE GIBIER. — GIBIER A POIL

OISEAUX DE PLAINE ET DE BOIS. — OISEAUX DE MARAIS

OISEAUX DE RIVAGE. — RAPACES

En notre gai pays de France, *præda venetica*, ou, pour parler clair, le gibier, abondant autrefois, grâce à la situation exceptionnelle de cette terre favorisée de trois zones climatériques, d'une végétation riche et variée, à cause aussi de la protection bien entendue qu'on lui accordait, a diminué d'une façon lamentable. Plusieurs espèces ont disparu, d'autres n'occupent plus que des départements privilégiés ; et il est à craindre que cette ressource économique ne vienne quelque jour à manquer. Ce mobilier zoologique, comme l'a appelé spirituellement Toussenel, s'en va par bribes, et avec lui, une des sources vives de la richesse territoriale.

L'homme, dont l'instinct est de briser et de détruire, a taillé les monts, drainé les prairies, défriché les bruyères, éclaircissant à tort et à travers les forêts qu'il n'abattait pas entièrement. Peut-être sur le tard s'aperçoit-il du tort qu'il s'est fait à lui-même ; il cherche à reboiser : après avoir décimé les espèces, il se livre à un élevage factice. Tout cela témoigne, sinon du remords, du moins de la conscience d'avoir stupidement gâché son héritage.

Si tant est qu'il s'arrête dans la voie de dévastation, le mal serait réparable, car la France, vivace dans son sol comme dans son génie national, fut longtemps la favorite du ciel. Le gibier sédentaire s'y trouve bien, les migrateurs s'y donnent rendez-vous. Que le premier y rencontre protection, les autres des retraites hospitalières, et nous pourrons espérer revoir, sinon les beaux jours qui ont précédé l'établissement des voies ferrées, du moins une moyenne de mammifères et d'oiseaux, capable d'augmenter le revenu foncier en accroissant les ressources alimentaires pour ses habitants.

La France est non seulement le pays d'élection pour la concentration de toute espèce de gibier, mais elle est encore celui où le gibier est le plus beau et le plus savoureux.

En nos forêts, le cerf et le sanglier l'emportent sur ceux des pays voisins; ils sont plus grands et plus forts. Le chevreuil de nos bois est plus apprécié des gourmets que celui qui nous est expédié d'Outre-Rhin ou de Bohême. Quant au lièvre, il n'y a pas de comparaison à établir, entre l'élégant animal qui se nourrit de serpolet, d'herbes aromatiques sur nos collines ou dans nos plaines, avec le lièvre efflanqué de la Souabe ou des forêts allemandes. La bécasse, la caille, ne sont succulentes que pendant le temps de l'émigration qu'elles accomplissent annuellement chez nous. Celles qu'on importe d'Italie sont loin d'avoir ce fumet que le séjour dans nos bois, nos montagnes, nos luzernes, leur communique après quelques semaines de séjour. Nous ferons cependant une exception en faveur de l'Espagne et de l'Écosse, où les bécasses sont abondantes et excellentes.

Même observation pour la bécassine. C'est seulement sous notre zone qu'elle acquiert cet embonpoint, ce parfum qui en font un oiseau vénéré. On cite des pays où ce gibier de premier ordre, reconnu comme tel par la cuisine française, la première cuisine du monde, est tout au plus regardé comme un rôti de troisième catégorie. Ainsi, en Annam, où elle pullule à ce point qu'on la tire à terre au posé comme on ferait pour un moineau, elle a un goût fade, est souvent coriace. Nos résidents, gens gourmands d'habitude, ne se privant de rien, la prisent si peu qu'elle ne paraît jamais sur la table les jours de dîners d'apparat. La marouette, cette caille des marais, si délicieuse qu'elle séduirait les palais les plus réfractaires à la bonne chère, n'est exquise qu'à son passage en France.

Nous avons le meilleur gibier du monde, parce que Dieu nous a donné les meilleurs vins de la terre, et que l'un ne va pas sans l'autre.

Parmi les mammifères et les oiseaux composant le mobilier zoologique, un certain nombre seulement rentrent dans la catégorie comprise sous la dénomination générale de gibier. Tout animal courant en forêt ou en plaine, tiré au cours d'une chasse, n'est point compté, quel qu'il soit, au tableau comme pièce de venaison. Il en est de même pour les oiseaux. Les chasseurs font une sélection. Donc, tous les animaux, que l'on chasse, ou que l'on rencontre, forment trois classes : 1° le gibier propre-

ment dit ; 2° les animaux nuisibles et les rapaces ; 3° les oiseaux comes-
tibles et les oiseaux de passage.

Nous allons passer en revue tout ce monde si intéressant de la
plaine, du bois, des marais, de l'air et des eaux ; indiquer les différentes
manières actuellement en usage pour s'en emparer.

L'OURS

Que viens-je faire en cette galère ? serait en droit de nous demander
l'ours, si on l'interrogeait et s'il pouvait répondre. Sa race a disparu
successivement de la forêt d'Ourscamp, à laquelle il avait donné son
nom, des Vosges et du Jura, pour se réfugier dans les Alpes et les Pyrénées. En ces gorges abruptes, il vit solitaire, mais en fort petit nombre.

Peu de chasseurs sont en droit d'espérer de se trouver en face de lui.

L'ours, aujourd'hui, est un vaincu, qui a déserté à jamais nos forêts
pour se réfugier dans les endroits inaccessibles des montagnes frontières :
dans les Pyrénées et du côté d'Annecy, en Savoie, où on en tire cependant
encore quelques-uns chaque année. En Castille, en Aragon, les rois ont
autrefois chassé l'ours à cor et à cri. Argote de Molina raconte des
chasses de ce mammifère avec relais, hallalis, après cinq jours et cinq
nuits de chasse.

De notre temps, où tout se rapetisse, on va affûter l'ours dans les
montagnes. Cet affût n'est pas sans danger. D'abord, pour atteindre les
régions qu'habite ce solitaire, ce sont des fatigues auxquelles beaucoup
ne résisteraient pas. Dans un étroit sentier, au bout d'un ravin, on attend
le puissant adversaire ; parfois, l'attente est vaine, car, en dépit des
renseignements fournis par les montagnards, au courant des habitudes
de ces animaux, on court le risque d'une pénible ascension en pure perte,
si l'ours, d'une prudence excessive, doué d'un odorat très subtil, a éventé
l'ennemi.

Les chasseurs doivent se tenir dans une immobilité complète et laisser approcher la bête à environ dix pas. Souvent celle-ci s'arrête, se
dresse sur ses pattes de derrière, c'est le moment attendu. On ajuste
au cœur, et l'on fait feu ; l'animal, bien que grièvement blessé, ne tombe
pas toujours du premier coup. Sans bouger de place et en conservant
son sang-froid, on le tire une seconde fois.

Le corps à corps peut se faire après le premier coup de feu ; mais

c'est là un petit jeu assez sérieux. Même à l'agonie, l'ours déploie une
force musculaire des plus puissantes; il peut, dans un embrassement
qui n'a rien de réjouissant, écraser dans ses pattes le téméraire trop
confiant dans la force de son bras armé d'un poignard.

Ours brun des Alpes.

Je me suis servi ici du mot poignard, lequel mot, au premier abord,
pourrait paraître prétentieux, rappellant les beaux jours du boulevard du
Temple; cependant le mot est exact : le *couteau* est réservé au cerf, au
sanglier; l'ours partage, avec le tigre, la panthère et même le requin, le
privilège de la susdite arme destinée surtout à frapper de pointe.

Les premières qualités requises pour affûter l'ours sont un sang-froid
imperturbable, une grande précision de coup d'œil.

Quoique l'ours des Pyrénées soit de petite taille, blessé, il n'en est
pas moins à craindre. On le tire, avec un lingot ou avec deux balles
mariées, ou mieux encore avec les cartouches à balle conique d'une

carabine Winchester ou Colt; l'important est de ne le point manquer !...

Le roi vert galant, Henri IV, avant de monter sur le trône, chassait fréquemment l'ours dans les Pyrénées. On rapporte que, dans une de ses expéditions, deux pages et six gardes furent tués.

En résumé, l'ours est un animal assez paisible, friand de fraises, de rayons de miel, et autres douceurs; aussi, attaque-t-il rarement. C'est un sombre, peu enclin, par sa nature, à lier conversation avec l'homme. Celui-ci, évidemment dans son tort, quand il va le surprendre dans les sentiers fleuris, ne doit pas craindre les aventures. S'il en sort triomphant, grâce à la puissance des armes modernes, il ne regrettera pas ses peines.

Alexandre Dumas, dans un article à sensation intitulé *Beafsteak d'ours*, a mis à la mode les reliefs de ce plantigrade. Aujourd'hui, on le mange un peu partout: un jambon d'ours est bien vu sur une table ennemie des vulgarités, surtout quand c'est l'amphytrion qui a tué l'animal. Alors, c'est un triomphe. Le morceau le plus délicat est la patte de devant.

LE LOUP

Compère le loup mérite toute l'attention des chasseurs, non point comme pièce de venaison, mais comme destructeur de gibier, bandit de grandes routes, s'attaquant aux troupeaux et aux hommes. Ses déprédations ont motivé une charge dans l'État. L'origine de la Louveterie remonte à Charles VI qui l'établit en 1404; François Ier la réorganisa, et elle subsista telle qu'elle jusqu'à la Révolution, époque avec laquelle elle disparut, ainsi que les charges honorifiques.

Napoléon Ier la reconstitua et nomma dans plusieurs départements des lieutenants de louveterie. On ne saurait contester les services rendus par l'institution impériale; le grand carnassier a diminué partout d'une façon notable. Il ne faudrait pas croire, cependant, que l'espèce soit à la veille de s'éteindre; les lieutenants de louveterie, en chasseurs avisés, ont prévu les conséquences d'une extinction totale; aussi, tout en mettant un frein aux dévastations de ces bandes, ont-il conservé quelques individus, afin d'alimenter les battues annuelles et de fournir, par-ci par-là, l'occasion d'une chasse mouvementée.

La prise d'un loup est très appréciée des veneurs; un coup de fusil sur l'un de ces animaux laisse toujours dans l'âme du chasseur un sentiment de vive satisfaction.

Ce carnassier ressemble à un grand chien de la race des mâtins ; cependant, il n'a rien des qualités du chien. Entre les deux animaux, il existe une antipathie, une haine même, bien prononcées. Ce sont deux irréconciliables : le chien est le gardien de l'homme et de la propriété, le loup est le mandrin dévastateur. Si le courage de ce dernier répondait à sa vigueur, il serait un danger permanent : mais ce n'est que lorsqu'il est très affamé qu'il s'attaque à l'homme et aux bestiaux en masse. Autrement, il pousse des pointes à la sourdine, à l'instar des contrebandiers ; ce n'est que pendant les hivers rigoureux qu'il se risque dans les villages et dans les métairies. En temps ordinaire, le gibier des forêts : chevreuils, faons, cerfs, lièvres, lapins sont sa provende ; il s'attaque même aux sangliers, tant qu'ils sont bêtes de compagnie.

Toujours affamé, il est d'une voracité extrême ; il aime la chair ; celle de l'homme et des enfants paraît lui être particulièrement agréable.

L'élasticité de ses membres, un grand fond, lui donnent presque toujours la possibilité de se mettre à l'abri de ses ennemis : sa vue est perçante, son odorat extrêmement puissant ; son ouïe, plus sûre que celle de tout autre animal, l'aide merveilleusement à pressentir de loin les dangers et à se rendre compte des aubaines que le hasard lui prépare.

Les loups, vivant généralement isolés ou par couples, ne se réunissent en bande, que lorsque, poussés par la faim, ils sentent la nécessité du nombre, afin d'opérer une razzia. La louve porte environ trois mois et demi ; on trouve des louveteaux depuis la fin d'avril jusqu'au mois de juillet. Le liteau des louveteaux est placé au plus épais des fourrés, à peu de distance d'un terrier de blaireau, si la femelle en a connaissance, et dont elle a élargi l'entrée ; ou encore sous une roche escarpée exposée au soleil du midi. La portée est de trois à neuf petits. A dix mois, un louveteau prend le nom de louvart.

Ce n'est jamais dans le voisinage du lieu où sont ses petits que le loup exerce ses rapines ; taillé pour les longues courses, c'est toujours loin du canton abritant sa progéniture qu'il commet ses dévastations.

Les principaux caractères du loup sont : une taille élevée, un corps maigre efflanqué, la queue touffue et pendante, la tête large, le museau pointu, moins effilé cependant que celui du renard, les yeux placés obliquement, les oreilles courtes et droites ; le pelage rude, épais, est de couleur gris jaunâtre. Adulte, il mesure environ 1ᵐ,65, y compris la queue. Cet animal, qui peut rester quatre et cinq jours sans manger, est fréquemment atteint de la rage ; alors il devient un fléau redoutable.

Les différentes méthodes employées pour la destruction des loups sont : la chasse à courre, les battues, l'affût, les pièges.

Pour ces chasses, les saisons les plus propices sont, suivant le comte Boisrot de Lacour, le printemps et l'été. Les raisons données par ce veneur sont celles-ci : le loup étant vigoureux, tient longtemps devant les chiens, fait devant eux les fugues les plus longues, il est donc naturel de choisir, pour le chasser, les jours les plus longs. Les louves mettant bas depuis la fin d'avril jusqu'en juillet, c'est le moment de les poursuivre.

Forcer un loup n'est pas chose facile ; il faut des connaissances spéciales et une meute bien créancée.

Loup.

Tous les chiens ne donnent point sur ce carnassier ; parmi ceux qui empaument avec plaisir cette voie, il en est beaucoup qui n'ont pas le fond nécessaire a cette course folle, débutant quelquefois dans un département et finissant dans un autre, après une journée sans repos.

Les griffons poitevins, les bâtards vendéens sont d'un excellent usage.

Quand on part à la suite d'un vieux loup, on n'est jamais sûr de l'endroit où l'on couchera.

Le loup se juge dans l'espèce comme les autres animaux : par les *laissées, le pied et les déchaussures*.

Les *déchaussures* sont les égratignures avoisinant les laissées ; quand celles-ci sont profondes, elles donnent un indice sur l'âge de la bête. La louve égratigne seulement la surface de la terre.

Le *pied* a quelque analogie avec celui du chien, le talon à la forme

15

d'un cœur, l'ensemble figure une fleur de lys, dont le pétale médius serait partagé en deux ; en outre, les ongles sont beaucoup plus forts. Le loup marche d'assurance, ne se méjuge point ; c'est-à-dire qu'il met toujours régulièrement le pied de derrière à la place que celui de devant vient de quitter. Il existe une similitude si grande entre le pied du louvart et celui du chien que, sans une grande expérience, on ne saurait distinguer les deux animaux. La louve a le pied plus long que celui du mâle, le talon moins large.

Essentiellement nomade, le loup n'a pas de passages réguliers ; lorsqu'il s'agit de le rembucher, il convient de s'y prendre de très grand matin ; on commence par le contre-pied, en évitant de rembucher trop près, car, averti par le bruit, ou, comme le disait je ne sais plus quel veneur, par le reniflement du limier, il viderait rapidement l'enceinte. Attaqué, il perce vivement, prend incontinent une avance considérable sur la meute. On devra exciter celle-ci en l'appuyant de fort près. Si la bête se forlonge trop, il n'y a point d'hallali possible ; le plus sage est alors de couper la meute dans le fort. Nous expliquerons cette mesure de prudence, en disant qu'en une nuit un loup fait une trentaine de lieues, sans fatigue, car il peut recommencer le lendemain.

Si un loup est sur sa fin, il s'accule à un monticule ou à une roche, pour défendre sa vie. En août et en septembre, le louvart se fait battre dans les enceintes sans prendre de parti.

Lorsqu'on chasse en battue au fusil, c'est là la chasse la plus en usage et la plus profitable, on place sans bruit les tireurs à bon vent ; ceux-ci devront se tenir dans une immobilité complète et garder un silence absolu. Il est inutile de placer des fusils en retour, vu que l'animal file aussitôt qu'il sent l'homme derrière lui. Les meilleures places sont à proximité des fourrés que l'animal suit en se faisant aussi petit que possible ; il rampe dans les enceintes beaucoup plus qu'il ne marche ; ce n'est que lorsqu'il aperçoit le chasseur qu'il part comme un trait.

Boisrot de Lacour recommande de placer les tireurs de telle sorte qu'ils aient le dos appuyé au bois, d'un côté, et qu'ils aient, en face, de l'autre côté du chemin, et la chasse et le vent.

Une fois lancé, le loup suit volontiers les ravins que l'eau a formés dans les côtes et sous les bois, les fossés ou les endroits fourrés.

Une cartouche de double zéro jette par terre un loup à 40 mètres.

Le commandant Garnier m'a raconté, qu'en mars 1848, chassant la bécasse au chien d'arrêt dans une coupe de quatre ans de la forêt communale d'Auxonne (Côte-d'Or), il avait tiré, avec du plomb n°s 8 et 6, un loup de deux ans qui poursuivait sa chienne. Tiré à 10 mètres environ avec le 8 et redoublé à 15 mètres au plus avec le 6, le loup est allé mourir à 1 kilomètre de là, sur une petite ligne où on l'a retrouvé le surlendemain matin.

Cette petite anecdote prouve que le double zéro ou le zéro suffisent amplement pour arrêter le bandit.

L'affût de cet animal, semblable à celui de toutes les grosses bêtes, ne se pratique que la nuit. Le tireur se poste dans une hutte formée par des branches : une chèvre ou un animal mort, traîné à une certaine distance, est le point de mire ; le loup, qui a éventé cette pâture, vient de fort loin, guidé par son odorat. Nous disons il vient, quand il vient ; car l'affût à ce carnassier est un des plus problématiques : on n'a chance d'y réussir que l'hiver, par les périodes de fortes neiges, quand des bandes affamées ont été signalées aux environs des fermes.

Les principaux pièges à employer sont le *traquenard* et le *trou*.

Le *traquenard* est un disque de fer assez lourd, composé de deux branches s'écartant à l'aide d'un ressort tendu, lesquelles se rapprochent pour saisir l'animal au cou ou à la patte, lorsqu'il veut s'emparer de l'appat fixé au milieu d'elles [1].

Le *trou* consiste en une fosse creusée dans les bois, recouverte de mousse, de branches flexibles, au fond de laquelle on a placé une bête morte. Ce plancher de verdure s'effondre sous le poids du maraudeur qui tombe dans la fosse. Si cette dernière, peu profonde, n'avait point les parois très unies, l'animal aurait vite reconquis sa liberté.

Le loup, madré comme l'est un loup de bonne race, se prend rarement aux pièges qui lui paraissent toujours malices cousues de fil blanc, quel que soit l'appât tentateur et le soin avec lequel on ait cherché à les dissimuler. Il ira déterrer, aux abords d'une ferme, un mouton que l'on aura enfoui ; mais il se gardera de toucher à un cheval mort, traîné au milieu du bois. A cause de son astuce, de l'effroi dont il est l'objet en certaines campagnes, des légendes qui, de tout temps, se sont attachées à lui et ont fait si souvent frissonner les enfants dans les récits des veillées, le loup est une individualité qui a le don de séduire les chasseurs.

[1] Voir 4e partie, ch. II, les pièges Aurouze.

LE CERF

Voici le roi de nos forêts ! De par sa tenue imposante, de par la
grâce de ses formes, le luxe de sa tête surchargée de bois vivants, par la
rapidité de sa course, par sa force, dont il ne se prévaut que pour se
défendre, gardant au cours de sa vie, parmi les ombrages touffus des
forêts une sérénité parfaite, il mérite ce titre.

Le cerf est de chasse noble par excellence.

Entre tous les hôtes de nos bois, c'est le plus envié, le plus enviable.
Il est rare et ne se trouve que dans les grands domaines : cependant, on
ne devrait pas en inférer qu'il n'y a que les chasseurs, grands propriétaires
fonciers, ou amodiataires des forêts de l'État, auxquels soit réservée la
possession de ce gibier. Les maraudeurs se font la part du lion, en
l'assassinant en lisière de forêts, aussi bien qu'un pauvre lapin. Je crois
même que l'on compte plus de braconniers ou de chasseurs louches, ayant
à leur actif ce noble animal, que de véritables chasseurs ; j'en excepte,
bien entendu, les grands veneurs.

Tout comme les rois — c'est là un grand bonheur pour lui — ce
prince débonnaire des hautes futaies a été imbécilement déclaré bête
nuisible, en sorte que la loi elle-même a déchaîné contre lui les haines
de tous les déclassés.

Pour lui comme pour les humains, il est prouvé qu'il n'est jamais salutaire de dépasser d'une palme le niveau des masses !

Le cerf est d'un naturel doux, s'apprivoise aisément, reconnaît son
maître, s'y attache. Dans les domaines de quelque importance, il n'est
pas rare de voir un dix cors si parfaitement domestiqué qu'il accourt à
l'appel.

Les cerfs de toute espèce pourraient s'acclimater dans nos forêts ;
quant au cerf commun qui les peuple, il a, comme beauté de formes et
comme vigueur, une supériorité marquée sur tous ceux de l'Europe ; il
appartient à l'ancienne race de Saint-Hubert. Cependant, on constate
une variété de pelages suivant les zones : ces variétés résultent de la
latitude d'abord, puis des essences d'arbres meublant les forêts qu'il
habite. La nourriture et l'âge influent également sur la couleur des animaux, sur le plus ou moins brillant de leur poil.

En naissant, le cerf n'apporte sur sa tête que les rudiments de la

parure qui fera sa gloire ; chaque année ajoute à cette tête un embellisse-
ment ; les protubérances, à l'état informe d'abord, s'accentuent peu à
peu, formant ces bois désignés sous le nom de ramure.

Pendant les six premiers mois de sa vie, le cerf prend le nom de
faon ; à six mois, il change sa livrée, c'est-à-dire que ses flancs sont
parsemés de taches blanches ; alors il prend le nom de *hère*, qu'il conserve
jusqu'à un an. A ce moment, les *bosses* de l'os frontal commencent à se
dessiner : ce sont les bases de la
tête qui s'appelleront *pivots*. De un
an à deux ans il est *daguet ;* alors
ses bois droits et pointus font l'effet
de deux dagues. Quand il entre dans
sa troisième année, les deux dagues
se détachent, sur les pivots pousse
une seconde tête ; on dit alors que
l'animal est une *deuxième tête*. La
tête qui succède aux perches du
daguet est ornée de trois ou quatre
branches qu'on nomme *andouillers*.
De trois ans à quatre ans, il est
troisième tête ; de quatre à
cinq, *quatrième tête ;* de cinq
à six, *dix cors jeunement ;*
de six à sept *dix cors.*

A cette période, il est
dans toute sa beauté. Plus
tard, on l'appellera *vieux dix
cors*, ou *gros vieux cerf.* Une
tête est parfaite lorsque les
andouillers sont réguliers ;
quelquefois la chevillure est
fourchue, les andouillers mal semés, ce qui la fait dénommer *tête bizarre.*

Chaque année, les bois du cerf tombent ; quand l'animal sent que
l'époque de son découronnement est arrivée, il se retire dans le plus
épais des forêts ; là, en se frottant contre les arbres, il aide l'œuvre de la
nature. C'est en février et au commencement de mars que les cerfs
quittent leur parure. La nouvelle tête met de quatre mois et demi à cinq

mois à croître; fin juin, la ramure a acquis tout son développement; toutefois, les bois sont garnis d'une peau délicate couverte de poils; peu à peu, cette peau se dessèche et tombe, l'animal s'en débarrasse entièrement en frottant ses andouillers aux baliveaux du bois. On appelle *frayoir* la marque laissée sur les branches par ce frottement qui l'aide à se défaire de cette peau velue. C'est là une connaissance pour juger l'âge et la taille de l'animal.

Les vieux cerfs sont souvent seuls; ils se cantonnent, ne se mêlent point aux biches. A la fin de l'automne, ils viennent en bordure de bois à portée de plaines ensemencées, font des incursions dans les vergers où il se trouve des pommes dont ils sont très friands. Au fort de l'hiver, ils se retirent dans le fond des bois, à l'abri du vent et se hardent; au printemps, ils reviennent aux buissons avoisinant les champs où ils peuvent *viander*, autrement dit, chercher leur nourriture.

La biche, plus petite que le cerf, ne porte pas de bois; sa gestation dure huit mois, au bout desquels elle met bas en mai, un faon, rarement deux. Suivant la coutume des fauves, le cerf et la biche restent à la reposée tout le long du jour; au coucher du soleil, ils se lèvent pour aller au *gagnage*.

En France, on ne chasse guère cet animal qu'à courre, à cheval, avec chiens, trompes; c'est, en fin de compte, la chasse la plus convenable pour ce noble animal, parce qu'elle autorise et exige l'apparat magnifique de la grande vénerie. On le tire quelquefois au fusil, en battue; mais c'est rare. Celui qui a abattu un dix cors est bien souvent satisfait pour la vie, à moins que le succès ne convertisse en passion chronique cette convoitise juvénile.

Traitons incontinent la question de la chasse au fusil.

Pour tirer le cerf, on ne doit employer que la balle franche; avec la balle on manque ou on tue; mais on ne blesse pas indignement l'animal, lequel, frappé de chevrotines, va souvent mourir au loin ou bien languit quelques semaines, puis dépérit comme un malade. Le cerf a l'ouïe d'une finesse extrême, l'odorat sensible; si donc on l'attend en battue, il faut éviter le moindre bruit et se poster sous le vent. Les places en retour derrière les rabatteurs ne sont point à dédaigner. Cherchez les fuites ou les passages et restez-y franchement.

Un chasseur, habitué à chasser dans les Ardennes belges, où l'on tire, chaque saison, de cent cinquante à deux cents cerfs, estime que, derrière les traqueurs, le tireur a cinquante pour cent de chances, le cerf rebroussant chemin et forçant la ligne sans s'inquiéter du nombre dès qu'il a entendu du bruit ou les premiers coups de feu.

C'est pendant la seconde quinzaine de septembre que les braconniers du Luxembourg et des Ardennes font leurs plus belles victimes. Au coucher du soleil, ils se rendent dans les bois où les cerfs préludent à leurs amours par des *raiements* formidables.

Si vous voulez courir le cerf, consultez les maîtres en cet art : les Du Fouilloux, les Salnove, les d'Yauville, qui ont passé leur vie à le chasser et ont consigné, en des livres immortels, les principes fondamentaux de la vénerie.

Pour réussir à cette chasse, il est nécessaire que le veneur possède des connaissances spéciales ; il doit savoir distinguer par le pied et par les *fumées* l'âge, le sexe de l'animal, et spécifier le moment où il a passé en dernier lieu.

Le pied du cerf diffère essentiellement de celui de la biche ; celle-ci l'a plus étroit, plus pointu, les os tournés en dedans. Jusqu'à trois ans, les pieds du mâle sont à peu près égaux à ceux de la femelle ; mais, à partir de cet âge, ils deviennent plus forts ; ceux de devant sont plus volumineux que ceux de derrière. Le pied se compose de trois parties : les *pinces*, les deux extrémités antérieures ; le *talon*, la partie postérieure ; les *côtés*, qui forment la circonférence.

Les *fumées*, par leur forme et leur nature, sont aussi des indices très exacts : formées en plateaux, elles accusent presque toujours un *dix cors ;* mal digérées, elles appartiennent au *daguet ;* fraîches, elles signalent sa présence récente ; vieilles et ridées, elles annoncent le contraire : suivant les saisons, les *fumées* changent de formes.

Le jour où l'on veut chasser, on examine avec soin les passages frayés par la bête ; on reconnaît aux branches brisées les sorties et les entrées ; si l'on découvre plus de sorties que d'entrées, l'animal n'est point dans le bois.

Accompagné d'un chien dressé à cet usage, appelé *limier*, qu'il tient en laisse, le piqueur fait le bois ; à chaque entrée et sortie, il casse une branche qu'il met sur la voie : ce sont là les brisées. Par cette manœuvre, on suit la voie jusqu'à l'enceinte dans laquelle le cerf fait sa reposée ; lorsqu'on a reconnu qu'il est là, le valet fait son rapport.

Les chasseurs viennent entourer l'enceinte dans laquelle il est signalé.

Alors commence l'*attaque*, les veneurs à cheval foulent l'enceinte, on découple les chiens ; le cerf est sur pied, on sonne du cor, c'est le *lancé*.

Quelquefois il arrive qu'en quittant l'enceinte, ou au cours de la chasse, le cerf se fait suivre par une harde de biches ; c'est là le moment critique qui peut faire manquer la chasse. Il s'agit de relever le défaut, si le *change* se produit, de *requêter* à nouveau ; dès qu'on a aperçu le cerf traversant une allée seul, on examine avec soin le pied, afin de l'avoir bien présent devant les yeux, au cas où un nouveau défaut se produirait ; car, lorsque l'animal sera fatigué, il recourra à la même feinte, s'il le peut.

Lancé, le cerf perce en droite ligne pour prendre l'avance ; puis, il a recours aux mêmes ruses que le lièvre, rabattant, comme lui, ses voies le long des routes. Cependant, c'est l'animal le plus facile à forcer, par cette raison que, confiant en la rapidité de sa course, il abuse de ses jambes et s'épuise rapidement. Plus il se fatigue, plus la voie devient chaude ; l'ardeur des chiens augmente sur le sentiment, car ils sentent que l'heure du triomphe approche ! Lui, bruni par la sueur, les jambes fumantes, la tête basse, les flancs creusés, exténué, il cherche une mare ou un étang où il puisse se rafraîchir. Mais cette eau, après laquelle il soupirait, le perd : ses jambes se raidissent, ses muscles semblent comme soudés ; il est *aux abois*, on sonne l'*hallali*.

Les veneurs accourent aux sons réjouissants des trompes pour assister à la mort. Le vaincu, après s'être défendu à outrance, cherche à vendre sa vie à la meute en furie qui, entrée à l'eau, veut lui sauter au poitrail. Un des veneurs, pour mettre fin à cette agonie, entre dans l'eau et *sert* l'animal, en lui enfonçant son couteau de chasse dans le cœur. Parfois, on le *sert* à la carabine, ce qui est certes moins théâtral ; mais, selon nous, il est humain de l'achever le plus promptement possible : on lui évite par là quelques minutes de souffrance, qui sont des heures ; on garantit du même coup la vie des chiens. Quand on sert l'animal à la carabine, on tire entre les deux yeux, ou au défaut de l'épaule ; si on se sert du couteau, on le dague au défaut de l'épaule dans la direction du cœur. Ensuite on procède à la *curée*, laquelle consiste à dépouiller le cerf et à livrer les entrailles aux chiens. On dit la *curée chaude*, quand cette opération se fait sur place, immédiatement après la mort ; est dite *curée froide*, celle qui a lieu plus tard à la rentrée au château.

Dans l'ancienne vénerie, on partageait la meute en trois relais ; de nos jours, on attaque de *meute à mort* sans relais. Une seule meute suffit

en deux heures ou deux heures et demie, quand la chasse est conduite
par un bon maître d'équipage, un cerf peut être pris.

Un cerf se *forlonge* quand, dans un vaste espace libre, il a pris beaucoup d'avance sur les chiens ; il *va d'assurance*, lorsque, ne courant point,
son allure est ferme et droite ; les pinces des pieds sont serrées l'une
contre l'autre.

Quand il y a trop de biches dans une forêt, on organise des battues,
soit avec des chiens courants, soit à l'aide de rabatteurs ; les chasseurs
les tuent lorsqu'elles traversent les layons. De trente à quarante pas, on
peut les tuer avec des chevrotines, ou avec du triple zéro en les ajustant
au cou. Ces destructions ont lieu vers le mois d'avril ou en mai.

LE DAIM

Cet animal est bien plus un gibier de parc qu'un gibier de forêt, où
il est assez rare de le rencontrer ; il pourrait se faire que l'imprudent qui,
par hasard, se présenterait inopinément à la vue du chasseur fût en rup-
ture de clôture. On raconte qu'en Belgique, la palissade d'un parc ayant
été renversée par le vent, les daims qui s'y trouvaient se répandirent dans
la contrée où ils se propagèrent abondamment. Malheureusement, les
palissades sont plus solides en France, paraît-il ; aucun événement de ce
genre ne s'est produit, aussi sommes-nous obligé de ne parler de cet
animal que pour mémoire. La chasse au daim est une réduction de la
chasse au cerf ; toutefois, si l'on s'avisait de le chasser à courre, on
remarquerait que sa chasse commence comme celle du cerf finit. Au
début, il ruse dans les enceintes, se fait battre comme un lapin ; ce n'est
que par lassitude qu'il prend un parti. Moins rapide que le cerf, il sait
qu'il sera bientôt vaincu, aussi se rend-il sans se défendre.

En une heure, les chiens anglais forcent un daim. Le bois du daim,
moins long, plus large que celui du cerf, se termine par une empaumure
aplatie ; ses andouillers plus nombreux sont moins saillants. Il est réputé
dix cors au même âge que le cerf: à huit mois, sa tête se garnit de deux
dagues, recouvertes d'une peau velue ; à deux ans, il refait sa seconde
tête ; à trois ans, les empaumures se dessinent sur le nouveau bois qui,
d'année en année, prend plus de développement. Son pied est un pied de
cerf en miniature ; un dix cors marque comme un faon de cerf.

Son pelage, varié, moucheté de taches blanches, jaunes ou noires, subit l'influence du climat. La femelle porte environ huit mois, met bas un faon, quelquefois deux, rarement trois. La chair du daim, préférable à celle du cerf, est succulente.

Ces animaux aiment les bois secs, aérés, coupés de clairières, de collines ; ils vivent en hardes.

Dans les parcs, on les tire au fusil lorsqu'ils sont trop nombreux. Le daim est doué d'une grande vitalité, il faut le tirer avec du double zéro. Quelques propriétaires lui font l'honneur de la carabine rayée.

LE CHEVREUIL

Si le cerf est le roi de nos forêts, le chevreuil en est le dandy ! Sa taille élégante, sa jolie tête vive, éclairée par deux grands yeux bruns très doux, ses mouvements rapides comme ceux de la gazelle, en font le plus brillant gibier de nos bois. Ajoutez à cela une chair exquise, et l'on ne sera pas étonné de la faveur dont il jouit auprès des chasseurs, faveur dont il ne s'enorgueillit certes pas, mais qui lui est funeste. Sédentaire comme le lièvre, le chevreuil ne s'écarte guère du canton où il est né ; il vit en famille avec sa chevrette et ses faons, ce qui fait qu'on ne voit jamais plus de quatre individus ensemble.

Modèle des vertus domestiques, cet aimable quadrupède défend avec énergie sa chevrette et sa petite famille, en se donnant aux chiens lorsque le danger les menace. Ce n'est pas lui qui, comme le cerf, forcerait les siens à donner le change ; si la chevrette parfois le fait quand son brocard est attaqué, c'est spontanément, par dévouement: elle paraît ainsi ne vouloir pas être en retour de générosité. Spectacle vraiment touchant, bien fait pour donner un enseignement à l'homme, son souverain. La chevrette porte cinq mois et demi, met bas deux faons, un mâle et une femelle ; c'est vers la fin d'avril qu'a lieu la parturition.

D'un caractère doux et familier, le chevreuil s'apprivoise aisément ; dans la vie sauvage, il est plein de ressources, rusé comme le lièvre, avec cette différence qu'il ne perd point son sang-froid dans les moments les plus difficiles. Toujours en éveil, craintif au moindre bruit, il se rassure vite, ce qui cause souvent sa perte.

Quand le brocard entre dans sa seconde année, il lui pousse sur la tête deux petites dagues appelées broches. Ces broches tombent à deux ans révolus ; c'est alors qu'on lui donne le nom de daguet. A trois ans, il surgit un nouveau bois sur lequel on compte quatre et six andouillers. Il est de ce fait à sa seconde tête. A quatre ans, il est à sa troisième ; à cinq ans, à sa quatrième ; à six ans, *dix cors jeunement ;* enfin, à sept ans, *dix cors :* à cet âge, il peut porter un grand nombre d'andouillers.

Le chevreuil perd ses bois en novembre et refait sa tête l'hiver.

On chasse le chevreuil à courre pour le forcer ; aux chiens courants, avec le fusil et en battue. La chasse à courre présente de sérieuses difficultés, tant à cause de ses ruses, de sa vigueur, que de la légèreté de sa voie et du change fréquent, surtout dans les forêts vives. La connaissance du chevreuil par le pied est délicate ; il faut une grande expérience pour discerner entre un brocard à sa quatrième tête et une chevrette. Les deux pieds, mis l'un à côté de l'autre, se différencient parfaitement ; la quatrième tête a les pinces plus rondes, le talon plus fort, les allures plus grandes ; la chevrette porte les pinces plus aiguës, la sole moins large, les côtés sont plus tranchants. Mais cette différence, appréciable par la comparaison, devient difficile à saisir lorsqu'on n'a qu'un pied à étudier. Aussi à cause de cela, et en même temps, vu l'abondance relative de ce gibier dans les bois qu'il affectionne, l'attaque-t-on généralement à la billebaude ou à trait de limier.

Une connaissance importante, ce sont les *régalis*, c'est-à-dire les traces qu'il a laissées en grattant la terre avec ses pieds de devant. C'est une habitude particulière au mâle. Un chevreuil non poursuivi se relaisse quelquefois dans un rayon de cinquante à cent pas dans l'enceinte de son repaire. On revient avec la meute que l'on découple.

La curée du chevreuil est identique à celle du cerf.

Si l'on chasse à tir, on est sûr de tirer en suivant les chiens par derrière, car la grande ruse du chevreuil consiste à reculer sur sa voie. Quand un défaut se produit, il y a gros à parier qu'il a redoublé ses voies ; comme le lièvre, il suit volontiers les chemins, les rivières, les ruisseaux.

La chasse à tir du chevreuil la plus intéressante est celle faite à l'aide de chiens très lents, qui donnent à l'animal la liberté de ruser. Il devient alors facile de le tirer au lancer ou sous bois.

La chasse la plus amusante serait celle que l'on ferait avec un simple basset à jambes torses. C'est alors que son sang-froid, si appréciable lorsqu'il a une meute de fond à ses trousses, lui est fatale; il joue devant ce petit chien; le tireur, qui surveille attentivement ses randonnées, peut le rouler comme un lapin.

Le chasseur, avant de se mettre en quête du chevreuil, s'inquiétera avant tout des lieux que le soin de son alimentation et même de l'hygiène lui font rechercher par instinct, suivant les époques de l'année.

Au printemps, en été, le chevreuil se tient dans les taillis de deux et trois ans. Pendant les grandes chaleurs, il va boire aux ruisseaux; il suit, durant la nuit, les endroits un peu mouillés.

Vers la fin de l'automne, en hiver, on le trouvera dans les forêts garnies de genêts et de bruyères; il préfère à cette époque les côtes escarpées exposées en plein midi.

Le chevreuil existe à peu près partout, parce qu'il peut vivre dans des bois de peu d'étendue; il n'y a guère que les bois résineux, les bois humides, pour lesquels il éprouve de la répugnance.

Voici une recette pour localiser dans une partie de bois et même attirer chez soi les hôtes voisins. Achetez quelques grosses pierres de sel du poids de 15 à 20 kilogrammes; placez-les près d'une source ou d'un ruisseau intarissable; brocards et chevrettes ne tarderont pas à se cantonner dans des endroits flattant si ostensiblement leurs goûts.

Le chevreuil est facile à tuer; le plomb n° 4 suffit. J'en ai vu tuer avec du 6. Le n° 2 est le maximum.

Lorsque les battues de chevreuils ont lieu en fin de saison, souvent le brocard a perdu son bois, il est donc fort difficile de distinguer son sexe au passage; le chasseur s'expose à des méprises regrettables. Dans certaines chasses, le tireur qui abat une chevrette est passible d'une amende, voilà qui est bien vu; mais, outre le désagrément de payer un coup de fusil quatre à cinq louis, il y a le remords tout naturel qu'éprouve un véritable chasseur d'avoir, étourdiment, tari dans sa source vive les espérances futures. En ce cas, il est préférable de laisser passer deux brocards que de se tromper; le maître de la chasse vous en saura gré.

Le chevreuil, traversant un layon comme une ombre, a d'autres choses

à faire qu'à fournir un signalement précis, et je ne crois pas qu'en ces circonstances personne puisse indiquer un signe certain de reconnaissance.
La chevrette a l'oreille un peu plus petite, son allure n'est pas la même ;
son disque sans queue est blanc, semblable à celui de son conjoint ; il
en est donc de ces différences, appréciables lorsqu'on a les deux individus
en présence, comme du pied de l'un et de l'autre, que l'on voit isolément. Les plus habiles s'y trompent. *In dubio abstine* !

La chair du chevreuil se ressent beaucoup de la nourriture fournie
par les bois qu'il hante. Au dire des gourmets, les plus savoureux nous
viennent des Ardennes, des Cévennes, du Rouergue et du Morvan.

LE CHAMOIS-ISARD

Les ruminants des glaciers et hautes montagnes comptent : le chamois-isard, le bouquetin et le mouflon.

Sur les crêtes inaccessibles des Pyrénées, des Alpes, s'abritent encore
quelques spécimens de ces trois familles ; c'est là qu'il faut aller pour
affûter ou simplement dans le but d'apercevoir, franchissant les abîmes
avec la légèreté de l'oiseau, ces débris de races sur le point de disparaître de l'Europe.

N'y va pas qui veut ; n'en revient pas toujours qui est parti allègrement. Presque chaque année de vaillants chasseurs périssent victimes de
leur passion. C'est en propre la chasse de montagnard aguerri, connaissant la montagne, comme un chasseur de bois peut connaître les routins
d'une forêt. Ces hardis montagnards, aidés des Anglais, surtout dans les
Pyrénées, où, chaque année, ceux-ci se donnent rendez-vous avec leurs
rifles, ont suffi pour décimer ces indomptés des régions confinant aux
glaces éternelles.

La question du chamois-isard n'a point été tranchée d'une façon
péremptoire. Au dire de beaucoup de naturalistes, le chamois et l'isard
ne sont qu'une même espèce, dénommée chamois dans les Alpes et isard
dans les Pyrénées. Cependant, les variétés que l'on constate entre les
animaux des Alpes et ceux des Pyrénées ne corroborent pas l'idée admise
d'une similitude complète. La différence dans les cornes, dans le pelage,
constitue un doute. Au point de vue de l'histoire naturelle de la chasse,
ils sont identiques, étant de même taille, ayant les mêmes mœurs.

Le chamois-isard (*rupicapra*) mesure de 1^m,20 à 1^m,28 ; sa queue a

0^m,08 ; sa hauteur au garrot est de 0^m,76 ; son poids moyen est de 130 kilogrammes. Le front du mâle et celui de la femelle sont ornés de cornes
gracieuses, courtes, droites et verticales, se courbant à leurs extrémités
en un élégant crochet,
avec cette seule diffé-
rence que le mâle les a
plus grandes et plus
écartées. Le pelage
fauve varie suivant les
saisons et, dit le com-
mandant Garnier, la
mue se fait insensible-
ment, si bien que les
robes pures d'hiver,
comme celles d'été,
n'existent que peu de
temps.

Les chamois pais-
sent en troupes plus ou
moins nombreuses, de-
puis six jusqu'à vingt-
cinq et trente ; l'un d'eux
veille toujours à la sé-
curité de tous ; cette
sentinelle est le guide
du troupeau. A la pre-
mière alerte, il avertit
par un sifflement, alors
tous se mettent en
branle, aspirant l'air,
s'agitant, inquiets, le
cou tendu, afin de se
rendre compte quel est
le danger et de quel
côté il vient. En général les *grus*, ou mâles, se tiennent à l'écart de la
bande.

La femelle du chamois porte vingt semaines, met bas un ou deux petits, dont elle a un soin extrême, les initiant de son mieux aux alertes de la vie agitée qu'ils sont appelés à mener.

C'est par l'affût et les traques que l'on parvient à s'emparer de ce séduisant quadrupède ; on cherche à le surprendre dans ces vallées désertes, bordées de précipices, où il va au gagnage. Il est nécessaire de franchir glaciers, rochers abruptes, un bâton ferré à la main, des crampons aux pieds, le fusil ou la carabine en bandoulière. La carabine est de beaucoup préférable pour l'affût qui a lieu le matin et le soir sur les plateaux où ils viennent paître. Pendant le jour, les habitués de ces chasses cherchent, à l'aide d'une bonne lunette, à découvrir un troupeau ou même un animal solitaire. Une fois la découverte souhaitée faite, le chasseur, se glissant adroitement, sans bruit, de rochers en rochers, se met en devoir d'approcher à bon vent, se couvrant le mieux possible jusqu'à portée de tir. Dans ces conditions, la grande distance qui le sépare toujours du chamois indique la nécessité de la carabine rayée.

Lorsqu'on désire faire une battue, on se réunit plusieurs chasseurs éprouvés, qui se divisent en deux camps : conduits par un guide de la montagne, les premiers escaladent les rochers, tâchent de se rapprocher des plateaux, sur lesquels se tiennent les hardes pendant le jour ; les autres attendent aux passages connus d'avance ; les traqueurs signalent les animaux par des cris. Ces traques permettent quelquefois de tuer plusieurs chamois, mais ce n'est point sans dangers. Épouvantés par une détonation ou par la vue de leurs ennemis, les chamois s'élancent dans toutes les directions avec une rapidité vertigineuse. Des tireurs ont été précipités dans les abîmes, bousculés par ce torrent vivant, véritable mascaret !

C'est à la puissance des armes modernes que l'on doit la diminution ascendante dans les troupeaux. Les battues et l'affût de ces animaux commencent en août, ces expéditions deviennent de plus en plus dispendieuses : ce sont les traqueurs, le louage des mulets, les provisions pour trois jours, les frais de campement, etc., l'organisation d'une de ces chasses revient de 25 à 50 louis. C'est là encore une de nos chasses françaises conquises par les Anglais dont l'or est la baïonnette !

LE BOUQUETIN

Ce que nous venons de dire de la chasse au chamois s'applique à

celle du bouquetin : même procédé, mêmes dangers. Le bouquetin est
une sorte de grosse chèvre, haute de plus de 75 centimètres, pesant
de 80 à 100 kilogrammes, aux cornes énormes, pesantes, en spirales
courbées, rabattues en arrière. On en trouve dans les Alpes et dans les
Pyrénées. Son domaine est plus inaccessible que celui du chamois ; son
agilité est stupéfiante. Ce n'est qu'au fort de l'hiver que les bouquetins
descendent dans les régions inférieures ; leur devise semble être : *in
excelsis !* Le pelage du bouquetin fauve en dessus, blanchâtre en
dessous, se distingue par une bande noire zébrant le dos dans sa
longueur. On appelle le petit, cabri ; sa vivacité est inexprimable : de là,
l'expression populaire « il saute comme un cabri ». On ne tire le bouquetin qu'à la balle.

LE MOUFLON

Ce ruminant n'habite plus aujourd'hui que les montagnes rocheuses
de la Corse (toujours en ce qui concerne la France). Ainsi que le chamois
et le bouquetin, les mouflons vivent en compagnie, ayant chacune à leur
tête un vieux et fort bélier pour guide. Ces animaux descendent des
montagnes la nuit, vont au gagnage où ils demeurent jusqu'à l'aube ;
à ce moment-là, ils remontent vers leur retraite inaccessible ; l'affûteur,
qui s'est porté sur leur passage, doit être un tireur émérite, car leur ascension est des plus rapide, leurs allures très irrégulières. Mais, comme
les mouflons se retirent dans les forêts, on peut les affûter non loin des
glaciers, ou à l'abreuvoir qu'ils ont l'habitude de fréquenter.

Sans être aussi périlleuse que la chasse du chamois et du bouquetin, celle du mouflon est loin d'être exempte de dangers : la possession
d'un de ces agiles habitants des hautes régions coûte, parfois, bien des
semaines d'attente, des journées de fatigue et des nuits glaciales.

LE SANGLIER

Le premier sanglier que j'ai tiré et tué dans ma carrière de chasseur,
était une simple bête rousse : ce coup de fusil, modeste pour un vieux
chasseur, me combla de joie ; je la compare à celle que j'éprouvai en
culbutant mon premier lièvre. C'était en forêt de Conches, dans l'Eure ;

Dans les Vosges.

17

j'étais posté sur une route séparée du bois par un large fossé, sur le talus duquel un gros buisson me cachait à demi. Les chiens découplés se récriaient à qui mieux mieux, la musique se rapprochait. En dirigeant mes regards dans une clairière, je vois passer, comme le vent, une bête rousse; avant que j'aie le temps d'épauler, elle disparaît en suivant horizontalement le bois, sans avoir l'air de vouloir percer. Tout aussitôt un second sanglier débuche du même côté, piquant vers le talus. L'arme en joue je l'attends et, au moment où il monte sur le talus, je lui envoie une balle qui le fait rouler dans le fossé. Le fusil à la main, je saute dans le fond pour m'en emparer ; mais ce n'était point chose facile : bien que frappé à mort, il gigotait vivement; je n'allais pas franchement à la prise. Pendant que je m'escrimais de la sorte, j'entendis un bruit épou-vantable de craquements d'arbrisseaux : un ouragan passant au-dessus de ma tête! Le buisson devant lequel je m'étais placé, se trouvait sac-cagé en brisures dont les éclats volaient de tous côtés. C'était la laie qui débuchait; je n'ai que le temps de l'apercevoir, franchissant le chemin pour pénétrer dans une nouvelle enceinte. Je décharge après elle mon second coup de fusil, mais ma balle tomba sur un bouleau; l'animal poursuivit sa course désordonnée. Cet insuccès, compréhensible à cause de la position où je me trouvais, lors du débucher, n'eut pas pour résultat de jeter une ombre sur le tableau. J'avais mon sanglier, je ne regrettais rien. Seulement, lorsque je vis ma bête étendue sur le chemin, je pensai que, si je n'avais pas été protégé par le talus lors de la brutale explosion de cette masse dévastant tout sur son passage, j'aurais pu avoir le sort du buisson si lestement éventré.

Mon sanglier n'était point gros, mais il me suffisait ; de plus, il nous sauva de la bredouille, car ce fut le seul tué.

Le sanglier est-il l'ascendant ou un descendant du cochon? Les natu-ralistes ne semblent pas encore absolument fixés sur ce point ; la raison en est qu'il y a des cochons sauvages qui ne sont point des sangliers; d'autre part, le cochon se marie bien avec le sanglier, et le produit de cette alliance est lui-même fécond. Ce qu'il y a de certain, c'est que ce sont des cousins très germains. Le sanglier n'est pas méchant, s'il n'est pas harcelé ; quelquefois, il défend chèrement sa vie, on ne saurait lui en vouloir: il fuit l'homme. Le cochon, son cousin, le civilisé ou l'esclave, si on le préfère, attaque quelquefois. En résumé, il y a de bons caractères dans les deux espèces.

En venant au monde, le sanglier est marqué de bandes longitudinales piquées de taches fauves et brunes ; à cette époque, on dit qu'il porte *la livrée ;* il est dénommé *marcassin.* Au bout de quatre mois, cette livrée d'sparait ; l'animal s'appelle *bête rousse.*

A un an, il devient *bête de compagnie.* Ce n'est qu'à dix-huit mois qu'on lui décerne le nom de *sanglier.*

Il est dit *ragot* à deux ans et demi ; *tiers-an,* six mois plus tard ; *quart-an,* ou *quartenier,* une année après ; passé cet âge, il est appelé *grand vieux sanglier,* ou *solitaire,* ou encore *sanglier miré.*

On ne distingue les femelles que par les mots *jeunes* ou *vieilles laies.*

Ces animaux se sont multipliés en France d'une façon notable depuis vingt ans, et cela à la grande satisfaction des chasseurs avides d'émotions. On les chasse, non seulement dans les forêts, mais encore dans les bois qui en étaient absolument privés.

C'est une compensation pour le gibier sédentaire qui s'en va. Extrêmement nomade, le sanglier parcourt en une nuit des distances considérables. Il affectionne les bois humides, coupés de mares, dans lesquels il puisse se vautrer à son aise, ainsi que les grandes forêts très fourrées. Sa nourriture la plus ordinaire consiste en céréales, racines, fruits, glands ; on affirme qu'il ne dédaigne pas les levrauts, les lapereaux et les faisans ; mais cela n'est nullement prouvé. Une pomme de terre fait bien mieux son affaire! On a remarqué que les individus de l'espèce les plus dangereux habitaient les forêts plantées de chênes où le gland abonde. Cette nourriture, dont le résultat est de procurer une certaine ivresse, les rend redoutables.

A l'entrée de la nuit, le sanglier quitte sa bauge pour faire ses mangeures en plaine. Ces excursions nocturnes causent parfois de véritables dégâts, non pas tant par ce que mangent ces animaux que par les dévastations qu'ils font en fouillant la terre et par leur course brutale. En une nuit, un champ de pommes de terre est retourné par une bande de ces pachydermes, comme si le soc de la charrue y avait passé.

Le sanglier a le boutoir plus fort, la hure plus longue que le cochon ; ses dents, qu'on appelle défenses, sont grosses, longues, tranchantes et recourbées ; elles augmentent avec l'âge. Il les aiguise contre les deux dents correspondantes de la mâchoire supérieure, nommées *grais.*

La laie n'a point de défenses, mais de simples crochets ; elle ne découd point, elle culbute, piétine et mord.

On juge d'un sanglier par ses *traces*, ses *boutis*, sa *bauge*, ses *laissées*. Par trace, on désigne son pied : celui du devant est plus fort que celui de derrière. Le mâle fait ses pas plus grands que la femelle, il a la *solle* et le *talon* moins étroits qu'elle. Celle-ci, à l'encontre du mâle, pose ses empreintes dans celles du devant. Les ergots de derrière figurent rarement en terre chez la laie. On dit d'un sanglier qu'il a le pied pigache, lorsque l'une de ses deux pinces est plus longue que l'autre.

On appelle *boutis*, les endroits que la bête a fouillés avec son boutoir. Le mot « souil » répond à l'empreinte du corps.

Les sangliers s'accouplent pendant les mois de janvier et de février ; après une gestation de quatre mois, la laie met bas huit à douze petits qu'elle allaite pendant trois ou quatre mois, les conduit jusqu'à l'âge de deux ans, en sorte qu'elle est quelquefois accompagnée de ses petits de l'année et de ceux de l'année précédente.

Le sanglier se chasse à courre, avec meute et relais pour le forcer, ou avec chiens courants, à tir, ou au moyen des battues, ou encore à l'affût.

Il y a une grande ressemblance entre le courre de la bête noire et celui du cerf, si on en excepte le change, rare chez le sanglier. Lorsque, par hasard, cet animal ne dédaigne pas d'y recourir, la forte odeur qu'il dégage dans sa course est telle que des chiens bien créancés ne s'y laissent pas souvent prendre. On appelle *vautrait* l'équipage employé pour cette chasse. Il paraîtrait que ce qualificatif donné à ces meutes spéciales proviendrait du nom d'un ancien chien appelé *vautre*, qu'on affectait à cet usage dans l'ancienne vénerie. Tous les chiens sont bons pour chasser le sanglier, tous, quels qu'ils soient, en goûtent parfaitement la voie ; il se trouve même de vieux chasseurs qui préfèrent les mâtins bien mordants aux griffons vendéens et autres chiens d'ordre.

On procède ainsi dans les Ardennes françaises ; mais gardez-vous de parler de ces chiens bâtards aux veneurs à grands équipages : ils vous répondraient qu'ils dédaignent le braconnage ! En tout cas, la chasse à l'aide de corniauds, mâtins, roquets, réussit souvent et est parfois très émouvante.

Lorsqu'on chasse à forcer, on découple quelques chiens qui vont attaquer l'animal dans sa bauge ; on entre avec eux sous bois en les excitant par les termes consacrés : « *Hou ! hou, prenez mes beaux, hou !*

hou! il est là! » Les cris du piqueur, mêlés aux sons de la trompe, le feront décamper; il perce droit : immédiatement on découple le reste de la meute. Lorsque la bête de meute est lasse, elle cherche les mares pour s'y vautrer, ou elle choisit un endroit convenable, s'adossant soit à une roche, soit à un arbre pour attendre ses ennemis en cherchant, par cette manœuvre, à se garantir des attaques par derrière.

On dit en ce cas que le sanglier est *au ferme* ou *fait tête*.

A ce moment, on doit au plus vite le servir, soit à la carabine, soit au couteau, afin d'éviter qu'il ne découse les chiens d'attaque. L'emploi du couteau offre quelques dangers; un veneur attend l'occasion favorable pour se précipiter au-devant de la bête, quand la meute la coiffe. L'emploi de la carabine est un moyen plus expéditif pour éviter les blessures et protéger les chiens contre les décousures.

Aussitôt l'animal mort, on se hâte de faire la curée chaude.

Chassé par les chiens, le sanglier perce et passe où il peut; en battue, d'ordinaire, il reprend ses fuites. Il convient donc, lorsqu'on chasse en battue, que les tireurs se portent sur les passages suivis par la bête, à bon vent, car elle est admirablement servie par l'ouïe et l'odorat. Ne quittez jamais votre poste avant que la traque soit complètement terminée; si on a tiré dans toutes les directions, il n'est pas rare de voir une bête de compagnie qui s'était rasée dans un fourré, en sortir quand elle n'entend plus de bruit.

On tue aussi des sangliers en les chassant à la billebaude avec un seul basset, ou avec un simple roquet. Le sanglier, dédaignant un seul animal, ne quitte pas toujours la bauge. Inquiété et harcelé par les aboiements, il ne s'aperçoit pas toujours de l'approche du chasseur qui peut ainsi le tirer facilement à quatre ou cinq pas.

Pour tuer le sanglier chassé par des chiens, on fait usage de la balle franche, ou de ballettes. Si l'animal vient droit à vous, il faut le laisser s'approcher le plus près possible, afin de le tirer soit dans l'œil, soit au défaut de l'épaule ; si on n'a pas eu le temps de bien l'ajuster lorsqu'il arrive, on se met de côté, puis on le tire lorsqu'il est passé. Dans les traques, l'emploi de petites ballettes à vingt ou vingt-cinq pas, au maximum, en visant la bête en demi-travers, donne de bons résultats.

Les meilleurs affûts pour le sanglier sont : à sa sortie ou à sa rentrée au bois, en avant des champs. En été, il faut être posté avant neuf heures du soir, le matin, un peu avant la pointe du jour. En pareil cas,

on se sert de la balle franche dans un fusil lisse, ou de la carabine rayée.
A l'affût, aussi bien qu'en battue, il est imprudent de s'approcher trop
vivement d'un animal couché à terre par un coup de fusil; il y a des
morts apparentes qui ont été funestes à plus d'un chasseur. L'allonge-
ment des pattes est le signe le plus évident de la mort.

Par un temps de neige, le sanglier prend difficilement un parti; il se
lève, se remet, évite de se faire chasser, son instinct l'avertissant qu'une
course dans ces conditions le fatiguerait promptement : le chasseur,
suivant de près la meute, aura de fréquentes occasions de tirer.

Pour chasser avec succès le sanglier, il faut être rompu à la marche,
être d'une ténacité que rien ne rebute, se montrer, en forêt, sobre de
paroles, avoir une connaissance parfaite du bois, des refuites, et savoir
jeter rapidement, avec sang-froid, un coup de fusil.

Au point de vue culinaire, un cuissot de sanglier (bête de compagnie),
bien préparé et mangé à point, est exquis. La chair est très échauffante ;
elle a besoin d'être mortifiée, macérée, assaisonnée de toutes les herbes
de la Saint-Jean. La hure, le filet, le cuissot sont les morceaux les plus
honorables. Quant aux marcassins, ils jouissent d'une grande réputation
auprès des gourmets. On raconte que le roi d'Angleterre, Henri VIII,
éleva au rang de baronnet un cuisinier qui lui avait présenté un de ces
animaux rôti et accompagné d'une sauce mirifique. Ce qui prouve que les
officiers de bouche ont plus de chance d'être honorés que les écrivains :

Gula, semper gula !

LE LIÈVRE

Parmi tous les gibiers, il en est trois dont la poursuite m'a toujours
plus particulièrement passionné ; ce sont, le lièvre, la perdrix, le canard
sauvage ! Cette prédilection pour ces trois remarquables représentants
du *Præda venatica* me paraît motivée par ce fait que le lièvre, la perdrix
et le canard symbolisent la chasse dans sa trilogie : la plaine, le bois,
le marais. Il est bon d'ajouter à cela les causes passionnelles premières.

Très jeune, je tuai un beau canard de Flandre.

Cette excursion en décembre, me révéla toute la poésie du marais ;
l'oiseau était magnifique ; dès lors *l'anas-boschas* devenait une pièce
de choix. J'y adjoignis promptement la perdrix, que je tirai assez
proprement ; par contre, je manquais bravement les lièvres. Ce bel

animal, que je convoitais ardemment, m'impressionnait si vivement que
régulièrement, dans mon ardeur, j'envoyais à la terre le coup de fusil
qui lui était réservé.

Par un contraste, explicable psychologiquement, ce gibier que
l'émotion m'empêchait d'atteindre devint, avec les deux autres précités,
l'objet de mes préoccupations ; lorsque je pus parvenir à vaincre mon
impatience fébrile, mon ardeur récompensée me le fit priser encore
davantage. Dans la suite j'étudiai ses mœurs avec passion, et il devint
ainsi le troisième objectif favori.

Plus tard, cette prédilection s'est manifestée par un ouvrage, lequel
a pour titre les *Mémoires d'un lièvre*. J'y renvoie mes lecteurs ; car, dans
ces révélations que je prête à un doyen de la corporation, je pense avoir
donné un tableau assez exact des mœurs, des ruses de la pauvre bête
et avoir, par là, contribué à l'instruction pratique des jeunes chasseurs.

Je le plains, cet infortuné ; lui, si doux, si friand de vie sauvage,
le point de mire des braconniers, affûteurs, collecteurs, des rapaces,
pour lequel il n'est ni trêve, ni merci. Après en avoir tué beaucoup,
j'éprouve encore une joie d'enfant à en tenir un par les pattes de devant,
pour le contempler à mon aise, sa tête renversée sur le dos avec ses
longues moustaches, son œil couleur de vin d'Espagne, la blanche
fourrure de son ventre bordée de fauve. Je me trouve brutal ; cependant,
je suis prêt à recommencer.

Je ne sais pas d'animal plus charmant, plus gai d'allures, plus intéressant, plus joli, plus agréable au toucher.

Spécialement construit pour la course, le lièvre a les jambes de derrière fortement musclées, plus longues que les jambes de devant ; c'est à
cause de cela qu'il préfère monter que descendre. L'élasticité du muscle
crural lui permet de franchir de hautes clôtures et de faire des bonds
énormes. Il justifie pleinement l'origine de son nom latin *lepus*, lequel
est une contraction de *levis pes*, pied léger ; aussi ne tarde-t-il pas à
distancer les chiens. Tenu en grande estime par les Romains, le poète
Martial lui consacre le ver suivant :

> Inter aves turdus.
> Inter quadrupedes gloria prima lepus.....

Pour nous, c'est le gros morceau qui ouvre ou couronne dignement
une journée de chasse, lorsqu'on part accompagné de son chien pour

explorer la plaine, broussailler de droite et de gauche. Il arrondit agréablement le carnier, forme un lit moelleux pour les perdreaux et les cailles.

Bien que la fécondité du lièvre n'égale pas celle du lapin, elle est cependant assez grande pour que cette intéressante espèce, vouée depuis sa naissance à tant de dangers, résiste aux innombrables chances de destruction. Si nous voulions tant soit peu venir en aide à la nature en protégeant sa reproduction contre nous-mêmes, contre les braconniers de toute sorte : hommes, fauves, pirates de l'air, il serait partout en abondance, car il se plaît sous toutes les zones. La femelle, appelée hase, fait au moins trois portées de deux à trois petits par an, de février à la Toussaint. Elle porte

jours, les petits pourvoient d'eux-
ils n'abandonnent le canton où
ou trois mois après cette

Un lièvre vivrait de sept
laissait le temps. A
est médiocre, à cause
yeux, les autres sens :
très développés. La
oreille lui permet de
bruit à de grandes
façon nette le passage *K.*

Bien que l'on ait

trente jours. Après vingt
mêmes à leur nourriture ;
ils sont nés que deux
émancipation juvénile.

à huit ans, si on lui en
l'exception de la vue qui
de la position oblique des
l'ouïe et l'odorat, sont
configuration de son
percevoir le moindre
distances ; il flaire d'une
de l'homme.

quelquefois agité la

question de savoir si le lièvre se terrait, nous croyons pouvoir affirmer qu'il n'en est rien : ceux que l'on a pu rencontrer dans un trou, ne s'y trouvaient qu'accidentellement ; à coup sûr, ils ne creusent pas de terriers. En rase campagne, ils grattent la terre avec leurs pattes pour se dessiner une forme dans laquelle ils se gîtent, où ils se pelotonnent entre deux mottes, le corps aplati. La couleur plus ou moins foncée des lièvres correspond toujours au cantonnement. Dans les terres légères et argileuses, ils sont d'un blond beaucoup plus chair que dans les terrains lourds et humides, où ils revêtent une couleur d'un gris noirâtre. Prévoyance admirable de la nature, laquelle, par ce vêtement plus clair ou plus sombre d'une tonalité en rapport avec la terre où il doit vivre, le rend invisible à l'œil fureteur de l'homme. Aussi faut-il une grande habitude, une vue particulièrement exercée pour découvrir le malheureux martyr en sa maison sommaire.

Pendant l'été, quand il fait chaud, le lièvre se gîte souvent dans une luzerne ou dans un trèfle à dix pas du bord, dans un champ de colza, ou dans des betteraves. Dans l'hiver, il se place au midi, à l'abri du vent, dans les terrains pierreux, sur le bord d'un fossé, non loin des habitations, ou encore au milieu de chardons, dans un guéret anciennement labouré. Il n'aime guère la rosée, et choisit les chemins pour marcher. Quand il a plu la nuit, on le trouvera dans les chaumes.

Routinier, c'est là sa perte, il suit nuitamment les mêmes sentiers, traverse les mêmes coulées. Celles-ci sont faciles à reconnaître par le chasseur qui a soin de s'y poster quand les chiens chassent, surtout si elles aboutissent au croisement de deux chemins.

Un lièvre fait se tient rarement au milieu d'une pièce de même culture ; il en affectionne la lisière, tandis que le levraut cherche le milieu d'un sainfoin ou d'un trèfle, parce qu'il pense être de la sorte mieux dissimulé, il semble douter de son agilité, il se dérobe quelquefois derrière les chiens, se rase, puis ne quitte l'enceinte que lorsque le chasseur est à l'autre bout.

Si vous rencontrez un gîte vide, regardez s'il est frais ; assurez-vous par le toucher s'il est encore chaud. Si oui, la terre se trouve légèrement grattée en avant, et l'occupant ne peut être loin. Fouillez les touffes d'herbe d'alentour sans parler.

Un lièvre n'est jamais gîté à plat au fond d'un sillon ; il se tient toujours obliquement sur l'un des deux versants.

Observez avec soin les protubérances qui, çà et là, émaillent soit un guéret, soit un chaume ; ce qui, de loin, ressemble vaguement à une pierre ou à une motte couverte de filandres, n'est autre, quelquefois, qu'un lièvre en train de faire sa sieste.

Lorsque vous aurez découvert un lièvre au gîte, le moyen le plus sûr d'en approcher, non pas pour l'assassiner dans sa maison, ce qui, en plaine, serait un meurtre, mais pour le tirer à portée, c'est de le tourner, sans accélérer ni ralentir votre marche, en un mot, de ne pas avoir l'air de s'être aperçu de sa présence. Dès que vous serez à portée, vous n'avez qu'à vous arrêter net, il déboulera.

On approche facilement d'un lièvre au gîte :

1° A l'ouverture ; 2° en temps de neige ; 3° quand la terre est détrempée ; 4° quand il fait très chaud.

Le *bouquin* ou mâle, plus court, moins gros que la *hase*, voyage davantage surtout dans le temps du rut ; il n'est pas rare qu'il aille à 7 ou 8 kilomètres pour chercher une femelle. Celle-ci est plus sédentaire.

Au point de vue moral, ce pauvre martyr mérite bien un peu qu'on l'étudie sans prévention. Ce n'est point un poltron, ainsi qu'on se plaît à le dire ; c'est un timide, un timide qui raisonne, sachant bien qu'en ce bas monde la force prime le droit. Si l'on raisonnait froidement, on conviendrait qu'il n'a point tort de déguerpir au plus vite, afin de tâcher de se soustraire aux convoitises, malsaines pour sa personne, dont il est l'objet. Avec les années, il acquiert de l'expérience ; ses ruses déroutent parfois les chasseurs, ce qui prouve que cet étourdi a fait ses petites remarques. Quand il a échappé à plusieurs graves affaires, tenez pour certain qu'à moins d'être surpris, comme cela peut arriver aux meilleurs stratégistes, il mettra à profit ses campagnes instructives ; la meute la plus sûre n'en aura pas si vite fini avec lui. Le lièvre songe donc, non pas précisément en son gîte, comme l'a dit le bon La Fontaine, mais à l'heure du danger. Fait pour l'action, il combine ses plans au moment où la partie s'engage. Bon observateur, il connaît le bois buisson par buisson, la plaine sillon par sillon ; ce qui fait que, s'il est surpris en bouquinage très loin de sa futaie, s'il n'a pas le temps de regagner son cantonnement familier, il ne tient pas longtemps devant les chiens.

Le lièvre est gai de sa nature, et l'on peut s'en convaincre lorsqu'on élève des petits.

En résumé, c'est un animal des plus intéressants à observer, d'un instinct très délié pour sa conservation, tout en étant un insouciant et un rêveur ; un gibier que ses qualités physiques vraiment séduisantes et ses qualités culinaires ont voué par avance à une persécution perpétuelle.

On chasse le lièvre au chien d'arrêt, au chien courant, avec le fusil, et à courre ; on le traque, on le panneaute, on l'affûte même !

C'est vraiment miracle qu'il puisse résister à cette guerre à outrance ; encore je passe sous silence les collets qui le déciment la nuit.

La chasse au chien d'arrêt a lieu surtout en plaine, dans les couverts : sainfoins, luzernes, avoines, betteraves, chaumes, buissons, dans les jeunes taillis, en bordure de bois et dans les haies. L'heure la plus favorable est le matin, depuis le lever du soleil jusqu'à neuf ou dix heures. On doit faire quêter le chien à bon vent : le lièvre tient bien l'arrêt ; au déboulé, il file en ligne droite avec beaucoup de célérité.

S'il part devant vous, ajustez-le sans précipitation entre les deux oreilles : de cette façon la charge lui arrive dans les reins, il roule et fait le manchon.

C'est perdre sa poudre et son plomb que de le tirer en plein cul : vous connaissez le proverbe : « Un derrière de lièvre est un sac à plomb. » En travers, visez à l'épaule, vous l'atteindrez au flanc ; dans cette situation, il est facile à abattre, car les projectiles pénètrent mieux. Suivez bien le gibier en pressant la détente, c'est là un point essentiel.

Lorsqu'un lièvre vient à vous, visez aux pattes de devant ; la charge, grâce à l'allure sautillante de l'animal, lui arrivera en plein poitrail ; soyez prêt à redoubler s'il fait un bond de côté.

Le meilleur plomb pour tirer le lièvre en primeur : septembre, même octobre, est le n° 6 ; plus tard, en arrière-saison, on emploiera le 4.

Cependant, à l'ouverture, le 7 est employé avec succès dans les couverts.

Un lièvre qui a la cuisse cassée n'appartient pas pour cela au chasseur, si celui-ci n'a pas un bon chien qui puisse le prendre.

Il est toujours sage de surveiller un lièvre tiré, car il arrive qu'un de ces animaux, mortellement atteint, ne présente pas toujours à l'œil du tireur de symptôme de blessure ; cependant il tombe raide mort à cent pas de là. En d'autres circonstances, vous faites voler le poil, la bête, que vous croyez bien à vous, disparaît ; vous n'en entendez plus parler. Un chien expérimenté se trompe plus rarement que le chasseur, son œil affiné se rend compte instantanément si l'animal témoigne par ses allures de la correction du coup de fusil. La poussée plus ou moins longue qu'il lui donnera, au cas où il serait habitué à courir, vous édifiera sur le résultat de votre tir. C'est en arrière-saison, quand la chasse en plaine est terminée, que l'on commence à chasser le lièvre avec des chiens courants et au fusil.

Cette chasse aux chiens courants est excessivement intéressante surtout si l'on n'emploie pas de chiens trop vites. Les chiens d'un trop grand pied font immédiatement prendre un parti à l'animal, que l'on n'a pas souvent la chance de tirer ; alors si la meute n'est pas coupée immédiatement, on risque fort de voir la chasse interrompue pour deux ou trois heures. Les meilleurs chiens à employer sont les petits griffons, ou les bassets à jambes torses. L'allure lente de ces animaux est surtout précieuse dans les bois de petite étendue. Le lièvre, qui se rend immédia-

AU CLAIR DE LA LUNE.

tement compte de la vitesse de ceux à qui il a affaire, randonne dans les enceintes, se fait battre sans débucher, et vous offre ainsi plusieurs fois l'occasion de le tirer.

Généralement, on chasse à la billebaude, c'est-à-dire que l'on ne détourne pas l'animal; on fouille au hasard les enceintes, en particulier les bordures. On sait que le lièvre fait habituellement sa nuit dans la plaine, qu'il ne rentre au bois qu'à l'aube; or, en suivant la bordure, les chiens auront vite le sentiment de sa rentrée.

Les chasseurs devront se placer dans les sentiers, aux carrefours coupant les enceintes, ainsi qu'aux passages en lisière, passages que l'expérience du bois désigne par avance. Le silence et l'immobilité sont de rigueur. Le lièvre suit toujours les endroits découverts; on aura donc des chances de le tuer en se portant en face d'une clairière; il débuche des grandes herbes blanches pour venir en place dénudée; c'est là que quelquefois il s'assied pour écouter les chiens. Lorsqu'il suit un layon, venant à vous, il ne se dérangera point, et arrivera jusqu'à vos pieds si vous êtes demeuré dans un état complet d'immobilité. Vous aurez donc ainsi tout le temps de déterminer le moment où vous le jugerez facile à rouler.

A la chasse aux chiens courants, lorsqu'on connaît le bois et les habitudes du lièvre, on est à peu près certain de le tirer; en ses randonnées il est plus facile à tuer qu'en plaine, on le manque rarement.

Maintenant, en dehors de ses hourvaris sous bois, on a, pour le tirer, le lancer et la rentrée, celle-ci lui est toujours fatale; elle s'opère à trente ou quarante pas à droite ou à gauche du lancer. Il s'agit donc d'observer l'endroit de sa sortie; on se postera alors avec certitude pour l'attendre au retour. Si, par exception, il s'écartait de l'endroit du débuché comme vous le voyez revenir à cent ou deux cents pas, vous avez le temps de vous porter en avant ou en arrière en passant sous bois.

La voie du lièvre est légère et fugitive, aussi les chiens que l'on réserve pour cette chasse doivent-ils être doués d'un excellent nez; de plus, il est sage, si on possède un bon équipage à lièvre, d'éviter de le mettre sur la voie d'un autre animal. Cette observation s'applique plus particulièrement à la chasse à courre dont nous allons parler.

Pour chasser le lièvre, il faut tenir compte de la température. En raison de cette légèreté extrême de la voie, les fortes chaleurs, les grandes gelées, les sécheresses prolongées, les terrains poudreux sont défavorables. Au contraire, une terre humide légèrement détrempée, un temps couvert, sont de précieux auxiliaires. Le vent du sud, en été, est mauvais, ainsi que le vent du nord en hiver. La Conterie dit qu'il y a trois bons vents, savoir : l'est, l'ouest et le nord-ouest.

Au cours de la chasse au chien courant à tir, on permet peu au lièvre de déployer toutes ses ruses ; le brutal coup de fusil met promptement un terme à son ingéniosité, tandis que dans la véritable chasse à courre ou au forcer, il déploie à son aise toutes ses finesses, entasse ruses sur ruses, c'est là-même le charme inexprimable de cette chasse difficile.

Nous pouvons dire avec Jacques du Fouilloux que les lièvres se montrent souvent fort *malicieux*.

La chasse à courre du lièvre est la plus savante, celle qui demande le plus de connaissances ; elle est la clé de toutes les autres. Le chasseur, qui aura vaincu les difficultés de ce courre, fera un bon veneur, sera maître en la science à forcer toutes les autres bêtes.

Ce n'est que pour mémoire que nous indiquerons le forcer du lièvre à l'aide de lévriers, l'emploi de cette espèce de chiens étant interdite par la loi. Nos anciens rois se servaient de lévriers pour courir, non seulement le lièvre, d'où leur nom, mais encore le loup et le sanglier.

A l'Étranger, en Angleterre notamment, en Autriche et en Russie, pour ne parler que de l'Europe, les lévriers, devenus chiens de luxe en France, sont toujours utilisés.

La quête du lièvre demande beaucoup d'attention, vu qu'il faut repasser tous les tours qu'il a faits pendant la nuit. Si c'est un bouquin, aussitôt lancé, il passe en avant, prend un parti ; lorsqu'il a une certaine avance, il commence ses hourvaris, qui consistent en retours sur la route, en bonds à droite et à gauche. Sous les bois humides, ses ruses se multiplient à l'infini, il descend dans les fossés, traverse les ruisseaux et met les chiens en défaut. La hase, surtout quand elle est vieille, ne prend point de grand parti ; elle se fait battre longtemps dans l'enceinte où elle a été levée ; après le débuché elle revient au lancé. Tant qu'un lièvre n'a pas débuché, il tend à revenir vers le gîte. Si c'est au bois, il convient de battre en arrière pour relever un défaut ; en plaine, au contraire, on se portera en avant, attendu qu'il ne ruse que pour gagner du terrain.

Pour relever un défaut, les veneurs décriront des cercles concentriques autour du point où la voie a été perdue, parce qu'il arrive quelquefois que l'animal de meute se relaisse dans un buisson ou sous une cépée.

Le sentiment du lièvre fatigué va en s'affaiblissant ; on doit alors suivre les chiens de près, les appuyer de la voix et de la trompe. On dit que le lièvre *porte la hotte* lorsque son dos s'arrondit, et qu'il paraît plus haut sur ses jambes ; il est alors sur ses fins, ses randonnées sont moins longues, il se rase fréquemment, l'hallali est proche.

On fait toujours la curée chaude d'un lièvre forcé, récompense méritée pour les chiens, en même temps qu'un excitant puissant pour les chasses futures. La perte n'est pas grande pour la cuisine, car un lièvre qui a été couru deux heures, ou plus, n'est point un régal.

Un lièvre bien empaumé est généralement bien chassé : l'écueil du courre est le change. Une bonne meute à forcer le lièvre est plus rare qu'on le pense : l'équipage n'a pas besoin d'être fort nombreux ; ce qu'il convient, c'est que les chiens aillent ensemble, soient de même force et bien à commandement. Quatre à six toutous de même pied, que l'on couvrirait tous avec une nappe, lorsqu'on les regarde en plaine suivant la voie, causeront plus de jouissance que douze chiens de pied différents allant à la débandade.

Le panneautage ne doit se faire qu'en vue du repeuplement.

Voici, pour terminer cet aperçu des connaissances du lièvre et de sa chasse, une fanfare que j'ai composée sur ce charmant compère ; la musique est à faire, je laisse à un veneur, sonneur de trompe, le soin de la noter, s'il la trouve à son gré.

FANFARE DU LIÈVRE

Holà ! chasseurs, c'est un beau lièvre,
Un fier financier bien fourré
Que ne tourmente point la fièvre,
Qui vient de quitter le fourré.

Son large gîte est chaud encore,
Il en est parti sans tambour
Et, reposé depuis l'aurore,
Il nous fera plus d'un détour.

C'est un bouquin, voici la pince.
Il rôde encor dans le canton :
Le pied se dessine, il est mince,
En marche ! Tontaine, tonton.

> En avant, Castille Tantbelle !
> Le temps est couvert à souhait,
> Et la chasse amis sera belle.
> Il a plu la nuit, c'est parfait.
>
> Le voilà surpris dans sa ronde.
> Il entend nos bons chiens hurleurs ;
> J'aperçois sa casaque blonde!
> A ses trousses, vaillants chasseurs !
>
> Hardi, les chiens! il se décrotte,
> Prépare un tour de sa façon,
> Bientôt il portera la botte.
> En marche ! Tontaine, tonton.

LE LAPIN

Il n'y a point d'animal aussi connu de tous que ce petit rongeur sémillant, au pelage gris souris, à l'œil couleur d'agate brune, si preste au départ que l'on dirait une fusée, si gai dans ses allures jusqu'en face de la mort, joyeux de vivre dans toutes les circonstances de sa vie tourmentée.

Le lapin est, comme on l'a écrit, le pain du garde, le sauveur de la bredouille, le fond obligé de toute chasse bien aménagée, la ressource du petit chasseur, parce qu'il se trouve à peu près partout, s'accommodant aussi bien d'une haie ou d'une côte bien exposée que d'un important domaine. C'est, en un mot, le gibier le plus généralement répandu, le plus à la portée de tous ; quand les autres font défaut, il est toujours quelque part, en guise de consolation. Le possesseur d'un bois vif en lapins a du pain sur la planche. Il y a bien le revers de la médaille, car Jeannot pousse des pointes dans les champs ; peu scrupuleux, il s'attaque à toutes les récoltes : de là, une source de réclamations, de procès et aussi de bénéfices sérieux pour les riverains, lesquels grossissent sérieusement ses méfaits ; nous nous occuperons plus loin de son casier judiciaire.

Ce petit animal nous est, paraît-il, venu d'Espagne à la suite des Maures, on l'appela longtemps *conil ;* les vieux auteurs le dénomment counil et counin ; dans la Moselle, il porte encore le nom de connin. Le mot lapin semble venir d'un diminutif ou d'une contraction du substantif latin *lepus.* Dans sa nomenclature, Linnée l'appelle *lepus cuniculus.*

Le lapin affectionne les dunes, les coteaux accidentés et boisés, les ronciers, les bruyères, nommément, tous les endroits à terre légère et sèche, où il peut creuser des terriers ; il redoute l'humidité.

Le lapin se chasse au chien d'arrêt, aux chiens courants, en battue, avec des furets; à l'encontre du lièvre, il aime passionnément le soleil; une fois blotti dans une touffe d'herbe quelconque, là où son dos est bien chauffé, il devient paresseux, part difficilement, et dix fois vous passerez auprès de lui sans qu'il bouge; un moyen sûr de le faire bondir est de s'arrêter subitement. Il tient sous l'arrêt du chien ; mais, pressé, il déboule avec une rapidité vertigineuse, qui rend son tir difficile. Comme il fait son premier bond en ligne droite, on agira sagement en tirant haut, de la sorte, il tombera dans le coup de plomb. Le tir du lapin demande une grande justesse; il faut tirer d'impulsion, souvent au jugé ; c'est parfois une chasse à l'éclair. On ne devient habile tireur du lapin qu'en en tirant beaucoup et fréquemment.

La chasse sur les plateaux, dans les bruyères, les très jeunes taillis, se pratique à l'aide du chien ferme ; il est bon, en marchant, de frapper de temps à autre les ronciers pour faire partir ceux qui s'oublieraient à rester gîtés, malgré le bruit.

A l'exemple du lièvre, il choisit son gîte suivant la température. Si le vent est fort et froid, vous le trouverez dans les buissons épais; si le soleil darde, il aura fixé sa demeure dans les endroits bien exposés, pour en recevoir les rayons ; par les temps humides, il se réfugie sur les terrains en partie rocailleux, ainsi que sur les talus des ravins.

Quand on désirera le chasser aux chiens courants, on se servira de petits bassets à jambes torses. Un couple de ces chiens de petit pied suffit et procure une chasse fort attrayante. On peut en mettre quatre, ou six, l'important est qu'ils aient la même allure ; on découple les chiens dans l'enceinte que l'on désire explorer; l'animal est promptement debout. Une fois lancé, il ne prend pas de parti, il ruse; or, c'est en opérant ses nombreuses randonnées qu'il se montre par corps aux chasseurs, si l'on désire augmenter ses chances de tir, on placera quelques chasseurs sur les terriers.

Le silence et l'immobilité sont de rigueur. Vous êtes parfois étonné que les chiens viennent suivre la piste jusqu'à vos pieds; c'est que le lapin s'est aventuré tout près de vous, seulement il vous a entendu remuer, ou vous a aperçu ; alors il est reparti pour une nouvelle randonnée.

Soit dans un layon, soit sur la lisière, il ne faut pas l'attendre en place claire, comme on fait pour le lièvre ; à l'inverse de celui-ci, il surgit tout à coup d'un buisson ou d'une touffe d'herbe, ses allées et venues s'effectuant constamment sous le couvert. Les battues de lapins donnent de magnifiques résultats ; il suffit, pour cela, d'un bon nombre de traqueurs battant bien les buissons afin de les mettre tous sur pied. Les tireurs postés dans les sentiers ou sur la lisière du bois entourent les enceintes. Une autre chasse non moins émouvante est celle qui a lieu à l'aide des furets.

Dans l'ordonnancement des choses, tout a un correctif : il a été créé au lapin un nombre infini d'ennemis sans lesquels nous serions exposés à des envahissements redoutables. Parmi ceux-ci, doit être classé le furet originaire de Numidie, dont l'homme avisé a su faire un auxiliaire précieux. Ce petit animal à robe blanche, jaune ou brune tachetée, aux yeux de feu, peut, grâce à sa sveltesse, poursuivre le lapin jusque dans les moindres arcanes de son terrier et le faire déguerpir bon gré, mal gré.

De la race des martres, putois, fouines, cet ennemi mortel de la gente lapinière se loge dans un tonneau défoncé rempli au tiers de paille ou d'étoupe. C'est là qu'il dort les trois quarts du temps. se nourrissant de pain trempé dans du lait et de son.

Pour l'emporter à la chasse, on le met dans un panier fermé ou dans un sac dont on ficelle l'orifice. Après s'être assuré que les terriers où on désire l'introduire sont fréquentés, ce qui se reconnaît aux jouettes, aux crottes disséminées, on le fait entrer par une des gueules. Il ne tarde pas à se perdre dans le labyrinthe. Les tireurs postés à distance sur un tumulus dominant les bouches, attendent silencieux ; le moindre bruit ferait rebrousser chemin aux lapins, ils retourneraient dans les profondeurs de leurs terriers au risque de se faire étrangler par le furet. Un terrier n'est pas vidé, parce qu'un lapin est sorti, alors même que l'on verrait le furet apparaître à quelques secondes de distance à sa suite. S'il y a encore des lapins, le furet, lorsqu'il a perdu de vue celui qu'il poursuivait, rentre de lui-même. Après deux ou trois tentatives pour le faire rentrer, s'il ressort immédiatement, c'est que le terrier exploré est déserté ; en ce cas on passe à un autre.

Il arrive parfois que le furet s'acharne après un lapin, lui suce le sang, puis s'endort dans le terrier. Il n'est pas toujours facile de faire revenir l'animal : le coup de fusil ou la fusée détonante dans la gueule

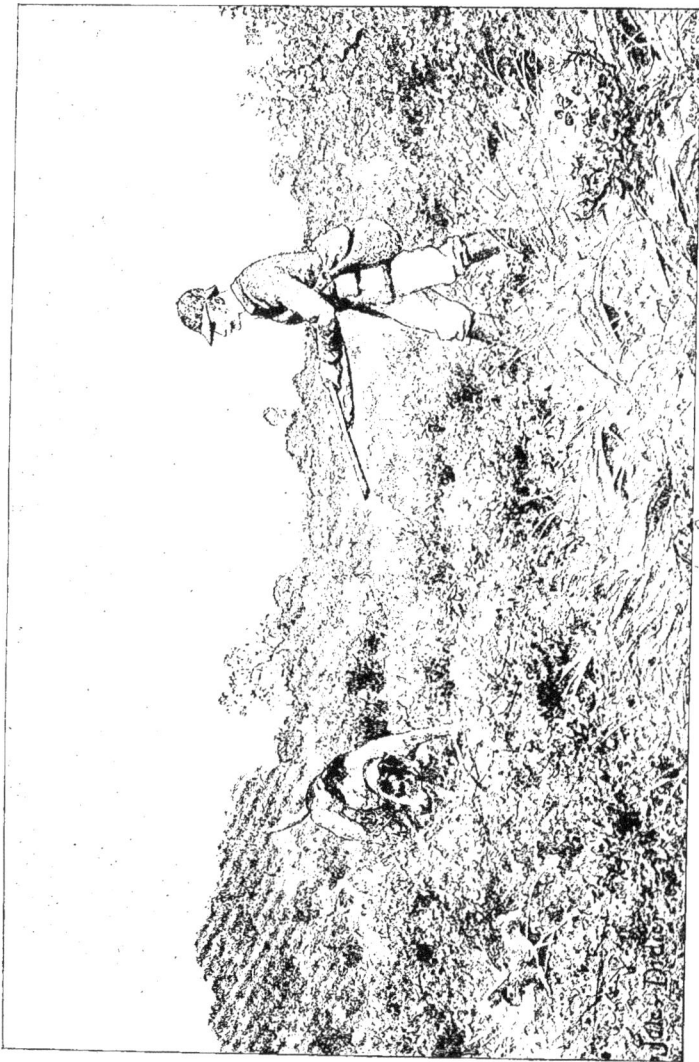

CHASSE AU LAPIN DANS LA BRUYÈRE.

ne réussissent guère, le procédé que j'ai vu employer avec le plus de
succès est la mèche soufrée. Quand il se fait tard, on bouche toutes les
ouvertures en laissant à l'extérieur un récipient rempli de lait, et l'on
revient le lendemain pour chercher le furet; alléché par l'odeur, ce buveur
de sang est d'ordinaire couché derrière la paille en face de l'orifice.

Si l'on veut prendre les lapins vivants à l'aide du furet, on tend des
filets appelés « bourses » à chaque bouche du terrier ; on a soin de bien
étendre ses filets, de les attacher solidement à un piquet ou à une racine
voisine. Les lapins, dans leur fuite précipitée, sont retenus dans les
mailles.

Pour fureter, on choisira la température qui engage les lapins à se
réfugier dans leurs demeures. On peut, avant l'opération du furetage,
commencer par faire battre le bois par un ou deux rabatteurs, ou encore
par quelques bassets.

Dans le tir à blanc ou à gueules ouvertes, l'animal se tirant de près,
le meilleur plomb est le n° 7 ou même le n° 8. Il est prudent de ne se
livrer à cette chasse au cours de laquelle on tire beaucoup, qu'avec
des personnes dont la prudence soit éprouvée, car les tireurs groupés
sur les terriers dans un espace restreint, jettent leur coup bien plutôt
qu'ils ne visent. La course du lapin est tellement rapide, que l'on est
saisi d'un espèce de vertige ; le coup part souvent à la légère et peut
causer des accidents. Si l'on a avec soi des chiens d'arrêt, on les fera
tenir derrière jusqu'après l'exploration totale du terrier ; il va de soi
qu'ils doivent être également protégés contre les fusils trop légers :
leur concours est utile pour retrouver les lapins blessés. L'affût du
lapin est chose facile à toute heure de la journée, mais principalement
de neuf heures à midi, le soir au coucher du soleil : en se postant à
quelques pas du terrier derrière un buisson ou sur un arbre, on les
voit sortir, circuler ; en bien des cas, il est facile de choisir sa victime.
En suivant en silence les allées d'un bois, on les découvre passant d'un
taillis à un autre au petit pas, il est alors possible d'en tuer par surprise.
Dans cette dernière exploration à la muette, ce sont surtout les jeunes
lapereaux qui font les frais.

Bien que, en principe nous soyons opposé à tout affût en fait de gibier,
nous faisons exception pour ce rongeur qui, en résumé, n'en souffrira
jamais beaucoup comme espèce. L'affût des lapins est à peine une pecca-
dille ; je ne me ferais point scrupule de les attendre, le cas échéant, le soir

à portée d'une pièce de grains voisine d'une garenne, lorsqu'ils vont au gagnage ; et même, si le jeu en valait la lune, de les fusiller au clair de celle-ci, la nuit, sur une pelouse. Mais je réserve l'affût de nuit pour d'autres animaux de plus d'importance : le sanglier, le renard ou le blaireau.

L'ÉCUREUIL

Sans vouloir pour cela l'assimiler à Jean Lapin, dont la tête est mise à prix comme l'on sait, à cause d'une multitude de méfaits, l'écureuil commet bien quelques sottises, qui font qu'on doit avoir l'œil sur lui, l'un ronge en bas, l'autre ronge en haut.

Celui-ci, aux yeux des chasseurs et des agronomes, devrait être beaucoup plus disqualifié que ce pauvre bouc émissaire des iniquités d'Israël qu'on appelle le lapin. Si l'un tond d'une luzerne la largeur de sa langue, il ne détruit pas le champ en entier, tandis que le petit habillé de rouge, auquel on trouve de si belles manières, vient à bout d'une sapinière en peu de temps ; en outre, il a un goût prononcé pour l'omelette, goût préjudiciable à la reproduction des oiseaux de tout genre.

Pour ce seul titre de ravageur de nids, il mérite d'être signalé à la police rurale ; si ce n'est pas un bandit, c'est du moins un gavroche dont les plaisanteries répétées finissent par avoir une certaine amertume.

Il y a tant de bêtes auxquelles on n'a rien à reprocher, utiles même parfois, envers lesquelles nous faisons preuve de si peu d'égards que ce singe européen, cet acrobate des hautes futaies, peut bien, lui aussi, fournir son contingent à nos plaisirs cynégétiques.

Sa chasse peu sérieuse, mais amusante, sert d'intermède agréable entre autres déduits plus relevés.

C'est particulièrement en octobre, à l'époque où les feuilles tombent, que cette petite chasse a un attrait.

A l'aide de deux petits roquets, on fouille le sol ; en peu de temps, tous ceux qui se trouveraient à terre ont vite fait de regagner leurs demeures aériennes. Ce n'est point chose facile que de les découvrir du milieu des branchages contournant le tronc, ne risquant que le bout de leur museau pour s'assurer de la présence de l'ennemi. Un chien vous signale l'arbre où il est grimpé ; il arrive au pied en aboyant, dirige ses yeux vers le sommet, c'est l'arrêt ; le débucher ne tardera point.

On le tire sur les branches, lorsqu'il montre sa tête ; des coups frappés contre les baliveaux hâtent sa fuite et le font voltiger de branche en branche. Les incidents les plus divertissants s'accentuent avec la fusillade ; ici, comme dans les grandes chasses, il est prudent, si l'on est beaucoup, de se méfier des fusils chauds ! Tous les regards sont concentrés sur le fuyard, les doigts pressent continuellement la détente ; bien des coups partent sans que l'on ait ajusté.

Dans un bois très fréquenté par ces rougeurs, l'emploi de la carabine Flobert de 9 millimètres donne un relief tout particulier à ce tir au posé. Il est bien entendu que l'on n'emploie que la balle.

CHAPITRE II

LE RENARD

En grec *alopex*, en latin *vulpes*, le renard est connu pour son esprit et ses friponneries; fabulistes anciens, modernes, ont raconté ses ruses, ses infamies. Bien vêtu, ma foi! l'œil intelligent, il ne fait point trop mauvaise figure dans sa fourrure fauve tirant sur le gris, selon l'âge ou les contrées qu'il habite. Malheureusement, il fait ventre de tout : œufs, petits oiseaux, perdrix, faisans, lapins, lièvres, faons, poules de basse-cour, etc. Ses nombreux états de service méritent qu'on s'occupe de lui spécialement, et que, chaque fois que l'occasion s'en présentera, on lui fasse les honneurs d'un coup de fusil, sans oublier les pièges et autres attentions du même genre pour s'emparer de son astucieuse personne.

C'est donc double plaisir pour le chasseur de rencontrer un renard; d'abord un coup de fusil des plus agréables, ensuite, le débarras d'un hôte funeste au gibier. On le regarde avec raison comme le plus redou-table des braconniers, il chasse la nuit, le jour; c'est un destructeur incomparable.

N'était la satisfaction vraiment particulière que l'on éprouve à le tirer en battue ou devant les chiens, il serait à souhaiter que le dernier de l'espèce eût disparu, puisque c'est à lui, pour une grande part, que l'on doit la pénurie de gibier qui nous afflige.

En France, bien que le pelage du renard varie, ainsi que la taille, il n'y en a vraiment qu'une seule espèce. Quelques départements du Midi en fournissent abondamment : là, il est de taille inférieure à celui que l'on voit dans le Centre et dans l'Ouest; c'est cependant le même animal. Cette différence de taille existe entre le lièvre des montagnes et le lièvre des grandes plaines ; la même observation s'applique à la couleur, laquelle varie suivant les terrains, et se modifie par l'âge. Le renardeau est fauve, rouge ; à mesure qu'il avance en âge, il devient gris ; il passe quelquefois au noir par places, on l'appelle, dans ce cas, charbonnier. Quelle que soit sa couleur, c'est toujours le même bandit.

Il préfère les forêts de bois à feuilles aux forêts de sapin, établit son terrier à portée des plaines cultivées, et dans les carrières abandonnées. La femelle porte neuf semaines, met bas quatre ou six renardeaux : ceux-ci atteignent toute leur croissance en moins de deux ans.

On divise le terrier du renard en trois parties : 1° la *maire*, qui sert d'antichambre ; c'est là qu'il vient en observation avant de se risquer à prendre la clé des champs ; 2° la *fosse* souvent à deux issues, où il met ses provisions ; 3° l'*accul*, représentant une cavité ronde, n'a qu'une issue : c'est l'habitation de la femelle avec ses petits.

Renard.

Toutes les parties communiquent entre elles par de longues galeries appelées *fusées*. Le périmètre d'un terrier mesure de 15 à 20 mètres.

Le renard a le pied sec, long, étroit, le talon petit, les ongles minces ; lorsqu'il va d'assurance, il ne se méjuge point ; il habite le fourré l'hiver ; l'été, il se remise volontiers dans les blés et les fougères.

En France, nous détruisons beaucoup plus le renard que nous ne le chassons ; cependant, en Vendée, et dans quelques provinces de l'Ouest, on le chasse à courre, mais les équipages à forcer sont peu nombreux. Nous nous contentons généralement de le chasser aux chiens courants avec le fusil, ce qui fait la grande désolation des Anglais.

Ceux-ci ont tenté d'introduire en notre pays leur sport favori : c'est à eux que l'on doit les *Drags* de Pau, ils datent de 1840. Pour cette chasse d'opéra-comique, on se procure des renards pris d'avance dans les terriers, que l'on appelle renards de sac.

La chasse du renard à l'aide de chiens courants est agréable ; ceux-ci empaument la voie avec facilité ; l'animal dans ses randonnées, passant et repassant aux mêmes endroits, permet aux chasseurs placés à bon vent de le tirer. Le renard peut être attaqué à toute heure ; découplez à l'endroit le plus fourré, quatre à cinq briquets suffisent. Les tireurs garderont les petites lignes, les sentiers, à proximité des fossés, des mares, des dépressions de terrains. Le renard ayant l'habitude de rabattre ses voies, surtout lorsqu'il va d'assurance, on se portera sur les points où il vient de passer en plein bois.

Parmi les postes les plus favorables, nous indiquerons le voisinage des terriers, les ravins et les ponts qui relient deux enceintes. On doit se tenir dissimulé, autant que possible immobile, être vêtu de couleur sombre, car le renard a constamment l'oreille attentive et l'œil au guet.

Pour traquer, il est nécessaire d'avoir, la nuit ou de grand matin, fait boucher les terriers avec de petits fagots d'épines. Les traqueurs n'ont nul besoin de mener un grand vacarme, lequel n'aurait pour résultat que de faire par avance vider les enceintes voisines non encore entourées ; il suffira donc de frapper les arbres et les ronciers avec des bâtons, de siffler de temps à autre pendant la marche en avant.

On affûte le renard au terrier, au passage, à la trainée, à l'appât vivant, au carnage, le soir ou le matin. En outre, au mois de mai, on peut, vers les onze heures, se mettre en embuscade auprès des terriers fréquentés ; à l'heure de midi les renardeaux sortent. Dans toutes ces circonstances, il faut, avant tout, se mettre *à bon vent* et se cacher.

Lorsqu'on veut détruire les renards, on les enfume ou l'on défonce les terriers. Cette dernière opération pénible demande beaucoup de temps. Il y a aussi le poison, les pièges ; nous en reparlerons plus loin.

D'aucuns affirment que, le renard ayant la vie très dure, il faut employer du gros plomb pour le tuer ; j'estime que le n° 4 et le 3 suffisent. Dans une battue, un de nos compagnons de chasse en a tué un avec du numéro 8. Je veux croire que ce coup était exceptionnel et qu'il serait imprudent de tabler sur le hasard, mais les plombs que je signale plus haut sont ceux qui, en toute circonstance, rendront le meilleur service.

On vante la ruse du renard, ses roueries pour déjouer ses ennemis ;

quand il s'agit d'esquiver les pièges et lorsqu'il se livre à la chasse, il est hors ligne ; mais, en battue, nous avons pu constater qu'il n'est pas toujours à la hauteur de sa réputation, soit qu'il perde la tête, soit qu'il veuille donner le change par une apparence de naïveté. Dans une traque, on le voit quelquefois marcher à petits pas à découvert dans un layon et s'avancer vers le chasseur comme le ferait un lièvre.

Fanfare pour le renard

Maître renard
N'est un bavard
Que lorsqu'il chasse ;
Qu'on le pourchasse,
Il devient couard,
Maître renard !

Surveillons les enceintes,
Ayons l'œil aux aguets ;
Malgré ses tours, ses feintes,
Il paiera ses méfaits.

Tireurs, au bon endroit !
Dans sa tunique rousse
Le compère a la frousse ;
Et surtout, visons droit !

LE CHAT SAUVAGE

Fort heureusement, le chat sauvage est peu répandu, car c'est un destructeur de gibier infatigable, les bois de quelque étendue où il a élu domicile sont sérieusement menacés. Il s'accouple avec le chat domestique devenu vagabond. La femelle met bas au printemps cinq ou six petits qu'elle dépose dans le creux d'un arbre.

Blessé, il devient féroce. Gare aux chiens ou à l'homme qui l'approcheraient imprudemment !

On le prend avec le piège à palette, on le tire lorsqu'on l'aperçoit.

Tout chat, quel qu'il soit, sauvage ou demi-sauvage, vagabond des fermes rencontré en forêt ou dans un bois, doit être tué impitoyablement. Mieux, un chat quelconque, surpris mulotant en plaine à 500 mètres d'une habitation, doit être salué d'un coup de fusil ; car lui aussi fait souche de braconniers redoutables.

Tirez le chat sauvage et le chat maraudeur avec du plomb n° 4.

LE BLAIREAU

Si cet omnivore est friand d'omelette d'œufs de perdrix, comme on l'affirme, il ne mérite aucune considération. Rentrant de très bonne heure à son terrier, il n'offre guère l'occasion de le chasser ; pour s'en emparer, il faut aller le chercher jusqu'en sa demeure souterraine, ce qui n'est pas chose facile. On le déterre ou on l'enfume. Lorsqu'on veut le tirer entre minuit et une heure du matin, on se rend aux terriers dont on bouche hermétiquement toutes les gueules au moyen de bourrées d'épines fixées solidement et qu'ensuite on revêt de terre. Ce travail doit être accompli en silence, afin que l'animal, qui peut rôder dans les environs, ne songe pas à aller, après sa nuit, chercher un gîte à plusieurs kilomètres de là. Un peu avant le jour, le blaireau, au retour de sa nuit, trouvant les issues garnies, se blottit dans un épais roncier. Or, comme sa piste est très forte, les chiens n'ont pas de mal à l'éventer.

Bientôt il est à découvert ; on le tire avec du 2 ou du 3. Comme il n'est pas taillé pour la course, le coup de fusil est facile ; mais, blessé, il est dangereux pour les chiens : ses crochets font de profondes morsures, les griffes de ses pattes sont à redouter. On peut le tirer à l'affût ; pour cela, on se porte sur son passage signalé par des coulées nettement indiquées dans les herbes. Il suit, au retour la même voie qu'il a prise à l'aller. Il a la vie très dure, son instinct lui fait quelquefois faire le mort pour prendre sa revanche lorsqu'on va pour le saisir. Sa chair est à peine mangeable, elle a le goût de celle d'un mauvais sanglier.

Quelques chasseurs prétendent qu'il est l'ami du lapin ; cet amour du petit rongeur s'expliquerait-il par l'usage personnel qu'il en fait ? nous ne résoudrons pas la question. Si, d'ordinaire, il établit sa demeure dans les bois qui en sont peuplés, n'est-ce pas plutôt pour les avoir à sa portée ? En tout cas, il ne dédaigne pas le levraut.

LA LOUTRE

Ce fut tout à fait à mes débuts de chasseur que je me suis trouvé en face de cet animal ; son apparition subite me troubla tellement que je ne songeai à décharger sur lui mon fusil que lorsque, après s'être précipité à l'eau, il eut disparu. Je demeurai bouche bée, le doigt sur la détente, contemplant le bouillonnement de l'eau que sa chute rapide avait provoqué ; je crois que j'ai été aussi impressionné que la loutre : notre surprise à tous les deux a dû être égale. Nous nous étions aperçus à quinze pas : elle sur le bord d'un fossé, bien en vue, moi un fusil chargé en main, le long de la berge. On a comme cela, dans sa jeunesse, de ces bonnes fortunes qu'on laisse aller, et qui ne se représentent jamais quand on serait en état de leur faire honneur ! J'ai perdu là un beau coup de fusil, car ce carnassier piscivore n'est pas si commun que les feuilles au bois en avril, heureusement pour les pêcheurs, malheureusement pour les chasseurs.

Tout n'est qu'heur et malheur en ce bas monde !

Loutre.

On piège la loutre ou on l'affûte : ce sont là les procédés les plus sûrs pour s'en emparer ; cependant, on la chasse aux chiens courants, nous avons, en France, de sérieux équipages de ce genre. C'est une chasse difficile qui nécessite des chiens d'espèce toute particulière, très résistants. En Chine, on dresse la loutre à la pêche ainsi que le cormoran ; il y a des équipages de loutres estimés à des prix fort élevés. La loutre s'apprivoise aisément.

LA MARTRE

De tous les petits carnassiers, le plus joli, le plus gros, le plus rare, c'est la martre. Elle a la fourrure brune, porte une large tache jaune d'œuf sous la gorge, mesure 80 centimètres de longueur, habite les grands bois où, du reste, elle se fait rare depuis les défrichements, c'est un ennemi acharné des levrauts, des lapereaux, des œufs de toutes sortes et des petits oiseaux. Durant le jour, elle dort dans le creux d'un arbre, chasse la nuit.

La martre s'approche aussi des habitations et cherche, à la façon du renard, à enlever sa proie, mais uniquement en hiver dans les temps de disette. Elle séjourne peu à proximité des fermes, ses habitudes sont essentiellement nomades.

On s'en empare au moyen du piège allemand, du piège à planchette, des assommoirs et de la boîte. En dehors de l'huile d'anis ou du musc dont on frotte le piège, l'œuf est une des meilleures amorces dont on puisse se servir. Quelquefois on la surprend aplatie sur une grosse branche ; un coup de fusil envoyé de façon à ne point détériorer la peau, qui a sa valeur, mettra fin à ses déprédations.

LA FOUINE

Plus petite que la martre, le pelage plus gris, la tache de la gorge d'un blanc net au lieu d'être jaune, la fouine est abondante. Elle se tient sur la lisière des bois, l'hiver près des fermes et des granges où elle opère de véritables ravages. Elle est pour les basses-cours un ennemi aussi redoutable que le renard, ce qui ne l'empêche point de chasser lièvres, lapins, faisans et perdrix. Comme la précédente, elle est friande d'œufs.

On a recours, pour s'en emparer, aux procédés indiqués pour la martre. On la rencontre sous les tas de bois et dans les maisons en ruine. C'est une bête de rapine, sanguinaire par nature, qui égorge pour le plaisir d'égorger. Lorsqu'on a connaissance de sa présence, si elle n'a pas été dérangée, on peut l'affûter avec succès.

LE PUTOIS

Aussi commun au moins que la fouine, le putois commet les mêmes ravages. Un peu plus petit, il a la queue plus courte, son poil, tantôt jaune pâle, tantôt plus foncé, offre à l'œil un ensemble de brun marron.

Sa fourrure, douce et chaude, est belle, mais désagréable à cause de l'odeur musquée dont elle ne se débarrasse jamais entièrement.

Cette odeur tenace signale immédiatement sa présence soit au bois, soit au poulailler.

Pressé par un chien, il grimpe dans un arbre, dissimule son corps dans la fourche, surveille le chien sur lequel il fonce au besoin et vend cher sa peau. Donc, est-il prudent, lorsqu'on l'avise dans cette position, de lui envoyer une cartouche.

Une fois à terre, il n'hésiterait pas à vous sauter aux jambes.

Chasseur, pêcheur, égorgeur tout à la fois, c'est un ennemi redoutable pour le gibier ; il s'approche en rampant des nids de perdrix, étrangle la couveuse, suce les œufs.

Il se prend aux pièges indiqués plus haut.

LA BELETTE ET L'HERMINE

Nous accolerons ces deux mustelidés, les deux plus petits de l'espèce, parce que, à cause de leurs nombreux points de ressemblance, ils sont souvent confondus.

En en discourant parallèlement, on saisira peut-être mieux les nuances qui les rapprochent, comme aussi les distances qui les séparent et en font bien réellement deux espèces distinctes.

L'hermine est plus grande que la belette, le plus minuscule des animaux de rapine. La première mesure de 27 à 30 centimètres de longueur, tandis que la seconde ne va guère qu'à 16 ou 17 centimètres ; l'hermine, en robe d'été, est d'un brun roux avec parties inférieures lavées de jaune ; en hiver, elle est blanche ou tout au moins la fourrure en entier est blanche, à l'exception de l'extrémité de la tête et du bout de la queue ; la belette arbore le roux brun sur le dos, les flancs, le gilet, le ventre et l'en dedans des cuisses sont d'un blanc pur : elle conserve cette livrée en tout temps : son mufle est rosé.

Signe distinctif absolu : la queue de la belette est beaucoup plus courte que celle de l'hermine. Celle-ci est vulgairement appelée « roselet » en Normandie.

Beaucoup plus commune que l'hermine ou « grosse belette », la belette proprement dite est un animal sanguinaire qui s'attaque au gibier poil et plume : lièvres, lapins, perdrix, cailles, ainsi qu'aux œufs. Elle fait aussi sa nourriture des rats, des campagnols, des souris, des mulots, mais ces services relatifs ne doivent pas nous empêcher de la considérer comme un des pires ennemis pour la propagation du gibier.

Elle tue pour tuer, suce le sang, vide les œufs de toutes les couvées qu'elle évente. Le dossier de l'hermine n'est pas moins chargé.

L'assommoir est le piège qui réussit le mieux pour ces deux marau-

21

deurs, sans oublier le piège à planchette qui donne aussi de bons résultats à l'entrée des tas de fagots et des amas de pierres.

Je ne crois point, bien qu'on en ait dit, que l'hermine ne chasse que la nuit, en plein jour, j'en ai tiré dans des chemins en bordures de grosses haies.

Assez ordinairement, on confond entre eux ces cinq mustélidés, ou du moins les trois premiers.

Voici, synoptiquement, leur signalement :

La martre, la plus forte, est cravatée de jaune tirant sur le vert ;

La fouine, de taille un peu moindre, est cravatée de blanc ;

Le putois est le type du furet, il a le ventre jaunâtre, le museau et les oreilles et une tache derrière l'œil sont blancs ;

La belette, l'hermine, moule très rapetissé de la fouine.

CHAPITRE III

« L'oiseau se reconnaît à ses plumes. » Ce dicton suffit à la masse pour différencier les oiseaux de tous les autres vertébrés : ajoutons-y que les deux mâchoires se prolongent en un bec corné ; que les membres antérieurs sont transformés en ailes, qu'il n'existe, par conséquent, plus que deux pattes, et nous aurons, dit Brehm, une définition qui pourra satisfaire même les naturalistes.

Il existe plusieurs classifications des oiseaux. Nous n'avons pas cru pouvoir en suivre aucune, au cours d'un ouvrage à l'usage des chasseurs, d'autant plus que ces divisions, modifiées les unes par les autres, ne répondent que par à peu près à celles que réclame la chasse.

Nous passerons en revue la plus grande partie des oiseaux, qui, constituant ce que l'on pourrait appeler la faune errante de notre pays, représentent, dans chaque espèce, les individus plus ou moins familiers aux chasseurs.

La distinction la plus simple nous paraît être celle-ci : *oiseaux de bois, oiseaux de plaine, gibiers passereaux, oiseaux de marais et de rivages, oiseaux de mer, rapaces, oiseaux de rencontre.*

Lorsque nous disons : « oiseaux de bois », nous entendons ceux que l'on chasse plus particulièrement dans les bois, tels que le tétras, la gélinotte, le faisan, la bécasse. Il n'y a point à inférer de là que les ramiers, les tourterelles, classés parmi les gibiers passereaux, ne soient pas des habitants des bois, puisqu'ils y nichent ; mais on les voit en plaine.

Les oiseaux de plaine sont les gallinacés dont les domaines sont les moissons de toute sorte.

Avec les oiseaux de marais et de rivages, nous avons tous les échassiers, les palmipèdes et les plongeurs.

Le genre rapace n'a pas besoin d'explication, il renferme les carnivores qui s'attaquent au gibier. Enfin, sous la dénomination d'oiseaux de rencontre, nous avons eu en vue ceux qui, par leur grosseur relative, par l'éclat de leurs couleurs ou encore par leurs voliers compacts, attirent l'attention soit d'un petit chasseur, soit même de tout autre, poursuivi par la guigne ou qui a le coup de fusil facile.

LE COQ DE BRUYÈRE

Combien de chasseurs ardents, excellents même, ne connaissent le coq de bruyère ou grand tétras (l'*auerhahn*, allemand), que par les livres et les descriptions qu'en font les uns après les autres les naturalistes ! Combien peu l'ont chassé et vu, émergeant des chaumes, fendre l'air dans son vol éclair.

La première fois que j'ai entendu le bruit formidable que fait, en prenant l'essor, le grand tétras, j'ai été littéralement étourdi, à tel point que, le fusil prêt à faire feu, je pirouettai sur moi-même, croyant à une trombe subite découronnant les sapins sous lesquels nous nous trouvions. C'était dans les Vosges ; nous traquions le sanglier, un ami et moi, et au rapproché des mâtins, nous jugions qu'il était au fort. En effet, presque au même moment, il débucha, puis dévalla vers les vallons. Cette explosion, lorsque l'oiseau déploie ses ailes, est vraiment saisissante ; si la sensation qu'elle produit n'est point aussi intense dans la suite pour qui l'a déjà entendue, elle n'est pas sans causer chaque fois une impression dont on se défend difficilement.

Le grand tétras, largement représenté en Bohême, en Hongrie, en Allemagne, en Russie, en Écosse, se fait rare en France, à ce point qu'il est ignoré d'un grand nombre de chasseurs. Les Vosges, les Ardennes, le Jura, les Alpes et les Pyrénées sont à peu près les seuls points où on le rencontre.

Tant à cause de sa rareté que de son volume, de sa beauté, le coup de fusil qui pelote un coq de bruyère arrivé à son entière croissance, c'est-à-dire trois ou quatre ans, est un des plus beaux coups qu'un chasseur au chien d'arrêt puisse rêver. La mise en scène demeure inoubliable : sur des tapis de peluche vert changeant, des épicéas gigantesques, des hêtres roux, des bouleaux qui flambent sur ce fond d'un vert noir, forment des tableaux fantastiques et capiteux.

Le plumage du grand coq est brun moiré, la poitrine d'un vert foncé à reflets métalliques ; le cou noir brun est fort, une plaque d'un incarnat très vif garnit l'œil, et donne beaucoup de caractère à la tête que termine un bec légèrement recourbé couleur d'ivoire jauni. Sous le bec pend une barbiche qui se développe pendant le vol. La queue longue et large est noire, marquée de blanc ; les pattes velues et robustes. Le grand tétras pèse de 8 à 10 livres. Sa femelle appelée « la rousse », à cause de son plumage roux marqué de brun et de blanc, est beaucoup plus petite. Elle pond en mai un nombre d'œufs très variable, qui va de 6 à 10 ; elle élève seule sa couvée, pour laquelle elle a une grande sollicitude.

Coq de bruyère.

Braconniers, montagnards, tuent plus de ces beaux oiseaux que les chasseurs ; c'est le mois d'avril, le mois de plaisance pour la nature entière, au moment où elle se réveille du long engourdissement de l'hiver, qu'ils choisissent pour leurs exploits. « La chasse au chant », ainsi qu'ils appellent, par euphémisme, l'assassinat du coq branché, se pratique en ce dit mois avec une passion farouche ; c'est là la principale cause de la disparition de ce gibier de choix. Alors que l'oiseau, excité par les ardeurs du printemps, a perdu toute sa prudence, ils le fusillent au moment où il s'égosille pour appeler ses poules, ou quand il se *pavane* devant elles rassemblées.

Il serait cependant abusif de penser qu'on peut facilement l'approcher à portée, ensuite le faire dégringoler de l'arbre où il perche, comme l'on ferait d'une grive. En outre de la connaissance pratique des cantonnements, il faut, pour réussir, toute la prudence du forestier, lequel sait, pieds nus, se glisser comme une couleuvre, par les sentiers aboutissant à l'arbre sur lequel trône le coq. La passion des tireurs de tétras est tellement vivace que je ne sais pas si, même à prix d'argent, le braconnier fanatique de ce tir faciliterait de gaîté de cœur à un chasseur l'occasion d'une semblable aubaine. Je ne serais pas éloigné de penser qu'en montrant l'animal faisant la roue sur une branche, son coup de fusil ne précédât celui du client, sous prétexte d'appuyer le tir par crainte de ratage ! Il n'est pas facile de guérir de la fièvre du coq.

En automne, on peut chasser le coq au chien d'arrêt, comme on chasse la bécasse. M. E. Gridel, un connaisseur en l'espèce, lequel voisine toute l'année avec ce rarissime gibier, dit ceci : « Son fumet est très fort, le chien l'évente de loin. Il quête peu, mais ne tient pas toujours, surtout si le temps est calme. Les jours de grand vent sont ceux où l'on approche le plus facilement. Lorsque le temps est sec, on a plus de chance de le trouver à terre ; si le bois est mouillé, il est ordinairement branché. Il est nécessaire de prendre le vent, de marcher sans bruit et d'examiner attentivement les arbres. Il advient que le coq, étant branché, laisse passer le chasseur sous son arbre comme la gélinotte. »

Un amateur déterminé fera également de bonne besogne, accompagné d'un roquet ou des chiens courants.

En novembre, on tire le coq au cours des traques ; dans une battue, quelle que soit la variété du gibier inscrit au tableau : sangliers, chevreuils, renards, etc., le triomphe est pour celui qui en descendra un.

C'est souvent dans les battues que l'on tire les plus beaux spécimens du genre ; car, dans la chasse au chien ferme, il n'y a, pour la plupart du temps, que les jeunes qui se laissent arrêter.

Par les brouillards, les temps de pluie, ils se rassemblent ; aussi, lorsqu'on les lève, partent-ils en bouquets ; quand le temps est clair, ils prennent l'essor isolément.

Au départ, le coq s'enlève lourdement ; mais, une fois lancé, il file, le cou tendu, avec une extrême rapidité : en raison de sa grosseur, de l'épaisseur de son plumage, de la distance généralement assez notable à laquelle on le tire, il est nécessaire d'employer le n° 0 ou le n° 2. Les braconniers qui le tirent au posé se servent de balles franches ou de chevrotines.

Le coq de bruyère ne descend point en plaine, il séjourne sur les hauteurs garnies de pins, appelées *chaumes* dans les Vosges, et sur les versants ; ce n'est qu'accidentellement qu'on le rencontre dans les vallons.

Avec l'outarde barbue et le cygne, c'est le plus fort gibier à plumes de notre continent.

Malgré la rareté du coq de bruyère, de la difficulté que présente sa chasse, je suis convaincu qu'un chasseur, bien renseigné sur l'endroit des cantonnements, pourrait, avec un bon chien travailleur, arriver facilement à en tirer au moins un dans l'espace de huit jours, en chassant chaque jour avec persistance dans lesdits cantonnements. La dernière fois que nous l'avons chassé dans les Vosges, nous en avons bien levé une vingtaine, dont au moins quinze coqs. Cela dit pour encourager les chasseurs : si seulement ils arrivent à voir l'oiseau par corps traînant sa superbe personne dans son beau domaine, ils n'auront point perdu leur temps.

LA GÉLINOTTE

Si l'on s'en rapporte aux *Mémoires* de Sophie Arnould, il paraîtrait qu'il y a un siècle la gélinotte n'était pas étrangère au pays de Caux, car la célèbre actrice recommande pour un de ses soupers, où grands seigneurs mêlés à la plus mauvaise compagnie venaient demander l'ivresse et la licence au vin « une couple de ces bonnes gélinottes de Normandie ».

Hélas! il y a beaux jours de tout cela! Ce gibier est en train de devenir aussi clairsemé que le grand coq ; il est réfugié dans les Ardennes, les Alpes, les Pyrénées, les Vosges, dans quelques bois de la Haute-Saône. Depuis un certain temps, cependant, on constate sa présence dans les forêts de la Côte-d'Or et du Jura. On affirme qu'en 1881 une couvée est venue à bien dans la forêt communale d'Auxonne.

Les habitudes sédentaires des compagnies de gélinottes offrent de si grandes facilités pour la prise aux lacets que ceux qui usent de ce détestable procédé, en capturent dix fois plus que les chasseurs n'en abattent au fusil. Je ne parlerai pas de la chasse à l'appeau au printemps, avec lequel on fait accourir le mâle, qui constitue un moyen de destruction employé seulement, nous l'espérons, par les braconniers de profession.

Appelées aussi « poules des coudriers », ou « poules des bois », les gélinottes habitent de préférence les forêts où croissent les pins, les bouleaux, les coudriers. D'un naturel éminemment sauvage, elles se plaisent dans les endroits accidentés ou fourrés.

De la grosseur d'une forte perdrix rouge, la gélinotte a le plumage d'un gris cendré, piqueté de points bruns et roux : sur le dos, des raies noires se détachent sur un fond blanchâtre, la queue tachée de noir est cendrée. Autour de l'œil, on constate un cercle rouge vif, avec trois taches blanches. Le mâle a, sous la gorge, une plaque d'un noir très net ; ses couleurs sont plus vives, les pattes et les jambes sont garnies d'un duvet grisâtre. La femelle pond une dizaine d'œufs fin avril. On chasse la gélinotte au chien d'arrêt ; après avoir piété, elle se dérobe dans un roncier, d'où elle s'élance dans un arbre pour se dissimuler dans la partie la plus touffue, laissant passer le chasseur. Si celui-ci la découvre, il la tire branchée ; en l'espèce, c'est de bonne guerre. On la tire avec du 4. Sa chair mortifiée de quelques jours est exquise. Sophie Arnould en était convaincue.

LE FAISAN

Originaire des rives du Phase, dont les flots, dit la légende, roulaient des paillettes d'or, le faisan est introduit en Europe depuis une très haute antiquité. Il est admis que ce furent les Argonautes, au retour de leur fameux voyage en Colchide à la recherche de la toison d'or, qui l'importèrent en Grèce, et que ce sont les Croisés qui l'ont rapporté de Constantinople en France. Le glorieux oiseau s'est rapidement acclimaté en notre pays ; malheureusement, il est toujours resté un gibier de grand luxe. Si la Révolution, en décapitant la noblesse, en mettant à l'encan ses biens, a signé du même coup l'*exeat* de ce gibier royal et seigneurial, lequel, abandonnant les domaines de la couronne et les parcs princiers, alla vagabonder dans les bois communaux, elle a aussi, par cette mesure, contribué à sa disparition.

La Révolution, en émancipant le bel oiseau a, en même temps, donné à chacun le droit de lui couper les ailes. Ce gibier des tables princières, interdit naguère aux bouches plébiennes, est allé se faire tuer un peu partout, si bien qu'à un moment donné on a pu croire que ce cadeau royal, que les Croisés avaient fait à leur pays, était anéanti.

La Touraine, les forêts de Loches, d'Amboise, la forêt de Chinon, une partie du Berry, les îles du Rhin ont continué à abriter quelques échantillons de ces colonies errantes. Depuis une trentaine d'années, banquiers, boursiers, manieurs d'argent, se sont subrepticement substitués aux fermiers généraux d'antan, ainsi qu'aux seigneurs dépossédés ; ils ont peuplé leurs résidences de ce royal gibier, le propageant au moyen d'élevages très dispendieux. Le second empire fut, pour le faisan, une ère de prospérité prodigieuse. L'habile administration du prince de la Moskowa donna aux tirés un lustre qui laissait en arrière les plus célèbres légendes de la monarchie. Aux chasses de Compiègne, de Fontainebleau et de Versailles, les tableaux atteignirent des chiffres presque fantastiques.

Si ce magnifique oiseau peut être culbuté d'aventure par le plus modeste chasseur, il n'en est pas moins demeuré un produit d'acclimatation, par conséquent de luxe, l'apanage des chasses très coûteuses, admirablement entretenues. Depuis que le faisan est devenu l'objet d'un élevage sérieux, presque général, on en compte beaucoup d'espèces, nous ne parlerons ici que de celles qui peuplent actuellement ou seront appelées par la suite à peupler efficacement nos chasses.

Ce sont : le faisan commun, le faisan de Bohême, le versicolore, le faisan doré, le faisan argenté, le faisan vénéré.

Le faisan commun, celui que l'on chasse le plus ordinairement, est le type général dont on s'est de tout temps servi pour l'histoire naturelle du genre ; il nous paraît inutile d'en faire la description, tant l'espèce est connue. Le faisan de Bohême, originaire du pays dont il tire son nom, se distingue du précédent par un large collier blanc autour du cou, une queue un peu plus longue, par son volume supérieur, également par l'éclat plus vif des plumes du poitrail. Il se croise volontiers de lui-même avec le faisan ordinaire, en sorte qu'on les confond souvent.

Le versicolore, venant du Japon, est très voisin du faisan commun ; plus petit, il se distingue par un dos vert émaillé de brun. La tête est verte avec deux oreilles en arrière ; le cou violet à reflets, le masque rouge, large, ponctué de noir. Il se croise facilement avec le faisan ordinaire, est sauvage et résistant. On commence à le voir dans les parcs, son acclimatation complète serait très utile.

Il y a cinquante ans que le faisan versicolore a été introduit en Angleterre ; il en était arrivé quelques spécimens vivants à Amsterdam, venant du Japon. Le comte de Derby, grand-père du comte actuel, zoologiste distingué, acquit un mâle qu'il accoupla avec les faisans ordinaires. C'est de ce croisement que sont issus les faisans au merveilleux plumage que l'on regarde à tort comme étant d'origine essentiellement anglaise.

Le faisan doré, importé de Chine en 1750, à l'état sauvage, dans les réserves muraillées, n'est point encore entièrement naturalisé, de façon à en peupler les chasses même les mieux gardées. C'est véritablement dommage, car cet oiseau, gros comme une bartavelle, est éclatant. Le dessus de la tête, couvert de plumes à barbes déliées, est d'un beau jaune ; sur les côtés du cou, un camail orange vif, rayé transversalement de noir taillé en carré, produit le plus bel effet, la nuque est vert doré avec une bande noire au bout des plumes ; le dos et le croupion sont d'un jaune très vif ; les couvertures supérieures de la queue de même couleur sont terminées de rouge ponceau. Le dessous du corps est écarlate, les scapulaires sont bleu foncé à reflets violets. L'iris des yeux est d'un jaune éclatant, le bec et les pieds d'un jaune plus clair. Plus petite que le mâle, la femelle est rougeâtre. Le faisan doré s'accouple facilement avec les autres faisans, même avec la poule ; seulement ces métis deviennent inféconds. Son croisement avec la poule domestique donne des produits d'une délicatesse reconnue ; quant aux vives couleurs, elles disparaissent.

Peu sensible au froid, puisqu'il vit très bien dans les parcs de Hollande, il craint cependant les courants d'air ; c'est là une des raisons pour lesquelles on en perd beaucoup en volière. L'espèce est friande de riz, de chènevis, d'orge, de choux rouge, d'herbes, de fruits et d'insectes.

Le faisan argenté, originaire de la Chine, est blanc et noir ; mais le blanc laiteux de sa robe a des reflets nacrés tels, qu'au lieu d'être appelé *bicolore*, on a cru le caractériser plus noblement en l'argentant, de même qu'on a doré son congénère. Linné l'a nommé *nyctémère*, ce qui signifie la nuit et le jour, à cause des deux couleurs si tranchées. C'est un oiseau élégant, plus fort que le faisan commun, facile à apprivoiser, plus fait pour les volières que pour les bois, où son éclatante blancheur le signale trop à l'attention de ses nombreux ennemis.

Le vénéré nous paraît être un des plus beaux oiseaux du genre, s'il n'a pas l'éclat du faisan doré, il mérite par l'harmonie de ses couleurs, par sa belle tenue, d'être placé au premier rang. Tricolore, il a le dos jaune d'ocre, les flancs revêtus de losanges noirs sur fond maillé de blanc, il porte deux colliers : l'un noir, celui de dessous blanc, sa queue splendide, d'un jaune pâle, avec chevrons alternativement blancs et noirs, mesure jusqu'à 1^m,20 ; il est originaire du nord de la Chine. Ce magnifique oiseau, complètement acclimaté, se reproduit très bien ; les éleveurs ne sont pas loin de penser que, s'il devenait aussi sauvage que notre faisan commun, on l'emploierait avec avantage pour le repeuplement des bois. Facile à nourrir, il se montre friand de mie de pain. Il en a déjà été tiré plusieurs spécimens dans quelques chasses du département de Seine-et-Marne.

Le domaine de Bois-Boudran, où l'on pratique l'élevage du gibier dans des proportions peu communes, puisque, chaque année, on y fait naître environ quinze mille faisans et quatre mille perdreaux, ce beau domaine, disons-nous, compte, dans l'élevage de ses faisans, plusieurs centaines de vénérés parfaitement acclimatés.

Revenons au faisan ordinaire. Les climats frais, les endroits boisés, sont ceux qui lui conviennent le mieux. Ces oiseaux ont besoin de la plaine pour aller au gagnage, des taillis pour se brancher la nuit. Au matin, ils descendent dans les agrainages de blés noirs, dans les oseraies,

les maïs, les couverts qui leur fournissent un abri en même temps que la
nourriture. Vers les neuf heures, ils rentrent au fourré pour n'en ressortir qu'à midi et vers quatre à cinq heures. Après quoi, ils regagnent le
bois où ils se branchent pour passer la nuit, non sur le sommet des
arbres, mais à 20 ou 30 mètres du sol. Leur nourriture consiste en fourmis, vers, escargots, insectes, baies de sureau, groseilles, fraises, nèfles,
baies de genévriers, ronces sauvages, graines de genêts, grain.

Les dispositions sauvages du faisan qui le portent à fuir non seulement les autres oiseaux, mais même ceux de son espèce, ne s'adoucissent
qu'à l'époque de la pariade, laquelle a lieu communément en mars, avril.
Un coq féconde toujours plusieurs femelles. La poule construit son nid
au bois, dans un buisson, quelquefois en plaine, dans un champ de blé ou
d'avoine, à proximité de son bois de cantonnement : en liberté, elle pond
de dix à quinze œufs. L'incubation dure de vingt et un à vingt-trois jours.
A peine éclos, les petits, guidés par leur mère, courent à la recherche
de la nourriture ; vers la fin de juin ils peuvent voler. Le coq prend peu de
part à l'éducation de la nichée ; parfois cependant, après l'éclosion, il
accompagne la poule jusqu'au mois de septembre ; à cette époque, coq,
poule, faisandeaux, vont chacun de son côté. Lorsqu'en octobre on les
surprend en compagnies au gagnage, il est à croire que cette association
momentanée n'a pour objet que la défense ou l'agglomération forcée
d'individus, se rendant d'instinct vers l'endroit où ils peuvent se procurer
leur nourriture, car, une fois rentrés au bois, ils s'isolent de nouveau.

Le faisan se chasse au chien d'arrêt, en battue : le matin et le soir,
dans les agrainages, en lisière des bois qu'il fréquente, dans les saulaies,
partout où il y a du couvert. Les battues dans les jeunes coupes se font
en plein jour. On ne devrait jamais chasser le faisan avant le mois
d'octobre ; c'est à cette époque seulement que les faisandeaux ont acquis
leur complet développement.

Cet oiseau a l'aile courte, le vol pesant ; il court souvent devant
le chien, laissant après lui un sentiment très vif. La poule piète moins ;
elle s'enlève plus facilement.

On reconnaît qu'un chien est sur la piste d'un faisan à ses nombreux
détours jusqu'au moment où la bête se rase et laisse nettement dessiner
l'arrêt. Par les temps de pluie, les coqs courent devant les chiens, se
blottissent sous les ronciers et se décident difficilement à prendre l'essor.

Lorsque l'oiseau part sous l'arrêt du chien, il se lève avec fracas perpendiculairement, en poussant un cri qu'il répète, si c'est un coq ; puis, arrivé à une certaine hauteur, il file horizontalement. S'il se lève en plaine, ou à découvert dans une jeune taille, il ne faut pas le tirer avant qu'il ait opéré son mouvement ascensionnel. Le bruit du départ, la beauté de l'oiseau resplendissant sous le soleil, et surtout cette queue qui double sa longueur, occasionnent bien des déboires. Lequel d'entre nous, à ses débuts, fasciné par cette longue comète s'élevant dans les airs, n'a envoyé son coup de fusil un pied en dessous ?

Le faisan est, dans le gibier à plume, ce qu'est le renard parmi les animaux à poil : la longue queue de ces deux individus cause fréquemment des mécomptes.

Il faut viser le faisan en plein corps. Lorsqu'on est parvenu à dompter l'émotion réelle provoquée par son départ bruyant, son tir devient facile. L'objectif, de belle taille, part de près ; il n'y a guère que dans les traques où l'on se trouve exposé à tirer de loin, mais comme, en cette circonstance, l'essor n'impressionne pas, si l'on se défend de toute précipitation, on le descendra aisément. Un faisan démonté est très difficile à retrouver ; on n'y réussit qu'avec l'aide d'un chien sage et broussailleur. Tapi dans les ronciers, quelquefois dans un fossé, il laisse passer le chasseur. Le bois étant son terrain, il s'y défend beaucoup mieux qu'en plaine.

Le meilleur plomb pour le tirer est le n° 6 ; à l'arrière-saison, en battue, le 4 a son utilité. Quant aux faisandeaux dans les agrainages sous couverts, le n° 7 suffit amplement.

Nous n'avons point à apprécier ici les mérites gastronomiques du faisan, appelé spirituellement le roi des gibiers et le gibier des rois ; qu'il nous suffise de dire que les faisandeaux, à l'ouverture, doivent être mangés frais comme la caille.

LA BÉCASSE

Il n'est point de migrateur s'harmoniant d'une façon plus complète avec la saison d'automne et son cortège de séduisantes mélancolies, de brumes enveloppant les vieux ors des frondaisons caduques des forêts, que la bécasse. De par sa vesture rouillée, à l'instar des feuilles, par ses allures d'ombre, par sa subite apparition troublante dans le calme des clairières, elle apporte sa note assortie à cet ensemble caractéristique du soir de l'année.

Celle qu'on appelle d'une façon pittoresque la « dame au long bec » a soulevé bien des controverses, de la part des écrivains cynégétiques. Chasseurs et gourmets lui ont, avec empressement, conféré des lettres de naturalisation; les curieux ont voulu savoir d'où elle venait; pour peu, ils auraient exigé un passeport.

Très certaine par l'expérience, hélas! d'être sinon accueillie comme elle l'entendait, du moins reçue avec une haute considération, la vagabonde n'a point voulu satisfaire la curiosité. Les commentaires n'en ont pas moins continué. Quelques-uns prétendent qu'elle niche dans les vastes marais de la Russie et de la Suède; d'autres se contentent de dire qu'elle nous arrive par mer.

Mais d'où? Buffon et Belon ont affirmé qu'elle venait des hautes montagnes de la Savoie, de la Suisse, du Jura, des Alpes mêmes, aussi des Pyrénées. D'autres la font venir du Groenland et de l'Islande. On s'est également chamaillé, afin de préciser le côté du vent qu'elle choisissait pour ses voyages annuels, alors qu'en dame de haute volée elle troque ses résidences d'été pour les stations hivernales.

Nous pensons que la bécasse nous arrive par mer. N'est-ce pas, en effet, sur le littoral que l'on voit les premières à l'époque de la migration? elle aborde nos côtes avant de se disséminer dans l'intérieur des terres. Un habitant de Belle-Ile-en-Mer nous a certifié qu'il lui était fréquemment arrivé d'en prendre à la main, tellement elles étaient épuisées après la traversée. Des marins ont également affirmé avoir vu, par des nuits claires, des bécasses se dirigeant vers les côtes; elles ne s'élevaient pas à plus de 3 mètres au-dessus des flots: leur vol était d'une rapidité extraordinaire, et les gardiens des phares ne sont pas sans recueillir de temps en temps des échantillons de ce succulent volatile qui leur tombe du ciel comme la manne aux Hébreux. M. Magaud, d'Aubasson, dit qu'il a vu, à Arcachon, la galerie de feu du cap Ferret jonchée des cadavres de ces imprudentes voyageuses.

Dans la Seine-Inférieure, on nomme *sudette* la plus grosse, parce qu'on a observé qu'elle arrive par les vents de sud-est, et *nordette* la plus petite, qui ne vient que par les vents de nord-est. Donc, les vents de sud-est et de nord-est, suivant le point où l'on se trouve, nous amènent les bécasses. Elles choisissent le vent de nord-est pour irradier

vers les départements du Centre. A l'automne, on a pu constater de
sérieux passages par vent de sud ; mais ces passages ne sont, à proprement parler, que des stationnements.

La bécasse fait annuellement son apparition dans les premiers jours
d'octobre. Le dicton : « A la Saint-Denis bécasse en tout pays », ne reçoit
jamais de démenti. A partir de cette époque, elle est partout, c'est-à-dire
qu'en presque toutes les auberges qu'elle honore de sa présence on peut
rencontrer quelques avant-coureurs de l'espèce. Mais la grande aviation
s'opère à la Toussaint. C'est à ce moment que les chasseurs fervents se

Bécasse.

livrent avec fruit à sa poursuite dans les bois humides, dans les grosses
haies, les bruyères, les jeunes taillis, traversés par des ruisseaux et
jusque dans les jardins avoisinant les fermes. C'est en Normandie, en
Bretagne, en Vendée et sur tout le littoral de la Manche, que l'on trouve
le plus de fanatiques de ce gibier de premier ordre. La raison en est que
les endroits précités offrent, plus longtemps que les départements médi-
terranéens, des ressources de nourriture aux émigrantes. Le vent de la
mer rend les gelées moins intenses ; les haies doubles, les prairies
humides, les bouquets de bois répandus çà et là lui fournissent un abri.
Un chasseur du littoral tire à lui seul plus de bécasses que cent chasseurs

dans l'intérieur des terres. Le bocage dans la Manche. le Calvados, l'Eure, comptent aussi de grands chasseurs de bécasses. Il en est de même de la Bourgogne, des Basses-Pyrénées, du Dauphiné, des Vosges et de la Picardie. Non qu'ailleurs on ne la chasse pas avec passion, mais les pays boisés, à grandes futaies et sablonneux sont moins favorables au déplacement, à coup sûr.

Nous ne connaissons que deux sortes de bécasses, la grosse et la petite. En Vendée, la grosse est appelée « buissonnière » ; la plus petite, plus foncée, est particulièrement l'hôtesse des forêts ; néanmoins, au passage, les deux variétés se rencontrent dans les dunes. La bécasse dite Isabelle ne me paraît pas une variété : la couleur et la différence de taille proviennent de la nourriture et des lieux dans lesquels elle hiverne. Les bécasses voyagent la nuit, déménagent avec une facilité extraordinaire, car les variations atmosphériques influent singulièrement sur leurs cantonnements. Par un temps doux, humide, cherchez-les sur les plateaux, dans les taillis couverts, mais clairs en dessous, sur les terrains embarrassés de feuilles mortes. Si la gelée menace, l'oiseau s'est remisé dans les bas-fonds marécageux.

Au départ, la bécasse a le vol lourd et bruyant ; elle plonge derrière les buissons pour se dérober, ce qui rend son tir difficile dans les bois touffus. Dans les hautes futaies et les taillis, on a le temps de la tirer avant qu'elle ait pris son vol horizontal, qui alors devient rapide. On l'abat facilement avec une cartouche de plomb n° 7. Manquée, on la relève encore à la première remise, lorsqu'on y va immédiatement ; après le second vol, il faut en faire son deuil.

Pour la chasser avec succès, faites-vous aider d'un chien de premier ordre, sage, rapportant bien : l'épagneul nous paraît indiqué. Le meilleur moment pour la faire lever est entre dix heures du matin et trois heures de relevée ; passé ce temps, elle est légère et part de loin.

Au printemps a lieu l'aviation en retour ; pressées par la ponte, elles regagnent leurs stations estivales. A ce second passage, on les chasse à la croûle, c'est-à-dire qu'au crépuscule on les attend dans les clairières, alors qu'elles virevolent en se tenant de doux propos.

Nous ne saurions recommander cet affût, presqu'un assassinat au moment de la reproduction ; il y a vraiment insanité à profiter de l'époque charmante dans laquelle s'opère la reconstitution de la faune, pour surprendre ainsi traîtreusement les espèces, d'autant plus sans défense qu'elles-mêmes sont en proie aux transports de l'amour qui leur obscurcissent la vue, leur bouchent les oreilles.

Entre beaucoup, l'année 1893 aura été une année exceptionnelle en Picardie et en Vendée pour la chasse à la bécasse.

Nous consignerons ici, à titre de document, deux faits inoubliables dans les annales des heureux chasseurs qui en ont été témoins.

Le premier de ces passages, désormais légendaires, « boutée de bécasses » en langage artésien, a eu lieu dans le Pas-de-Calais, le 5 novembre. Depuis huit jours, le vent de nord-nord-ouest, ce coup de vent normal des premiers jours de novembre, soufflait avec intensité. L'œil fixé sur la girouette, les chasseurs du pays, édifiés sur la valeur productive du vent d'ouest-nord, lequel ne donne absolument rien, ni grives ni merles, attendaient une nouvelle orientation du guidon.

La saute eut lieu dans la nuit du 5 ; l'atmosphère avait été très brumeuse. Tout marchait au mieux et l'on s'attendait à voir de près l'oiseau convoité.

M. Paul de Cassagnac et son ami Lebeau se mettent en campagne dans ces dunes, où les bouquets de pins alternent avec des buissons maigrelets qu'offrent les souches d'aunes et de peupliers marins. Quatre gamins équipés en rabatteurs les précédaient, marchant de front, battant les buissons avec leurs bâtons.

Ici, la réalité dépasse les espérances.

Coup sur coup les bécasses essorent, tombent sous le plomb des deux fusils. Le tir était cependant parfois malaisé : soit qu'elles se levassent de trop près, soit qu'elles se dissimulassent derrière les troncs d'arbres, ce qui rendait leur visé difficile, soit qu'enfin elles virassent de l'un à l'autre chasseur, rendant ainsi le coup de fusil impossible. Mais nos chasseurs en ont vu bien d'autres, ils s'en tirent tellement glorieusement qu'à la fin de la chasse ils comptaient à eux deux *quarante-deux* bécasses.

Le lendemain, ils n'en abattirent que trois ; en revanche, le troisième jour le nombre s'éleva à *vingt-sept*. En sorte que, pour les trois jours, on put aligner au tableau *soixante-douze* bécasses !

Soixante-douze bécasses à deux fusils, en trois jours, est un des plus surprenants résultats que l'on puisse enregistrer !

Le comte d'Houdetot, dans un de ses récits où brille la sincérité,

23

raconte qu'il a vu tuer en Normandie, à proximité de la mer, en une même journée, cent cinquante bécasses par trois chasseurs.

Voilà un fameux certificat, lequel, paraphé par l'exploit de notre ami de Cassagnac, met en faveur les contrées maritimes de l'Ouest.

D'autre part, en Vendée, les premiers jours du même mois, se passait ceci :

Le 1er novembre, après une pluie du nord très froide, les vents tombèrent subitement à l'est avec gelée blanche.

Averti du passage, M. de Rochebrune part pour les dunes du Jard, où il arrive à deux heures et rentre le soir avec dix bécasses.

Le mardi 7, vent du nord très violent, notre Nemrod repart pour les dunes, dont il est distant de cinq lieues ; il arrive sur le terrain de chasse à deux heures et tue quatorze bécasses.

Pendant la nuit, le vent redouble ; le 8 au matin, le thermomètre est à 0 : le même chasseur gagne les sapins à sept heures ; à midi, il avait envoyé trois fois porter son gibier : une première fois sept bécasses, une deuxième fois quinze, la troisième quatorze ; enfin, de midi à quatre heures et demie, il en tua encore treize. — Total : *quarante-neuf.*

Le 9, au matin, avant midi, huit nouvelles bécasses ; les chiens en rapportaient trois blessées la veille et mortes pendant la nuit, ce qui porte le tableau de la veille à cinquante-deux au lieu de quarante-neuf.

Total des journées des 7, 8 et 9 : soixante-quatorze.

Total du 1er au 9 novembre : quatre-vingt-quatre.

Le 8, jour du plus fort passage, il a été tué, à sept chasseurs, cent dix-sept bécasses dont cinquante-deux, comme nous l'avons dit, par M. de Rochebrune personnellement.

Cette chasse a été considérée dans le pays — nous ne nous en étonnons pas, — comme extraordinaire, à ce point que les plus vieux chasseurs de Vendée ne se souviennent pas d'avoir ouï parler d'une pareille hécatombe.

A peu près un tiers de ces oiseaux ont été tués à l'arrêt du chien.

Mais, où l'on comprendra l'exaltation du chasseur, c'est quand nous dirons que ces bécasses qui tenaient si bien l'arrêt étaient, en général, deux par deux ; on en a vu trois et même quatre se lever ensemble.

A l'appui de cet acte documentaire pour les annales contemporaines de la migration de la bécasse, il m'a été envoyé une photographie du tableau des victimes de ce passage extraordinaire.

Elles sont là par bouquets de huit, de douze, et les autres gisent pêle-mêle dans le désordre le plus flatteur pour le charme des yeux.

Soixante-quatre bécasses sur canapé.

CHAPITRE IV

LA PERDRIX

La perdrix, à juste titre, occupe le premier rang sur la carte du gibier à plumes, parce qu'elle est partout, parce que sa chasse est une des plus attractives ; parce que, si nous le voulions bien, sa fécondité extraordinaire ferait son abondance égale à son ubiquité. C'est pour le chasseur un des oiseaux les plus précieux.

La perdrix n'était, paraît-il, point connue en France avant l'an 1440 ; l'on doit son introduction dans le pays à René, roi de Naples, qui l'apporta de l'île de Chio, en Provence. La chronique ne nous dit pas si ce fut la perdrix grise, ou la perdrix rouge, dont le bon roi dota son pays, mais nous sommes porté à croire que ce fut la perdrix grecque, ou bartavelle, la perdrix grise étant commune à toute l'Europe centrale. Nous comptons en France six espèces de perdrix : la *grise*, la *roquette*, la *rochassière*, la *perdrix rouge*, la *bartavelle*, la *lagopède* ou *perdrix blanche*, habitant les zones glaciales : Alpes et Pyrénées.

LA PERDRIX GRISE

Élément principal de la belle chasse au chien d'arrêt, la perdrix grise, la plus répandue, puisqu'elle se rencontre dans les deux tiers de nos départements, la plus féconde aussi, mérite toute notre sollicitude. Point de chasse complète, point de tir brillant sans elle. Ce qu'il lui faut, ce sont les endroits bien cultivés, les plaines affectées aux grandes cultures de céréales ; c'est à ce goût que l'on doit attribuer son abondance en

Beauce, en Champagne, en Normandie, dans les pays du Nord, et point aux causes climatériques. Si elle aime les petits bois et les collines couvertes de broussailles, elle ne s'aventure point dans les grandes forêts dont elle ne fréquente que les lisières et les jeunes taillis, où elle se réfugie pendant les ardeurs du soleil, ou quand elle est poursuivie.

Elle n'est point l'ennemie des prairies, même marécageuses ; non plus, elle ne redoute le froid, et si, dans les hivers rigoureux, bon nombre d'individus succombent, c'est qu'ils sont morts de faim. Les gelées persistantes, la neige, les empêchent de trouver leur nourriture ; aussi les voit-on, pendant ces périodes de désolation, se rapprocher des fermes

Perdrix grise.

dans l'espoir d'y découvrir quelques graines. Malheureusement, on leur fait payer cher leur confiance en les fusillant dans la neige, au pied même des meules de blé, au lieu de leur distribuer, en des endroits balayés, quelques criblures de grains : aumône à intérêt cependant, dont on retirerait plus tard un bénéfice réel.

La perdrix grise commence à s'accoupler en mars ou en avril, quelquefois même fin février, quand la température se montre exceptionnellement clémente. Elle fait son nid dans les luzernes, les trèfles, les blés, quelquefois dans les jeunes taillis, souvent, trop souvent, hélas! dans les prairies artificielles, endroits funestes où les couvées sont, la plupart du temps, détruites par les faucheurs. Dans les années où, pour une cause ou pour une autre, soit sécheresse excessive, soit retard apporté dans la germination des susdites prairies, les couvées se sont faites dans les céréales, on constate un notable accroissement dans la production. A l'époque de la moisson des blés, toutes les jeunes familles sont élevées, l'on n'a alors à redouter, ni la faux des moissonneurs, ni la destruction, ou le vol des œufs. La perdrix établit son nid dans le creux d'un sillon, dans l'empreinte du sabot d'un cheval ; ce nid est d'une extrême simplicité. La ponte varie entre quinze et vingt œufs gris verdâtre, de la grosseur d'un œuf de pigeon. Dès qu'ils sont éclos, les petits se mettent à courir comme les poussins. Le père et la mère les surveillent avec une sollicitude admirable. Si le coq flaire quelque danger, il part en trainant l'aile, afin d'attirer sur lui l'attention ; la poule, quand elle y est contrainte, prend son vol dans une direction opposée, puis revient à pied dans les sillons rejoindre sa couvée, qu'elle se dépêche alors d'emmener loin de l'endroit menacé. On a vu des perdrix se laisser faucher sur place plutôt que d'abandonner leurs petits. Si la première couvée s'est trouvée détruite au printemps par les inondations, ou par les faucheurs, la poule se remet immédiatement à l'ouvrage et opère une nouvelle ponte. Cette seconde ponte a nom *recoquetage;* elle est moins importante que la première, vu qu'elle ne compte ordinairement que huit à dix œufs. Ce recoquetage ne donne à l'ouverture que des pouillards se faufilant à travers les éteules et que happent les chiens, un chasseur sérieux ne les tire point, afin d'éviter toute ressemblance avec Hérode, qui ordonna le massacre de tant de pauvres innocents.

Rien de plus charmant à contempler que les poussins à peine duvetés, suivant leurs parents occupés l'un et l'autre à leur découvrir la pâture. Ils se culbutent à l'envi, poussant de petits cris joyeux, pour participer à ce festin du premier âge, que leur indique, avec une admirable sollicitude, la bonne mère ouvrant à demi ses ailes pour les rassembler.

A la fin de juin, nous avons en vue les premières couvées, les perdreaux sont assez vaillants pour se servir de leurs ailes : on dit alors qu'ils sont *pouillards.* Plus tard, lorsque la couleur grise des plumes se mélange de taches jaunes et rouges donnant à l'ensemble un aspect de mailles régulières, on dit qu'ils sont *maillés.* En avançant en âge, les perdreaux subissent de nouvelles transformations ; il leur vient, au coin de l'œil, une tache rouge. Quand leur poitrine se garnit de plume, d'un rouge foncé comme la rouille, lesquelles ont l'aspect d'un fer à cheval chez le mâle, ils sont perdrix.

A *la Saint-Jean*, 24 juin, *perdreaux-volant ; à la Saint-Remy*, 1ᵉʳ octobre, *perdreaux sont perdrix*. Il s'en faut donc de beaucoup que l'on puisse appeler, pendant toute l'année, les perdrix « perdreaux », ainsi qu'ont coutume de le faire, avec un touchant accord, les mirliflores Parisiens dont le langage hétéroclite ravit d'aise leurs imitateurs de provinces.

Les jeunes perdreaux ont les pattes jaunes ; cette couleur persiste jusque vers la seconde mue ; à partir de celle-ci, les pieds se plombent, puis deviennent bruns. La seconde mue effectuée, la plume externe de l'aile s'arrondit, tandis que, jusqu'à ladite époque, elle se termine en pointe. C'est là, pour ceux que l'ensemble de la livrée n'édifierait pas complètement, un moyen facile de déterminer l'âge sans crainte de se tromper.

La chasse à la perdrix est, par excellence, la chasse d'ouverture : ce jour-là, passent au second rang des gibiers de marque, tels que lièvres, faisans ; il y en a même qui dédaignent la caille. Ceux-là ont tort, croyons-nous, car celle-ci a son prix ; et au moment de l'ouverture, elle est presque à la veille de son départ. Mais passons ; nous tenons à constater simplement que tous les honneurs sont pour la perdrix. Cela se conçoit : au moment dont nous parlons, elle est abondante ; n'ayant point encore été effarouchée, elle part à portée, fournit l'occasion de cet admirable travail qui nous passionne, et est le triomphe des bons chiens ; elle est le but d'un tir fréquent, accidenté, qui surexcite les tireurs. C'est un gibier de premier ordre, le plus incontesté comme aussi le moins contestable au point de vue de ses qualités gastronomiques.

Laquelle de la perdrix grise ou de la perdrix rouge l'emporte pour les gourmets ?

Nous avons remarqué que, dans toutes les controverses sur ce sujet, la plupart de ceux qui donnaient le premier rang à la perdrix rouge étaient du Midi, ou des départements où elle règne en souveraine ; la perdrix grise était défendue par les habitants des provinces du Nord et des grandes plaines. J'estime que l'amour du clocher compte pour beaucoup dans ces appréciations.

Il y a de délicieux perdreaux gris, d'excellents perdreaux rouges ; mais, comme il faut une conclusion, nous donnerons la palme au perdreau gris de beaucoup le plus onctueux : les becs fins les plus difficiles ne nous démentiront point.

A l'ouverture, jusqu'à la fin de septembre, on trouve la perdrix grise dans les chaumes, les sainfoins, les trèfles, les luzernes, les betteraves, les maïs, les chanvres, les vignes, les bruyères, les sarrasins. Comme elle n'aime pas la rosée, il est inutile de la chercher dans les couverts avant dix heures du matin, heure à laquelle le soleil a pompé la rosée des trèfles, luzernes et autres abris. Aussi, dans les chasses particulières où le propriétaire est le maître, nous paraît-il puéril de devancer, par excès d'empressement, les heures favorables où le gibier, réuni sous les verdures, tient à l'arrêt du chien. Nous dirons plus, il est de mauvaise tactique de l'attaquer pour la première fois dans les chaumes bien rasés, parce que, alors, vous l'effarouchez sans résultat : elle part en compagnie, de loin, votre brusque offensive la fait mettre promptement sur ses gardes. Il n'en est point de même dans les chasses ouvertes sur lesquelles on a à lutter contre la concurrence. Là, le premier arrivé peut avoir la meilleure part, en explorant les chaumes ; si on décroche deux ou trois perdreaux dans les compagnies surprises, quand elles sont en quête du petit déjeuner sur les plateaux dénudés où elles ont passé la nuit, c'est autant à ajouter à la cueillette plus fructueuse qu'on fera à partir de onze heures jusqu'à quatre.

Au coup de midi, quand la chaleur est forte, les perdrix grises ne dédaignent point les frais labours où elles prennent, à l'abri d'une haie ou d'un buisson, ce bain de poussière si prisé des gallinacés. Seulement, elles s'attardent peu à ce délassement, si le soleil brûle ; elles retournent promptement dans les couverts ou aux taillis qu'elles ne quittent défini-tivement qu'aux dernières heures de l'après-midi.

Blotties, chauffées par l'ardeur du soleil, elles tiennent bien sous l'arrêt ; c'est le moment où le chasseur, secondé d'un chien docile, met à l'épreuve ses qualités de stratégiste et de tireur. Dans les couverts, les compagnies se dispersent ; alors, on a le plaisir de faire envoler un à un, sous l'arrêt du chien, les individus qui les composaient, par suite, de faire parler la poudre dans d'excellentes conditions.

L'état de l'atmosphère influe énormément sur le cantonnement des perdrix. Si l'air est sec, elles gagnent beaucoup plus tôt les couverts que lorsqu'il y a eu de la rosée ; s'il vente, elles cherchent des abris dans les bas-fonds ; s'il pleut, elles fuiront les regains pour pérégriner à travers chaumes et labours: par les temps de pluie modérée, on les approche assez facilement. Il en est de même en novembre et en décembre par une bonne gelée, lorsque la terre est couverte de givre: avec un chien sage, elles se laissent arrêter comme aux premiers jours de septembre.

On chasse aussi la perdrix grise en battue; mais on peut dire qu'il n'y a de vraiment passionnante que la chasse au chien ferme. Le pointer, le braque, l'épagneul sont les auxiliaires indispensables de cette magnifique chasse, à la fois l'apothéose de leurs qualités natives, développées par l'éducation, ainsi que de celles du tireur habile et du chasseur expérimenté. L'abus des battues n'a pas peu contribué à semer la terreur parmi ces oiseaux, au point qu'ils se laissent de moins en moins arrêter par le chien; de par ce fait, leur humeur sauvage s'en est accrue, sauvagerie qui se transmet suivant les lois de l'atavisme. Le vol de la perdrix en battue est élevé, rapide; il faut une grande prestesse de maniement du fusil, doublée d'une certaine habitude pour réussir.

La chasse au chien d'arrêt est la plus suggestive, l'unique à laquelle s'intéressent les véritables chasseurs. La traque n'a qu'un but, fournir un objectif au tireur, tandis que celle-là ouvre le champ de la stratégie, met en relief les qualités du chasseur et du chien.

Un bon chien évente les perdrix de fort loin; dès que la quête commence à s'animer, maintenez-le, afin qu'une ardeur immodérée ne fasse pas partir le gibier hors de portée. Cette précaution est d'autant plus importante que la perdrix court quelquefois longtemps devant le chien, fournissant rapidement une longue course, en sorte que lorsqu'elle prend l'essor, elle est hors d'atteinte.

Dans ces conditions, si c'est une compagnie qu'a arrêtée votre chien, tirez un ou deux coups de fusil, afin de la diviser.

Lorsque les individus seront isolés, vous en approcherez plus aisément. On a toujours plus de chance de tirer à bonne portée une perdrix qui se lève seule, que si elle était en compagnie. A l'ouverture, l'effet du coup de fusil hors portée n'est pas souvent perdu, les jeunes perdreaux, peu habitués aux manœuvres d'ensemble, s'épouvantent, fuient chacun de son côté; c'est alors qu'il dépend de vous de leur faire prendre le chemin de la carnassière, en profitant de leur peu d'expérience.

Quand la perdrix part devant vous à moyenne portée, tirez en plein corps; si elle est loin, ajustez haut; passe-t-elle de côté, tirez en avant

24

du bec; si elle vient à vous, tirez un peu en avant. Un perdreau démonté court se réfugier dans un bois ou dans une haie double.

Frappée dans la tête, une perdrix monte très haut, puis retombe verticalement morte; on doit suivre avec attention ce vol ascensionnel qui jamais ne trompe.

A l'ouverture, on tire la perdrix avec du 8 ou du 7 A la fin de septembre, le 6 devient nécessaire. En battue, on recourra au 4.

LA ROQUETTE. — LA ROCHASSIÈRE

A côté des perdrix sédentaires, bien connues de tous les chasseurs, il en existe une qui visite presque annuellement nos départements de l'Ouest et du Nord. C'est cette petite perdrix, presque blonde, qui voyage toujours par compagnies de quarante, cinquante et même de deux cents individus, que l'on appelle roquette. Nombre de chasseurs ne se sont jamais trouvés à même de voir un passage de ces oiseaux voyageurs, et parmi ceux qui ont pu en tuer par hasard, il en est qui les ont confondus avec les perdrix sédentaires, regardant les sujets abattus comme une espèce de perdrix grise.

La roquette est bel et bien une espèce à part.

Une suite d'observations donne à penser qu'en leurs pérégrinations ces perdrix ne s'écartent guère que d'une quarantaine de lieues des bords de la mer. Quoi qu'il en soit, cette mignonne perdrix, au bec plus long que la grise, plus crochu, au plumage fauve clair, nous visite quelquefois à l'arrière-saison ; sa présence en grosses phalanges ne se désagrégeant pas suscite toujours les mêmes points d'interrogation. D'où vient-elle? Quelles sont ses mœurs ?

Au dire de Brehm, dans le nord de l'Allemagne, chaque automne, il en arrive des bandes plus considérables encore que celles que nous voyons en France. Le frère de Naumann en a vu une d'environ cinq cents têtes, se dirigeant vers l'Ouest, moitié volant, moitié courant avec une très grande rapidité ; tous les individus avançaient dans la même direction ; les retardaires finissaient même par être les premiers.

D'après ce même naturaliste, ces perdrix, originaires de la Sibérie orientale, émigrent chaque hiver pour se rendre en Tartarie, elles y cherchent un asile sur les collines sablonneuses et dans les marais, où la neige ne persiste jamais longtemps.

Voilà une opinion sur le point de départ. Quant aux mœurs, on ne peut guère en juger que sur ces rares apparitions, qui ne permettent que des observations sommaires. Ce que l'on sait, c'est qu'elles sont d'un naturel si farouche qu'on ne peut les tuer que par surprise, ou lorsqu'elles passent à portée en tournant, renvoyées par d'autres chasseurs.

Nous n'avons pas connaissance qu'un chasseur ait affirmé que son chien en ait arrêté une. Elles se tiennent massées ensemble, toujours au milieu d'un champ d'où elles puissent voir de loin ; on n'en rencontre jamais au bois ni dans les haies. Leur vol est plus élevé que celui de la perdrix rouge, leur présence, sur le même point, dure rarement plus d'un jour. C'est donc par hasard qu'on en tue et point autrement.

La roquette voyageuse n'a rien de commun avec sa congénère la grise, avec laquelle, le cas échéant, elle se bat à outrance. Des écrivains cynégétiques consignent leurs remarques sur ce point. En 1827, Joseph La Vallée raconte qu'il a abattu deux roquettes dans les marais de Château-Thierry ; Adolphe de La Neuville en a tué également quelques-unes.

Les roquettes ne se buttent pas, écrit-il, et ne tiennent pas l'arrêt ; dès qu'elles voient le chasseur, elles se lèvent toutes ensemble en chantant, jusqu'à la remise au loin pour se renvoler encore plus prestement, et, pour cette fois, disparaître.

Nous en avons nous-même observé plusieurs fois des compagnies considérables, sans cependant avoir pu en tirer, bien qu'une fois nous les ayons aperçues massées au milieu d'un grand clos entouré de haies. Ces nombreuses compagnies, qui ne se débandent jamais, ne laissent pas, comme les canepetières, des individus en arrière, on ne peut donc compter sur un trainard.

Il suffit d'avoir vu une seule fois l'essor de ces gallinacés qui, sous les rayons du soleil, ressemblent à des oiseaux dorés, pour se convaincre qu'ils n'ont rien de commun avec nos perdrix sédentaires.

L'opinion que la perdrix rochassière, des montagnes du Dauphiné, que les chasseurs regardent comme une espèce distincte des autres perdrix, n'est qu'une variété de la perdrix rouge, est plus admissible. La rochassière tient le milieu entre la bartavelle et la perdrix rouge commune ; elle a les mêmes mœurs que cette dernière, emploie les mêmes moyens pour sa conservation : le vol, seul, est moins bruyant, bien qu'aussi rapide. Le plumage est plus gris que celui de la rouge, le blanc de la gorge plus étendu ; mais cette divergence dans le plumage ne tient-elle pas au climat sous lequel elle vit? De ce que le mâle ressemble plus à la bartavelle que la femelle, qui se rapproche plus de la perdrix rouge, des naturalistes sont enclins à penser que la perdrix rochassière ne serait qu'une hybride. Ce qui pourrait faire pencher l'opinion de ce côté, c'est qu'on n'a pu trouver de nichée complète de cette prétendue espèce.

LA PERDRIX ROUGE

A mesure que la saison nous fait entrer plus profondément dans la période hivernale, il est à remarquer que, sur les grands marchés, où se concentre l'alimentation, la perdrix rouge devient plus abondante que la perdrix grise. Cela tient non seulement à l'importation, mais encore à ce fait que l'on tue, en octobre, en novembre, en décembre par les belles journées, aussi facilement au chien d'arrêt, une perdrix rouge, qu'en septembre une perdrix grise ; que la seconde est essentiellement un gibier d'ouverture, sensible aux fluctuations de la température et surtout à la dénudation des champs qu'il affectionne, tandis que la première modifie moins ses allures. C'est là une caractéristique très marquée entre les deux gibiers.

La perdrix grise, amie des terres cultivées, s'attache pour ainsi dire aux pas de l'homme ; la perdrix rouge marque sa prédilection pour les bruyères, les côteaux pierreux ou en friche, inaccessibles, par leur nature même, à une transformation due à des cultures diverses.

Pourvu qu'elle retrouve ses buissons, ses haies, ses genêts, ses vignes sauvages, par les jours de soleil, elle tient l'arrêt jusqu'à la dernière extrémité. Les demi-brousses conviennent parfaitement à son caractère indiscipliné, qui fait que tous les individus d'une même bande tirent à droite et à gauche pour se sauver à pied ou pour s'envoler isolément.

La perdrix rouge, qu'il ne faut pas confondre avec la bartavelle, occupe à peu près une demi-zone de la France, si on partage le pays en deux parties à peu près égales. Il y a une vingtaine d'années, elle empiétait sur cette démarcation, peuplant certains départements où, aujourd'hui, on ne la rencontre plus. Dans les plaines de Mezidon, dans les environs de Falaise et de Moult-Argence, les chasseurs en tuaient deux ou trois couples par an ; aujourd'hui, il n'y en a plus. Dans la Sarthe, la Mayenne, où il s'en trouve encore, elle a diminué ; en Anjou, dans la partie comprise entre Angers et la Loire, on constate que les compagnies qui se comp-

Jules Didier

CHASSE À LA PERDRIX.

taient par dix ou douze pour une compagnie de grises, ont tellement
diminué que la proportion est renversée. La perdrix rouge se replie, quitte
à revenir plus tard peut-être en ces pays qui lui furent chers, tels, par
exemple, les environs de Dourdan et de Rambouillet où on l'observe
encore, mais comme si elle se trouvait en déplacement.

Perdrix rouge, d'après un dessin de Mahler pour l'*Acclimatation*.

Elle disparaît de ses cantonnements d'autrefois, parce que la culture
du sol est changée, qu'elle a en très mince estime les progrès agrono-
miques, bien qu'elle ne dédaigne point les plaines cultivées, car cet
oiseau n'habite les montagnes qu'autant qu'elles sont soumises à une
certaine culture; il ne dépasse point l'altitude de dix-huit cents mètres.

La Sologne, le Gâtinais sont ses séjours de prédilection. Plus forte
que la perdrix grise, la rouge diffère par la taille, par la livrée, de la
bartavelle. Elle a l'iris, le bec et les jambes rouges, la gorge blanche
encadrée d'un collier noir qui va en s'élargissant sur les côtés et en

avant du cou. Un semis de plumes noires assez semblable à une dentelle de jais contournant ce collier descend sur la gorge. Le ventre est couleur d'ocre; sur les flancs, trois bandes transversales tricolores : blanches, noires et marron clair, forment des écailles du plus brillant effet. Les parties supérieures de la tête et du corps sont couleur prune dorée.

Lorsqu'une compagnie de ces perdrix se lève en plaine devant le chien, elle se disloque; ses membres se jettent dans les fourrés, se mettent à courir, puis se rasent. Ils tiennent si ferme que parfois ils laissent passer le chasseur. C'est l'affaire d'un animal tenace de les dépister ainsi une à une, et de les faire lever très à portée pour la plus grande joie de son maître. Vers le milieu de la journée, quand il fait chaud, on peut compter sur de brillants résultats et venir à bout d'une partie de la bande dispersée. Dans la montagne ou sur les coteaux, leur tactique n'est point la même : elles plongent dans la vallée pour aller se remettre sur le versant opposé.

La principale manœuvre de la perdrix rouge consiste à courir devant les chiens, à se dérober sous les ronciers à l'exemple du lapin.

Quelquefois, elle se perche. Elle s'enlève plus lourdement que la grise; le bruit qu'elle fait est impressionnant, son vol rapide. A l'ouverture, par les journées de grosse chaleur, le n° 7 est suffisant pour l'abattre; l'emploi du n° 6 cependant est plus efficace, par conséquent généralement adopté.

LA BARTAVELLE

Superbe autant qu'excellent, ce gibier à la brillante livrée, est beaucoup plus rare que la perdrix rouge proprement dite. Le volume est double; le dos, au lieu d'être d'un roux olivâtre, tire sur le gris cendré. Un large collier noir descend sur le cou, seulement le semis de taches noires qui caractérise sa congénère n'existe pas : sous le collier s'étale un plastron gris bleuâtre; les flancs sont ornés de bandes transversales de couleur marron clair. La bartavelle, dénommée aussi perdrix grecque, compte parmi nos plus beaux oiseaux; malheureusement, comme tant d'autres, elle s'éclipse sensiblement. Elle ne réside plus guère que sur les hauteurs du Jura, des Alpes, des Pyrénées, vivant en compagnies assez nombreuses au milieu des rocailles, dans les buissons escarpés d'accès difficile. Elle opère ainsi que la perdrix rouge; le coup d'aile étant vigoureux, le vol rapide, il n'est pas superflu de se servir du plomb n° 4.

LA LAGOPÈDE

A première vue, cette perdrix blanche, hôtesse des cimes neigeuses : Alpes et Pyrénées, ressemble étonnamment à un pigeon blanc pattu dont elle a aussi la taille. Elle change de couleur au printemps, son plumage prend alors des tons roux. Son milieu favori est la neige. Il n'y a guère que les montagnards qui l'abordent dans ses retraites. Néanmoins, quoique sa chasse présente des difficultés, l'espèce se réduit de plus en plus.

LA CAILLE

Il n'y a que le chasseur rustique, c'est-à-dire celui, accompagné d'un bon chien, battant la plaine pied à pied, explorant les buissons, qui puisse tirer fructueusement quelques cailles. Ce délicieux oiseau, méconnu, presque inconnu même dans les grandes chasses dans lesquelles, eu égard à la manière de procéder, on fait peu attention, est devenu le partage exclusif des petits chasseurs qui n'ont garde de le négliger. Et ils font bien.

Ce gibier est de premier ordre, c'est avec un plaisir infini que l'on observe le travail du chien suivant ses détours multiples, le croisement de ses voies à travers trèfles, luzernes ou chardons. Si le temps est calme, la caille tient ferme sous l'arrêt, part de près, de trop près même, car si on ne la laisse pas filer vingt-cinq pas au moins, on risque de la manquer. Avec un peu de modération jointe à l'habitude, son tir est facile. En automne, on en rencontre quelquefois d'énormes, presque de la taille d'un demi-perdreau ; elles ont peine à s'enlever tant elles sont grasses ; le chasseur, doublé d'un gourmet, apprécie un pareil coup de fusil.

Les cailles ne partent pas en compagnie. Si vous levez un cailleteau, tenez pour certain que, dans un rayon de 10 mètres, il s'en trouve encore trois ou quatre prêts à partir isolément sous l'arrêt du chien. Une caille manquée n'est point perdue ; observez sa remise, soit dans un couvert, soit au bord d'une haie ou d'un buisson, allez-y directement : huit fois sur dix vous aurez une nouvelle occasion de la tirer.

En général, on la trouve dans les sillons d'éteules, le long des chénevières, dans les champs de sarrasin, le long des fossés, dans les herbes sèches en bordure de taillis.

Vers la mi-septembre, à la première conversion du vent vers l'est, la caille prendra son vol. Où il y en avait hier, il n'y en aura plus demain; il convient donc de se hâter de profiter de sa présence, dont une variation subite de température vous privera sans retour.

Ces bonnes petites bêtes, préoccupées du voyage imminent, ne tiennent en aucune façon à vous faire un jour de plus les honneurs des sainfoins que vous parcourez. Si vous les prisez autant qu'elles le méritent, pour le plaisir que leur chasse procure, pour la gloire de la rôtie, ne les négligez point pendant les premiers jours de l'ouverture.

La caille, qui a fait les délices de nos premières années de chasse, alors qu'il nous suffisait, par un beau jour, de battre pied à pied quelques arpents de sainfoin, avec notre chien pour en cueillir une douzaine, s'en va parce que, chaque automne et chaque printemps, l'homme en détruit des centaines de mille au moment de l'aviation. On a toléré le colportage en temps prohibé, de sorte que c'est par milliers que, pendant plusieurs années consécutives, on a atteint gravement cet appoint au gibier sédentaire, à la plus grande satisfaction des Lucullus nouvellement enrichis.

On permettait, objectait-on, le colportage des cailles dites d'Égypte. Il existe réellement une caille d'Égypte, un peu plus brune que la nôtre, mais elle n'émigre point, et est beaucoup moins prolifique que le migrateur dont nous nous occupons, puisque la proportion dans le nombre des individus que l'on rencontre sur les terres arrosées par le Nil, est de 1 à 10. S'il est un oiseau fécond et résistant, c'est bien la caille; malgré ses destructions annuelles abominables, malgré les milliers que la mer engloutit au cours du transit, il est encore tout disposé, grâce à sa multiplication inespérée, à tenir un rang glorieux. Dans un livre intitulé *la Syrie d'aujourd'hui*, il est écrit que cet oiseau est en telle abondance dans les plaines de Syrie, à l'époque de la pousse du blé, qu'il se laisse fouler aux pieds des chevaux. Avec un peu de protection nous ne tarderions point à le voir revenir en masse enrichir nos campagnes de sa précieuse personne.

La caille nous arrive fin avril; presque aussitôt, elle se livre à la ponte. L'incubation dure vingt et un jours. Trois mois suffisent pour que les cailleteaux aient atteint leur accroissement complet. On ne les rencontre qu'une à une ou par couple, excepté lorsqu'elles sont entourées de leurs petits, incapables encore de se tirer d'affaire seuls.

Un chien tenace est absolument nécessaire pour chasser cet oiseau : je regarde l'épagneul comme excellent.

La caille tient bien sous l'arrêt ; mais, de suite, exécute un grand nombre de détours, laissant passer le chien jusqu'à ce que celui-ci, la sentant au bout de son museau, marque un arrêt très ferme.

Arrêtée par un bon chien, une caille vous donne tout le temps nécessaire pour arriver près d'elle ; c'est surtout pour ce gibier qu'il faut répéter : « Ne vous pressez pas. » Ce qui fait qu'on en manque, c'est qu'on tire trop vite et trop bas. La caille ne s'élève guère à plus de $1^m,50$ du sol ; les seuls plombs à employer sont le n° 8 et le n° 9. Le tir, étant horizontal, présente des dangers, en conséquence on ne doit faire feu qu'avec une extrême prudence.

Caille.

Lorsqu'un champ vient d'être fauché, blé ou avoine, c'est autour des gerbes ou des javelles qu'il est utile de faire quêter le chien.

Oiseau des plus succulents, la caille doit être mangée fraîche, car son parfum, extrêmement fugace, s'évapore promptement.

L'ALOUETTE

Pour petit qu'il soit, cet aimable oisillon n'en est pas moins apprécié des chasseurs et des gourmets ; on lui fait même une guerre si acharnée que l'on finira par compromettre l'existence de l'espèce, si abondante cependant. Pour en donner une preuve, nous emprunterons à la comptabilité cynégétique de la Ville de Paris les chiffres suivants : « L'année 1892 accuse une diminution très notable sur le nombre des alouettes apportées sur le marché. Le nombre de ces petits oiseaux lequel, en 1879, atteignait le chiffre respectable de 1,600,000, s'est trouvé réduit à 200,000. Une diminution analogue s'est manifestée sur plusieurs points du territoire, notamment dans le département de l'Aude. »

Ce brusque saut dans le recensement n'a d'autre cause que l'abus scandaleux que l'on fait des filets de toute sorte pour les capturer en masse aux passages. A une époque où le gibier était abondant, ces procédés de capture étaient sans grands inconvénients; aujourd'hui, il n'en est plus ainsi, la tolérance d'autrefois devient un crime. Nous le répéterons à satiété : le filet, quel qu'il soit, amènera à bref délai l'extinction des espèces ; c'est la mort!

Une administration sérieuse devrait interdire implacablement, pour le présent et pour l'avenir, ces linceuls sans gloire pour tout ce qui a vie.

Les chasseurs ne comptent que deux espèces d'alouettes : la commune, celle des plaines cultivées ; le cochevis, d'un plumage plus gris, dont une petite aigrette surmonte la tête.

On chasse l'alouette au cul levé ou au miroir. Le tir au cul levé, tout en présentant certaines difficultés, est un excellent exercice. L'oiseau part vite, son vol est irrégulier ; on a promptement occasion de réparer ses premières maladresses. Un chien fait, méthodique, que l'on dresserait à cette chasse en le laissant rapporter, lui donnerait un intérêt spécial. Malheureusement, les jeunes chiens, que l'on destine particulièrement à la perdrix et la caille, se gâteraient rapidement sur ces pistes folâtres ; leurs allures franches disparaîtraient ; on doit les garder contre ces multiples arrêts qui annihileraient leurs qualités premières. Le tir au cul levé de cet oiseau divertissant est d'un entraînement excellent pour le maniement du fusil. Il ne faut employer à ce tir que du plomb n° 9, 10, avec une demi-charge de poudre.

Un peu délaissée aujourd'hui à cause de la disparition de l'objectif, la chasse au miroir, la plus généralement pratiquée il n'y a pas de cela longtemps, est fort amusante.

Elle commence au moment du passage, en octobre, aux premières gelées blanches.

Quand nous disons passage, nous ne faisons allusion qu'à la disper-
sion de l'alouette, qui n'émigre point comme on s'est plus à l'affirmer sans
contrôle sérieux. L'alouette habite toutes les contrées de notre territoire,
se réunissant en bandes à l'époque du froid, changeant de canton. Elle
abandonne les plateaux élevés pour se jeter dans les plaines basses.

Les migrations toutes locales s'expliquent par les besoins d'alimentation. Encore s'accommode-t-elle de tout.

Le miroir le plus en usage consiste en un disque de bois, couvert de
petits carrés de glace : on le place sur un pivot que l'on fiche en terre ;
puis, on le fait tourner au moyen d'une ficelle ; de la sorte, on accélère
ou on ralentit le mouvement à volonté. Ces miroirs dans leur rotation
projettent sous l'action du soleil des rayons lumineux qui attirent l'oiseau.
Pendant qu'un aide manœuvre la ficelle qui fait tourner le disque, le
chasseur, assis à une distance convenable, vingt-cinq pas environ, le
fusil en main, des cartouches à portée, attend l'oiseau attiré par le scin-
tillement des facettes. Par les beaux jours, le vol est si abondant que l'on
n'a que le temps de recharger ; aux époques de passages, on peut, dans
une même séance, tirer jusqu'à cent coups de fusil. Le tir est facile ; la
seule difficulté consiste à choisir un emplacement convenable : on accor-
dera la préférence à un endroit découvert. Quant aux époques les plus

favorables de la journée, elles sont de six heures à dix dans la matinée, de trois à quatre dans l'après-midi.

Mêmes demi-cartouches que pour le tir au cul levé. On a inventé, depuis quelques années, de nouveaux miroirs à mécanique, qui dispensent d'un aide. Ces appareils automatiques ont pour principal inconvénient de tourner avec bruit ; au bout de vingt-cinq minutes, les oscillations se ralentissent sensiblement, et ils ne permettent point d'augmenter ou de ralentir la vitesse à volonté suivant l'observation ; en outre, ils se détraquent aisément à cause des variations atmosphériques.

L'OUTARDE

Après l'oiseau minuscule, voici le plus gros.

L'outarde barbue, ou grande outarde, est un des gibiers ailés les plus volumineux de France. Malheureusement, c'est tout au plus s'il s'en tue, par année, une douzaine sur tout le territoire, et point tous les ans, pensons-nous. Il n'en a pas été toujours ainsi ; nous nous souvenons avoir entendu, dans notre enfance, les hauts faits de chasseurs qui avaient, les uns en Champagne, les autres dans le Poitou, été assez favorisés pour peloter quelques-uns de ces beaux oiseaux.

Dans son travail très complet sur ces oiseaux, M. Lafourcade dit qu'à Châlons-sur-Marne les outardes barbues se voyaient autrefois par milliers dans certaines régions de l'arrondissement. M. Cretté de Palluell, au *Bulletin de la Société d'acclimatation*, consigne la capture d'un grand nombre d'outardes aux environs de Paris, en 1879.

Il résulte de ces observations que les grandes apparitions de cet oiseau coïncident avec les hivers rigoureux.

L'outarde mesure de 1^m,08 à 1^m,16 de long et 2^m,47 à 2^m,64 d'envergure. Son poids varie de 10 à 14 kilogrammes ; son plumage jaune vif sur le dos est traversé d'une multitude de raies noires : le reste est grisâtre. Le mâle, plus gros que la femelle, porte en dessous de l'oreille une série de plumes finement barbelées, qui lui font comme une espèce de moustache ; de là son appellation d'outarde barbue.

Il faut à ces oiseaux de grands espaces, des plaines à perte de vue, d'où ils puissent découvrir de loin leur ennemi. C'est ce qui fait qu'anciennement les plaines de la Crau, plus ordinairement aujourd'hui les plaines de la Champagne, sont favorisées par leur apparition.

Il demeure évident que le perfectionnement de notre culture, les agglomérations des populations, là où naguère elles trouvaient presque le désert, n'ont pas peu contribué à les faire disparaître, car ce n'est guère le coup de fusil du chasseur qui a pu les décimer. Si, aux temps heureux, on en forçait quelquefois à l'aide de chiens, on ne les approche plus qu'au moyen de chevaux de charrettes; lorsqu'on en tire une jeune à l'arrêt, c'est par surprise. L'espèce s'est dispersée, cherchant des régions moins peuplées, partant plus hospitalières.

Outarde.

L'outarde pond deux œufs de la grosseur de ceux de l'oie, dont la couleur rappelle celle du plumage ; elle fait son nid dans les blés, les seigles et les orges. Le plomb n° 1 ou le n° 0 sont indiqués pour le tir de cet oiseau, que l'on n'approche que très difficilement ou par hasard, dont l'armature puissante ne se laisserait point entamer par le plomb ordinaire.

LA CANEPETIÈRE

Beaucoup plus répandue que la précédente, la petite outarde, dite « canepetière », est commune dans le centre de la France, notamment

dans le Loiret, l'Eure-et-Loir, le Cher, en Champagne, en Normandie où
nous en avons vu des bandes énormes.

Mais, à dire qu'on en voit beaucoup, il ne faudrait pas en conclure
qu'on en tue un grand nombre. La canepetière partage les habitudes
sociales de l'outarde barbue, vit en compagnie, est toujours sur l'éveil,
se laisse difficilement approcher. Toutes celles que nous avons tuées
ou vu tuer à l'arrêt du chien dans les sainfoins, betteraves, et autres
couverts, étaient des isolées, jeunes la plupart du temps, qui n'avaient

Canepetière.

point suivi la troupe. C'est sur ces retardataires que compte le chasseur
pour descendre un de ces oiseaux, dont les innombrables quantités
grisent son imagination ; ceux-ci, soit qu'ils occupent le milieu d'une
plaine dénudée, soit qu'ils changent de canton, ont pour tactique de se
tenir toujours à des distances énormes.

Au départ, le vol de la canepetière, élégant, rappelle celui de
certains oiseaux de mer ; il est, pourrait-on presque dire, soyeux, un

peu plus vif que celui du vanneau, mais il en a le balancement initial.

La petite outarde est fort gracieusement habillée : le manteau, la tête, sont d'un ton jaunâtre pailleté de noir. A l'époque des noces, cette teinte jaune devient plus brillante chez le mâle, qui porte au cou un double collier noir; la femelle n'en a point, les couleurs de son manteau sont plus ternes, elle est aussi plus petite, tout le dessous du corps est d'un joli blanc. M. Lafourcade dit que, lorsqu'on plume une canepetière, surtout à la région du cou et des ailes, après avoir enlevé les plumes principales, on met à nu un beau duvet rose. Je ne contesterai pas cette remarque oubliée par bien des ornithologistes ; seulement, je suis enclin à penser que ce duvet rose peut bien ressembler au duvet également rose qui teinte le ventre des harles, mais disparaît peu à peu après la mort de l'oiseau.

La canepetière, dite aussi « poule de Carthage », arrive au printemps, repart en automne. Son régime est à la fois animal et végétal, elle se nourrit principalement de vers, d'insectes, de larves, de sauterelles, se plaît dans les prairies, les champs d'avoine, dans les grandes plaines pierreuses, de là peut-être son nom de canepetière, ou canepetrelle. Tout oiseau de cette espèce, surpris dans un couvert, se laisse abattre avec le plomb n° 6, parce qu'il ne part guère à plus de 20 ou 30 mètres ; mais, comme on ne l'approche généralement que par surprise et que c'est toujours de loin qu'on le tire, il est de précaution d'avoir un coup chargé à longue portée.

LE RALE DE GENÊT, RALE ROUGE OU CREX

Ce râle est, comme migrateur, le compagnon des cailles ; il arrive avec elles, en avril ou en mai ; avec elles, il effectue son départ. On en tue donc relativement peu, surtout dans les départements du nord et de l'est, parce que, au moment où s'ouvre la chasse, il a commencé à regagner le Midi. Le râle de genêts — surnommé « le roi des cailles », parce que quelques-uns l'ont regardé comme leur chef conducteur, ce qui n'est rien moins que prouvé; selon d'autres, parce qu'il est d'un bon manger, mais bien plutôt, à notre modeste avis, parce qu'il habite les mêmes prairies, parce qu'on le fait lever dans les avoines, les sarrasins, dans les friches couvertes de genêts, et qu'il est plus gros que la caille, — est un charmant oiseau.

26

A l'ouverture, on le trouve un peu partout, bien qu'en petite quantité. On ne le rencontre point par compagnies, mais par couples : encore, lorsqu'on en lève un, on n'est pas assuré de lever l'autre, ce qui fait qu'on ne le chasse pas spécialement, mais seulement par occasion. Si en chassant des cailles, vous faites lever des râles, profitez-en, car, une fois la nuit venue, ils repartent pour un autre canton. Ce coureur est friand de déplacements sans motif.

La poursuite du râle rouge ne demande pas une grande habileté, mais une bonne dose de patience. On aurait tort de se servir du pointer : ce chien de haut nez ne saurait convenir à cette chasse terre-à-terre ; il se gâterait rapidement à cette poursuite dans laquelle il s'habituerait immanquablement à forcer l'arrêt. Cet échassier courant sans cesse devant le chien, le gagnant de vitesse, quelque rapide que soit ce dernier, ne prend son vol qu'à la dernière extrémité. Pour réussir, il faut un chien violent qui brusque le départ.

Le sentiment du râle étant très vif, le chien ne tarde point à le percevoir. L'oiseau piste longtemps devant lui, perçant à travers les herbes épaisses, revenant sur ses voies, entre-croisant ses marches, rusant de toutes les façons. Lorsque le chien marquera l'arrêt, marchez droit sur lui et tâchez de faire lever l'oiseau, car, dès la première seconde de l'arrêt, il renouvellera ses ruses pour laisser passer le chien. Si cet animal met à l'épreuve votre patience, on comprendra aisément qu'il exaspère le chien, lequel s'attend à chaque instant à le saisir, qu'ainsi il annihile en peu de temps ses qualités d'arrêt. Le choupille bourrera, c'est ce qui convient pour obtenir que ce sauvage veuille bien se montrer au grand jour.

On reconnaît qu'un chien est sur la voie d'un râle, quand la quête vive s'accentue de minute en minute, quand les faux arrêts se multipliant, elle ne se ralentit point.

La poursuite du râle est divertissante à cause des roueries du gibier chassé et de ses audaces ; il arrive, en effet, que lorsque vos yeux sont fixés sur le chien qui arrête à vingt pas en avant, le gibier part à un mètre derrière vous. Il est revenu sur ses voies, a passé presque entre vos jambes ; en déambulant, vous avez frôlé la touffe de trèfle ou d'herbe dans lequel il se trouvait, il est parti !

Son vol est lourd, pesant ; en s'envolant, il laisse traîner ses pattes à ce point que le chasseur novice qui l'a tiré sans l'atteindre, le croit de bonne foi blessé. Il n'en est rien cependant. Ajustez-le tranquillement et ne tirez que lorsqu'il aura pointé ; c'est un coup certain. Le râle vole bas, un seul menu plomb le couche à terre, levé il se remise très près ; mais avant qu'on ne soit arrivé à la remise, il a déjà fait une centaine de pas, en sorte que tout est à recommencer.

LE SYRRHAPTE PARADOXUS OU HÉTÉROCLITE

Cet étrange migrateur, lequel, en certaines années, en 1888 notamment, a pu faire croire à une tentative d'acclimatation ou plutôt à une migration annuelle, comme la caille, n'a été que très imparfaitement étudié.

On en a tué un certain nombre, alors qu'à bout de vol, n'en pouvant plus, il s'abattait en bandes compactes sur les rivages de l'Ouest ; mais l'âpreté à s'emparer de ce voyageur nouveau aux allures bizarres, l'a emporté sur le souci de l'observation et de la conservation dont notre pays eût peut-être pu bénéficier.

L'accueil qu'on lui a fait a été tellement peu écossais qu'il se passera peut-être encore bien des années avant qu'on puisse être absolument édifié sur les causes qui déterminent sa migration intermittente.

Les troubles atmosphériques l'ont-ils poussé sur nos rivages inconsciemment, ou bien les bouleversements de culture dans son pays d'origine l'ont-ils obligé à chercher des cantonnements nouveaux pour sa ponte et pour le ravitaillement ?

Il nous semble qu'on peut poser rationnellement la question ; quant à la résoudre, c'est une autre affaire.

Toujours est-il que son apparition en troupes sur plusieurs points à la fois a pu faire espérer un accroissement dans la faune migratrice. C'est à ce titre que nous en parlons.

Ce gibier paraît très proche parent du *ganga* des Provençaux, il forme pour les naturalistes un genre à part parmi les gallinacés pattus. C'est Pallas qui a le premier signalé ce volatile en Bucharie, et c'est Illigar qui lui a donné le nom grec de *syrrhapte*, c'est-à-dire rapiécé, nom gardé par la science, avec l'épithète de *paradoxus* ou *hétéroclite*, qui signifie anormal.

On se demande à première vue si, zoologiquement, cet oiseau participe plus de la caille que du pigeon.

Le syrrhapte a le bec court et grêle, entouré de plumes à sa base ; la mandibule supérieure est creusée de deux sillons latéraux ; les narines duvetées sont à peine visibles.

Les tarses courts, vigoureux, sont recouverts d'une sorte de bourre, comme le sont les pattes du lièvre. Les doigts, au nombre de trois seulement, sont poilus et comme soudés entre eux.

Les ailes longues, eu égard à la taille de l'oiseau, mesurent en envergure de 60 à 65 centimètres, elles sont pointues.

Le dos est couleur fauve brique cendré, avec quelques grivelures noires au bout des plumes ; la gorge et le cou sont orange foncé. Le plumage de la tête, couleur isabelle, est relevé de quatre rangées de lignes alternativement noires et blanches, qui en bariolent agréablement la livrée, présentant un amalgame pictural séduisant.

Le syrrhapte se nourrit de petites graines qu'il recherche dans le sable, de préférence au pied des chardons.

Par les mœurs, l'habitat, le genre de nourriture, il paraît être un voisin immédiat du corlieu, habitant des friches solitaires et sablonneuses loin de la mer ; comme lui, il recherche lieux secs et élevés, les plaines du plateau central de l'Asie.

Sa présence sur les grèves de l'Océan s'explique par les obstacles climatériques dans son aviation vers l'Ouest.

Il a pris terre sur les rivages, soit par fatigue, soit à cause des courants régnant sur l'Atlantique ; nos îles de l'Océan, l'Angleterre, les Orcades, les Hébrides se sont simultanément trouvées peuplées de ce voyageur.

Ses velléités de séjour prolongé, puisqu'il a nidifié sur certains points, ont prouvé qu'il n'eût peut-être pas demandé mieux que de s'acclimater, tout au moins pour la ponte : s'il n'eût pas été aussi impitoyablement traité, il eût appris, comme les cailles et autres, le chemin du retour.

En nous basant sur les observations que font naître la disparition de certaines espèces en Europe, il est à prévoir que les bouleversements successifs dont tous les pays sont l'objet : transformation de cultures, amendements ou défrichements du sol, percements d'isthmes, aplanissement des montagnes, toutes choses qui amènent des déplacements de courants, apportent également des changements nouveaux dans l'habitat des faunes du globe.

Dans un avenir peut-être peu éloigné, nous bénéficierons des évolutions erratiques des migrateurs de l'Asie et de l'Afrique.

Le syrrhapte vole rapidement, se repose souvent, mais à de grandes distances du point de départ.

Cette remise ayant lieu à plusieurs kilomètres, il est inutile de songer à y aller.

Ne le considérons jusqu'à présent que comme un égaré, en quelque nombre que nous le rencontrions.

Contrairement à ce qui arrive pour les oiseaux vivant en compagnie, on approche difficilement un syrrhapte isolé.

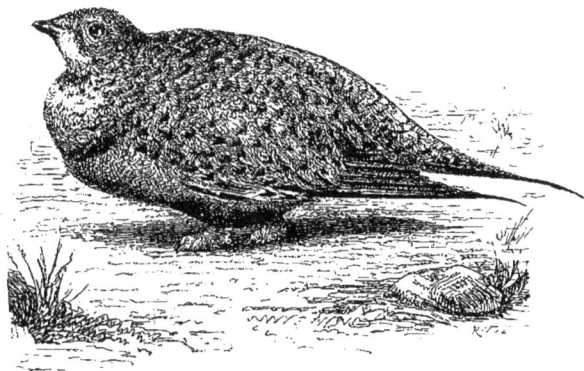

Syrrhapte.

CHAPITRE V

Sous cette qualification un peu vague, que les naturalistes eux-mêmes ont assez mal définie et appliquée, nous comprendrons certains oiseaux, que le chasseur ne dédaigne point lorsque l'occasion s'en présente, vu leurs qualités gastronomiques : tels les ortolans, les grives, etc. Si nous n'avons pas compris l'alouette dans cette nomenclature dont elle faisait de droit partie, c'est que celle-ci nous a paru appartenir, de par son mode de chasse, au gibier de plaine régulier. A la suite des gibiers passereaux, nous ferons figurer le pigeon et la tourterelle.

GRIVES

Ces délicieux oiseaux, arrivant à heure précise renforcer le butin des bois, méritent une mention particulière.

On compte en France quatre sortes de grives :

La grive des vignobles, ou grive vendangeuse à plastron grivelé avec taches ovoïdes ; la grande grive, draine, sère ou jocasse, un peu pâle de ton, à mouchetures triangulaires, la plus grosse du genre ; la litorne, grive d'hiver, claque, ou tia-tia, surnom qui lui vient du claquement de bec qu'elle fait entendre de loin : elle porte un manteau ardoisé, son plastron est jaune orangé clair ; enfin le mauvis ou grive rouge, à cause de la couleur orangée du dessous de ses ailes, la plus petite.

Sur ces quatre espèces éminemment distinctes, deux seulement sont indigènes : la vendangeuse ou chanteuse, et la draine ou grive de gui ; mais on peut dire qu'en tout temps nos bois recèlent les quatre espèces.

Il n'y a pas de chasseur ou de forestier observateur qui ne les ait rencontrées au cours de ses explorations, en quelque mois que ce soit.

Le mauvis, connu sous le gracieux nom de roselle, nous arrive du Nord vers la Saint-Denis; il se mêle à la grive sédentaire vendangeuse; après quelques jours mis à profit en se gorgeant de raisins, il conquiert ce degré de perfection qui le rend si cher aux gourmets.

La litorne descend également du Nord, elle n'apparaît guère que fin novembre; c'est à proprement parler la grive d'hiver; tout le temps de la mauvaise saison, elle reste avec nous. Elle voyage en bandes nombreuses; c'est la plus difficile à approcher, excepté en temps de neige.

Si le chant de la grive, glorifié par le poète sacré, sonne doux parce qu'il annonce le printemps, l'agglomération de ces oiseaux grivelés, — d'où leur nom, — est le tintement de l'*Angelus* du soir de l'année. Il n'y a point à s'y tromper, quand les brumes envelopperont les prairies avoisinant les cours d'eau et la campagne, elles approcheront des vergers et des haies à la recherche des fruits rouges de l'épine. Viennent quelques jours de neige, quand la récolte des baies rouges et du genévrier sera épuisée, elles aborderont les enclos, virvoleront dans les jardins.

La grive est l'oiseau d'hiver, le gibier du petit chasseur.

Draine.

Dans les mois de désolation, quand la neige est abondante, il peut les fusiller à volonté, tout en ne sortant pas de chez lui. Elles deviennent alors le rôti familial des plus modestes chaumines.

A leur arrivée, on en tue beaucoup dans les vignes; c'est là une chasse pour ainsi dire classique. Mais, en dehors de ces escarmouches régulières, elles ont à subir des embuscades autrement meurtrières. Vers la Toussaint et au commencement de mars, on en prend, à l'aide de lacets, des quantités considérables.

LE MERLE

Les merles ne diffèrent pas essentiellement des grives, quant aux caractères génériques. Quoique plus sauvages, ils en partagent les habitudes ; tout le monde connaît cet oiseau à bec jaune, à l'habit noir, mais non funèbre, aux sautillements rapides, presque toujours aussitôt disparu qu'entrevu.

Le merle vit seul ou par couples dans les bois épais, au milieu des arbres verts, près des fontaines ; il se nourrit d'insectes, de baies, de fruits tombés qu'il vient grappiller jusque dans nos jardins. La femelle porte une livrée beaucoup plus terne que celle de son conjoint, fait quelquefois par an deux pontes de quatre à cinq œufs.

Le merle est un agréable tiré, pas toujours facile, dont le résultat mérite d'être apprécié. « Faute de grives on mange des merles », dit le proverbe.

Il est vrai d'ajouter qu'en Corse, d'où on nous expédie ces oiseaux en grand nombre, le susdit proverbe est renversé.

LE RAMIER

Par sa taille, la beauté de son plumage, par la difficulté que l'on a à l'approcher, par les qualités même de sa chair, quand il est jeune, le pigeon ramier excite avec raison nos convoitises. Jolie pièce digne des peines que l'on se donne pour la conquérir.

Quand on arrive à pouvoir en tirer un, on ne sait pas s'il est jeune ou vieux, en sorte que l'on peut avoir des déceptions de gourmand. Qu'importe ! on ne chasse pas pour manger.

Bien que les pigeons ramiers soient des voyageurs hivernant par-delà les Pyrénées, en Afrique, il n'en reste pas moins une certaine quantité qui réside toute l'année dans nos forêts. Les émigrants arrivent dans le mois de février ; vers la mi-septembre, ils se réunissent en troupes, se répandant dans les plaines où, il faut bien l'avouer, ils causent de véritables ravages, notamment aux colzas. Toutes les ruses pour les fusiller en masse échouent devant la méfiance de ces déprédateurs. Quelquefois, et rarement encore, on en surprendra un qu'un bon repas aura alourdi, mais c'est tout. On ne parvient à tuer le ramier que lorsqu'il passe à portée, dans ses vols d'exploration, ou à l'affût. Pour cela, on se rend avant le crépuscule, dans les futaies de hêtres ou les plantations de sapins, que fréquentent les pigeons pour y passer la nuit.

En se tenant dissimulé et immobile derrière un arbre, on parvient à les tirer, au moment où ils se sont massés sur la cime de leurs arbres accoutumés. On peut, de la sorte, en abattre plusieurs d'un coup.

Les arbres de leur choix étant très élevés, leur duvet bien matelassé, on se servira avec avantage de plomb n° 3 ou tout au moins de 4.

Ramier.

Le passage des ramiers dans les Pyrénées donne lieu à des chasses aux filets extrêmement curieuses, il existe, sur différents points de la chaîne, des palomières renommées : les hécatombes qui s'y font ressemblent à celles qui ont lieu à la hutte sur les canards sauvages.

LA TOURTERELLE

J'ai tué en automne des tourterelles tellement bardées de graisse, qu'elles pouvaient soutenir la comparaison avec la caille. Ce charmant oiseau nous visite en avril et ne repart qu'en octobre. Il fait son nid dans les taillis, à quelques pieds seulement du sol. Friand de graines de toutes sortes, on le lève souvent dans les sarrasins, les orges, les champs d'œillette et dans les pommes de terre. Le vol de la tourterelle est irrégulier et rapide ; mais, comme elle est moins sauvage que le ramier, on en tire souvent.

Dans les champs plantés de pommiers, elle part à hauteur de la

27

couronne de l'arbre et relève son vol pour aller se percher dans un autre situé à 50 ou 100 mètres. Il faut donc tirer haut.

Afin de compléter la liste des gibiers passereaux, nous nommerons l'*ortolan*, le *bruant*, le *motteux*, ou cul-blanc des plaines, et le *rouge-gorge*.

Le *motteux* est à peu près le seul que l'on fusille, ces autres victimes des gastronomes sont râflées par les affreux filets.

La Provence s'acharne contre les ortolans, les motteux ; la Lorraine, contre l'innocent rouge-gorge.

Si nous ne trouvons pas à redire à ce qu'un chasseur envoie un coup de fusil au motteux, qui peuple les plaines pierreuses, petit oiseau excellent d'ailleurs, nous protestons énergiquement contre la tolérance administrative qui livre le rouge-gorge à la férocité des oiseleurs.

Le mot férocité n'est pas trop gros, car les pipeurs brisent les ailes des premiers qu'ils prennent, afin que leurs cris fassent venir les autres.

CHAPITRE VI

Sous la dénomination « d'oiseaux de rencontre », nous entendons tous ces oiseaux, en dehors du gibier, qui attirent l'attention du chasseur, soit par l'éclat de leurs habits, soit par leur volume, et lui font, entre temps, brûler quelques cartouches.

Tels le loriot, les pics, le sansonnet, etc. C'est généralement à leur poursuite que s'acharnent les jeunes gens, séduits par la couleur et la grosseur relative de l'objectif, si on le compare au modeste moineau, lequel a été le but unique de leurs premières visées. Dans la suite, avec les chevrons, le coup de fusil, pour être moins facile, n'en existe pas moins à l'état intermittent pour une cause ou pour une autre.

L'ÉTOURNEAU OU SANSONNET

Tout insectivore qu'il soit, l'étourneau fait partie d'une famille trop importante, numériquement parlant, et il est trop rusé, pour que quelques coups de fusil par-ci par-là puissent être préjudiciables à l'espèce; en outre, il est trop réfractaire à la science la plus raffinée des cordons bleus, pour que sa capture ait en vue la rôtissoire. A part les jeunes qui, au mois de juin et de juillet, lorsqu'ils picorent cerises ou mûres peuvent, à la rigueur, être les accessoires d'un excellent assaisonnement, les sansonnets adultes n'ont aucune des qualités capables de séduire les gourmets.

Ils ne sont, en résumé, justiciables que du coup de fusil prodigue, un passe-temps pendant les jours d'hiver, une tentation lorsque leur armée passe en cohortes si serrées que tous les plombs doivent porter, ou encore lorsqu'on se sent pris du désir de posséder leur dépouille aux reflets d'acier bleu si élégamment mouchetée.

C'est à l'aide des filets que s'accomplissent des destructions monstrueuses.

LE LORIOT

Au mois de mai, dans les parcs, les hêtrées avoisinant vergers et jardins, brille un bel habillé de jaune, d'allures cavalières, qui a pour les cerises une prédilection tellement marquée, que, en dépit de son plumage d'or, il est la bête noire des possesseurs de ce fruit à noyau. C'est le loriot. Après avoir passé l'hiver en Égypte ou bien à Malte et autres résidences d'épicuriens, courant le monde à la recherche du bien-être, il surgit au printemps pour faire son nid.

Sa présence est signalée par un chant poétiquement qualifié de flûte d'or, mais qui n'est qu'un modeste fifre ; quand le nid est garni, ce chant se manifeste par des piaulements similaires à ceux des chats de gouttières, ce qui, entre parenthèse, est d'un singulier effet, dans ces altitudes verdoyantes où il a établi ses quartiers. D'un naturel peu sociable, farouche même, le loriot vole rapidement, s'esquive dès qu'il perçoit qu'on s'occupe de sa présence, se dissimulant derrière les branches à l'abri des frondaisons. Il est difficile de le distinguer au sommet des futaies. Ses allées, ses venues sont signalées par ses cris ; on le voit sautiller vivement, et ses belles couleurs révèlent le point de mire cherché par le chasseur.

Le soir et le matin, les loriots voyagent beaucoup, vont à la provision, reviennent au nid construit à la bifurcation d'une branche qui se balance aux ondulations de la brise. Ce berceau aérien douillettement matelassé de lichen, de mousse et d'herbes, d'une structure solide, est d'un travail admirable.

On tue le loriot sur les cerisiers.

LA HUPPE

La huppe, appelée dans les campagnes *put-put*, à cause de son cri, est un bel oiseau du nord de l'Afrique, qui nous arrive en mars, pour repartir à l'automne. Il porte sur la tête une jolie huppe, formée de plumes rousses bordées de noir, disposées sur deux rangs. Le manteau, couleur de terre glaise, est marqué de raies transversales alternativement noires et rouge brique. Le ventre tire sur le jaune terreux ; queue noire avec raies blanches dans le sens de la longueur ; bec demi-long et noir. Très craintive, la huppe choisit pour cantonnement les endroits où les champs et les prairies alternent avec de petits bois. Au moindre bruit, elle part ; ce n'est guère que par surprise, lorsqu'on débuche d'un bois ou d'une haie, qu'on peut la tirer. On la dit un bon-manger à l'automne, lorsqu'elle est grasse ; mais elle est plus généralement appréciée comme oiseau de collection. Elle fait son nid dans le creux des vieux arbres, dans les cavités des murs. Elle perche assez souvent, notamment sur les pommiers. Dans les prairies et les champs, où elle se nourrit d'insectes, elle marche sans courir, relevant de temps en temps sa huppe, ce qui la signale aux regards. Son goût vif pour les mouches et les vers qu'attire le bétail, la fait fréquenter les herbages. On les rencontre par couples dans le même cantonnement, quelquefois trois, rarement plus ; on peut en conclure que c'est la même famille.

LES PICS

Un chasseur traversant une plaine ou une prairie, n'étant point en action de chasse, met la main à son arme en entendant ce cri à la fois strident et mélancolique, par lequel le Pic vert, cet oiseau au plumage vert, à la tête écarlate, décèle son déplacement d'un arbre à un autre. Il en est souvent quitte pour le geste, car c'est de très loin qu'il aperçoit l'oiseau criard, poursuivant son vol par élans et par bonds. Dans les campagnes, on n'aime point le pic vert, *vulgo* pleu-pleu, parce que, dit-on, il dévaste les toitures en chaume. Je ne crois point cette accusation justifiée, j'ai quelquefois constaté sa présence sur des bâtiments recouverts en paille ; mais c'est principalement sur les vieux arbres : chênes, peupliers, pommiers, que je l'ai vu se livrer à son industrie de frappeur. Or, sa nourriture consiste en larves, insectes ; pour la conquérir, il use du même procédé que l'homme emploie pour se procurer des vers. Celui-ci enfonce un bâton en terre, frappe à plusieurs reprises le bâton dans cette gaine qu'il s'est faite, et le bruit fait jaillir les vers. Il en est de même du pic, il martelle le bois à coups redoublés, tourne autour de

l'arbre pour s'emparer des larves que le bruit a chassées de leurs trous.
Il y a loin de là à aller s'assurer, comme on l'a cru naïvement, si ses

Le Pic vert à tête rouge

coups de bec n'ont pas traversé le
tronc. Il peine pour la vie sans s'a-
muser à percer les arbres ; descendu
à terre, il cherche les fourmilières,
tire sa langue, laquelle est longue
de 10 à 12 centimètres, l'étend sur
le passage des fourmis, puis lorsqu'elle en est couverte, il les avale.

La couleur seule de son plumage peut inciter à le tuer, car sa
chair coriace est immangeable.

Nous avons dans les forêts de
l'Est le pic noir à tête cramoisie.
C'est également un bel oiseau de
la grosseur d'une corneille, dont les mœurs
sont les mêmes que celles du précédent ;
son cri perçant fait vibrer une partie des
bois ; malheureusement, il ne m'a encore
été donné que d'entendre le cri et de voir
le personnage. C'est beaucoup, parce que
cet oiseau n'est point commun ; ce n'est

peut-être pas assez pour satisfaire le chasseur. Le pic noir creuse son
nid dans le tronc d'un arbre. J'ai pu examiner un de ces troncs ; en étudiant ce trou profond, j'estime que ce forage demande de la part de l'oiseau un labeur assidu de plusieurs semaines.

L'ÉPEICHE

Plus petit que le « pic vert », ce pic, de la grosseur d'un merle, a le
plumage noir gris zébré de rouge. Lorsqu'on le tire sur un arbre, on est
quelquefois étonné de ne le voir ni tomber, ni s'envoler, en sorte qu'on
peut croire l'avoir manqué. Il n'en est rien ; dans les dernières convul-
sions, il est resté cramponné à l'écorce de l'arbre par ses pattes aux
ongles acérés. Ce n'est que plus tard, quand les muscles se détendent,
que le corps se détache et tombe. Il faut donc inspecter l'arbre où le

coup de fusil a porté ; car le plumage zébré de l'oiseau se marie si bien avec la couleur du bois que l'illusion est complète.

LE GEAI

Malgré sa joliesse, son air fringant lorsqu'il navigue d'une cime d'un arbre à l'autre, assourdissant l'air de son cri guttural, le geai n'a point nos tendresses. C'est un corsaire se nourrissant d'œufs de toutes sortes, enlevant les petits oiseaux ; c'est donc avec satisfaction que nous lui envoyons un coup de fusil, quand l'occasion s'en présente. Occasion rare, il est vrai, car c'est un rusé qui, bien que curieux au suprême degré, très remuant, se tire les grègues à la première apparence de danger. Cependant, il est encore plus facile à approcher que bien d'autres oiseaux de rencontre. Je ne nie point ses qualités, tous les oiseaux créés ont un côté utile qui parfois nous échappe ; mais combien d'autres meilleurs que lui ne sont point épargnés !

Cet oiseau est partout ! Voyageant sans cesse, quelquefois il arrive en troupes dans un pays, ce qui ferait croire à une émigration. Le geai fréquente surtout les forêts où le gland est en abondance. Les oiseleurs ont inventé un appeau que nous avons expérimenté, et qui donne les meilleurs résultats. Le tireur, muni de ce petit instrument de cuivre, au moyen duquel il imite parfaitement le cri rauque de l'oiseau, n'a qu'à se cacher dans un buisson bien fourré, à proximité de grands chênes, il ne tardera pas à entendre celui-ci répondre à l'appel et se faire voir sur les cimes des arbres d'alentour. Avec un peu de patience, on peut ainsi en tuer quelques-uns dans l'espace d'une heure.

Cet affût dans les parcs où il réside, est un bon échenillage en faveur des petits oiseaux.

LE MARTIN-PÊCHEUR

Ici, c'est l'âpre désir de posséder ce joyau emplumé où le lustre d'une soie claire et brillante alterne avec un émail incomparable qui surexcite ceux qui portent un fusil.

C'est la pierre précieuse aux tons changeants et fascinateurs, irisant comme un rayon d'arc-en-ciel, les tonalités grises des endroits où il se tient.

Peu de chasseurs résistent à l'attraction d'arrêter, dans son vol, cette flèche trempée dans l'azur. Heureusement pour l'espèce que bien des coups destinés à cet oiseau ne lui arrivent point. Non pas que le martin-pêcheur soit rare : on le voit en tout temps sur presque tous les cours d'eau. Il affectionne les rivières aux eaux claires où sont les truites. Il cantonne, c'est un solitaire.

Nous en avons tiré au printemps, en automne et en hiver, d'où nous concluons que ces oiseaux n'émigrent point, en grande partie du moins. Dans la même année, nous en avons tué sept sur les bords de l'Avre.

Le tir de l'alcyon, assez difficile, demande une certaine habitude, les mouvements de l'oiseau sont rapides, son vol est un éclair.

La beauté du martin-pêcheur n'a pas peu contribué à faire naître une foule de légendes, tant on est enclin à prêter toutes les qualités à la beauté. Chez les anciens, cet oiseau était le symbole de la paix et de la tranquillité : on appelait *jours alcyoniens* les quinze jours de l'année pendant lesquels l'oiseau bleu était supposé couver ses œufs, à la faveur du calme de la mer ; c'était le solstice d'hiver.

Depuis, on a supposé à sa dépouille les vertus les plus extraordinaires, on lui croyait la propriété de faire trouver un trésor. Suspendue dans une maison, elle éloignait le feu du ciel ; en temps ordinaire, elle indiquait d'où venait le vent. On a même affirmé que, vivant, l'oiseau faisait incontinent sécher la branche sur laquelle il se posait ; qu'enfin il ne se corrompait point.

Nous ne nous attarderons qu'à ces deux dernières prérogatives qui lui ont été si facilement octroyées.

Le martin-pêcheur ne fait pas le moins du monde dessécher la branche sur laquelle il se pose ; seulement il a l'habitude de choisir les branches sèches pour son point d'observation lorsqu'il guette les poissons. Quant à son incorruptibilité, elle est relative ; c'est-à-dire qu'en le suspendant par le bec de façon à ce qu'il ne touche à rien, il se vide de lui-même totalement en quinze jours. Les plumes conservent longtemps leurs couleurs remarquables, son odeur musquée écarte les mites. C'est un magnifique oiseau dont la dépouille glorifie délicieusement un chapeau de femme.

LA PIE-GRIÈCHE

La pie-grièche doit trouver ici sa place, parce qu'elle est de la taille du merle, ensuite parce qu'elle est l'ennemie des petits oiseaux. Avec la pie, dont nous allons parler, les corneilles, le geai, elle n'a pas droit, que nous sachions, à l'indulgence. Douée d'un regard perçant qui sonde au plus profond de la nue, elle sait éviter le chasseur ; néanmoins, la rencontre a lieu quelquefois, on doit en profiter. La pie-grièche vole de la cime d'un arbre à un autre et est toujours en garde. Elle est reconnaissable à son manteau gris et noir, à son vol saccadé comme celui de la pie vulgaire.

LA PIE

Celle-ci ne craint pas d'être vue. Cette coureuse de grand'routes, qui sautille devant les voitures, décèle sa présence, lorsqu'on ne la voit point, par le cri agaçant que tout le monde connaît, car, si elle n'a aucune tendance à l'incognito, elle maintient toujours une distance entre le chasseur et elle. Il est bien rare qu'elle se départisse de son excessive prudence, ce qui fait que, si on la voit souvent, on ne la culbute point facilement.

Elle flaire les mauvaises intentions à son égard, reconnaît le passant inoffensif; comme elle hante les fermes, les terrains avoisinant les habitations, ainsi que les routes, c'est un observateur d'une sagacité extraordinaire.

On distingue deux sortes de pies : la grosse, noire et blanche, et une plus petite, dont les plumes noires sont remplacées par des plumes d'un vert bronzé du plus bel effet. Il ne faut point se fier plus à l'une qu'à l'autre : ce sont des êtres malfaisants qui mangent les œufs du gibier, tuent les petits oiseaux, s'attaquent même aux levrauts, quelquefois aux gros lièvres. Il m'a été donné de voir deux pies poursuivre un lièvre dans un parc, et l'affoler au point que le pauvre animal s'arrêta net comme pour se fouler. L'une d'elle fondit sur lui pendant que l'autre se portait en avant, faisant face pour l'empêcher d'avancer. La première abattue sur son dos, lui donna sur la tête un coup de bec tel que le pauvre animal en fut tout étourdi. Je mis fin au drame qui allait s'accomplir ; malheureusement, comme je n'avais pas de fusil, je ne pus faire justice comme je l'eusse désiré. Le lièvre avait une entaille au-dessus de l'œil : encore quelque coups de bec et il avait les yeux crevés !

Lorsque l'on chasse et que l'on entend ces voleurs du bien d'autrui, mener grand vacarme dans un coin du bois, on se portera vers cet endroit avec chances d'y trouver lièvre ou renard, ou telle autre bête de chasse ; elles signalent ainsi l'animal traqué. Peut-être est-ce le seul service qu'elles nous rendent ; mais elles n'en sont pas moins de nouveaux Pilates qui ne se plaisent que dans le désordre. On profite des révélations des délateurs, quitte à les envoyer pendre ailleurs.

CORBEAUX ET CORNEILLES

Le nom du corbeau a de tout temps été mêlé à l'histoire des peuples. Après le déluge, il fut le premier auquel Noé donna la volée afin de s'assurer si les eaux s'étaient retirées. Il ne revint point vers l'arche, soit qu'il ait été englouti, soit qu'il n'ait point été à la hauteur de la mission que, plus tard, la colombe a si bien remplie ; mais, de ce jour, une défaveur s'attacha à sa personne. Dans la Rome ancienne, les auspices en faisaient cas ; aujourd'hui, il n'y a guère qu'en Portugal où, en l'honneur de ceux qui ont, paraît-il, gardé le corps de saint Vincent, on ait conservé pour ces oiseaux une sorte de vénération. Depuis la translation des cendres de ce saint dans la cathédrale de Lisbonne, une rente perpétuelle a été constituée pour que deux de ces noirs vêtus soient élevés et nourris dans l'église, ce qui a lieu encore de notre temps.

En France, où ils n'ont point d'actions si louables à leur actif, nous les regardons avec raison comme une engeance pernicieuse. L'habit noir du corbeau, couleur de mort, a contribué à lui donner une mauvaise réputation dans le populaire ; cependant, le merle, lui aussi, est habillé de

noir, et on ne l'a jamais regardé comme un être malfaisant : cette réputation, le corbeau la mérite à tous égards ; c'est un destructeur, un vorace,
qui attaque les mammifères, des oiseaux plus grands que lui, cause de
réels dommages aux animaux de chasse. Le véritable corbeau, au bec
recourbé, de la grosseur d'une forte poule de Crèvecœur, est relativement rare. Il se trouve sous toutes les latitudes, bien qu'en petit nombre ;
c'est particulièrement dans les Ardennes, les Alpes, le Jura et les Vosges,
qu'il a élu domicile.

C'est à tort que l'on appelle corbeaux les nuées de corneilles que l'on
voit couvrir les champs en hiver : celles-ci vivent en tribus, tandis que le
corbeau passe sa vie solitaire ou par couples, sur les rochers dans les
endroits presque inaccessibles.

L'espèce est donc très distincte. On compte quatre espèces de corneilles : la noire, la corneille à mantelet, le choucas et le freux ; je serais
même porté à croire qu'il y a deux espèces de corneilles noires : la grande
et la petite. Elles se mêlent souvent, mais dans les individus adultes il
s'en trouve d'un volume double de celui des autres.

Nous regardons tous ces rapaces, le freux même, comme des êtres
malfaisants, au point de vue du gibier, des petits oiseaux, et même de
l'agriculture, quoi qu'on en ait écrit. A l'époque des semences, que de
champs retournés par ces avides détrousseurs ! qui s'abattent sur les
sillons à la suite du laboureur, faisant plus grande consommation de
grains que de larves.

La corneille noire niche sur le sommet des grands arbres ; elle pond
six œufs. En rase campagne, elle est difficile à approcher ; l'hiver, on
peut en tirer le soir dans les hautes futaies où elles se rassemblent pour
passer la nuit ; c'est même un divertissement assez en usage dans les
hêtrées qui entourent les fermes du pays de Caux.

Par les temps de neige, dans les campagnes, on a recours au procédé
suivant pour les attraper.

On pique dans la neige, à une certaine distance les uns des autres,
des cornets de papier dont les bords sont enduits de glu et au fond
desquels est déposé un morceau de viande. Affamées, les corneilles
venues pour saisir l'appât introduisent leur tête dans le cornet et leurs
plumes adhérant à la glu, le cornet les coiffe comme d'un éteignoir.

N'y voyant plus, les oiseaux s'envolent avec ce couvre-chef improvisé, puis retombent bientôt à terre épuisés.

La corneille à mantelet, grise et noire, a les mêmes mœurs que la précédente.

Le choucas est la corneille des vieux édifices, des ruines et des églises; c'est un ennemi-né des petits oiseaux.

Enfin le freux, corneille entièrement noire, dont le plumage a des reflets cuivrés, a les entournures du bec dénudées ; il est facile à reconnaître.

Lui aussi s'abat en bandes considérables sur les terres fraîchement ensemencées, où il cause de sérieux dégâts.

En Angleterre, en Autriche, le tir du freux dont les petits se mangent en guise de pigeonneaux, est un sport en vogue ; de brillantes réunions ont lieu à cette occasion.

Depuis quelques années, ce sport s'est acclimaté en France ; comme il a lieu en avril ou en mai, époque de chômage cynégétique, il peut être considéré comme un exercice aussi agréable qu'utile.

CHAPITRE VII

Par gibier d'eau et de marais, nous entendons les variétés multiples de migrateurs qui peuplent marais, tourbières, prairies mouillantes, étangs, cours d'eau, irradiant d'une zone à une autre, suivant l'état de l'atmosphère et les besoins de la vie de chaque jour. En un mot, c'est la sauvagine : échassiers, palmipèdes, plongeurs, etc.

Les oiseaux aquatiques vont des marais, des queues d'étang sur les cours d'eau de l'intérieur, les fleuves et même les rivages de la mer. Certaines espèces fréquentent exclusivement le littoral et ne cinglent que vers les marais salants.

Nous en reparlerons plus loin.

Présentement les oiseaux d'eau dont nous allons nous occuper, appartiennent au marais proprement dit.

LA BÉCASSINE

La bécassine est la reine des marécages, il n'est personne qui n'apprécie ses qualités de gibier de premier ordre. Elle a ses fanatiques, ceux-ci estiment sa chasse au-dessus de toutes les autres. Il est permis de se demander si cette passion est motivée par la succulence incontestée de ce délicieux oiseau ou par l'attraction qu'exerce cette chasse toute particulière? La gourmandise est, nous aimons à le croire, reléguée au second plan, la séduction d'une chasse en dehors de celles à portée de tous, pour un véritable chasseur et un tireur distingué, explique suffisamment le fanatisme de ses partisans. On compte trois sortes de bécassines : la bécassine commune, la plus abondante, la bécassine double, la bécassine sourde ou « beccot ».

La bécassine voyage du nord au midi, et opère deux passages en France : le premier à l'époque de la migration générale, le second au moment de l'aviation en retour. Ces deux époques varient en raison de la température. Elles quittent les marais de l'extrême nord aux premières gelées d'octobre, et nous arrivent en escadrons serrés se répandant partout. Le retour vers le nord a lieu en mars ou en avril. Les haltes successives dans les marais, les prairies mouillantes sont subordonnées aux variations atmosphériques. Comme la bécassine évolue toujours le bec dirigé vers le vent, elle effectue la migration par les vents du sud-ouest, sud-est, tandis qu'elle choisit pour l'aviation en retour ceux du nord et nord-ouest.

Quelques couples nichent dans nos marais de France, mais le nombre en est restreint.

Les passages ont lieu par les temps sombres ou pluvieux, principalement au déclin de la lune. Voyageant en bataillons, elles ne s'arrêtent point isolément, toute la troupe s'abat : aussi n'est-il pas rare, au mois de mars, lorsque le passage est actif, de voir des colonnes s'appuyer dans les marais ; si l'une d'elles part, presque toutes obéissent à l'impulsion et s'enlèvent. Quelquefois, après avoir pris l'essor, elles décrivent un circuit dans les airs pour revenir s'abattre, quelques minutes après, à l'endroit même d'où elles sont parties.

La chasse importante de ce gibier a lieu principalement en août ou septembre et au mois de mars, époque du retour. Les bécassines que l'on rencontre en hiver dans les tourbières que sillonnent quelques filets d'eau, au bord des marais, dans les prairies mouillantes, souvent isolées présentent un coup de fusil plus facile.

Il est presque impossible de découvrir l'oiseau à terre, tant son plumage roux fauve, rehaussé de mouchetures noires, se confond avec les brindilles d'herbes de mêmes nuances, au milieu desquelles il se gîte. On arrive à deux pas de lui sans le distinguer, cependant l'œil l'a suivi sans interruption jusqu'au moment où il s'appuyait.

J'insisterai sur le vocable « appuyer », parce que ce mot, quelquefois employé pour expliquer le fait de la perdrix touchant à terre, après un long vol, convient tout particulièrement à la bécassine.

Le hasard m'a mis à même d'étudier, de fort près, dans d'excellentes conditions, comme vous allez en juger, les manœuvres d'une bécassine levée par un chien d'arrêt et *s'appuyant* hors de portée de son poursuivant fâcheux.

Un jour d'automne, accompagné d'un jeune chien très ardent, je me trouvais sur les promenades qui entourent la petite ville de Verneuil. A la hauteur des prairies mouillantes riveraines de l'Avre, mon chien hume l'air et le voilà parti dans ces marais réservés. J'ai beau le rappeler de la voix, du sifflet, peine inutile ! il s'emballe dans les marécages. Je ne tarde pas à le voir tomber ferme. Il marche d'arrêt en arrêt, se contentant de courir quelques mètres après l'oiseau prenant l'essor ; puis il continue à chasser.

Ses arrêts, d'une impeccable fermeté me ravissaient, je le suivais avec un véritable plaisir. Debout derrière un gros peuplier, j'assistais à ses évolutions, qui faisaient le plus grand honneur à son haut nez et à sa prudence ; il travaillait si bien que j'oubliai qu'il était en contravention avec l'obéissance. J'ai su plus tard qu'un autre spectateur improvisé le surveillait à l'aide d'une lorgnette.

A la suite d'un arrêt plus prolongé que de coutume, je vis une bécassine prendre son vol dans la direction des arbres bordant la prairie, sous l'un desquels j'avais établi mon poste d'observation. Je voyais sans être vu.

L'oiseau piqua droit vers moi, et s'abattit à cinq mètres en face d'un peuplier parallèle à celui qui me servait d'abri.

A peine à terre, il se coucha sur le côté, tournant son bec vers le marais, épiant le manège du chien qui, sans doute, l'avait vivement contrarié en le faisant partir de l'endroit où il vermillait.

La bécassine, dans la posture d'une romaine couchée dans un triclinium, tournait sans cesse les yeux vers la prairie mouillée. Ainsi elle demeura si près de moi que les nuances de son vêtement, la couleur vert sombre de ses pattes, m'apparaissaient dans toute leur vivacité. Le chien chassait toujours. Mais je ne regardais que l'oiseau venu si près de moi, s'offrant si inopinément à l'investigation du naturaliste.

Une autre bécassine vient atterrir à quelques pas de la première et se mit aussitôt dans la même position, sur le côté, regardant le marais. La première resta ainsi dix minutes au moins, après quoi elle prit son vol vers l'endroit déserté. L'autre la suivit. En réalité, la bécassine *s'appuie*, et ne se tient pas droit sur ses pattes quand elle observe.

Le temps le plus favorable pour chasser la bécassine est la matinée par un ciel sombre : un soleil brillant la fait lever vivement et partir hors portée. Elle file comme un trait, en faisant une pointe, puis deux ou trois crochets, après lesquels elle vole droit, soit en rasant la terre, soit en s'élevant dans les airs. Lorsqu'elle part de près, on peut ne la tirer que lorsqu'elle a effectué ses crochets ; c'est la pierre d'achoppement pour ceux qui ne sont pas familiarisés à ses allures.

Si elle part de loin, on a la facilité de la tirer au cul levé, à la première pointe. Dans ce cas, si on la manque du premier coup, on redouble quand elle a accompli ses zigzags. Si tant de chasseurs échouent dans ce tir difficile, exigeant une sérieuse pratique, c'est qu'ils sont fascinés par l'essor rapide de l'oiseau, lequel ne s'amuse point aux bagatelles et paraît s'éloigner avec une intensité de coup d'ailes peu commune. A ceux-là nous dirons : de ne pas oublier que l'évolution compte deux phases bien distinctes, quoique absolument régulières.

Deux bécassines ne partent pas toujours de la même manière : l'une rase le sol, l'autre s'élève ; mais le procédé est identique ; choisissons le moment favorable.

Pour cette chasse, les cartouches de plomb n° 7 ou 8 et même 9 avec une charge moyenne de poudre, surtout à l'époque de l'aviation en retour, suffisent : un seul plomb la jette à terre.

Bécassine

On ne fait pas voler la plume d'une bécassine ainsi que cela a lieu pour une perdrix ; on l'abat où on la manque : atteinte, elle tombe comme un chiffon.

Sa chasse exige un bon chien, d'une prudence consommée ; de plus, il faut qu'il ait l'habitude de ce laborieux travail. Il doit pister lentement, avec défiance, mesurer ses pas. Un chasseur de bécassines s'entend de l'œil avec son chien, car les rappels bruyants compromettraient la partie.

Le braque docile, parce qu'il chasse en tournant et que sa méthode naturelle concorde avec les manœuvres de ce gibier, suffit. Toutefois, l'épagneul, en particulier celui de Pont-Audemer, bas sur pattes, nous paraît préférable, parce qu'il approche plus près du gibier.

Le chien à poil long fait moins de bruit dans les marais que le chien à poil ras; or, il est urgent qu'il dissimule sa présence, vu que cet oiseau a plus peur du chien que de l'homme; il laisse quelquefois passer le chasseur, jamais le chien.

Reste une question importante et controversée, à savoir: faut-il prendre le vent pour entrer dans un marais ou convient-il de parcourir ledit marais avec le vent en poupe? De quelle manière, en un mot, est-il sage d'aborder la bécassine?

Il y a deux manières de la tirer, soit au cul levé, soit lorsqu'elle a accompli des crochets. Dans le premier cas, on la foudroie pendant qu'elle parcourt les vingt-cinq premiers mètres en ligne droite : le coup jeté et précis comme pour le lapin; dans le second, on attend qu'elle ait pris son vol ascensionnel et obliqué pour le vol horizontal.

Je ne prétends point trancher ici la question, lorsque tant de bons esprits ont, par de judicieuses raisons, préconisé les méthodes différentes. Je ne tiens qu'à faire part d'une expérience née de la pratique.

Partant de ce principe, que l'oiseau se lève toujours le bec contre le vent, il me semble normal de prendre le marais de façon à ce qu'on ait le vent dans le dos. En effet, si l'oiseau arrêté par le chien tient, vous le tournez afin de le mettre entre le chien et vous. Alors, il déménage le vent en poupe; mais, obéissant immédiatement à son accoutumance de pointer contre le vent, il fait un mouvement circulaire à droite ou à gauche, pour reprendre sa voie normale; ainsi il présente de flanc un coup beaucoup plus facile.

D'aucuns pensent que le chasseur, en entrant au marais contre le vent, aborde plus franchement l'oiseau, puisque celui-ci, de cette façon, évente son ennemi de moins loin. Le fait est exact, surtout par un temps clair. Mais l'inconvénient que j'y trouve, c'est que dans ce cas la bécassine ne circonvole point, pique droit devant elle et rend ainsi le coup moins certain. Elle se lève de plus près, mais, aidée du vent, elle évolue beaucoup plus rapidement.

J'exposerai une autre considération qui me fait donner le choix à la première méthode; c'est que la bécassine, un gibier de haut fumet, a des émanations assez puissantes pour qu'un bon chien ne puisse point perdre ses moyens, même en travaillant à mauvais vent.

Au chasseur de mettre en pratique sa théorie familière : soit de marcher dans le vent, afin qu'elle se lève d'autant plus près de lui qu'elle aura plus tardivement prévu le sentiment de son approche, soit d'avoir le vent au dos, afin que l'oiseau, qui pointe dans le vent, fasse son mouvement circulaire, mouvement dans lequel il est plus facile à abattre.

La plupart du temps, on occupe le marais comme on peut, et l'on tire comme l'on sait.

LA BÉCASSINE SOURDE, OU BECCOT, OU JACQUET

La bécassine sourde, ainsi appelée parce qu'elle part sous les pieds, est d'une saveur très fine, supérieure peut-être à celle de la bécassine commune. A l'automne, elle est dodue comme une caille. Son plumage sur le dos, est nuancé de violet ; sur les ailes, des lames d'un vert brillant rehaussent une bande de plumes aux tons aurifères.

Elle se tient dans les endroits les plus fourrés, au milieu des touffes d'herbes, vole droit. Son tir n'offre aucune difficulté. Si on la manque du premier coup, elle va se remiser à peu de distance, en sorte qu'on n'a aucune peine à la relever. Au départ, le beccot ne pousse pas de cri. Il est presque toujours isolé.

LA BÉCASSINE DOUBLE

Plus grosse de moitié que sa congénère, la bécassine double est peu commune, bien des chasseurs ne l'ont jamais rencontrée. Si on a la bonne fortune de la faire lever, c'est toujours isolément, en septembre, à bordure des basses eaux ou dans les prairies fréquentées par les bestiaux. Elle se défend peu ; son vol est moins accidenté que celui de la bécassine commune. Beau gibier, coup de fusil facile, mais rare.

LE RALE D'EAU

Je suis loin de professer pour cet échassier de marais, au bec rouge, à la gorge bleu marine, le mépris que d'autres affectent à son égard. Il ne vaut certes point le râle rouge, si l'on ne regarde que le résultat final : la rôtie ; cependant, il a des qualités et ne mérite point un dénigrement de parti pris ; c'est un gibier très passable, bien mis de sa personne, dont la poursuite ne manque point d'intérêt. Dans les terrains maréca-

geux coupés de fossés fourrés, il faut bien vingt à trente minutes pour
faire lever un de ces oiseaux, qui savent le mieux embrouiller leurs voies,
combinant mille ruses avant de se lever, tant ils ont peu de confiance
dans leur vol lourd et peu soutenu. On s'imaginera sans peine que, dans
ces conditions, il faille un chien d'âge : épagneul ou choupille, et de la
part du chasseur une réelle dose de patience. Mais le plaisir que l'on prend
à voir travailler son chien dans la quête de ce gibier, compense bien
les peines que l'on prend et le temps que l'on perd, si tant est qu'à la
chasse on perde du temps, alors que tout est sujet à observations.

Le râle noir nous visite au printemps pour faire sa ponte; à l'approche des gelées, il regagne le Midi; cependant, il en reste presque
toute l'année quelques-uns dans nos grands marais entrecoupés de
rigoles et de sources. Nous en avons tiré en toute saison, même au
fort de l'hiver.

LA MAROUETTE

Au début de mes chasses au marais, sous l'arrêt de mon chien, se
leva à bout de fusil un oiseau au vol mou, que j'ajustai sans le connaître;
je l'abattis. En possession de ma victime, je m'enquis auprès de mon
compagnon de chasse du nom de cet oiseau, qui me paraissait bien
petit.

— Une marouette, me répondit-il; un morceau de choix!

Depuis, j'ai tué pas mal de ces oiseaux au plumage grivelé, et je ne
les ai plus regardés comme pièces de mince importance. La marouette,
appelée également râle perlé ou tigré, girardine ou caille des marais, est
en réalité un des gibiers les plus succulents que l'on puisse rencontrer

Elle fait son apparition dès le 1er mars et nous quitte avec les cailles,
habite les prairies mouillantes, les queues d'étang. Il y a des passages
de marouettes comme il y a des passages de grives; en certaines
années, ce passage est si abondant qu'on peut en tuer deux douzaines
dans sa journée. Le chasseur fortuné, en pareille occurrence, s'il est
secondé par un chien sage et vigoureux, jouit d'un délicieux plaisir. Par
ses ruses multiples, ce stratégiste des marais, tantôt plongeant, tantôt
se faufilant à travers les roseaux ou se perchant au plus épais des buissons, donne au travail du chien un attrait incomparable; son tir est des
plus facile, puisqu'il part à dix ou quinze pas. Il mérite sa qualification

de caille des marais. Les vols les plus importants de marouettes ont lieu
vers la mi-août, ou au commencement de septembre. Les marais d'Artois
et de la Bresse sont particulièrement privilégiés.

La marouette déguerpit devant le chien avec une vélocité prodigieuse, préférant piéter que prendre l'essor. On ne doit la chercher que
dans les endroits humides où la terre est molle. Le meilleur chien pour
la chasser est celui qui la bloque, à l'exemple du choupille. On la tire
avec du 9. La femelle pond de sept à huit œufs; elle fait son nid en
l'attachant aux roseaux avec des brins d'herbe qui lui permettent de
flotter en cas d'inondation. Les petits sont noirs à leur naissance; au
bout de deux mois, ils peuvent se défendre eux-mêmes.

LA POULE D'EAU

Tout comme le râle noir, la poule d'eau n'est point en faveur; il en
est qui dédaignent de la tirer, lorsqu'elle se présente à eux, à plus forte
raison de la chasser.

En souvenir des agréables heures que m'a fait passer la poursuite de
la gallinule, je ne crains pas de la réhabiliter en disant à ceux qui pourraient s'abstenir d'un réel plaisir, par un sentiment touchant de bien près
au respect humain, qu'ils obéissent tout simplement à un préjugé.

Tout d'abord, tranchons la question qui fait mettre brutalement
à l'index cette élégante locataire de nos marais et de nos étangs : celle
de ses qualités gastronomiques. La poule d'eau n'est pas seulement
mangeable, elle est même très bonne lorsque, après avoir été préalable-
ment écorchée, elle est bien préparée. Nous avons, pour appuyer notre
affirmation, le témoignage de palais délicats, car il nous déplairait de
mettre en avant notre opinion personnelle en si grave affaire. Il n'y a
que la chasse en elle-même que nous défendrons personnellement, parce
qu'elle est des plus divertissantes, absolument digne d'un chasseur et
d'un bon chien.

La poule d'eau dont tout le monde connaît la livrée : manteau vert
olive, poitrine semée de gris, à reflets d'ardoises, la première plume de
l'aile bordée de blanc, le dessous de la queue également blanc, l'œil
rouge, le bec orangé tournant au jaune vers la pointe, les pattes vertes
jarretées de rouge, habite partout où il y a des marécages, étangs,
marais, tourbières, rivières, cours d'eau lilliputiens.

Comme dans leurs petits voyages, elles suivent régulièrement la même route et reviennent à leur cantonnement, on est sûr d'en rencontrer là où on en a déjà vu.

Certains marais, notamment ceux de la Somme, en sont abondamment pourvus ; avec l'aide d'un bon chien on arrive à en abattre une quantité notable en quelques heures. Le tir est des plus faciles.

De neuf heures du matin à quatre heures de l'après-midi, la poule d'eau demeure cachée dans les roseaux ou sous les berges. Ce n'est que le matin et vers le soir qu'elle prend ses ébats, soit sur

Poule d'eau

l'eau, soit en courant dans les prairies. A ces dites heures, on la voit nager, courir sur les feuilles des nénufars et autres plantes aquatiques, animant ainsi le paysage d'une façon charmante. Quoi qu'en ait écrit Buffon, elle nage longtemps, même très longtemps ; nous en avons plus d'une fois observé sur un étang qui n'ont cessé de virer, allant d'un bord à l'autre, stationnant auprès des touffes de joncs pendant plus d'une heure. On profite de ses promenades du soir ou du matin lorsqu'on veut en tirer à l'affût ; le tout est d'être bien caché et de demeurer immobile ; à l'aide d'une carabine de salon il est aisé de s'en procurer au moins deux à chaque séance.

Pour chasser la gallinule au chien d'arrêt, on explore soit les berges d'une rivière, soit les bords d'un étang, précédé d'un animal docile : griffon ou épagneul. A la hauteur d'un tronc de saule ou d'une racine d'aune fortement ramifiée, le chasseur s'arrête : le chien commence de lui-même ses investigations autour des racines formant cavernes ; le sentiment de l'oiseau, perché sur des branches à demi submergées, lui arrive promptement. Il précipite la quête, tombe en arrêt. Alors, le moyen le plus certain de faire immédiatement partir le gibier est de l'empêcher de plonger et d'exciter le chien à forcer, ce qu'il fera vivement sur un signe. La poule d'eau, surprise, surtout si elle se trouve dans une refuite, s'envolera promptement.

Mais si l'opération du chien éprouve du retard, elle descendra de branches en branches, courra sur la déclivité du talus, afin de gagner sous l'eau une touffe de roseaux voisins.

Il est difficile, dans la même séance, de relever une poule d'eau qui a été déjà débusquée ; le chien doit se mettre à l'eau, débrouiller les voies à travers les méandres qu'elle a parcourus. Le gibier multiplie ses ruses, donne des émotions sans nombre, il ne faut point temporiser ; votre coadjuteur doit jouer serré en redoublant d'activité.

Les poules d'eau perchent ; nous avons vu les basses branches d'un érable couvertes de toute une nichée avec le père et la mère. On aurait pu, en faisant un détour derrière une haie, les tuer au branché.

LA FOULQUE OU BLÉRIE-JUDELLE OU MORELLE

La foulque n'est ni une poule d'eau ni une macreuse. Elle confinerait plutôt au genre poule d'eau, quoiqu'elle en diffère essentiellement par la structure du bec, par la conformation des pattes. C'est un coup de fusil agréable, qui sauve de la bredouille.

Sur les étangs du Nord-Ouest et de ceux du Midi on trouve la foulque en quantités considérables. Chaque année, en Provence, ont lieu des battues légendaires, dans lesquelles on compte les victimes par milliers.

Ce sont comme de véritables batailles navales, qui attirent les amateurs de fort loin.

La blérie, ou berlaude, stationne volontiers dans nos marais, là où il y a de grands étangs garnis de roseaux. A l'aide d'une yole à fond plat, de peu de tirant d'eau, le chasseur peut la poursuivre jusque dans ses retraites et, par l'imprévu de son arrivée, la faire lever inopinément. Alors, il la tire au vol, quand elle rase les roseaux. Mais il ne doit pas songer à l'atteindre de la rive, car elle a soin de toujours se tenir à une distance respectueuse.

La foulque a pour tactique de plonger, de se cramponner aux roseaux ; démontée, elle agit ainsi et échappe souvent à son ennemi. A l'approche du soir, les judelles se lèvent plus facilement, elles s'élèvent même à une certaine hauteur. Le matin, si l'étang possède une hutte, on a le loisir de les tirer lorsqu'elles évoluent en nageant d'un quartier à un autre. Soit qu'on les tire au vol ou sur l'eau à distance moyenne, le plomb n° 6 suffit.

PLUVIERS

Au commencement des pluies automnales, on voit arriver sur nos plaines en notables compagnies des oiseaux de la grosseur d'un demi-

pigeon. Son arrivée coïncidant avec la saison des pluies, cet oiseau a
été appelé pluvier. Peu d'oiseaux montrent un instinct plus vif de la vie
en société, leurs attroupements, qui peuvent nous surprendre à première
vue, témoignent de cet instinct et
de la facilité qu'ils ont de se retrouver afin de voyager en société.

Les chasseurs en comptent trois
espèces : le pluvier doré, le petit
pluvier gris ou guignard, le pluvier
à collier.

Le pluvier doré pèse entre sept
et huit onces ; sa longueur est de
25 centimètres environ : son bec
est foncé, long d'un pouce ; ses yeux

Pluviers

sont d'un brun clair. Le dessus du corps est sombre, semé de mouchetures d'un jaune verdâtre, qui donnent au plumage un reflet métallique ;
les côtés de la tête, la gorge et la poitrine sont de même couleur, mais
plus pâles ; le ventre est blanc : les pattes sont noires.

Le pluvier doré se réunit fréquemment aux vanneaux ; avec ces
derniers, il fréquente les fonds humides, les terres limoneuses où il
cherche les vers et les insectes. Il niche en Angleterre, dans le nord de
la Hollande, puis commence son aviation vers l'époque que nous avons
indiquée. A mesure que le froid augmente, que la recherche de la
nourriture lui devient plus difficile, il se replie par étapes vers le
sud. Affectant de se tenir dans les endroits découverts et se trouvant
toujours en société, il est difficile à approcher. Ce n'est qu'en tournant
les compagnies que les chasseurs, lorsqu'ils sont nombreux, peuvent
réussir à les tirer.

Les pluviers vont à l'eau le matin pour se laver le bec et les pattes,
on s'embusque dans les environs des flaques d'eau ou des ruisseaux à
large lit, et l'on parvient ainsi à en tirer plusieurs à la fois au moment où
ils circonvolent pour atterrir. Autrefois, on se servait, pour les approcher, de la vache artificielle ; grâce à cette ruse, on pouvait en abattre
quinze à vingt en deux coups de fusil.

Comme ils sont toujours très nombreux, qu'ils ont vite épuisé les
ressources de l'endroit où ils se sont campés, ils restent rarement plus
de vingt-quatre heures dans le même canton.

LE PLUVIER GRIS OU GUIGNARD

Le pluvier gris, appelé aussi petit pluvier ou guignard, est plus petit que le précédent. Il est d'un brun gris, lustré de vert, sa chair est fine, préférable encore à celle de son congénère doré. Ses deux passages ont lieu en avril et en août. Il se prend facilement au filet. Moins nombreux que les pluviers dorés, les guignards s'isolent plus communément, ce qui permet de temps à autre un coup de feu isolé.

Celui qui parvient à s'approcher d'un attroupement de pluviers peut, en les prenant en écharpe et espaçant méthodiquement ses deux coups de fusil, remplir aisément son carnier. Il sera ainsi largement payé de la peine qu'il aura prise en manœuvrant souvent difficilement, et récompensé de l'insuccès d'une journée de marches et contre-marches.

LE PLUVIER A COLLIER

Ce pluvier appelé aussi *ribaudet*, plus connu sur les plages et les grèves des grands fleuves que dans les marais, doit trouver sa place ici : il complète la trilogie.

C'est à la fois un excellent rôti et un oiseau des mieux mis. Un collier noir sur un estomac d'un blanc très pur le distingue entre tous. La tête ronde est grosse, il a le bec jaune et noir ; son œil est d'un éclat très vif ; dans un temps éloigné de nous, on disait même qu'il suffisait qu'une personne atteinte de la jaunisse le regardât avec persistance, pour qu'elle fût incontinent guérie. Nous n'insisterons pas sur cette vertu reconnue par l'ancienne thérapeutique, il nous suffit d'insister sur l'éclat de l'iris réellement très brillant qui donne à cet oiseau un cachet tout particulier. Son manteau gris jaunâtre lui donne en volant une jolie couleur dorée.

Les vols de pluviers à collier ne comptent guère plus de sept ou huit individus.

Ils se tiennent de préférence sur les portions de galet mises à découvert par la lame, là où il y a des crabes, des vers, dans de petits filets d'eau. Lorsqu'à la vue de l'homme ils ont pris leur vol et qu'ils s'abattent sur le sable, ils y restent peu de temps, à moins que ce sable

ne vienne d'être tout récemment découvert par la marée ; car ils n'aiment
point le sable sec. Ils sont très difficiles à voir sur les pierres.

Le pluvier à collier est aussi appelé moineau de mer.

VANNEAUX

A voir les quantités de ces oiseaux qui, en saison, se balancent aux
étalages des marchands de gibier, on serait tenté de croire qu'il n'y a
qu'à se baisser pour en prendre. Point cependant. Tout sociable, facile à
apprivoiser que soit le vanneau, il ne se laisse pas aisément
approcher à l'état sauvage, surtout lorsqu'il est en compagnie. Il distingue parfaitement le chien de chasse du chien
de berger, avec lequel il a presque des relations de bon voisinage.

Pour parvenir à portée de ces
voliers passant d'une plaine à une
autre, on a besoin de recourir à
toutes les ruses, afin de faire croire
qu'on est animé d'aucune mauvaise
intention : soit qu'on monte dans
une charrette en coupant à travers
champs, soit qu'on déambule dans les prés, dans l'attitude d'un travailleur,
soit encore, ce qui est le moyen le plus pratique, qu'on les aborde, protégé
par une haie.

Le reste du temps on ne les tire que par hasard, ou lorsqu'il vente
fort. Les quantités qui alimentent les boutiques proviennent malheureusement de captures faites à l'aide de filets. On étouffe ainsi dans le germe
des milliers d'individus dont la propagation viendrait, si à point, renforcer
le contingent de ces voyageurs.

Rien n'est plus charmant que le vol cadencé de cet oiseau au manteau mordoré, au ventre d'un blanc éclatant, aux ailes finement décou-
pées ; il caracole dans l'air avec une grâce sans pareille. Son cri plaintif
correspond à son vol onduleux lorsqu'il s'enlève pour fuir un danger.

Les vanneaux voyagent par n'importe quel temps, mais leurs pérégrinations ont lieu surtout par le vent du sud. Sans être aussi affirmatif
que le fameux proverbe sur la chair du vanneau, nous dirons qu'elle est
estimable, surtout au mois d'octobre.

30

A l'état de domesticité, cet oiseau devient très familier, donne une note gaie dans un jardin où il devient l'auxiliaire de belle humeur du jardinier en verrotant à sa suite et en faisant une guerre sans merci aux limaces et aux escargots. Un jour j'en rapportai un que je n'avais que démonté, le coup de fusil l'avait comme éjointé. La blessure se cicatrisa promptement, il devint un hôte charmant du jardin. Ce qui est indispensable pour le vanneau, c'est qu'il ait toujours à sa portée un vase rempli d'eau où il puisse se laver les pieds et le bec.

LE HÉRON

C'est toujours chose agréable de rencontrer à portée de fusil, sur les bords d'une rivière ou sillonnant l'air, un héron : le volume de l'oiseau, son envergure, sa rareté relative, bien qu'il soit un peu partout, puis enfin la difficulté de l'approcher, le désignent suffisamment à nos convoitises.

Le héron commun, appelé aussi héron cendré à cause de la couleur grise de son plumage, mesure environ 1^m,15 de long sur 2 mètres d'envergure, il habite les marais, les bords des lacs, des cours d'eau, vit de poissons, de grenouilles, ainsi que de petits animaux qu'il découvre dans la vase. Placé sur le rivage ou dans l'eau, il guette sa proie des heures entières dans une immobilité complète. En dehors de l'époque de l'incubation, en juillet et en août, on le voit en compagnie; en autre temps, il vit solitaire, passant ses journées seul, cherchant sa maigre vie. Il est de la tribu des tristes : sa silhouette austère cadre parfaitement avec les solitudes qu'il recherche.

Autrefois le vol du héron était un des plus brillants de la fauconnerie, sa chasse donnait lieu à une mise en scène, à un déploiement de luxe dont approchent à peine les fêtes de la vénerie contemporaine. Il suffit de lire les mémoires sur l'ancienne Chevalerie pour se rendre compte en quelle estime était tenu cet oiseau par nos rois et les princes. Les gravures du temps nous ont, concurremment avec les chroniques, perpétué le souvenir de la chasse au vol, notamment à l'époque de la Renaissance où elle brillait d'un éclat incomparable. La fauconnerie a été, comme bien d'autres choses, emportée par la tourmente révolutionnaire, si bien qu'après être demeuré un oiseau spécialement réservé à l'amusement des grands, le héron est resté l'hôte des marécages et des rivières, à la merci du premier chasseur venu. Quand je dis à la merci, il s'agit de

UN VOL DE HÉRONS.

s'entendre, car, excessivement défiant, ce solitaire ne vous donne pas souvent l'occasion de le heurter : s'il a l'air immobile, comme médusé sur ses grandes pattes alors qu'il guette sa proie, son œil couleur citron n'est jamais fermé ; il fouille l'horizon comme avec un télescope.

Pour arriver jusqu'à lui, lorsqu'on l'a aperçu de loin à un tournant de rivière, il est nécessaire d'opérer un grand circuit dans les terres. Cette manœuvre réussit quelquefois, si l'on a la précaution de se bien baisser et de tenir le fusil prêt. Lorsqu'on est arrivé à dix mètres environ de la berge, on se dresse et l'on peut ainsi le surprendre au moment où il prend son vol. Au départ, le héron a le vol lourd, il raidit ses pattes en arrière, renverse le cou sur le dos, s'élève rapidement, puis monte très haut. En prenant bien son temps, le coup de fusil est facile en le dirigeant sous les ailes. Au cas où on aurait la chance, peu fréquente du reste, de tirer un héron posé, il faudrait le tirer au cou ; chez tous les oiseaux emmanchés de la sorte, le cou étant la partie la plus sérieusement vulnérable.

En décembre, on peut affûter les hérons sous les hêtres ou sous les saules en bordure d'étang ou de rivières. Chaque soir, ils reviennent passer la nuit sur les arbres qu'ils ont choisis jusqu'à ce que les coups de feu répétés les en aient définitivement chassés. Nous avons observé qu'on peut, deux jours de suite, affûter avec succès dans la même héronnière ; le troisième jour, c'est en vain qu'on tenterait l'aventure.

Pour que l'expédition réussisse, il ne faut aborder ces retraites que lorsque la nuit est complètement venue. On s'y rend dans le plus grand silence. Après être arrivé sous l'arbre choisi par eux, remarqué d'avance, on attendra quelques minutes que les yeux soient complètement faits à l'obscurité, alors sur le sommet des branches on distinguera des masses noires. Quelquefois il s'en trouve deux très rapprochés, on choisit alors le plus près, n'en visant qu'un seul ; mais la cartouche de 2 peut en abattre un couple : après le coup de feu, on doit demeurer immobile. Si l'oiseau a été atteint, il tombera et vous le retrouverez ; s'il a été manqué, les autres, affolés par le bruit, s'ils n'entendent rien d'insolite, reviendront le lendemain et vous fourniront un deuxième jour d'affût, comme nous l'avons indiqué. En hiver, c'est vers le soir, quatre heures, que l'on a le plus de chance de surprendre un héron aux marais, aux étangs, en train de chercher son souper. Un héron démonté est dangereux pour un chien imprudent qui voudrait s'en emparer, car il

s'attaque aux yeux ; ses coups de bec sont à redouter, aussi fera-t-on
bien d'écarter son trop zélé compagnon, tout en prenant des précautions pour soi-même. Un héron dont on casse la patte n'est pas pris
pour cela : il s'élève, poursuit son ascension pour aller s'abattre à bout
de vol en même temps qu'à perte de vue, à un ou deux kilomètres dans
des marais éloignés.

En dehors du héron cendré, les côtes de Bretagne sont fréquentées
par un héron de même taille tout blanc, dont le bec est jaune, les pieds
noirs. Ce n'est point une espèce différente, mais une variété.

CIGOGNES ET GRUES

Les cigognes et les grues sont d'illustres espèces sur lesquelles il y
en aurait long à écrire; mais ce qu'on pourrait en dire appartient plus à
l'histoire passionnelle des oiseaux qu'à la chasse. On voit des cigognes
chaque année ; c'est hasard si on en tire une par-ci par-là ; on entend les
grues seulement lors de leurs passages, on ne les voit point. Il nous
semble donc qu'en un livre qui a pour titre *La chasse en France*, on
doit regarder la cigogne et la grue comme quantités négligeables. Ce
sont, à le bien prendre, des sujets décoratifs de peintures murales d'un
très grand effet, ce sont des gibiers d'exception. Le premier de ces
oiseaux est en passe de devenir un oiseau sacré comme l'Ibis chez les
Égyptiens ; le second n'est plus qu'un voilier de passage, franchissant les
espaces à de grandes hauteurs, formant des bandes compactes en forme
de triangle, quelquefois en rond lorsqu'elles sentent le besoin de résister
aux vents et signalant sa présence par des cris perçants. Les grues descendent du Nord en septembre et en octobre, elles retournent en mars
ou avril.

Les cigognes passent la belle saison en France, prennent leurs
quartiers d'hiver en Afrique.

L'une se voit, l'autre s'entend : aux favorisées de pouvoir compter
un échantillon de chaque sorte au tableau de leurs exploits !

LE BUTOR ÉTOILÉ

Celui-ci est l'hôte des grands massifs de roseaux d'un étang ou d'un
vaste marais ; c'est un farouche solitaire, insociable, beaucoup moins

voyageur que le héron, qui n'abandonne les joncs où il vit et meurt
qu'aux grands froids pour gagner les marais méridionaux. Le butor se
caractérise par un corps ramassé, un cou long bien que gros, un bec
long et fort, de larges ailes, un plumage roux semé de taches noires
comme autant d'étoiles; de là son nom d'étoilé. Celui de butor lui vient
de son cri, sorte de beuglement qui a quelque ressemblance avec celui
du bœuf. Il mesure 0ᵐ,77 de long sur
1ᵐ,30 d'envergure. Son plumage se confond tellement avec la teinte rouillée
des joncs auxquels son existence est liée,
qu'il est difficile de l'apercevoir au repos. Quant à lui, rentrant son cou de
façon à ce que la tête semble reposer sur
la nuque, il inspecte l'horizon, n'abandonnant sa retraite que lorsqu'il se sent
pressé par le chien ou le chasseur fon-
çant dans sa direction. Son vol est silencieux, il s'élève lentement, aussi est-il
aisé à démonter, car il part généralement
à bonne portée; les détonations ne le

Butor

déconcertent point, il ne prend l'essor que lorsqu'il y est contraint. Il
observe les manœuvres du chasseur d'un bout à l'autre du marais, il n'a
point cure de celles qui ne doivent pas l'inquiéter dans sa retraite.

Le soir, il part plus facilement que le matin ; c'est le moment de
chercher sa nourriture, en plein jour, il laisse quelquefois passer chien
et maître pour fuir à la muette derrière eux.

Le nid du butor placé dans des touffes de roseaux, d'un accès
difficile, renferme de trois à cinq œufs que la femelle, nourrie par le
mâle, couve seule. Après une incubation de vingt et un à vingt-trois jours,
les petits restent dans le nid, jusqu'au moment où ils se dispersent et
commencent le combat pour la vie. Dans le même marais on rencontre
rarement plus d'un couple de ces oiseaux, l'on tue plus de femelles que
de mâles.

Le butor n'attaque point, mais il se défend avec courage contre le
chien ; son bec est redoutable même pour le chasseur. Blessé à mort,
couché sur le dos, il s'attaque aux yeux ; la vitalité se réfugiant dans le
cou et dans la tête, les coups qu'il porte sont terribles. Il importe donc

de modérer l'ardeur du chien imprudent qui voudrait s'en emparer alors qu'il n'est que démonté.

Le plomb n° 4 suffit pour l'abattre.

Les grandes étendues de marais où ont coutume de séjourner des volées de canards lui conviennent. Les côtes de Picardie, les marais de Montreuil-sur-Mer, les marais Vernier dans la Seine-Inférieure en recèlent annuellement un certain nombre. Au mois d'avril, ils font entendre, le soir, leur cri rauque qui révèle leur cantonnement. Les amateurs mettent à profit cet avertissement ; le jour, ils peuvent s'aventurer avec des chances de succès vers ces zones d'où le beuglement si reconnaissable est parti.

LE BLONGIOS

Le blongios me paraît être un moule réduit du butor dont il a la livrée fauve, avec un semis de plumes noires ; le bec est long, fort, de même couleur. Seulement le noir des plumes ne forme point étoiles, il est beaucoup plus petit, puisqu'il n'a guère que $0^m,40$ de longueur et $0^m,60$ d'envergure ; il perche. Branché, il se laisse approcher à deux mètres, son vol ressemble à celui du râle ; c'est assez dire qu'il est aisé de s'en emparer. Il habite les oseraies, les roseaux, le long des rivières bordées d'arbres. Caché dans les roseaux, il est difficile à faire lever, il en parcourt les méandres avec beaucoup d'agilité, grimpe dans un arbre s'il s'en trouve un à portée ou détale sans bruit. Cet oiseau est élégant, d'un bon manger surtout en septembre, époque où il est gras. Plumé, il n'est guère plus gros qu'une tourterelle. Vers le milieu de l'automne il rétrograde vers le Midi et va passer l'hiver en Italie ou en Afrique.

LE FLAMMANT

Il faut nous transporter des marais septentrionaux dans ceux du Midi notamment, et presque uniquement sur l'étang de Valcarès, en Camargue pour parler utilement du flammant ou phénicoptère, l'oiseau aux ailes de feu ; car c'est là seulement qu'il peut être donné d'apercevoir cet originaire des pays du soleil. J'ai dit le voir, car pouvoir le tirer, c'est une autre antienne !

Les flammants maintiennent constamment entre l'homme et eux.

d'énormes distances; à l'exemple des oiseaux vivant en société, ils ont toujours des sentinelles qui veillent à la sûreté de la troupe. Bien donc qu'ils soient nombreux sur les bords de cet étang, on en est réduit à n'observer ces échassiers aux ailes flambantes qu'à l'aide d'une lorgnette.

Les pêcheurs, habitants de la Camargue, qui connaissent à fond l'étang et ses parages, s'estiment heureux lorsqu'ils peuvent en capturer un, soit à l'aide de lacets, soit avec le fusil.

Pour les chasseurs, c'est encore un quine à la loterie.

Ceux-ci se servent d'un *néguechin* ou périssoire que l'on fait glisser le long des roseaux bordant les lagunes. Sur ce néguechin est disposée une couche d'*appaillage* sur laquelle ils se couchent à plat ainsi que les chiens, appareillant à bon vent, manœuvrant le plus silencieusement possible. Si l'on parvient à portée, on tire au posé la sentinelle, puis au moment du départ, on tâche de prendre le vol en écharpe. Des chasseurs ont raconté que, lorsqu'on vient à surprendre des flammants, leur épouvante est telle qu'ils sont comme stupéfiés et se laissent abattre jusqu'au dernier. Ce sont là histoires de voyageurs qui viennent de loin! Par les grands vents, il arrive que ces oiseaux se laissent pousser dans l'intérieur des terres; c'est donc un pur hasard qui permet d'en rencontrer un échantillon dans des marais éloignés de la Méditerranée.

Le plumage des jeunes flammants est cendré; les plumes secondaires de la queue et des ailes sont striées de noir; à un an, la robe est d'un blanc sale, les ailes sont brunes: ce n'est qu'à l'âge de deux ans qu'ils endossent la livrée rose et flambante qui leur a valu le joli nom de phénicoptères.

LA SPATULE

Cet échassier blanc au bec noir, un peu plus petit que la cigogne, est aussi l'hôte des marais salants du Midi. Ce sont les coups de vent qui le jettent sur les rivages de l'Ouest et dans les marais du Nord. Nous avons vu par deux fois, en août et en septembre, des individus isolés sur les terrains détrempés à vase permanente, avoisinant le littoral de l'Ouest. C'est un bel oiseau que sa rareté rend précieux.

LE CYGNE

Dans la tribu des paludéens, voici le roi : roi par la taille et la superbe démarche, roi par la rareté avec laquelle il prodigue sa personne.

Pour parvenir à approcher cet hôte des eaux, réfractaire à lier connaissance avec l'homme, il faut user de ruses sans nombre ou bien le surprendre lorsqu'il promène sa majesté dans une anse de rivière, ou si, dérangé dans son cantonnement, il passe alors que vous vous trouvez

Cygnes

protégé par un bouquet d'arbres. Au cours des hivers rigoureux, c'est à la hutte qu'on arrive à le tuer : quoique faisant bande à part, les cygnes s'abattent avec la sauvagine et deviennent le point de mire unique du veilleur de nuit. Pendant le jour, c'est sur les rivières sinueuses qu'on a le plus de chances de les rencontrer, mais il faut qu'il fasse très froid et que les étangs soient en partie gelés! Il y a des hivers où les nombreux chasseurs de France n'ont pas l'occasion de tirer le plus beau spécimen des migrateurs.

On n'oublie jamais ce coup inespéré; c'est une date dans la vie.

Il me souvient qu'un jour, à la campagne, par un mois de décembre très dur, on vint nous avertir qu'un cygne avait été vu planant sur la Dives, à un kilomètre de la ferme où je me trouvais. Mettre mes bottes, décrocher mon fusil, siffler ma chienne, fut l'affaire d'une minute ; je partis. Le temps était superbe, les arbres, les champs couverts de givre, paraissaient ornés de pierreries. La terre craquait sous le talon, la nature était en veine de poésie grandiose. En peu de temps, je fus au bord de la rivière dont les rives étincelaient de mille diamants sous les clartés d'un soleil rouge sang.

J'explorais les sinuosités du lit de la Dives vers le point signalé. Tout à coup, j'entendis un coup de feu à cent mètres environ de l'endroit où j'étais ; et je vis dans l'air le cygne annoncé. Il s'élevait radieusement, mais son vol me parut embarrassé. Je me jetai à terre derrière un saule afin d'observer sa manœuvre. Presque aussitôt j'entendis une voix qui me criait : il est blessé !

C'était le fermier, lequel, en rusé matois, avait pris les devants sans m'en prévenir et avait envoyé un coup de feu au palmipède.

J'étais bien un peu vexé de l'aventure, vu que le drôle eût pu et même dû faire l'honneur à son jeune maître d'un coup de cette importance. Il m'a joué, du reste, par la suite, beaucoup de tours semblables, car c'était un braconnier de la pire espèce, mais j'étais jeune ; et, il faut l'avouer, en sa compagnie, j'ai appris à connaître à fond les ruses du gibier. A quelque chose, malheur est bon. Passons donc !

Mon fermier-braconnier m'ayant rejoint, m'indiqua l'oiseau peu sûr dans son vol qui semblait virer. Jamais je n'oublierai ce spectacle.

Le cygne décrivit un cercle, obliqua vers nous, éclairé par le soleil ; l'astre faisait ressortir la blancheur de son plumage dans le ciel bleu ; cette blancheur était maculée par un large filet de sang qui coulait sur la poitrine et teintait d'aurore le duvet éblouissant.

Il était blessé.

Il plana longtemps sans prendre de parti, puis il baissa ; le rose devenait rouge vif, le sang coulait plus abondamment, enfin, toujours éclairé par le soleil éclatant, il piqua en verticale sur la prairie où il tomba comme une masse.

J'oubliai, pour le moment du moins, ma mésaventure, afin de ne m'occuper que de ce spectacle qui m'intéressa à un si haut point qu'aujourd'hui encore, après bien des années, je l'ai aussi présent à la mémoire

que s'il se fût passé hier. Tout est lucide à mon esprit : le paysage,
l'oiseau blanc perdant son sang, large ruban rouge tranchant sur son
duvet immaculé, sa lutte contre la mort, laquelle déjà par avance para-
lysait ses mouvements, enfin sa lourde chute au milieu de la prairie
cristallisée.

Les cygnes voyagent en compagnie ; mais ce n'est que lorsque,
pour une raison ou pour une autre ils se sont dispersés, qu'on peut les
surprendre ainsi.

Pour abattre le cygne, le 0 est souvent nécessaire ; c'est, à une
certaine distance, le seul plomb capable de le démonter ; cependant avec
du 2 ou du 3 on peut le faire tomber, si un de ces plombs perce le cou.
Seulement, comme le cou est en général très ténu et qu'on vise en plein
corps ou sous l'aile, il est bon de choisir un numéro plus en rapport
avec l'ossature de la bête.

LES OIES

Tout en faisant corps avec la sauvagine dont le domaine est le
marais, les oies vivent plus à terre que sur les eaux ; elles s'abattent de
préférence sur les terres ensemencées qu'elles tondent avec ensemble.

A l'approche de la mauvaise saison, elles passent en troupes de
cinquante à soixante individus, formant un triangle ; ce n'est guère que
la nuit qu'elles s'isolent, allant de-ci, de-là, à la pâture, s'appuyant sur
les mares peu profondes entourées de roseaux ; c'est ainsi qu'on en tue
quelquefois au gabion.

Agglomérées, elles sont fort difficiles à approcher, il faut les
surprendre ; elles occupent toujours le centre d'un espace découvert, la
manœuvre est compliquée. Quand on est plusieurs, le mieux est de tâcher
de les cerner afin de faire passer la bande à portée d'un seul. Cependant,
par les froids intenses, lorsque la gelée persiste depuis longtemps, elles
se départissent de leur prudence habituelle. Pendant l'hiver rigoureux
qui a signalé l'année 1891, on en a tué un grand nombre en Seine-et-
Oise et en Seine-et-Marne. Par les froids excessifs quand la nourriture manque, le désarroi se met dans les bandes ; la fatigue, la faim
les rendent incapables de fournir une longue traite. C'est la déroute ! Les
grandes compagnies deviennent tronçons de dix et même de cinq
individus cheminant de la mer aux rivières : ces tronçons eux-mêmes se

disloquant, ils tirent chacun de leur côté, cherchant leur nourriture. C'est
la débâcle! On en profite.

Un temps de brouillard épais ou de givre est favorable à cette
chasse.

L'oie sauvage commune mesure environ 1ᵐ,80 d'envergure, son
plumage est d'un gris assez uniforme avec les parties inférieures plus
claires; l'oie dite rieuse au front blanc est plus petite; le cravant est

Oie sauvage

gris brun, cette espèce se voit dans les marais de Picardie; enfin la
bernache, appelée aussi jauzelle en Poitou et nonette à cause de son
domino noir tranchant sur sa poitrine blanche, complète les quatre
espèces de cette famille des anscrides.

Le cravant, dénommé aussi canard brun, pénètre quelquefois dans
l'intérieur des terres en remontant les rivières. Par les temps de bour-
rasques, les cravants volent assez bas, on les entend à une grande
distance : leurs cris ressemblent à des jappements. De toutes les espèces
d'oies le cravant est la seule qui vole sans ordre; surpris, ils se poussent
les uns contre les autres, ce qui permet quelquefois d'abattre plusieurs
individus d'un seul coup.

Les gelées persistantes jettent les bernaches sur les fleuves: celles-ci s'immergent fréquemment. On tire les oies avec du plomb n° 1 ou n° 2 ; le 4 suffit pour le cravant et la bernache.

LES CANARDS SAUVAGES

Par l'excellence de sa chair, ses variétés, son abondance, par l'attrait qu'il y a de peloter avec le fusil une pièce de cette importance, le canard sauvage est regardé avec raison comme le fond de la chasse au gibier d'eau et de marais.

Il n'est point d'oiseau pour la possession duquel on se donne plus de peines, on compromette plus allègrement sa santé, je dirai même sa vie. Comme le canard a pour domaine l'élément le plus perfide, l'eau, les marais les plus redoutables et que c'est par les plus durs temps qu'il est accessible, il va sans dire que sa poursuite est réservée aux robustes. Il est partout, il est vrai ; mais ce partout, ce sont les rivières quand, par les bises glaciales, le thermomètre est à plusieurs degrés en dessous de 0, les lagunes au milieu des marécages, les tourbières entrecoupées de fondrières, etc.

Ces misères n'ont jamais arrêté les passionnés ; celui qui n'en veut plus, c'est qu'il ne peut plus !

Il m'est arrivé un jour, à moi aussi, d'abandonner la partie ; mais je l'ai reprise le lendemain et jours suivants.

Au mois de décembre 1879, pendant lequel nous subîmes une température de 12 à 15° au-dessous de 0, je chassais sur les bords de l'Avre. Une neige abondante, poussée par un vent du Nord, tourbillonnait éblouissant les yeux et venait s'ajouter à celle de plusieurs jours, fortement gelée, qui couvrait les prairies riveraines, rendant la marche plus que difficile, en dérobant aux regards les rigoles dont elles sont coupées. Dans une des anfractuosités de la berge opposée, se lève un canard colvert ; profitant d'une éclaircie que me laissent les tourbillons de flocons blancs, je le tire, il va tomber dans la prairie de la berge opposée. Il n'y avait point de pont pour traverser, il m'eût fallu faire deux kilomètres afin de retrouver mon gibier que la neige recouvrait déjà. J'avais pris comme point de repère un saule. A trente pas de l'endroit où j'étais se dressait une écluse dont la traverse fixe en fer m'offrait une passerelle. Cette barre de fer, très étroite, glissante sous la neige, qui, en tombant, formait une couche de verglas, n'avait sans doute pas toute la sécurité

CHASSE À LA HUTTE.

Jules Didier

désirable. Mais à la chasse, le pavage en bois n'est pas de rigueur, et je n'hésitai pas à m'y aventurer. En ma vie de chasseur, j'ai, pour m'emparer d'une pièce de gibier, commis des imprudences autrement graves, imprudences que je ne renouvellerais certes point aujourd'hui.

Après avoir mis mon fusil en bandoulière, je montai sur la traverse de fer, me cramponnant à la barre supérieure, laquelle également en fer reliait l'extrémité des deux poteaux de l'écluse. Mes bottes engluées de neige glacée glissaient sur la barre fixe, mes mains comme soudées à la rampe supérieure maintenaient mon équilibre : de ce côté-là, je ne craignais point de défaillance. Mais voilà que tout à coup, déplaçant une de mes mains pour la replacer plus loin, je me sentis tournoyer sur place et peu s'en fallut que je ne prisse un bain complet. Dans l'effort que j'avais fait pour déplacer ma main serrant comme avec un étau cette rampe d'occasion, l'intérieur de mon gant, paume et doigts, s'étaient déchirés, par l'action du froid ils ne faisaient plus qu'un avec le fer glacé ! Cette secousse avait failli me faire perdre l'équilibre. Rapidement je me rendis compte de la situation, j'opérai en avant le mouvement commencé, je mis ma main nue sur la tringle, ainsi je parvins sur l'autre rive non sans quelques éraflures produites par le contact du fer glacé. J'eus quelque peine à retrouver mon canard enseveli déjà sous la neige ; toutefois, j'y arrivai et j'oubliai cet incident qui eût pu dégénérer en mésaventure plus fâcheuse encore. Mais, aveuglé par les tourbillons de neige, trébuchant à chaque pas, je renonçai à aller plus loin. C'est ainsi que celui qui ne peut plus, n'en veut plus !

Les ornithologistes décrivent soixante-dix variétés de canards sur la surface du globe, dont seize appartiennent à la zone tempérée septentrionale : Europe et Asie. Il y en a à peu près douze espèces, y compris la macreuse, qu'annuellement la migration jette sur nos fleuves et dans les marais : ce sont le *colvert*, le *siffleur*, le *pilet*, le *pilet agacé*, le *milouin*, le *morillon*, le *garrot*, le *souchet*, le *ridenne*, le *tadorne*, l'*eider*, la *macreuse*.

Ceux qui viennent poussés par la tempête ne peuvent être considérés que comme des égarés. Quant aux espèces précitées, elles arrivent à peu près à époque fixe plus ou moins abondamment selon les hivers, et à part l'eider que l'on ne voit apparaître que dans les très grands froids, elles ponctuent assez fidèlement les étapes de la mauvaise saison.

Les canards voyagent en troupes nombreuses, leur vol est élevé, on

32

les reconnaît aux phalanges triangulaires qu'ils forment dans les airs. Ils voyagent la nuit ou attérissent pour chercher leur nourriture : grenouilles, insectes aquatiques, graines de plantes, glands même et blé. Leurs cantonnements sont de courte durée: obéissant aux variations atmosphériques, ils s'avancent vers le sud, lorsque les gelées leurs ferment les eaux dans le Nord pour retourner sur leur pas quand le dégel survient. Finalement, ils promènent leur indépendance du Nord au Midi, cherchant les hôtelleries les mieux achalandées et les plus sûres.

Il en reste toujours quelques couples en France : ceux-ci, au mois de février, se retirent dans les joncs des étangs. Ce sont les petits de ces couvées appellés halbrans que l'on chasse en juillet à l'ouverture de la chasse au marais. Il y a loin sans doute de la poursuite de ces palmipèdes encore adolescents à la chasse des canards au mois de décembre, alors que ceux-ci sont en pleine possession de leur vigoureux coup d'aile, et obéissent à leurs instincts tout particulièrement sauvages, comme chacun sait.

Pour chasser le halbran sur les étangs, on se sert de petits batelets excessivement légers, appelés dans le Midi *néguechin* ou *neg-fol*, synononyme de : « bateaux propres à noyer un chien ou les fous assez imprudents pour les monter. » Il y a là un peu de l'exagération méridionale. Dans d'autres parties de la France, ces bateaux s'appellent *fourquettes* ou *nagerets*.

Dans les étangs du Nord et de Sologne, les bateaux n'ont pas tous cette légèreté : comme ils doivent souvent se frayer un passage dans la masse compacte des roseaux, il leur faut plus de résistance. Il en sera de même pour les esquifs destinés à descendre les rivières et les cours d'eau.

Quel que soit le genre de bateaux dont on se serve, il est de rigueur que le batelier qui vous accompagne sache ramer à la muette ; il doit faire glisser, sans secousse, l'embarcation sur l'eau ; lorsqu'il verra le chasseur, posté à l'avant, découvrant le gibier et prêt à faire feu, il devra contrarier la marche en avant par un coup rétrograde d'aviron, sans ébranlement d'aucune sorte. Un canot, arrêté trop brusquement, peut faire tomber à l'eau un homme debout. Si l'étang est garni de roseaux, on doit en profiter pour s'en couvrir autant que possible. Sur les cours d'eau, on côtoiera la rive en en suivant toutes les sinuosités. Aperçoit-on des oiseaux massés sur l'eau, on ménagera sa marche de façon à ne leur présenter que la pointe de l'esquif.

Dans les marais, les queues d'étang, sur les bords des rivières, quand
on chasse à pied, il faut avoir un chien docile, rapportant bien, se couchant au moindre geste.

Nous allons maintenant passer en revue individuellement les différentes espèces consignées plus haut.

LE COLVERT

Souche de nos canards domestiques, le colvert doit son nom à la belle
nuance vert émeraude de sa tête et de son cou, qu'un collier d'un blanc
pur sépare nettement d'un plastron à reflets pourprés.

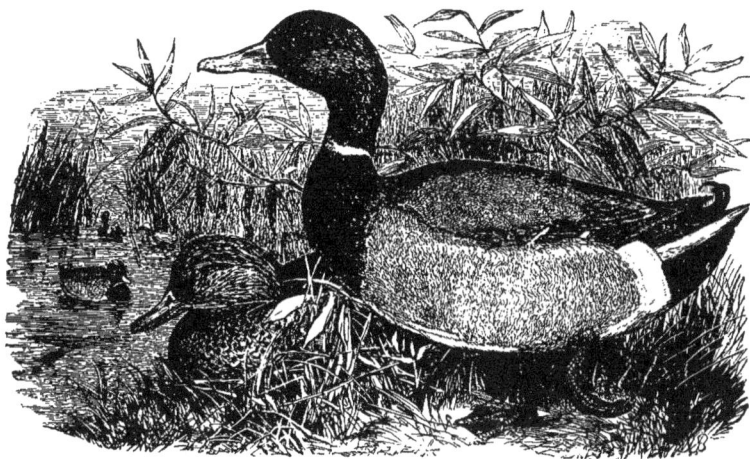

Le Colvert

C'est bien de tout point le type parfait du genre, le plus répandu,
partant, le plus connu. Sa livrée brillante est harmonieuse : un miroir bleu
velouté coupe agréablement les ailes grises déjà éclairées par un semis
de petites plumes blanches du meilleur effet. Un bouquet de plumes
relevé en boucles, sur le croupion, le distingue encore de sa femelle et
de ses congénères. Le bec est jaune verdâtre, les pattes sont jaune
orange.

Plus petite que le mâle, la femelle appelée « cane » porte également le miroir à l'aile ; elle est entièrement grivelée : noir, marron et blanc.

Le colvert appelé canard franc, canard des Flandres, parce qu'il nous arrive des polders de la Hollande, séjourne un peu partout du jour où il commence sa migration, fréquentant les petits cours d'eau, les fleuves, les marais, les étangs, les mares même, les rivages de la mer, en un mot tous les endroits où il y a de l'eau.

A la Toussaint, canard en l'air !

Donc, ses évolutions multiples le jettent sur le chemin des chasseurs à partir des premiers froids. Il serait cependant impropre de dire que ces promenades de marécages en marécages le mettent à notre merci. Il ne se laisse point approcher lorsqu'il est à découvert. Aussi le plaisir de le culbuter à bonne distance vous paie-t-il amplement des fatigues endurées par un froid rigide sous une brume pénétrante. Quelques colverts ont l'habitude de se détacher des volées, avec lesquelles ils fournissent les longues étapes et de s'attarder le long des ruisseaux, des fossés pour barboter dans les endroits fangeux ; ce sont ceux-là qui offrent aux chasseurs à pied ces coups de fusil dont ils sont, avec raison, si friands.

Le vol du colvert est sibilant, rapide, seulement, comme l'oiseau se lève verticalement avant d'orienter sa fuite, le tir en est facile, pour peu qu'on sache modérer son ardeur.

LE CANARD SIFFLEUR

Plus petit que le colvert, le *siffleur*, *oigne*, ou *oignard pin-ru* ou encore *vingeon* nous arrive en compagnies compactes aux premiers froids. Son nom de siffleur lui vient du cri strident que ces compagnies font entendre en traversant les espaces. Les autres dénominations sous lesquelles il est connu sont plutôt des sobriquets que récolte l'espèce dans les provinces qu'elle favorise plus particulièrement de sa présence. Ainsi, dans le golfe du Morbihan, qui paraît leur être un séjour de prédilection, on les appelle « pin-ru », ce qui signifie, en dialecte breton, « tête rouge » ; en Picardie, le mot oigne s'écrit wagne, c'est peut-être de ce dernier, ainsi orthographié, qu'est venu celui de vingeon; vocable normand.

Le canard siffleur a le corps ramagé, la tête rouge, le bec court recourbé à son extrémité, bleuâtre ainsi que les pattes, le dos grisâtre,

le miroir des ailes vert doré, encadré d'un noir de velours. C'est le
canard le plus répandu pendant l'hiver. Il visite les étangs, les rivières
de l'intérieur; on le trouve en plus grande abondance à l'embouchure
des fleuves. Très dur au froid, il supporte les plus mauvais temps ;
plus le vent est rude plus on le voit errer. S'il se peut, plus méfiant
encore que le précédent, il est d'un abord extrêmement difficile.

LE PILET

Celui-ci doit à sa conformation et à la caractéristique de son
plumage d'être appelé *pennard* ou *canard à longue queue, bouis* en
Provence, *canard faisan, faisan de mer, paille en queue.*

Le pilet est un bel oiseau, à chair délicate assez abondant; hôte
des rivières, des cours d'eau les plus minuscules, de la mer, il est facile
à aborder. Sa grande ressource, pour se dérober au plomb qui le menace,
est de plonger ; il en use souvent, demeure immergé même assez longtemps: on en tue un grand nombre chaque hiver, notamment à l'embouchure de la Somme.

La tête du pilet est petite, couleur marron avec deux bandes blanches
de chaque côté, ce qui lui donne une jolie physionomie ; le bec est bleuâtre
les pieds gris noirâtre ; le cou long et fluet ; le plumage du dos est gris
tendre ondé de petites raies noires ; le miroir de l'aile est vert encadré
d'orange et de blanc ; les deux pennes caractéristiques qui l'ont fait
appeler canard à longue queue, tranchent en deux bandes noires sur la
queue blanche.

Ces oiseaux apparaissent en novembre avec les siffleurs, ils pénètrent
dans l'intérieur des terres quand le froid s'accentue.

LE PILET AGACÉ

Le pilet agacé, dont le nom vient de la ressemblance de son plumage
avec celui de la pie, n'est pas très connu. Plus encore que le précédent,
il offre une proie facile. Il suit d'un vol lent, mal assuré, le cours des
rivières qui sont presque exclusivement son domaine. Ses ailes courtes le
rendent paresseux à déployer ses ailes.

LE CANARD MILOUIN

Avec son domino couleur peluche marron clair rejoignant le scapu-
laire noir, lequel tranche, d'une façon originale, sur le gris cendré lavé
de noir du dos, et le gris perle du ventre, ce canard, plus petit que le colvert, mais bien en chair, est un plongeur distingué. Surpris, ce qui ne lui
arrive pas souvent, du reste, car il est très réfractaire aux interviews que
l'on voudrait lui faire subir, il s'immerge pour ne reparaître que très loin.

Les milouins ou rougeots, plumards, moretons, cataroux en Provence,
voyagent par troupes de quinze à vingt, pointent vers la fin d'octobre et

Le Canard Milouin

se jettent sur les rivières bien encaissées. C'est dans ces étapes que l'on
peut espérer d'en tirer quelques-uns ; en dehors des rivières, ils ne
s'abattent que sur les vastes étangs où ils se tiennent au large.

Comme ils se mêlent aux siffleurs, c'est à la hutte qu'on en tire la
plus grande quantité. Leur vol est oblique ; vouloir les tirer lorsqu'ils
foncent sur vous serait peine perdue, car leur poitrine est tellement
rembourrée de duvet — de là le nom de plumards — que le plomb n'a
aucune action sur ce matelassé.

Le second passage a lieu en mars ; à cette époque, ils séjournent peu.

Le bec du milouin, taillé en biseau, est couleur de plomb au milieu ;
l'extrémité et la base sont noires ; les pieds sont armés d'ongles noirs
également couleur de plomb.

LE MORILLON

Ce canard miniature est noir, avec le ventre blanc et une tache blanche sous les ailes ; il a le bec bleu, les plumes de derrière la tête relevées en forme de panache : ses pieds sont noirs en dessus, rouges au dessous. Il se fait voir tout au commencement de l'hiver, ensuite il cingle vers le Midi ; on l'approche facilement, mais son vol est rapide. Il fréquente la mer et les rivières. Sa chair est estimée.

LE GARROT

Le signalement du garrot, ou canard aux yeux d'or, ou canard-pie, est tellement personnel qu'il est impossible de le confondre avec aucun de ses congénères. Blanc et noir comme la pie, il en a même les reflets cuivrés. La tête un peu forte, toute noire, est agrémentée de deux taches blanches à la naissance du bec, lequel est court et couleur de plomb ; le dos, la queue sont de la couleur du capuchon ; la poitrine et le ventre d'un beau blanc ; les pattes sont orange foncé, les yeux jaune d'or. Quoique peu nombreux, on en voit des échantillons sur presque toutes les eaux vives et sur les étangs.

LE CANARD SOUCHET

Brillamment vêtu, d'une délicatesse de chair incontestée, le souchet, ou rouge de rivière, a toutes les qualités requises pour que son nom figure en bonne place dans cette nomenclature des paludéens de marque.

Comme grosseur, il tient le milieu entre la sarcelle et le canard.

Son signe distinctif est la conformation de son bec noir, long, taillé en forme de spatule ou de cuiller, qui lui a valu le surnom de canard-spatule. Son plumage a de l'éclat : la tête et une partie du cou sont d'un beau vert à reflets violets ; le reste du cou, la poitrine blancs ; le ventre est roux, le dos d'un noir tirant sur le vert ; les couvertures de l'aile à l'épaule sont d'un bleu ardoisé, les miroirs d'un beau vert bronze ; les pattes virent au jaune clair.

Presque toujours isolé, ou par groupes de quatre, le souchet se défend mal, si on le compare aux autres canards ; il craint les grands froids, recherche les sources chaudes, les cressonnières, les cours d'eau abrités, séjourne peu dans les mêmes endroits.

Les souchets paraissent en octobre, gagnent assez promptement le Midi, remontent en mars.

LE RIDENNE

Appelé *chipeau* en Normandie, *roussot* en Vendée, le ridenne est un canard de la plus farouche humeur, qui demeure caché tout le jour, ne sort que le soir, pâture la nuit. On ne le tire guère qu'à la hutte, lorsqu'il se mêle aux vingeons. Cependant, les ridennes viennent en compagnies assez sérieuses à l'époque de l'émigration. Cet habile plongeur a la tête mouchetée de blanc, de brun et de noir ; le bec long, recourbé, est noir ; les pattes, de nuance argileuse, ont les membranes noires.

LE CANARD TADORNE

Herclan, *ringard*, *canard-canelle*, *canard des Alpes*, *canard de mer*, et même *oie-canard*, si l'on remonte aux anciens, l'individu dont nous allons parler possède, comme on peut le voir, autant de noms qu'on a coutume d'en donner aux rejetons de grande maison.

Les dénominations de canard de mer ou de canard-canelle, sont celles qui paraissent le mieux lui convenir, parce que la première caractérise les mœurs de cet habitant des falaises, ne s'écartant point des plaines sablonneuses qui confinent à la mer ; la seconde, parce que, basée sur la dominante de la couleur de l'oiseau, elle lui assigne une place unique.

Le mot tadorne est employé par les savants pour désigner un genre ou groupe parmi les lamellirostres.

Ce canard de mer, d'un gros volume, est élégant, son brillant plumage le désigne suffisamment à l'attention. La vivacité des couleurs, leur disposition même, rendent sa livrée tout à fait remarquable. Sur un fond blanc, une écharpe couleur canelle couvre la poitrine, borde les ailes ; tête et cou noirs à reflets verts ; abdomen et flancs d'un blanc pur ; retour du noir lustré de vert aux ailes, qu'éclaire, au-dessus du miroir cuivré, une large plaque blanche ; le bec court, surmonté d'un petit tubercule rouge orangé, comme les pieds : tel est le signalement du tadorne.

Ce canard fait son nid dans les falaises ou dans les dunes sablonneuses, jusque dans des terriers à lapins. On en voit peu, du reste. Revenant de la chasse, en arrière-saison, dans la baie du Crotoy, j'en ai vu
trois réunies sur les bancs. Le matelot, qui les appelait ringards, me dit
en avoir quelquefois rencontré ; nous virâmes de bord, et courûmes des
bordées dans l'espoir de les prendre, mais ce fut peine perdue. La nuit
venait, nous dûmes nous contenter du plaisir de la vue.

L'EIDER

Des hivers exceptionnels amènent quelquefois sur nos côtes des
eiders, ces canards, universellement connus par le moelleux duvet qu'ils
fournissent.

Cet oiseau mesure 0^m,66 de long sur 1^m,10 d'envergure ; il habite
l'extrême nord, depuis les îles Jutland jusqu'au Spitzberg, et depuis les
côtes occidentales d'Europe, jusqu'au Groenland et à l'Irlande.

On le chasse à outrance aux pays où il niche ; c'est par milliers,
chaque année, qu'il faut compter les victimes. Les résultats de cette
destruction bête sont que, jadis, on importait l'édredon par quintaux,
aujourd'hui, c'est par livres. Les chasseurs de notre pays ne sont pour
rien dans cette extermination ridicule ; ils ne chassent point l'eider,
ils le tirent accidentellement.

Il y a ceci de remarquable chez l'eider commun, c'est que, contrairement à la majeure partie des oiseaux, il a l'abdomen sombre, tandis
que le dos et les couvertures des ailes tirent sur le blanc : manteau blanc,
ventre noir.

LES MACREUSES

Quoi qu'on en ait écrit dans certaines feuilles prétendues cynégétiques, aussitôt oubliées que parues, la macreuse tient à l'espèce canard :
elle a sa place ici ; bien plus que le tadorne, elle représente le véritable
canard de mer. Les macreuses quittent peu l'élément salé, ne sillonnent
jamais l'air à l'instar des variétés dont nous venons de nous occuper, elles
plongent beaucoup plus qu'elles ne volent. Elles visitent les étangs salés
du littoral méditerranéen, y séjournent même : les battues qu'on leur

33

fait en Roussillon, dans le Languedoc, en Provence, sont célèbres. Sur ces étangs du Midi, il s'en fait annuellement des hécatombes vraiment stupéfiantes. Ces battues, qui commencent en décembre, font venir des amateurs de fort loin ; il y a bien, çà et là, quelques accidents, des plombs mal dirigés qui, n'atteignant pas l'oiseau visé, vont cingler les chasseurs sur les yoles voisines ; mais tout cela passe inaperçu, si ce n'est pour la victime, tant est intense la fièvre du tir, alors que le gibier part de tous côtés à la fois, faisant l'effet d'une gerbe de feu d'artifice. Après la battue, on compte les morts ; s'il n'y a pas de blessure grave, tout est bien.

Ce spectacle plein d'entraînement fait oublier toute prudence.

L'entrée de la baie de Somme est aussi le rendez-vous de ce gibier, dont la poursuite, pénible souvent, est fertile en incidents.

Au mois de mai, au moment de la pariade, quand on avise un banc de macreuses, on cherche à abattre une grisette, autrement dit une femelle, que l'on distingue à son plumage gris sale : alors les mâles reviennent autour de leur victime et il est facile d'en abattre plusieurs.

C'est par myriades que les macreuses peuplent la Manche. Contrairement à ce qui a été écrit, nous affirmons qu'il y en a toute l'année, plus ou moins suivant les mois, mais elles ne disparaissent point entièrement. Donc, elle ne nous arrivent point en octobre ; seulement, à cette époque, elles s'approchent davantage de nos côtes, et leurs bandes sont plus considérables.

A quelque époque que ce soit, les promeneurs qui vont par le vapeur du Havre à Caen peuvent voir ces oiseaux plonger à quelques brasses du steamer lorsqu'ils se trouvent sur sa voie. C'est dans un de ces trajets, qu'étant encore enfant, j'ai vu tuer les premières macreuses. Un chasseur posté auprès du beaupré en tua sept ou huit avant d'entrer dans la rivière de l'Orne. C'était le bon temps alors ! Personne ne trouvait à redire à ce divertissement. Quelques passagers curieux marquaient les coups et suivaient les victimes dévalant dans le sillage du navire. Pour moi, j'étais électrisé, je pensais que cet homme était le plus habile et le plus heureux !

J'ai tenté plus tard de goûter le même plaisir ; on m'a arrêté immédiatement en me disant que c'était défendu. Il n'y a qu'aux époques dites « de liberté » que les plus innocentes choses soient défendues !

On compte deux sortes de macreuses : la macreuse commune d'un noir de charbon avec un tubercule jaune sur le bec pour le mâle, dont la taille est celle du canard ordinaire, et la macreuse double, qui n'en diffère que par le volume, un miroir blanc sur l'aile et les pattes rouges.

SARCELLES

Il y a parité, nous ne disons pas parenté, entre les sarcelles et les canards. Le moule est infiniment réduit, la disposition des couleurs est à peu près semblable, les mœurs ont beaucoup de rapport.

Deux espèces : la sarcelle d'hiver et la sarcelle d'été. La première se distingue par un capuchon roux, un miroir vert, liseré de blanc en arrière de l'œil, un manteau gris cendré, l'aile brune ornée d'un miroir vert à reflets, une poitrine grise que coupe un semis régulier de petites plumes noires. Le bec et les pattes sont gris ardoise. La seconde, plus petite que la précédente, a le bec noir, l'œil surmonté d'une bande blanche descendant jusqu'au cou, le cou et le plastron marron, le manteau noir, dessous émergent de longues plumes déliées, blanches au centre, vertes sur les bords ; les couvertures des ailes cendrées virent au bleuâtre. La parure de la sarcelle d'hiver est plus brillante, celle de la sarcelle d'été a plus d'élégance, grâce à la disposition nette de couleurs sobres.

Le vol de ces oiseaux est court, vertical, rapide. Ils s'élèvent sans bruit et se laissent approcher beaucoup plus facilement que les canards. Dans les marais traversés par des rigoles d'eaux vives, ils pâturent près des sourcins, mangeant les graines de jonc, le cerfeuil sauvage, le cresson, partent à bonne portée. Il en est de même dans les marais plantés de roseaux où se trouvent çà et là de petites mares. Les sarcelles ne voyagent point en bandes nombreuses, régulières comme les canards ; elles ne sont jamais plus de cinq ou six ; encore les trouve-t-on plus fréquemment par couples. Elles séjournent dans nos marais jusqu'au moment des gelées, époque à laquelle elles gagnent le Midi, étapes par étapes, se rapprochant des eaux chaudes et des fontaines vives. Leur retour a lieu en février ; jusqu'au moment de la pariade on les aborde sur les rivières ombragées, on en tue fréquemment à la hutte.

De par la nomenclature ici donnée des différentes espèces de canards qui nous visitent annuellement, il est aisé de se rendre compte des ressources de la chasse d'hiver, d'apprécier combien notre joli pays de France est favorisé par sa situation géographique. Confinant à la Manche, à l'Océan, à la Méditerranée, trait d'union avec la terre d'Afrique, il est naturellement la voie de transit de tous ces émigrants, soit qu'ils descendent du nord, soit qu'ils viennent du midi. Les différentes zones, dont la graduation est si merveilleusement ménagée, permettent les haltes multiples, en sorte que, pendant six mois, ces hôtes temporaires nous restent, pérégrinant d'un point à un autre. Du jour où le premier vol a été signalé, on doit s'attendre à rencontrer un spécimen du genre là où il y a de l'eau, en particulier au tournant des rivières, dans les cavités que

Sarcelles

forment sous les berges les grosses racines, sur les mares à l'abri du vent du nord, sur les flaques d'eau isolées dans les grands marais. Par les temps de grand vent, on surprend les canards jusque dans les fossés et sur les ruisseaux.

Vers la fin du jour, ces oiseaux exécutent leur passage de la mer aux marais, aux étangs sur lesquels ils vont s'abattre. En se postant, à la brume, à l'abri des roseaux qui bordent ces eaux et ces marais, on parvient à tirer ceux qui passent ou viennent s'y abattre.

Dans les fortes gelées, l'investigation doit se porter sur les eaux courantes, aux environs des sources chaudes ; dans les marais, on cherchera les rigoles. Dès que le vent du nord ou de l'est tourne à l'ouest ou au sud, alors qu'une détente sérieuse s'opère dans l'atmosphère, tous les palmipèdes se mettent en mouvement. Ils vont d'hôtellerie en hôtellerie, se faisant voir par corps dans ce petit cabotage incessant. La chasse

au marais est en résumé surtout bonne en temps de dégel, le soir et le
matin, au déclin de la lune, par les temps brumeux ; lorsque la neige
tombe, les canards ne voyagent pas, ils demeurent là où les ont surpris
les premiers flocons.

Si l'on veut chasser sérieusement le canard, il est prudent de ne
point s'arrêter aux bagatelles des roseaux, en tirant le menu gibier. Un
coup de fusil intempestif peut faire évacuer le marais à ces hôtes de
passage toujours sur le qui-vive.

Le dessèchement de nos grands marais, l'extension des villages, la
conquête par l'industrie usinière des solitudes marécageuses, ont
rendu cette admirable chasse moins agréable qu'au temps de notre
jeunesse ; cependant, elle conserve encore assez d'attraits pour que les
aînés s'y attardent, et que les plus jeunes se trouvent séduits.

La chasse du canard à découvert avec le chien, soit à pied, soit
en bateau, est loin de donner les résultats de la chasse à la hutte,
dans laquelle, à l'époque des bons passages, on canarde les victimes à la
douzaine. Certaines espèces très méfiantes ne se tuent que grâce à
cette ruse.

J'ai, dans une brochure : *La Chasse au gabion*, décrit par le menu
cette chasse qui devient, pour quelques-uns, lorsqu'ils en ont goûté, une
réelle passion.

GRÈBES-CASTAGNEUX

Si je place ici le grand grèbe ou grèbe cornu, c'est parce que le genre
grèbe se plaît sur les étangs à fonds tapissés d'herbages et qu'on en voit
sur les fleuves, l'hiver ; mais, n'en déplaise à quelques naturalistes qui
dépeignent ces oiseaux comme allant rarement sur la mer, je consignerai
ici, pour leurs observations futures, que j'ai tué beaucoup plus de ces
plongeurs sur la mer que sur les étangs et cours d'eau de l'intérieur.

Le grand grèbe ou grèbe cornu, de la taille du canard, a le dos,
les ailes d'un brun sombre lustré, le dessous du corps d'un blanc
argenté à reflets satinés, le bec droit et pointu, l'iris de l'œil d'un
rouge vif. Deux plumes noires, simulant des cornes, lui donnent un
aspect pittoresque : on l'appelle grand plomion en Picardie. C'est un
navigateur, volant mal, tellement matelassé à la gorge, qu'un coup de
fusil en plein poitrail lui fait l'effet d'une cinglée d'eau. On le recherche

pour sa fourrure justement appréciée par les femmes, parce que aussi sa capture n'est pas aisée : son habileté à plonger, lorsqu'on croit le tenir, talonne le chasseur qu'exaspère ce qu'il regarde comme une ironie répétée à satiété.

La chasse aux petits plongeurs de rivière dits « castagneux », nom que leur a valu la couleur de leur plumage marron *castaneus*, est moins dure ; c'est un divertissement à la portée de tous.

Grèbes-Castagneux

Gros comme de petites perdrix, le dos gris de plomb, le ventre, le cou argentés, ces plongeurs sont partout. On les compte par six ou sept en moyenne sur le parcours d'un kilomètre, pour peu que les rivières, leurs domaines, offrent par-ci, par-là, sur leurs bords, quelques couverts de joncs ou d'oseraies. Le matin et le soir, quelquefois vers les deux heures de l'après-midi, surtout après une gelée blanche, on les aperçoit sur ces cours d'eau, particulièrement aux tournants, postes qui leur permettent d'éviter plus facilement les surprises.

A distance, on dirait une nichée de petits canards barbotant sans défiance.

Les castagneux ont très haute opinion de leur modeste personne : ils pensent, non sans raison, que l'intérêt que nous pourrions leur porter se manifesterait d'une façon trop vive. Ils ont l'œil excessivement perçant, les mouvements rapides, leur prudence est rarement mise en défaut. Cependant, le chasseur qui ne dédaigne point de placer un coup de fusil, là où se montre un gibier, quel qu'il soit, parvient à tromper cette vigilance, et le triomphe de sa ruse sur celle de l'animal poursuivi n'ajoute pas peu au plaisir de vaincre.

CHAPITRE VII

Les rivages, soit qu'ils appartiennent à la mer, aux fleuves ou aux rivières, sont la continuation du marais auquel ils confinent — trait d'union entre l'eau et les marécages. Les oiseaux qu'ils recèlent par leur conformation et leurs habitudes font partie des oiseaux d'eau, puisqu'ils vivent des parasites que fait naître l'humidité, cherchant leur nourriture dans les milieux détrempés. Il en est parmi ces hôtes des rivages que l'on rencontre dans les marais et au bord des fleuves aussi bien que sur les grèves maritimes.

CHEVALIERS

La famille la plus nombreuse de ces coureurs de berges est celle des chevaliers : elle me paraît être la transition toute naturelle avec les habitants des marais proprement dits, leurs longues jambes leur donnant accès dans les gués des étangs, des mares et des rivières.

Il n'est personne sur le littoral qui ne connaisse la tribu bigarrée de ces échassiers, dont les gros s'envolent par escouades de cinq ou six, les petits par voliers plus compacts. Tous, de quelque espèce qu'ils soient, sans cesse en mouvement, courent rapidement à quelques pas de la lame, cherchant leur nourriture qui se compose de petits vers et d'insectes.

Au mois de mai, ils sont très nombreux, s'entre-croisant sur le rivage dans leur vol elliptique.

Tous ces oiseaux vermillant, comme la bécasse, sont d'un excellent manger, en particulier le *cul-blanc* et la *guiguette*.

Les deux plus gros spécimens de l'espèce sont le *chevalier commun*, ou chevalier gris, le chevalier à pieds rouges, appelé aussi *gambette*. Sans être d'aussi friands morceaux que les deux que nous venons de nommer, ils sont recherchés à cause de leur volume, peut-être aussi parce qu'ils sont moins nombreux que les autres. Parmi les plus petits chevaliers, on doit compter ces petits oisillons que l'on appelle vulgairement *alouettes de mer*. Celles-ci, presque toujours en compagnies nombreuses, s'envolent en poussant de petits cris, se mettent à raser l'eau, puis, après avoir circonvolé quelque temps, si elles voient que rien ne bouge, elles reviennent se poser à peu de distance de l'endroit où on les a fait lever. Le chasseur, blotti derrière une roche, ou protégé seulement par le galet, peut, lorsqu'elles reviennent en masses en tournant, en abattre une certaine quantité.

Le *cul-blanc* succède à la bécassine d'une façon fort honorable : Louis XVIII en était très friand ; au moment du passage, il y en avait toujours sur sa table une demi-douzaine, et cela par ordre. Cette recommandation royale d'un connaisseur n'est point à dédaigner.

A Paris, le cul-blanc se vend couramment au lieu et place de la bécassine. C'est la foi qui sauve ; seulement, si on lui offrait un cul-blanc sous son véritable nom, le Parisien n'en voudrait à aucun prix, l'étiquette lui suffit. Les grands passages de bécasseaux coïncident avec les temps orageux et pluvieux. Le cul-blanc est l'objet d'une chasse spéciale, à peine a-t-il mis pied à terre, qu'il lui faut compter avec les chasseurs : ceux-ci, édifiés sur sa ponctualité, ne se font pas faute d'explorer la rivière dès qu'ils ont entendu son cri.

La *maubèche* est un chevalier de la grosseur d'une demi-perdrix : pieds noirs, gorge et ventre rougeâtres, dessus du corps gris sale noirâtre ; on le trouve, dans la baie de Somme, en avril.

Moins connu pratiquement que les espèces précédentes, quoiqu'il le soit peut-être davantage théoriquement, c'est le *chevalier combattant*. Quelques-uns en ont vu, beaucoup même en ont tiré sans savoir qu'ils avaient affaire à un des plus curieux représentants du genre ; car, lorsqu'il n'est pas en toilette de noce, il passe inaperçu parmi ses congénères.

D'ailleurs, il quitte la France en mai, mais pour passer sur les côtes anglaises où il niche. On a donc peu de temps pour faire connaissance avec lui alors qu'il exerce le métier de batailleur qui lui a valu son nom ; quand il repasse, il a dépouillé sa garde-robe de petit-maître, sa fraise

34

Henri II ; absolument embourgeoisé, il ne se recommande par aucun trait spécial.

Pour bien juger les combattants, il faut les avoir vus dans leur éclat lorsqu'ils se livrent des combats, soit corps à corps, soit en troupes réglées. Tout le reste du temps, ce sont des oiseaux comme les autres. Toutefois, malgré les couleurs ternes de leur costume, par leur volume, et leurs qualités culinaires, ils méritent l'attention.

Le *sanderling* est un petit chevalier à manteau brun, assez haut sur pattes ; très élégant, il court sur tout le littoral ouest depuis Dunkerque jusqu'à Biarritz ; on le trouve même sur les rives fluviales de l'intérieur.

L'AVOCETTE

De jolie taille, haute sur pattes, avec son plumage blanc et noir, son long bec recourbé par en haut d'une grande flexibilité, cet échassier voyage de rivages en rivages cherchant sa nourriture dans les vases molles. La dénomination de *recurvirostre* lui convient parfaitement et donne une idée très juste de sa physionomie.

L'avocette, quoique assez répandue, notamment en Poitou où elle niche et où on la chasse spécialement, est défiante. C'est un oiseau très vif ; soit qu'il se serve de ses pattes ou de ses ailes, il maintient toujours de grandes distances entre le chasseur et lui. Il ne séjourne pas longtemps dans le même endroit. C'est une aubaine que de pouvoir en démonter un par surprise.

BARGES

Les barges sont de beaux oiseaux dont le moule rappelle si bien celui de la bécasse qu'on les dénomme communément « bécasses de mer ». Ce sont pièces de premier choix.

On connaît en France deux sortes de barges : la barge rousse à queue noire, la barge rousse à queue rayée : la première, la plus connue, niche dans nos prairies ; la seconde niche dans le Nord. On les trouve au bord de la mer, dans les marécages, le long des rivières, à l'embouchure des fleuves.

Elles se tiennent cachées dans les herbes humides pendant le jour, ne

se montrant guère que le matin et le soir. Au printemps et à l'automne,
elles sont en compagnies de cinq ou
six. Leur tactique est de fuir à pied
à travers les roseaux, les herbes
marines, pour ne s'enlever que lorsqu'elles sont hors d'atteinte.

La barge est plus grosse que
la bécasse, son bec rouge est plus
long ; quant au manteau, il est plus
terne, moins ornementé ; il n'y a

Barges

qu'au printemps que la teinte rousse revêt des tons plus clairs.

Bel et bon gibier, inférieur à la bécasse, mais justement recherché.

PIES DE MER

Le plumage blanc et noir de ces coureurs de grèves leur a valu, auprès
du vulgaire, le nom de « pies de mer », nom beaucoup plus justifié du
reste que celui « d'huîtriers », sous lequel la science infaillible s'est cru
le droit de les classer. Si vous demandez à la plupart des pêcheurs s'ils
ont vu des huîtriers, ils vous interrogeront à leur tour, tandis que si vous
les questionnez sur les pies de mer, ils vous donneront des renseignements
dont les savants pourraient tirer profit.

Les pies de mer sont de jolis oiseaux noirs et blancs, au bec long,
rouge vermillon, à l'iris rouge vif, aux pattes couleur chair, du volume
d'une grosse perdrix. Batailleurs, toujours en mouvement, ils courent
par saccades avec rapidité en poussant des cris. Leur vol rapide, vigoureux, est ondulé cependant. Ils marchent avec légèreté sur la vase la
plus molle, se mettent à l'eau sans y être contraints. Très vigilants, ils
s'inquiètent de tout ce qui se passe sur la plage, sont difficiles à surprendre ; ils n'ont point peur du pêcheur, mais ils devinent le chasseur.

Cet oiseau ne paraît qu'irrégulièrement sur nos côtes ; ce sont les
vents d'est et nord-ouest qui en amènent parfois des troupes nombreuses
sur les côtes de Picardie, de Normandie et de Bretagne.

Dans les gros hivers, on en tire assez fréquemment en se tenant à
l'affût derrière les rochers. On les voit rarement dans l'intérieur, si ce
n'est cependant par les coups de vent qui les poussent sur les bords des

grands fleuves. Cet oiseau, bon voilier, surgit tout d'un coup; là où il n'y
en avait pas le matin, on en découvre des pelotons le tantôt.

La pie de mer suit le flot dans toutes ses évolutions, cherchant des
vers marins, des petits poissons et des détritus. Pendant l'hiver de 1892,
on en a expédié des quantités au jardin d'acclimatation, où les amateurs
ont pu observer sur place, non sans profit pour l'avenir, ces hôtes des
rivages toujours si inquiets qu'on pourrait accoler à leur nom celui de
guetteurs.

LES COURLIS

Tous les habitants des contrées maritimes ont présents à l'oreille
les deux notes plaintives qu'égrènent, en volant, ces oiseaux pour
lesquels il ne semble pas y avoir d'assez profonde solitude, tant ils se
gardent de l'approche de l'homme. Ce cri mélancolique qui retentit souvent dans la nuit, ou vers le soir, et ressemble, dans sa cadence triste,
au tintement d'une cloche, est d'un effet si profond que les habitants
des côtes de la Manche le regardent comme un appel à prier pour les
trépassés. Ce sifflement a un charme tout particulier.

Pêcheurs et chasseurs des côtes sont tellement familiarisés avec ce
sifflement sonore, semblable à une plainte, que quelques-uns l'imitent avec
une perfection rare, et parviennent ainsi à attirer à portée des huttes, où
ils sont cachés, quelques individus de ces tribus errantes.

Sociable, le courlis forme de petites troupes, auxquelles se rallient
d'instinct plusieurs oiseaux de rivages, tels que chevaliers, pluviers
dorés, pies de mer, etc.

On distingue deux sortes de courlis : le courlis cendré, de la taille du
faisan, dont l'envergure mesure plus d'un mètre, et le petit courlis, beaucoup plus petit que le précédent, d'un abord infiniment plus facile, de
mêmes mœurs, de livrée semblable. Celui-ci paraît être un moule réduit ;
cependant les deux espèces, quoique fréquentant les mêmes lieux :
marais, étangs salés, les mouillères, les berges des rivières, ne se mêlent
point. Sur les côtes, le grand courlis est désigné sous le nom de corlieu,
sur certains points de la Manche, le petit est appelé merlieux.

Ces oiseaux se montrent chez nous en avril et mai, reviennent en
juillet ; vers la fin de septembre, ils continuent leur route vers le sud.
A marée basse, on les aperçoit en vols considérables fouillant le sable

avec leur long bec. Ils garnissent tout le littoral ouest et une partie du
littoral méditerranéen jusqu'à Toulon. On les rencontre aussi fréquemment à l'embouchure des fleuves. Les bords de la Loire conservent le
petit courlis presque toute l'année; le soir, on peut en tirer quelques-uns
lorsque, disséminés dans les prairies ou le long des cours d'eau, ils
cherchent leur nourriture. Les petits courlis passent assez souvent à
portée, si l'on a la précaution de se baisser ou de se dissimuler derrière
un talus.

Quant au corlieu ou grand courlis, c'est une autre affaire. Il n'y
a guère que l'affût de jour sur les bancs qui réussisse, soit à la hutte à la
marée montante, soit sous toile à la marée basse. On établit sa tente
très primitive au bord d'un courant d'eau ou d'une flaque d'eau, on pique
dans le sable cinq ou six courlis empaillés, et l'on imite ce cri langoureux,
qui est l'apanage de l'espèce. Les huttiers de la baie de Somme en tuent
de la sorte quelques-uns. Mais le métier de huttier est dur et *non licet
omnibus*... La position sous toile n'est pas des plus commodes ; en
outre, la crainte de la marée montante refroidit bien des ardeurs.

On a comparé la chair du courlis à celle de la bécasse : c'est peut-
être exagérer les mérites du corlieu ; cependant, à l'automne, cet oiseau
succulent peut à bon droit occuper une place de choix.

Le tir du courlis, quand on peut l'approcher, est relativement facile,
son vol n'étant pas très rapide, de plus régulier et remarquable par de
nombreux circuits qui ne manquent point d'élégance.

Courlis

CHAPITRE IX

La mer est la plus brillante, la plus saisissante des féeries avec ses décors variés à l'infini, ses changements à vue sans le secours d'un machiniste et les mondes qui en vivent.

Ne sera-t-elle pas éternellement le grand livre du mystère!

Nous nous bornerons à signaler les grands voiliers les plus connus qui la sillonnent, hantent ses grèves et quelques-uns des individus qui vivent plus particulièrement sur ses flots.

GOÉLANDS, MOUETTES

Quelle que soit la plage où le goût personnel ou la mode pousse les chasseurs, il y en a toujours un certain nombre qui demandent un dérivatif à la monotonie des jours en s'entraînant à la poursuite des oiseaux qui croisent en tous sens.

Les goélands, les mouettes, font, en général, tous les frais de ces coups de fusil à la volée : le tir journalier de ces oiseaux errants remplace le tir aux pigeons. Si le tir des mouettes est un jeu d'enfant à côté de l'autre, la difficulté parfois de se trouver à portée du but fuyant, les variantes soudaines des manœuvres, le milieu dans lequel elles se développent, lui donnent cependant un attrait et une couleur que n'a point le premier.

Goélands et mouettes sont les hôtes errants des rivages de la mer ; ils peuplent abondamment les plages, les grèves et sont l'accessoire obligé de tous les paysages maritimes. Un goéland est regardé comme le bonhomme que les artistes ont le devoir de profiler dans le

GOÉLANDS, MOUETTES.

décor de leurs marines pour les animer. Ils en abusent, parfois ! Deux grandes ailes rasant les flots ; quelques-unes de ces noires virgules effleurant les rochers, le ciel se confondant avec l'eau, une voile à l'horizon ; c'est là le fond de toutes les marines auquel chaque artiste appose sa griffe personnelle qui les rend plus ou moins suggestives.

Goélands, mouettes, se ressemblent tellement par les mœurs et le costume que l'on s'est parfois demandé si les premières étaient de grandes mouettes et les mouettes de minuscules goélands. Si les caractères généraux : plumage, tous variant du blanc au brun, du bleu sombre au bleu cendré, piscivores, carnivores, voracité insatiable, sont les mêmes pour les deux, il ne saurait y avoir de doute sur la variété des espèces. Elles ne se mêlent point, forment deux genres, quoiqu'il y ait des mouettes qui se rapprochent des goélands par la taille. Ainsi, le goéland argenté, de la taille d'une très grosse corneille, tout en ayant les ailes plus longues et plus effilées, n'est pas à confondre avec la grande mouette de l'embouchure de la Seine au manteau cendré clair, à la taille similaire.

Les variations que l'âge apporte dans le plumage des mouettes ont aussi contribué à maintenir cette erreur. Il n'y a que les petites mouettes qui n'aient point été comprises dans cette fusion fantaisiste.

Nous comptons trois sortes de goélands : le goéland à manteau noir, le plus fort de tous, grosseur d'un canard domestique, dont l'envergure va jusqu'à deux pieds, dont le cri enroué forme la syllabe *quaqua* répétée ; le goéland à manteau cendré, légèrement bleuâtre, connu dans la mer du Nord sous le nom d'argenté, plus petit que le précédent, au bec robuste, couleur d'ocre, aux pieds grisâtres : on l'appelle goéland à manteau bleu sur les côtes de la Manche, *mauve* sur celles de l'Atlantique, et *gabian* sur la Méditerranée ; le goéland gris brun ou grisard, dénommé aussi *cordonnier*, parce qu'il se sert de son bec noir pointu, comme d'une alène pour déchiqueter sa proie : il a la tête grosse, fond sur l'objet qu'il convoite avec une rapidité qui rappelle celle des rapaces.

On appelle les goélands les corbeaux de la mer, à cause de leur voracité : leur vol puissant et soutenu fournit d'énormes traites. Par les gros temps et les coups de vent, on en voit fort avant dans les terres sur nos grands fleuves. Soit en barque, soit sur le rivage, on les surprend assez souvent. Le plus sauvage est celui à manteau noir.

Les mouettes sillonnent les plages du Nord au Midi.

On en distingue cinq variétés : la *mouette rieuse* ou grande mouette,

35

la plus forte de l'espèce, à manteau cendré, à tête noire, au ventre blanc, dont le bec et les pieds sont rouge corail; la *mouette blanche*, au bec gris de plomb; la *mouette à capuchon;* la *mouette cendrée* de la grosseur d'un pigeon, mais plus svelte, qui suit les barques des pêcheurs; la *mouette pygmée* aux pieds rouges, la plus petite, comme l'indique son nom.

Tous ces oiseaux, à parure séduisante, aux évolutions remplies de grâce, sont faciles à approcher, soit sur les môles, soit dans les bassins, soit en barque ou le long du flot, lorsqu'ils suivent le jusant, en quête d'une proie.

Bien que méfiants, ils vivent volontiers dans le voisinage immédiat de l'homme, devinent ses intentions, agissent en conséquence. Quelques espèces s'avancent loin dans les terres, longeant de leur vol cadencé et comme ouaté le cours des fleuves. Elles s'abattent même, en quantités innombrables, sur les prairies mouillantes, formant, lorsqu'elles s'enlèvent, comme un flot d'écume, de l'effet le plus pittoresque.

Sur les grèves, elles manifestent l'exubérance de vie des rivages.

LE LABBE OU PENNEMARIN

Moins fort que le grand goéland et le fou, mais d'un vol plus rapide, le labbe confondu quelquefois avec les grandes espèces précédentes est la terreur des oiseaux pêcheurs auxquels il fait rendre gorge : on l'appelle aussi écumeur de mer. C'est un pirate vivant aux dépens des autres. Il est gris brun comme la femelle du canard domestique, avec un bec plus recourbé que celui des goélands.

Il fond sur ses contribuables avec une rapidité qui a fait comparer son vol à celui de la frégate. Son procédé consiste à frapper à coups de bec sur le dos de l'oiseau dont il veut faire son pourvoyeur et à lui faire dégorger le poisson qu'il vient de prendre.

Le plumage des labbes varie beaucoup depuis le premier âge jusqu'à leur complet développement, cause qui, évidemment, a fait croire à de nombreuses espèces.

LE FOU DE BASSAN

Originaire de l'île de Bassan dans le golfe d'Édimboug d'où il tire son nom, ce grand oiseau tout blanc avec les premières pennes des ailes

noires comme les pattes, à l'envergure immense, est une victime du
labbe et de tous les oiseaux un peu audacieux qui le mettent à contribution. En Ecosse où il habite les falaises, les marins l'appellent
oie à lunettes, à cause des deux grandes taches noires qu'il a dans
les yeux et que l'on peut prendre de loin pour deux grosses lunettes ;
mais il n'a de l'oie que la taille, les dimensions excessives de ses ailes
le classent parmi nos grands voiliers.

Le fou de Bassan a la tête d'un rapace ; il est chauve entre l'œil et le
bec lequel est droit, robuste et bleuâtre ; ses pattes sont courtes.

Oiseau de haute mer, il est commun à toutes nos côtes. Sa rencontre
est toujours saluée avec joie, sa dépouille constitue un véritable
trophée.

STERNES

La famille des sternes comprend toutes les sphères d'hirondelles de
mer, les plus brillants exécuteurs de voltiges aériennes qui soient. D'une

Sternes

élégance extrême, ces oiseaux tout en plumes, aux grandes ailes
effilées, se croisant à l'arrière sur leur queue fourchue, ayant le bec aussi
long, quelquefois plus long que la tête, justifient bien leur nom tant ils
ressemblent aux hirondelles terrestres, en dépit de leurs pattes palmées,
de leurs dimensions et des couleurs qui leur sont propres.

Comme les messagères de la belle saison, elles apparaissent au printemps, comme celles-là, elles disparaissent des rivages maritimes à l'arrière-saison. Elles pêchent au vol en rasant les flots, évoluent sans cesse dans l'air.

Quelques espèces de ces hirondelles ont une tendance à émigrer vers les eaux douces : notamment la petite hirondelle au manteau gris clair, au capuchon noir, que l'on voit fréquemment sur les bords de la Seine. Par les gros temps, d'autres se jettent sur les berges de nos grands fleuves ; on en tire de grandes quantités sur la Loire.

On compte cinq espèces d'hirondelles : la grande hirondelle de mer à dos bleu, à ventre blanc, au bec, aux pieds jaune orange ; l'hirondelle à longue queue, remarquable par le développement de sa queue ; le *pierre garin* à ventre blanc, à tête noire, au bec, aux pieds rouges ; la petite hirondelle grosse comme une grive dont les pattes sont jaune clair.

Le pierre garin aux pieds rouges est le sterne le plus connu dans la Manche et sur les côtes de Picardie.

Dans la baie de Somme, nous avons abattu une hirondelle dont la gorge et le ventre étaient du blanc le plus pur, le manteau et les ailes lavés d'un gris perlé très pâle, le bec long, fort, noir en partie, jaunâtre seulement à l'extrémité, la calotte noire piquetée de blanc avec deux bajoues noires ou moustaches au vent et les pattes couleur de plomb. Cette particularité des pattes grises, étant donné la livrée, la signalait à l'attention.

Plus tard, elle fut naturalisée, mais le naturaliste lui fit les pattes rouges comme à un pierre garin un des spécimens les plus répandus. Avec un peu de couleur il tranchait la question.

Toujours est-il que cette hirondelle est assez rare, j'en ai peu vu de cette espèce, les matelots l'appellent *cojex*.

Les sternes ont le vol rapide, capricieux, aussi leur tir est-il difficile ; c'est là un attrait de plus.

Lorsqu'ils sont abondants, si on arrive à en démonter un et qu'on le laisse sur place, on pourra en tuer plusieurs en peu de temps, car tous ses congénères descendront, décrivant des cercles autour de la victime, comme s'ils désiraient l'enlever. C'est ainsi qu'ils paient leur curiosité ou leur instinct d'humanité.

Les détonations ne paraissent pas les intimider, inconscients du danger, ils continuent à pousser des cris stridents sans souci du danger.

PÉTRELS PUFFINS

La famille des pétrels présente des espèces assez nombreuses très variées d'aspect, tant par le plumage que par la grosseur. Ces oiseaux sont ainsi appelés par allusion à saint Pierre qui marcha sur les eaux : ombres fumeuses, ils paraissent courir sur la crête des vagues. D'autre part, comme ils sont les compagnons inséparables des gros temps, que leur apparition en troupes dans le sillage des navires est l'annonce de la tempête, que plus le danger est proche, plus ils s'approchent des navires, les marins, en leur langage imagé les nomment « oiseaux de tempête », « satanites », « épouvantails ». Les pétrels ont le bec noir recourbé dans le genre de celui de l'albatros : le plumage supérieur du corps est noirâtre. Invisibles pendant des semaines, des mois entiers même, si le temps est calme, ces oiseaux surgissent soudain, on ne sait d'où, lorsqu'un mauvais nuage se forme à l'horizon et paraissent se multiplier à l'infini à mesure que la tourmente devient plus menaçante.

Essentiellement voyageurs, ils ont le vol très rapide.

Le satanite-épouvantail est le plus petit ; son aspect est lugubre.

Les puffins sont des pélagiens dont la ressemblance avec les pétrels est grande, si grande même que l'on en a fait une variété. Ce qui distingue ceux-là, dits puffins des anglais, oiseaux gris à pieds palmés, de toutes les autres espèces, c'est la bizarrerie de leur vol. Aucun oiseau de mer ne circule dans l'espace avec autant d'impétuosité : il traverse les vagues, glisse dans leurs sinuosités, se relève dans l'espace pour plonger à nouveau, se livre à une gymnastique surprenante avec une grâce sans pareille. Le chasseur en barque tire parfois dix coups avant de jeter bas un seul puffin, tant leur vol est imprévu.

LE CORMORAN

Cet infatigable pêcheur, hôte des fleuves entourés d'arbres, des étangs, mettant à contribution les eaux douces comme les eaux salées, est abondant sur le littoral de la Manche et de l'Océan. Quelques pointes de la côte de Bretagne paraissent être ses cantonnements de prédilection. Très reconnaissable à son corps allongé, épais, cylindrique, à son long cou, à son bec affilé, droit, recourbé en crochet, et à sa livrée

d'un vert noirâtre à reflets métalliques, à ses yeux verts de mer, il
devient une prise importante à cause des difficultés qu'elle présente.
Toujours en éveil sur la pointe d'un rocher ou nageant entre deux
eaux, la tête seule émergeant, il met à bout de patience les plus
patients, et fait courir bien des bordées à l'embarcation mise à sa poursuite. Ce n'est guère que par surprise qu'on peut l'atteindre, soit qu'on
l'attende à l'abri des rochers, soit qu'on le tourne alors que, se séchant
au soleil, il est dans la béatitude de la digestion, ou encore à l'affût sous
les arbres où il vient se reposer. C'est, du reste, un manger détestable,
ainsi que l'atteste le vieux dicton :

> Qui voudrait régaler le diable
> Li faudrait bièvre et cormoran.

Par bièvre, on entend le harle bièvre, un plongeur dont nous parlerons ci-après. Cependant nous trouvons dans un vieux Noël du moyen
âge, composé à Troyes, en Champagne, la strophe suivante :

> Lors un nommé Charlot
> Faisait de bon brouet,
> Trempait son pain au pot,
> Ce pendant qu'on dansait ;
> Lapins et perdereaux,
> Alouettes rosties,
> Canards et *cormorans* — frians,
> Pierrot Marlot porta, — la, la
> A Joseph et Marie.

Les Chinois ont, depuis bien longtemps, domestiqué le cormoran à
pêcher pour eux-mêmes. Un mois, paraît-il, suffit à cette éducation. Perché
sur le bordage d'une embarcation, il attend le signal du maître, comme le
ferait un chien de chasse. Sur son ordre, il s'élance à l'eau et commence
ses recherches ; dès qu'il a saisi sa proie, il revient à la surface, rentre sur
le bateau où il dépose son butin, prêt à recommencer son travail. On
passe un petit anneau au cou des oiseaux pour les empêcher d'avaler
leur capture. Quand la pêche est finie, on les débarrasse de cet anneau,
puis on les laisse pêcher pour leur compte. Cette intelligence du cormoran
proteste d'elle-même contre l'épithète de nigaud, que l'on s'est plu à
donner à un individu de petite espèce qui fréquente les côtes de Picardie. Ce petit cormoran est aussi intéressant que l'autre.

Les cormorans volent bien, tout en ne fournissant que des vols peu étendus ; leurs grandes manœuvres, qu'ils exécutent avec une dextérité prodigieuse, ont lieu sous les eaux.

HARLES

Les harles pêcheurs, plongeurs hors ligne, se rapprochent du canard pour la forme, mais leur bec est différent ; au lieu d'avoir l'apparence d'une cuiller, il figure une pince dont les mandibules sont dentelées d'aspérités pointues. J'ai tout lieu de croire que c'est cet oiseau que le populaire des côtes normandes appelle canard-bec-scie ; appellation pittoresque qui ne manque pas d'à-propos.

La famille des harles est représentée sur nos côtes par trois types : le harle commun appelé autrefois bièvre, le harle huppé, le harle piette.

Un peu plus fort que le canard sauvage, le premier a la tête d'un vert foncé irisé de violet avec une crête fuyante ; la partie supérieure du dos est d'un noir de velours, les flancs d'un gris cendré avec taches noires aux ailes ; son plumage inférieur se teinte de fauve tirant plus ou moins sur le chamois.

Le harle huppé à plastron rose, à peu près de la même grosseur que le précédent, a le manteau d'un beau noir avec miroir aux ailes, le plastron est d'un rose tendre d'un fort joli effet ; malheureusement cette teinte aurore s'éteint après la mort.

Le harle piette, appelé aussi piotte, a le plumage blanc bigarré de noir, c'est le plus petit moule de l'espèce ; il circule sur toutes les rivières. Les harles pêchent dans les eaux douces aussi bien que dans les eaux salées, sont communs aux étangs et aux fleuves. Forts et adroits, d'une finesse de sens à laquelle rien n'échappe, ces oiseaux n'ont guère d'ennemis à redouter, ils échappent la plupart du temps à l'homme, grâce à leur prudence.

Il ne nous paraît pas invraisemblable que la Bièvre, cette rivière si connue des Parisiens, que les étimologistes ont déclaré tenir son nom des quantités de castors ou bièvres qui, en des temps reculés, l'habitaient, n'ait plutôt emprunté son qualificatif à ces plongeurs anciennement très répandus sur ses eaux. Ces oiseaux vagabondant sur les cours d'eau de l'intérieur, ont fort bien pu l'adopter pour cantonnement hivernal. De là son nom.

LES GUILLEMOTS

Ces habitants des mers du Nord de l'Europe, des côtes de Norvège et d'Islande, descendent vers nos parages au printemps en troupes nombreuses, ils choisissent le littoral de la Manche pour nidifier dans les crevasses des falaises. Celles d'Étretat sont, de temps immémorial, le rendez-vous de prédilection de ces colonies errantes ; c'est par milliers d'individus, qu'en mai, on compte ces oiseaux alignés sur les rocs dominant la mer.

Le guillemot de la taille d'un canard a la tête, le cou, le manteau et les ailes d'un brun noir de suie, le ventre d'un beau blanc mat : son bec et ses pattes sont noirs. Il vole mal, mais il nage et plonge dans la perfection. C'est ordinairement vers la Pentecôte, époque à laquelle les couvées sont, pour la plupart, prêtes à sortir du nid, qu'on se livre à cette chasse amusante, quelquefois fort productive.

On part en barque à la marée montante pour se trouver à la pleine mer en face des falaises habitées ; vers ce moment, les oiseaux descendent de leurs nids, se dirigeant vers le large pour subvenir à leur nourriture ainsi qu'à celle de leurs familles, encore trop petites pour les accompagner. Le chasseur profite de cette descente en masse pour tirer sur ces oiseaux, qu'il n'atteindrait qu'à balle lorsqu'ils se tiennent sur la margelle des pierres. Une heure environ après la descente, ils remontent vers leurs demeures : nouvel abatis.

Cette chasse ne dure guère qu'un mois chaque année. Passé ce temps, on tue les individus isolés au cours des excursions en mer sur les côtes de Normandie, de Picardie et de Bretagne.

LE MACAREUX

Vulgairement appelés par les marins « becs de perroquet » à cause de la conformation de leur bec, ces oiseaux arrivent sur les côtes et les îles de Bretagne au mois de mars.

Vers le milieu de mai, ils se retirent sur les îles désertes, y creusent des trous, parfois n'hésitent pas à s'emparer de terriers à lapins et s'occupent de la ponte. Ils se plaisent à nicher près les uns des autres ; la femelle pond un seul œuf.

CHASSE AUX MACAREUX.

Les macareux n'abandonnent les îles qu'à la mi-juillet, alors que les petits sont en état de les suivre, ils tiennent la mer jusqu'au mois d'octobre, époque à laquelle ils disparaissent. Ces oiseaux au manteau noir, à la poitrine blanche, volant plus facilement que les guillemots, sont assez faciles à approcher en barque le long des côtes : le bruit des armes à feu ne semble pas les effrayer.

En dehors de la côte du Croisic où ils abondent véritablement, ils sillonnent la Méditerranée.

LE CAT-MARIN

Le cat-marin est un des plus gros plongeurs qui descendent du Nord pour passer la mauvaise saison sur nos côtes.

Il a le devant du corps blanc sale, le dessus noir gris ; son volume est celui de la bernache. Plutôt duveté qu'emplumé, il vole peu ; le cas échéant, il rase la surface des vagues pour plonger presque immédiatement et ne reparaître que fort loin. La poursuite des cats-marins est pleine de péripéties amusantes, la capture de l'un d'eux fait toujours plaisir à cause des bordées courues pour l'atteindre et de la grosseur de l'oiseau.

Au retour d'une chasse en mer, sa dépouille figure agréablement sur le pont d'une embarcation.

Les chasseurs picards l'appellent cacheveau. On se demande quelle peut bien être l'origine d'un nom si étrange ?

CHAPITRE X

Au nombre des ressources pélagiennes, il est nécessaire de signaler deux amphibies : les phoques et les marsouins.

Leur chasse, pour n'être pas à la portée de tous, n'en existe pas moins ; la poursuite des premiers, en particulier, a eu et a encore des fanatiques.

De même que dans les localités voisines de nos forêts vives en grands animaux, on voit dans la plupart des habitations, là un bois, là une nappe de cerf, ainsi en est-il au Crotoy, à Saint-Valery-sur-Somme, à Cayeux pour les phoques. Les dépouilles de ces animaux, pendues aux murs chez les pêcheurs, témoignent de la guerre qui leur est faite et du désir que chacun a de consigner le souvenir des prises. Dans le marsouin ou souffleur, tout est employé, la peau est tannée pour servir de cuir ; aussi n'en reste-t-il aucun relief, bien qu'il soit cependant le cétacé le plus commun de nos côtes.

PHOQUES

On a pourchassé les phoques de toutes les façons : chasseurs, pêcheurs, habitants des bords de la mer se sont mis de la partie, si bien que ces intéressants mammifères, si faciles à se domestiquer, se sont faits rares. La baie de Somme, célèbre autrefois par les nombreuses captures de ces animaux, n'en fournit maintenant que peu. Avec ses immenses plaines de sable, elle était cependant très favorable aux ébats de ces amis du soleil et du *far niente*, puisqu'ils s'y reproduisaient.

Pendant une certaine période, des amateurs riches ont substitué la

chaloupe à vapeur aux primitives embarcations à voiles, afin de les gagner
de vitesse. A l'imitation des navigateurs anglais, dans les parages de la
mer de Baffin, qui assommèrent à coups de bâton tous les morses endor-
mis sur les bords d'une île, on a traqué sur les bancs découverts les individus imprudents se livrant au sommeil sous les rayons d'un soleil
engourdissant.

Le phoque nage comme un poisson ; seulement il ne nage pas toujours. D'un sang lourd, épais, surchargé de graisse, il dort beaucoup et
profondément; or, il ne peut se livrer au sommeil que sur les rochers ou
à terre. Comme il ne fait que ramper, s'il est menacé, il ne peut regagner

Phoque

la mer que par soubresauts avec une lenteur relative que lui imposent
ses membres imparfaits.

S'il succombe maintenant, c'est devant le nombre, l'habileté, et non
point bâtonné comme un laquais. C'est en canot que les amateurs pour-
suivent cet animal lorsqu'il a été signalé. Dans la baie, le sanglier est
remplacé par cet amphibie; comme pour la bête noire, on pourrait faire le
pied à marée basse, et il n'y aurait rien de surprenant à ce que, dans
quelques années, on apprenne qu'on a couru un phoque sur ces plaines
sablonneuses.

Un phoque signalé n'est point tiré; mais la nouvelle met toute la
population maritime en émoi. Lorsqu'il y a de l'eau dans la baie, tous les
canots qui ne sont point sortis pour la pêche s'arriment et quittent le port
en hâte. On s'engage dans les passes et, lorsqu'on aperçoit les phoques
sur les bancs, on s'oriente vers eux : à l'avant du bateau est placé le chasseur, tandis que le marinier tient la barre. Quand on se trouve à environ
150 mètres d'eux, ils commencent à s'inquiéter ; c'est dès ce moment qu'il

faut surveiller de près leurs mouvements, car ils ne tardent pas à regagner l'élément liquide. Aussitôt qu'ils ont disparu, l'embarcation doit filer le plus rapidement possible dans la direction qu'ils ont pu prendre, le chasseur prêt à faire feu au cas où l'un d'eux émergerait soudain à portée. Le fait n'est point rare : quelquefois un individu de la troupe remonte à la surface à quelques brasses seulement du canot à sa poursuite : quand à l'apparition, elle n'est pas longue, l'animal s'est vite éclipsé.

Un phoque touché n'est point mort ; il peut fort bien rougir amplement l'eau de son sang, puis disparaître pour toujours.

Les meilleurs projectiles nous paraissent être les chevrotines en visant à la tête. Lorsqu'un de ces animaux est frappé à mort, il cherche visiblement à gagner les bancs ; il suffit de le laisser atterrir, alors un coup de feu bien dirigé en assurera la possession.

L'opération qui consiste à transporter à bord de l'embarcation la victime présente souvent quelques difficultés, en raison du poids de la bête, lequel varie entre 60 et 100 kilos ; quand, enfin, le trophée est à fond de cale, suivant un vieil usage conservé, on hisse le pavillon.

Depuis plusieurs années déjà, le pavillon ne monte plus souvent en tête de mât. Il y a cependant encore de temps en temps une chasse aux multiples péripéties dont l'histoire vous est racontée en détail par les marins, à seule fin que la baie maintienne haut et ferme sa réputation !

Le phoque est un animal intelligent, susceptible d'éducation. On a été un peu plus loin en disant qu'il parlait ; on a tout simplement torturé les deux syllabes gutturales qu'il émet, pour les convertir en mots imaginaires. Pour n'être pas doué de parole, il n'en est pas moins intéressant à étudier ; il a en lui quelques-unes des qualités du chien : attachement, fidélité.

Il reconnaît son maître ou celui qui le nourrit, à la voix, au bruit de ses pas. Tous les établissements zoologiques en ont popularisé les mœurs douces. On cite plusieurs exemples de ces animaux bien dressés à la pêche et rapportant fidèlement les captures.

MARSOUINS

Le marsouin commun, cousin germain des dauphins, n'offre point aux amateurs une chasse aussi passionnante que celle du phoque, dont l'individualité très accusée rend la capture intéressante ; mais il fournit également des péripéties de poursuites assez captivantes.

Ces bandes au corps noir bleuâtre fondu sur les côtés, passant au blanc argenté sur le ventre, compactes parfois, dont les évolutions à quelques mètres des navires excitent la curiosité, sont elles-mêmes attirées par tout ce qui flotte dans le voisinage des côtes. Elles accompagnent les caboteurs à voiles, se montrant à 10 ou 15 mètres du bord, les suivent ainsi plusieurs kilomètres au milieu d'évolutions les plus variées, avec une confiance relative, ce qu'elles ne font pas avec les bateaux à vapeur, dont le bruit les effraie.

Essentiellement voraces, malgré leur caractère sociable, les marsouins entrent dans nos ports et remontent même nos rivières à la suite d'émigrations de divers poissons. On a constaté leur apparition à Bordeaux, à Rouen et à Nantes. Au commencement du siècle, on en a capturé un à Paris ; c'est généralement la migration du saumon qui les entraîne si loin. Friands de sardines, de maquereaux, de harengs, ils font l'effet de corsaires visitant et surveillant nos ports et l'entrée des rivières en cette saison.

La migration du marsouin est régulière : originaire de l'Océan Atlantique, il se dirige vers le nord au début de l'été, revient vers le sud à l'approche de l'hiver.

Le marsouin file avec une vitesse extrême ; quand il joue, il abaisse, élève alternativement la tête et la queue, recourbe son corps en arc, tantôt en haut, tantôt en arrière. Le tireur observe ses mouvements afin de profiter du moment où il se découvre.

C'est surtout lorsque le temps est à l'orage que ces évolutions en dehors de l'élément liquide présentent le plus de fréquence : chaque individu saute plus haut en dehors de l'eau ; si le saut au-dessus de la vague n'est, en réalité, qu'un éclair, il faut bien se persuader aussi que le coup de feu est pareil, qu'il peut atteindre la vision noirâtre surgissant ainsi inopinément sur la crête du flot.

Il ne s'agit pas de viser, il faut jeter son coup de fusil, la bonne fortune vous récompense quelquefois d'une prestesse en situation.

A cette chasse, bien des coups sont nécessairement perdus. Ainsi qu'il arrive pour les animaux des bois, les marsouins ont leurs carrefours où ils se plaisent, les pêcheurs de profession savent cela.

On tire le marsouin à balle franche ou à la carabine ; mortellement blessé, l'animal revient flotter à la surface de l'eau. Donc, lorsque la compagnie a pris le large au coup de feu, si vous voyez du sang sur l'eau, votre balle a porté, il ne faut pas négliger d'explorer les alentours, car la victime, dans l'espace de cinq minutes, remontera à la surface exposant à vos regards l'argenture de son flanc.

On n'envisage point dans cette chasse le nombre des victimes.

Lorsqu'on arrive à capturer un individu après trois ou quatre heures de manœuvres, on se trouve bien payé, et la seule envie qu'on éprouve, c'est de recommencer.

La chaire du phoque n'est pas mangeable; on n'en utilise que la peau et l'huile.

Celle du marsouin, au contraire, n'est point absolument dédaignée par la population côtière.

Duhamel du Monceau nous apprend que, dans le pays de Caux, on se servait, au siècle dernier, de la chair du marsouin pour faire des saucisses assez estimées.

Dans l'extrême nord, elle est encore recherchée; on trouve à l'huile qu'on en tire un assez bon goût pour l'alimentation.

CHAPITRE XI

Au commencement de la deuxième partie de cet ouvrage, nous avons indiqué, après le gibier, les animaux nuisibles que l'on chasse, le cas échéant, comme le renard et la loutre, ou que l'on détruit en vue des dommages qu'ils causent.

Plus loin, au cours de la nomenclature des oiseaux, nous avons signalé ceux dont il était prudent de réduire le nombre, à cause de leur piraterie concernant les œufs et le menu gibier.

Nous allons compléter ces pages, noires pour l'éleveur, bien qu'elles soient accompagnées de vignettes d'un certain intérêt aux yeux du tireur, par la liste des rapaces de l'air qui prennent une part considérable à la destruction des animaux que l'homme revendique pour son alimentation.

L'AIGLE

A tout seigneur tout honneur !

L'aigle est le plus magnifique, le plus redoutable des oiseaux de proie ; c'est celui qui vole le plus haut, a le regard le plus perçant, c'est le plus courageux, le plus fort des rapaces de l'air. Ces raisons jointes à sa beauté l'ont fait qualifier d'oiseau royal. Il symbolise la puissance. Le grand empereur l'avait mis dans ses armes, il savait ce qu'il faisait !

L'aigle est féroce, il s'attaque souvent à des animaux plus forts que lui, ou, si l'on veut, plus volumineux, et ne se nourrit généralement que d'animaux vivants. Il aire dans les endroits les plus escarpés des lieux sauvages ; néanmoins, l'hiver, il se rapproche des endroits plus habités. Les régions de France où on le rencontre le plus habituellement sont

37

les Alpes, les Pyrénées, le Dauphiné ; on l'observe dans les hautes falaises, notamment dans celles de Tancarville, dans la Seine-Inférieure ;

Aigle

ce qui prouve qu'il va du midi au nord. On le voit encore assez souvent en Champagne.

Nous comptons cinq espèces d'aigles : l'aigle commun ou grand aigle, aigle royal ou doré, l'aigle impérial, l'aigle criard, l'aigle Bonnelli et l'aigle Botté. L'aigle commun est le plus grand : le fond de la couleur du manteau est d'un fauve qui tourne au doré. L'aigle impérial, un peu plus petit que le précédent, a le même costume avec les épaulettes blanches, il habite de préférence les pays de montagnes. L'aigle criard ou aigle plaintif fréquente les marais du Midi. L'aigle Bonnelli, assez rare, d'un roux tendre, se rencontre dans les Alpes savoisiennes et en Corse. L'aigle Botté est le plus petit de l'espèce.

VAUTOURS ET GYPAÈTE

C'est seulement pour mémoire que nous mentionnons les vautours, car ces oiseaux toujours en troupes, sont près de disparaître des gorges des Alpes françaises et des Pyrénées. Quant au gypaète, qui tient le milieu entre eux et l'aigle, il est appelé « vautour des agneaux », son voisinage n'est pas rassurant pour les troupeaux dans les vallées à proximité des montagnes. De $1^m,10$ à $1^m,20$ de taille, d'une envergure de $2^m,80$, il est redoutable. Il a le dessus de la tête blanc, le plumage brun très foncé sur les parties supérieures; le dessous du corps est blanc mêlé d'orangé.

On parvient à l'abattre en se mettant à l'affût dans les parages qu'il habite.

Nous avons dit qu'il tenait de l'aigle et du vautour : comme le premier, il enlève les jeunes moutons; comme le second, il se nourrit de cadavres de toute sorte, engloutissant jusqu'aux os avec une extrême facilité.

PIGARGUES

Il y en a de deux sortes : le pygargue à tête blanche, nommé grand aigle de mer ou orfraie, le pygargue commun, qui ne diffère du premier que parce qu'il n'a point la tête blanche. L'un et l'autre se voient sur nos côtes maritimes où ils descendent chaque hiver à la suite des oies et des canards sauvages : le pygargue à tête blanche est plus rare; le second fréquente les lacs et les étangs dans l'intérieur des terres, s'attaque au gibier.

LE BALBUZARD

Ce bel oiseau, surnommé aigle pêcheur à cause de sa fière tournure, a le bec bleuâtre ainsi que les pattes, il habite les terres basses voisines des étangs et des rivières. Perché sur un arbre élevé, quelquefois du haut des airs il guette le poisson, fond sur lui avec une grande rapidité, le saisit à la surface ou plonge, et l'emporte dans ses serres. Il aime particulièrement les truites, ne dédaigne pas les jeunes canards auxquels il fait une guerre acharnée.

Les balbuzards vivent par couples : on les surprend sur les bords des rivières peu fréquentées et bordées de grands arbres.

LE JEAN-LE-BLANC

Le jean-le-blanc, ou circaète, a le ventre blanc tacheté, le bec jaune. S'il prend perdrix, cailles, levrauts, il a un faible pour les animaux de basse-cour ; c'est ce brigandage domestique qui lui est le plus funeste, car la volaille, menacée par un ennemi aussi sérieux, pousse des cris d'affolement et cherche à se cacher dès qu'elle l'aperçoit. C'est en entendant ces cris d'alarme que l'on trouve l'occasion de le tirer.

LA BUSE

Cet oiseau sédentaire, d'une grande envergure, a le visage de l'aigle, mais il est loin d'en avoir la férocité et surtout l'activité. La buse commune, connue de tous les gens de la campagne, se voit en lisière des grands bois, soit perchée sur le sommet d'un arbre, où elle demeure parfois plusieurs heures, soit sur un buisson et même sur une motte de terre, attendant que le gibier passe. Elle prend levrauts, lapereaux, perdrix, cailles, les œufs. La buse commune a le bec couleur de plomb, les pattes jaunes, le manteau brun fauve plus ou moins clair, car on ne rencontre pas souvent deux individus ayant un habit absolument semblable. La buse est celui des oiseaux de proie qui se laisse le plus facilement surprendre : une cartouche n° 4 suffit.

La *bondrée* sous-genre buse, vole très bas, se nourrit de vermines, sans cependant faire fi des perdreaux : facile à approcher, grasse, l'hiver, elle devient la poule au pot pour le paysan.

LE MILAN

A part les contrées montagneuses où on le rencontre en assez grand nombre, le milan est rare. Malgré la puissance et la légèreté de son vol, il s'éloigne peu des endroits où il est né, c'est l'ennemi juré des colombiers et poulaillers ; mais on n'a pas souvent l'occasion de le tuer. On prétendait autrefois le faire descendre à portée en lui présentant un pigeon blanc. Celui qui désirera en essayer comprendra aisément ce que l'on entend par présenter un pigeon à ce brigand des airs ; après la présentation accomplie, il est urgent de se dissimuler et d'attendre avec un fusil qu'il veuille bien s'abaisser à portée.

Le milan a la tête et le cou ardoisés, le ventre roux, les ailes brunes. Cantonné dans les forêts voisines des rivières ou des eaux dormantes, le milan noir arrive en mars pour repartir en octobre. Milan noir et milan royal donnent dans les mêmes pièges. On les tire à la hutte.

L'AUTOUR

L'autour habite les grandes forêts, niche sur les arbres les plus élevés : chênes, hêtres ou sapins ; on le voit aussi quelquefois au bord des mares, perché sur un arbre, d'où il guette le gibier.

C'est un oiseau de chasse volant très bien la perdrix et le lapin. Il est très alerte à se dérober devant le chasseur par un vol bas. Sa couleur n'est point absolue, elle varie, d'après l'âge, suivant les individus. Son plumage est étoilé de taches brunes et rougeâtres, les ailes sont brunes ; telle est la marque de la livrée générale ; mais ces nuances sont plus ou moins accusées. Il y en a des bruns et des blonds.

Nous ne nous occupons ici de l'autour que comme oiseau de proie ; au point de vue de son emploi, en qualité d'auxiliaire de l'homme pour voler les oiseaux, il mériterait une notice plus longue. Nous renverrons pour cela le lecteur aux traités spéciaux d'autourserie.

L'ÉPERVIER

De tous les oiseaux de proie, l'épervier est peut-être celui que redoutent le plus les gardes-chasse, car c'est un destructeur infatigable. Sa livrée très connue varie peu ; plus petit que l'autour, mais le plus gros de ces petits oiseaux de proie que l'on rencontre à chaque instant, il a le manteau bleu ardoisé, le ventre grivelé ; sa queue rayée

de bandes noirâtres, presque carrée, dépasse les ailes. La femelle est plus
forte que le mâle. Il est difficile de distinguer un épervier immobile sur

Éperviers

un arbre, les tons de son plumage se confondant avec ceux des branches
ou du tronc. On le prend plus souvent au piège qu'on ne le tire.

LA CRÉCERELLE

Ce corsaire, la terreur des petits oiseaux, est beaucoup plus connu
dans les campagnes de l'Ouest sous le nom « d'émouchet » que sous
celui de crécerelle. Cet oiseau élégant a la queue cendrée, porte un manteau rouge brique, le ventre plus clair est semé de taches rouges, le bec
est bleu, les pieds sont jaunes. Cette espèce très répandue s'approche
souvent des habitations, en poursuivant les petits oiseaux.

L'ÉMÉRILLON

L'émérillon, le plus petit, mais non le moins courageux de la famille
des prédateurs, est un voyageur que l'on voit arriver à l'approche de
l'hiver, il se retire vers le nord pendant la belle saison. Il a la tête, les

ailes et la queue d'un gris cendré, le ventre rouge piqueté de brun, la gorge blanchâtre. L'émérillon vole bas, bien qu'avec une grande facilité, fait aux petits oiseaux une chasse continuelle dans les bois, le long des buissons, autour des haies ; c'est également un destructeur de menu gibier.

LE FAUCON

Sans doute à cause d'une fausse entente des mots, on a quelquefois fait une distinction entre le faucon et le faucon pèlerin. Le faucon commun, le seul que nous ayons en France, est le faucon pèlerin, *falco peregrinus*, ce qui veut dire faucon voyageur.

Les divergences de plumage de celui-ci ont pu faire croire à des variétés : il n'en est rien. Le faucon pèlerin dont le dessus de la tête, le manteau, sont d'un noir bleu ardoisé, la gorge blanche, l'abdomen fond blanc sale relevé de raies noires, le bec bleu foncé entouré d'une moustache retroussée, l'œil et les pieds jaune d'or, est le seul dont nous ayons à nous occuper.

On le trouve dans les grandes forêts, sur les rochers escarpés, sur les hautes falaises, dans les voisinages des marais, car il ne dédaigne pas le gibier d'eau ; il poursuit les canards, les oies aussi bien que l'alouette. C'est un des plus vigoureux chasseurs de l'air. On le capture lors de son passage d'automne ou de printemps au moyen de filets.

Le chasseur qui veut le tirer s'embusque à portée d'un chat-huant ou d'un pigeon vivant, qu'il a placé pour servir d'appât. C'est un voilier auquel coûtent peu les longues traversées ; chasseur infatigable, qui ne s'attaque qu'aux animaux vivants, croisant sans cesse dans les nues avec une ardeur sans pareille, il aime la lutte, les tournois : voilà pourquoi il s'est fait le servant de l'homme. Il a donné son nom à un sport très noble, tombé aujourd'hui en désuétude : la Fauconnerie.

LE HOBEREAU

Chassant dans un marais, mon chien tombe en arrêt ; je m'approche jusqu'à toucher le chien qui demeure immobile, l'œil fixé sur une touffe d'herbes ; donc le gibier était là et ne cherchait point à se dérober. J'attendais avec patience l'explosion, lorsque, détournant la tête, je vis planer, à une assez haute distance, un oiseau à grande envergure. Je lui envoyai un coup de fusil qui le fit descendre de quelques pieds, puis il prit son vol horizontalement pour aller se poser sur un aune situé à cent mètres environ. Malgré la détonation, mon chien était demeuré en posture, je foulai du pied la touffe d'herbes, une caille s'éleva ; après l'avoir tirée, je songeai à l'oiseau que j'avais blessé et je me dirigeai vers l'aune où il s'était perché. Il n'y était plus ; mais, en inspectant les endroits circonvoisins, je l'aperçus les ailes étendues dans un fossé ; il était mort ; c'était un hobereau, l'ennemi des alouettes, des cailles, des perdreaux.

Le hobereau est un bel oiseau à manteau brun, au bec bleu entouré de jaune, à l'abdomen blanc sale moucheté, aux pieds jaunes armés de fortes serres. Il a les ailes plus longues que la queue, contrairement à l'autour et à l'épervier ; il sillonne l'air avec une grande facilité.

S'il vous accompagne à la chasse, comme dans le cas que je viens de rapporter, c'est qu'il a l'espoir d'en tirer bénéfice. On a dit à ce propos qu'il préférait la compagnie des jeunes chasseurs auxquels il fait escorte, pour profiter de leur maladresse ou de l'impétuosité de leur chien. J'ignore s'il fait cette distinction ; mais ce qui est certain, c'est qu'il considère le chasseur comme un auxiliaire et que c'est en chassant caille et perdreaux qu'on en tire le plus grand nombre.

On donnait autrefois le nom de hobereau au petit gentilhomme campagnard à la bourse légère, sans colombier, qui passait son temps à la chasse, autant pour le plaisir qu'il y trouvait que pour le profit qu'il en recueillait.

Ici se termine la série des oiseaux, qu'on ne tue d'ordinaire que grâce aux hasards de la chasse ; mais dont les piégeurs et gardes doivent surveiller les menées, afin d'assurer la conservation du gibier.

TROISIÈME PARTIE

— —

VÉNERIE. — NOS GRANDS ÉQUIPAGES

CHIENS COURANTS

38

CHAPITRE PREMIER

La Vénerie. — La cour des ducs de Bourgogne. — Monsieur le Prince et Rose

Notre cher pays est la terre classique de la vénerie ; il en a conservé intactes les règles positives et méthodiques. Les fastes, malgré quelques éclipses, de cet art cynégétique dont nos aïeux resteront les maîtres incontestés, sont intimement liés à l'histoire de la royauté et de la noblesse. Les variations dans l'état social ont bien un peu déplacé notre vénerie, mais elle n'en continuera pas moins à être la plus savante qui soit ; nos voisins d'Angleterre, avec leurs steeple-chases ébouriffants auxquels un cerf d'enclos ou un renard servent de prétexte, ne seront jamais que de brillants cavaliers à côté de nos veneurs. Les Anglais qui n'aiment, ni ne comprennent la chasse de la même façon que nous, nous accorderont cette supériorité. Nos habitudes, la dissemblance de nos deux races ont fait cela, nous ne nous en plaignons pas.

C'est à partir du moyen âge que la chasse devient un art avec ses règles et son langage particulier : de cette époque, date la réglementation de la chasse à courre. Le mot de vénerie s'applique également à l'ensemble de l'équipage qui sert à courir le cerf, le daim, le chevreuil, le loup, le sanglier, le renard, etc.

La vénerie a occupé une large place dans la vie de nos anciens souverains, elle a été toute celle de quelques princes et d'une foule de seigneurs.

Dès 1349, l'histoire de la maison de Bourgogne lutte avec celle de la maison Royale.

Fils du roi de France, héritier des ducs de Bourgogne, Philippe le Hardi conserve à sa cour la vénerie et la fauconnerie déjà organisées sur un grand pied par Philippe du Rouvre.

La direction des équipages était confiée à un intendant résidant à Dijon. La meute comptait pour le moins cent chiens dits briquets d'Artois.

Les veneurs des ducs, les ducs eux-mêmes, faisaient de fréquents déplacements dans les forêts dans lesquelles ils avaient le droit de chasse. Pendant ces déplacements, c'était au prévôt du baillage à fournir à la vénerie ce qui lui était nécessaire. Le baillage présentait la note des dépenses, le total était rabattu sur les impôts.

Des *gîtes* de chasse étaient établis de distance en distance : des résidences de gardes ou maîtres forestiers existaient en grand nombre.

L'équipage comprenait : chiens courants, limiers pour cerfs, chevreuil, bêtes noires, loup, lièvres, des lévriers pour la chasse au faucon, des mâtins, des épagneuls. Des veneurs spéciaux étaient chargés de la chasse des renards et des loutres.

On comptait neuf maîtres forestiers, soixante-treize forestiers, deux sergents, deux veneurs, deux gardes : au total quatre-vingt-huit préposés aux chasses, recevant ensemble 684 livres 15 sols. Un certain nombre était payé en nature.

A proximité des forêts : dix-huit châteaux disposés pour recevoir les ducs en déplacement. Ceux-ci avaient, en outre, le droit de *gîte* dans certaines villes et abbayes ; à ce droit se joignait souvent le *brennage*, droit au pain pour les chiens.

Au début, la cour de Bourgogne éclipsa en luxe, en magnificence, toutes celles de l'Europe.

Le traitement d'un maître veneur s'élevait à 120 francs par an.

Les maîtres veneurs de grandes familles avaient en même temps d'autres fonctions qui les obligeaient à s'absenter, par conséquent à se faire suppléer. En 1471, Jacques de Montmartin, seigneur de Ruffey-les-Beaume, conseiller et chambellan du seigneur, maître veneur, conducteur de cent lances, nomme pour son lieutenant dans l'exercice de la vénerie Antoine Oudard d'Auxonne.

En 1360, les gages du personnel s'élevaient à 432 florins.

En 1409 à 1220 francs.

En 1430 à 1537 livres, 11 gros.

En 1467 à 736 francs royaux.

Charles le Téméraire avait, à cause des guerres, été contraint à réduire ses dépenses.

Tout ce personnel avait des pensions de retraite : 12 francs pour un

valet de chiens; 10 francs au page; en plus, des gratifications exception-
nelles.

La livrée était en drap gris et vert: gris pour la chasse au sanglier,
vert avec parements rouges pour la chasse au cerf. La coiffure consistait
en un chapeau rond avec chaperon noir ; sur la manche du pourpoint, on
distinguait les briquets de la Toison d'or brodés sur champ de gueules.

Les veneurs portaient des housseaux de cuir afin de se garantir
contre les ronces et les épines. Les chevaux de chasse étaient achetés
communément à la foire de Châlons ; un cheval pour le duc coûtait cent
livres tournois, ceux des veneurs n'en dépassaient guère, en moyenne,
cinquante.

Les selles étaient garnies de broderies et de soie, les éperons
tantôt noirs, tantôt argentés ou dorés, étaient garnis de soie ou de cuir.
En sautoir le cor ou la corne de chasse pour les veneurs, en bois noir
aromatisé, en argent niellé ou en ivoire avec garniture d'argent doré et
émaillé, à l'usage du duc.

On marquait au fer chaud les chiens de l'équipage; leur nourriture
consistait en pain, viande de cheval, parties basses de gibier. La curée se
faisait avec de la viande d'animaux domestiques pour les chiens courants, avec des fromages pour les lévriers. Au chenil, les animaux reposaient sur une litière de paille, surveillés nuit et jour par deux pages.

A la sortie, ils étaient couplés à l'aide de cordes et portaient des
colliers de laiton ; des colliers de velours doré et brodé, émaillés aux
armes du duc, étaient réservés aux favoris qui jouissaient de leurs grandes
et petites entrées dans les salles des châteaux.

Objets de la plus grande sollicitude, ces chiens étaient honorés de
cierges brûlant à leur intention.

Saint Hubert était reconnu le patron des chasseurs à courre ; saint
Symphorien celui des chasseurs au vol.

Sous Philippe le Hardi, l'équipage de fauconnerie comptait 24 fauconniers, 12 aides de fauconnerie, 24 valets, 12 fourriers, 1 maître de
tenducs, 1 maître de déduits, 24 chevaucheurs, 120 hommes de livrée,
12 valets de rivière et 6 tendeurs d'oiseaux.

La livrée était aux couleurs du duc avec des leurres brodés sur les
manches. Les fauconniers étaient pourvus de chevaux, de chiens d'arrêt,
de lévriers. L'ornement des oiseaux : faucon, gerfaut, épervier, sâcre,
lanier, autour, émérillon, était des plus luxueux. Le gant en peau de cerf,

celui du duc en velours vermeil doublé de peau blanche avec boutons de perles et houppes de soie.

La louveterie fonctionnait en même temps. En 1354, on détruisit en

Bourgogne 106 loups et louvarts, tant à force qu'à l'aide de pièges, fosses, panneaux, de poison.

Le paysan avait droit de détruire ce carnassier.

Très abondante, en ce temps-là, dans les rivières et les étangs, la loutre avait fait créer un équipage de loutrerie.

Les loutriers avaient des chiens à eux, une livrée spéciale aux couleurs du duc. En 1409, on prit soixante-treize loutres dans les diverses rivières dépendantes du duché.

Il nous paraît intéressant de mentionner, en finissant cet aperçu rétrospectif, la composition du « harnois de geule » qui accompagnait ces déplacements.

Le plat de résistance consistait en pâté de venaison dans lequel entraient ordinairement trois perdreaux, six cailles, douze alouettes, des petits oiseaux, du lard et du verjus.

La plupart de nos rois ont été d'ardents chasseurs.

Après François Iᵉʳ, surnommé « le père de la vénerie », les plus grands veneurs, dans toute l'acception du mot, ont été Louis XIII, Louis XIV, Louis XV et Charles X.

Louis XIII était un passionné pour tout ce qui touchait à la chasse, laquelle en ce temps-là était des plus difficiles, les forêts étant sans route, par conséquent sans facilité de relais ; Louis XIV, au contraire, avait abondance de chiens, de piqueurs, il portait au plus haut degré le faste que comporte cet exercice, et il s'y entendait!... La chasse était le prétexte de cette magnificence qu'il porta au plus haut point en toutes choses.

Les seigneurs de la cour imitaient le roi Soleil.

Madame de Montespan, en pénitence déjà, avait fait l'acquisition du domaine d'Oiron en Poitou, pour former des biens au duc d'Antin ; mais cette terre, qui avait fait les délices des ducs de Roannais, relevait de celle de Thouars avec une telle dépendance que, lorsqu'il plaisait au seigneur de Thouars, il mandait à celui d'Oiron qu'il chasserait un tel jour dans son voisinage et qu'il eût à abattre une certaine quantité de toises des murs de son parc, pour ne point trouver d'obstacles, au cas que la chasse s'adonnât à y entrer.

Le droit était dur ! Il faut croire que le duc n'en usa pas dans toute son étendue, sans quoi on se demande ce que serait devenu le seigneur d'Oiron ! Le droit de suite que notre jurisprudence actuelle refuse aux pauvres chasseurs de ce temps-ci n'est qu'une amusette sans conséquence comparée à cette obligation draconienne.

On ne demande plus à faire abattre les murs d'un parc, ce qui était excessif, mais seulement à passer avec les chiens sur des terres voisines ouvertes, sans préjudice pour le propriétaire, et la loi s'y refuse. Il y a peut-être ici un excès d'une autre sorte; en tous cas, il est plus près de l'équité.

Sans aller si loin que le fait concernant le domaine d'Oiron, les princes de ce temps-là ne se gênaient point.

Dans ses mémoires, le duc de Saint-Simon raconte que Rose, secrétaire du roi, avait fait près de Chantilly une belle terre bien bâtie qu'il aimait fort.

M. le Prince, fatigué d'un voisinage qui le resserrait et contrariait plus encore que lui ses officiers de chasse, fit proposer à Rose d'acheter son bien.

Rose ne voulut rien entendre. Son domaine était le sien, il le gardait.

M. le prince, déçu dans ses espérances, commença à lui faire niche sur niche, afin de le dégoûter et l'amener à composition. Ainsi, un jour il fit venir de tous côtés trois cents renards et renardeaux, qu'il fit jeter par-dessus les murailles du parc convoité.

On peut se figurer aisément le désordre que cette compagnie amena dans le parc, la stupéfaction de Rose et de ses gens, en présence d'une semblable fourmilière éclose en une nuit.

Le bonhomme, qui connaissait son redoutable voisin, ne se méprit point sur l'origine du présent. Fort en colère — il y avait de quoi — il alla trouver le roi dans son cabinet et lui demanda la permission de lui faire une question, peut-être un peu sauvage. Le roi, accoutumé à son franc parler, lui demanda ce que c'était.

— C'est que, lui répondit Rose, d'un visage enflammé, je vous prie de me dire si nous avons deux rois de France?

— Qu'est-ce à dire, répartit le roi surpris, le feu au visage?

— Qu'est-ce à dire? répliqua Rose, c'est que M. le prince est roi comme vous, il faut pleurer et baisser la tête sous ce tyran... S'il n'est que le prince du sang, je vous en demande justice, Sire, car vous le devez à tous vos sujets, et vous ne souffrirez pas qu'ils soient la proie de M. le prince.

Après quoi il lui raconta les persécutions dont il était l'objet et l'aventure des renards.

Le roi promit qu'il parlerait à M. le prince, de façon qu'il serait en repos désormais.

En effet, il ordonna au prince de faire enlever, par ses gens et à ses frais, jusqu'au dernier renard, de façon qu'il ne s'y fît aucun dommage, puis qu'il réparât ceux qui avaient pu être faits.

Pour l'avenir, dit Saint-Simon, Sa Majesté en imposa tellement au prince que celui-ci se mit à rechercher Rose.

Celui-ci se tint longtemps à distance, mais, forcé à la longue de recevoir les avances, il lui gardait toujours rancune et lui lâchait volontiers quelques brocards. Depuis, le prince n'osa plus le troubler en quoi que ce soit.

Le plus parfait veneur des temps modernes fut le dernier des Condés. Si le roi de France, par le nombre et la somptuosité des palais, avait conservé le faste de la cour de Louis XIV, Chantilly, en tout ce qui touchait la vénerie, éclipsa la couronne, l'emportant sur elle en prodigalité.

Le duc de Bourbon était de l'école d'Yauville, commandant la vénerie sous Louis XV, l'écrivain praticien qui a le mieux écrit sur la grande chasse à courre : étroitement renfermé dans les limites de son art, il demeurera le veneur classique.

CHAPITRE II

CHANTILLY

Le domaine des Condé occupe une place si considérable dans l'histoire, évoque tant de souvenirs, qu'il nous paraît obligatoire, dans un livre qui a pour titre la « Chasse en France », de lui consacrer un chapitre spécial.

C'est dans cette résidence princière qu'ont eu lieu les plus belles chasses : si elle n'est plus aujourd'hui qu'un souvenir, ce souvenir est un des plus vivants qui demeure à jamais dans les fastes de la chasse et de la vénerie.

Là où s'élève le château actuel, se trouvait autrefois un vieux manoir entouré par la forêt et de vastes marais : véritable forteresse gardée par trois enceintes de fossés. Il fut successivement habité par les d'Orgemont, les Montmorency. Après la mort de ce dernier seigneur, décapité à Toulouse, Louis XIII donna le domaine au prince de Condé. C'est là que se retira le plus illustre des princes de cette maison, après avoir délivré Haguenau et secouru l'Alsace. Il fit tracer des routes royales dans la forêt, donna au roi une chasse au clair de lune, au milieu des bois éclairés par des milliers de lanternes. Le roi, charmé de la beauté de Chantilly, envoya à son cousin le brevet de capitaine de tous les lieux environnants.

Les écuries de Condé, où trois cents chevaux mangeaient dans des auges de marbre, le chenil qui occupait une aile entière sur la seconde tour circulaire du château, sont célèbres.

Quant au gibier et aux grands animaux, rien ne peut être comparé dans ce genre au parc et à la forêt.

Les archives du château donnent les relevés des chasses qui y furent faites dans l'espace de trente années ; ils s'élèvent à près d'un million de pièces : 587,470 lapins ; 77,750 lièvres ; 87,000 faisans, et près de 12,000 grands animaux.

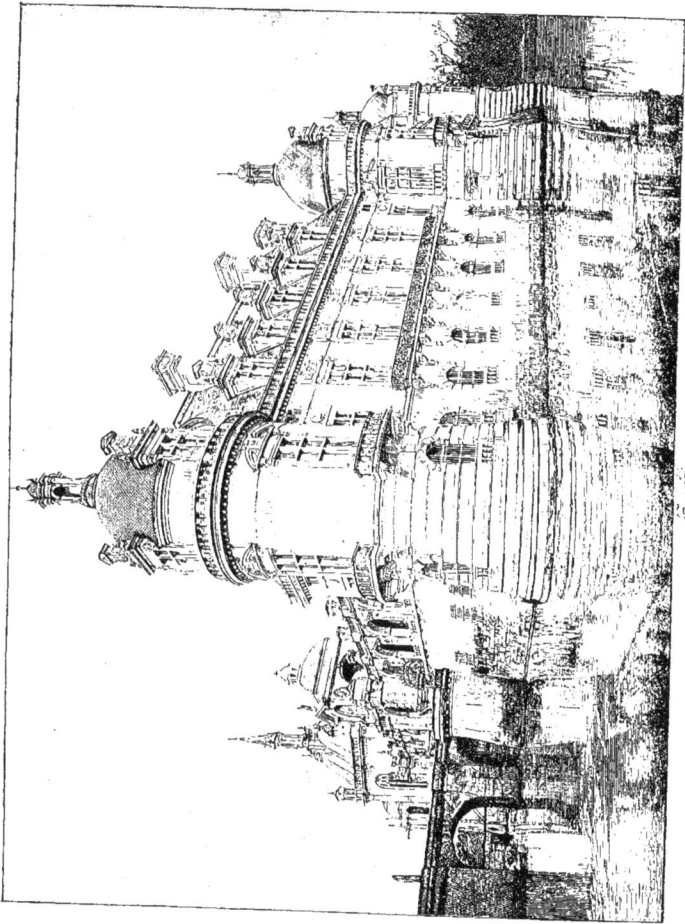

CHATEAU DE CHANTILLY.

D'autre part, nous trouvons dans *Rural sports*, du rev. B. Daniel, publié en 1801, les détails suivants sur cette incomparable chasse de Chantilly, qu'il regardait comme la plus belle de l'Europe.

Ce relevé comprend trente-deux années, de 1748 à 1779 :

En 1748, on a tué à Chantilly 54,878 animaux.

En 1749	—	37,160	—
En 1750	—	53,712	—
En 1751	—	39,892	—
En 1752	—	32,470	—
En 1753	—	39,893	—
En 1754	—	23,470	—
En 1755	—	16,186	—
En 1756	—	24,027	—
En 1757	—	27,013	—
En 1758	—	26,405	—
En 1759	—	33,035	—
En 1760	—	50,812	—
En 1761	—	40,234	—
En 1762	—	26,267	—
En 1763	—	25,953	—
En 1764	—	37,209	—
En 1765	—	42,902	—
En 1766	—	31,620	—
En 1767	—	25,995	—
En 1768	—	18,479	—
En 1769	—	18,550	—
En 1770	—	26,371	—
En 1771	—	19,774	—
En 1772	—	19,932	—
En 1773	—	27,164	—
En 1774	—	30,429	—
En 1775	—	20,859	—
En 1776	—	25,813	—
En 1777	—	50,666	—
En 1778	—	12,304	—
En 1779	—	17,766	—

Voici maintenant pour le détail.

Pendant ces trente-deux ans, il a été tué :

Lièvres, 77,750. — Lapins, 587,470. — Perdreaux gris, 117,574. — Perdreaux rouges, 12,426. — Faisans, 86,193. — Cailles, 19,696. — Râles de genêts, 449. — Bécasses, 2,164. — Bécassines, 2,856. — Canards sauvages, 1,353. — Pigeons sauvages, 317. — Vanneaux, 720. — Bec-figues, 67. — Courlis, 32. — Oies d'Égypte, 3. — Oies sauvages, 14. — Outardes, 2. — Alouettes, 106 — Renard, 1. — Crapeaux, 8. — Grives, 1,313. — Cerfs, 1,682. — Biches, 1,682. — Faons, 519. — Daims, 1,921. — Jeunes daims, 185. — Chevreuils, 4,669. — Jeunes chevreuils, 810. — Sangliers, 1,942. — Marcassins, 818.

En 1779, le prince de Condé n'a pas chassé. Aussi ne voyons-nous pas son nom paraître dans la liste des tireurs, liste qui comprend les noms suivants :

M. de Caylac, 460 pièces. — M. de Canillac, 953. — Comte d'Artois, 553. — Duc de Bourbon, 403. — Duc d'Enghien, 9. — Prince d'Hénin, 170. — Duc de Polignac, 330. — M. de Roucherolles, 93. — M. de Choiseul, 195. — M. de la Trémouille, 86. — M. Vaupalière, 75. — M. Lostanges, 247. — M. de Sainte-Hermine, 29. — MM. Belinage, 10,868 (ils étaient trois du même nom). — M. Damezega, 522. — M. Saint-Cloud, 29. — M. Boazola, 471. — M. Guolett, 10. — M. Brieux, 62. — M. Bailli de Crusol, 198. — Abbé Balivore, 54. — Baron de Chatelie, 26. — M. de Valou, 8. — M. Nedonchel, 16. — M. Minitier, 770. — M. P. de Tallemond, 17. — Comte d'Autheuil, 403. — M. d'Autheuil, 822. — M. Sarobert, 78. — M. Bateroy, 6. — M. Franklin, 119. — M. Franklin fils, 198.

On lit également dans les Archives le document suivant :

Le jeune duc d'Enghien, qui avait 6 ou 7 ans, a tué 9 pièces (lapins). Le duc de Bourbon avait tué 1,451 faisans, 1,207 lièvres, 1,254 perdreaux gris et 143 perdreaux rouges. Le duc d'Artois avait tué 978 faisans, 870 lièvres, 1,109 perdreaux gris, 115 rouges.

Dans un livret de chasse de la maison de Condé, de 1792, nous trouvons d'autres tableaux particulièrement intéressants :

Le 10 avril, dans la plaine de Luzarches, le duc Louis-Henri-Joseph de Bourbon et six fusils tuent 974 perdrix ; le 11 août, sept tireurs arrivent à 373, le 16 août à 523. Le 4 septembre, le même nombre de fusils parviennent au chiffre de 1,500 pièces, dont 1,166 perdrix ; le 16, on abat encore 899 perdrix, sur un total de 1,181 pièces. Le 26 septembre, le

. tableau monte à 1,889 pièces, dont 1,101 perdrix et 766 lièvres avec
14 fusils. Trois jours après, le 29, à huit, ils tuent 619 perdrix et
44 lièvres.

Le 7 et le 8 octobre, il y a quinze fusils : S. A. S. Mgr le prince de
Condé, Mgr le prince de Conty, M. de Vauréal, M. de la Trémouille,
M. d'Amézague, M. de Boulainvillers, M. de Launay, M. de la Vaupallière,
M. de Grouffier, M. de Choiseul, M. de Mintier, M. d'Auteul, M. de Contys,
M. de Belleval. Ils abattent, dans ces deux jours, 24 lapins, 1,593 lièvres,
2,580 perdrix, 12 faisans, 2 alouettes, 2 grives, en tout 4,214 pièces.

La capitainerie d'Halatte a fourni, en 1793, 284,424 pièces, dont
11,847 perdrix grises et 740 perdrix rouges, 28 bécasses, dont 11 tuées
par les princes et 17 par les gardes.

La seconde époque de Chantilly est celle comprise entre la Restauration et la mort du dernier prince de Condé. Le duc de Bourbon réorganisa la chasse, et l'on vit refleurir quelques-unes des grandes traditions.
Les meutes brillantes font retentir à nouveau la forêt de leurs aboiements,
les cavaliers aux couleurs jaunes brodées d'argent, encombrent les routes :
le domaine historique a repris sa magnificence. La mort du duc mit bientôt fin à cette seconde phase.

Le duc d'Orléans, qui détient le domaine pendant la minorité de son
frère, personnifie la troisième époque: la bourgeoisie élégante se mêle à
l'aristocratie pure des temps passés. Les chasses à courre recommencent;
elles ont lieu ordinairement le samedi : rendez-vous vers onze heures et
demie au carrefour de la Table du roi. Situés à une lieue et demie de Chantilly, les étangs de Commelle deviennent d'ordinaire le théâtre de l'hallali.
L'équipage des princes d'Orléans qui y chassa jusqu'en 1848 n'avait pas
coutume de faire la curée chaude. Cet acte final avait lieu le soir aux flam-
beaux dans la cour d'honneur du château. De vieux veneurs, jaloux des
principes, protestaient contre ce qu'ils regardaient comme une hérésie.
Les princes firent droit à leur requête et, par la suite, la curée eut lieu
sur place. Pendant l'exil des princes, M. le comte d'Hédouville, qui en
avait l'autorisation, à la tête d'une société de chasseurs maintient les
traditions de vénerie.

La quatrième époque commence avec le retour du duc d'Aumale,
lequel en digne héritier des Condé rendit au domaine seigneurial un peu
de sa splendeur d'autrefois; concurremment avec le prince de Joinville, le
duc a puissamment contribué à redonner un nouvel éclat à cet art, dont

la prééminence ne saurait nous être ravie. Mais le temps a marché, des nuages noirs se sont de nouveaux amoncelés sur le domaine des Condé!

Mgr le duc d'Aumale a, par testament, fait don de ce bijou à l'Académie française, peut-être dans l'espoir fragile que ce qui lui est si cher ne sera point éparpillé, en même temps que garanti contre les tourmentes révolutionnaires.

La plus illustre assemblée littéraire du monde était digne par ses origines de cet hommage; en faisant cette donation au corps qui représente quelques traditions de la vieille France, le prince a fait preuve de son goût prononcé pour les lettres, en même temps qu'il donnait un exemple inouï de munificence.

Eh bien! ce n'est pas sans une certaine mélancolie que nous voyons passer subitement à l'état de souvenir et de Musée mort cette royale résidence où ont eu lieu de si belles fêtes! Que de veneurs penseront de la sorte!

D'aujourd'hui se clôt l'histoire de Chantilly. D'ores et déjà le domaine des Condé entre dans la nuit! il rompt brusquement, à jamais, avec toutes les traditions. Encore un émiettement, jusqu'à ce que la rafale emporte la poussière des miettes. Changeant ainsi de destination, cette terre seigneuriale est comme un patrimoine conservé intact pendant de longues générations et que vont chercher à diviser d'avides héritiers.

L'Académie française a encore des membres illustres ; dans son sein on retrouve un peu d'honneur et de dignité. Mais autour d'elle que d'appétits déchaînés ! que d'historiens qui ne touchent aux lettres que par le côté haïssable, se dressent déjà et quémandent une part du gâteau.

Chantilly intéressait les veneurs comme domaine de chasse et appartenait bien un peu à la France.

Comment l'Académie le conservera-t-elle ?

Le prince a pris ses précautions en nommant un conseil de surveillance choisi parmi les plus hautes personnalités du pays. Néanmoins, en ces temps de troubles, chaque jour s'accentuant, qui pourrait affirmer que les immortels ne seront pas supprimés par ceux qui ne croient pas à la grande immortalité, par les *fausses bêtes* même qui se glisseront sous la coupole ! Et alors ! Nous regardons cette donation comme un effondrement du passé.

Qui sait si la France, elle aussi, n'est pas sur ses fins? n'est-ce pas comme un hallali courant? Les chiens d'ordre n'ont que faire ici : bâtards, vendéens, anglo-normands, chiens de Saintonge, vont trop vite pour ces cavaliers bancals; les roquets suffisent.

Maintenant que tout est fini et bien fini, il serait à souhaiter que l'on écrivît l'histoire de Chantilly au point de vue cynégétique.

Sur les notes de témoins oculaires, quelles charmantes pages reconstituées pour qui a suivi quelquefois ces chasses, les plus illustres depuis vingt années! que d'anecdotes curieuses intimement liées à l'histoire française!

Cette belle demeure, un des joyaux de notre pays où s'étaient maintenues les sévères traditions de la grande vénerie, restera silencieuse.

Le maître est revenu, mais les jours d'antan ne se renouvelleront plus.

Les deux dernières fêtes cynégétiques qui terminent la brillante série furent données en l'honneur du prince Waldemar de Russie et du duc de Bragance aujourd'hui roi du Portugal.

Après l'exil, le premier acte du duc d'Aumale, en rentrant au château, fut d'accorder à merci une portion de la forêt de Chantilly aux habitants de Chantilly, d'Ory-la-Ville et de Coye, sous la condition expresse qu'on ne tuerait ni les cerfs ni les biches qu'il se réservait pour ses chasses à courre. Ce faisant, il dotait bénévolement trois communes d'une chasse princière.

La réponse à cette munificence ne se fit pas attendre. Quinze jours après l'autorisation de chasser concédée par le prince, charcutiers, bouchers de Chantilly, de Coye et d'Ory-la-Ville accrochaient sans pudeur à leurs étalages des dix cors et des biches traîtreusement assassinés sur les terres de S. A. Royale.

Le procédé était vraiment des plus galants!

Le duc fit faire des remontrances par son garde-chef; son légitime désir pouvait avoir été mal compris. La courtoisie ducale eut peu de succès auprès de ces maltôtiers, ils continuèrent avec une forfanterie aussi bête que haineuse à tuer biches et cerfs, et à les exposer à la vue de tous comme un défi.

De plus, gargotiers, braconniers, firent des gorges chaudes de la bonne farce jouée au châtelain; ce que voyant, le prince retira le privilège et les honnêtes gens d'applaudir.

Je ne puis mieux terminer ce chapitre sur Chantilly, qu'en rapportant un mot, aussi fier que charmant, prononcé par Son Altesse à une des dernières chasses. Le prince avait entendu quelqu'un critiquer ses chiens et dire qu'ils ne parlaient pas assez. Après un hallali très mouvementé, le cerf étant aux abois, les chiens anglais font un tapage d'enfer.

Lorsque l'animal eut été servi, pendant que la meute altérée, main-

40

tenue en respect, attendait sa récompense, Son Altesse passa à cheval devant ses chiens et, ainsi qu'il en avait l'habitude, se découvrit en leur disant :

— Merci mes beaux !

Puis se tournant vers son capitaine des chasses, il ajouta :

— Voyez-vous, Quiclet, on dit que mes chiens ne parlent pas... mes chiens font le contraire de bien des gens, ils ne parlent que quand il le faut !

On n'avait pas revu les équipages de Chantilly depuis le second exil du duc d'Aumale, en 1886. Ils ont fait leur réapparition en 1893, pour l'ouverture de la série des chasses, qu'a données Mgr le duc de Chartres.

La livrée aux couleurs de France a reparu à la table où a eu lieu le rendez-vous. Tous les princes de la Maison royale ont prit part aux premières chasses.

Chantilly ne serait-il pas définitivement enseveli dans son dernier hallali courant ?

Chantilly, Porte des Écuries

CHAPITRE III

LA CHASSE A COURRE SOUS LE PREMIER ET LE SECOND EMPIRE. — UN PLOMB QUI SE TROMPE D'ADRESSE. — WILLIAM DE SAINT-CLAIR ET SES CHIENS. — CE QUE COUTE LA CHASSE AU RENARD.

A son avènement, Napoléon Ier fit une belle place à la vénerie ; sans souci des préjugés révolutionnaires, il nomma un grand veneur auquel obéissaient un capitaine de chasses à courre, deux lieutenants, deux pages de la vénerie, un capitaine commandant des chasses à tir et un lieutenant porte-arquebuse. La Restauration conserva cette hiérarchie, ainsi que les titulaires des emplois de la vénerie impériale. L'empereur aimait la chasse, parce qu'elle concoure encore à accroître le prestige des grandes monarchies, mais il ne s'y livrait guère que par hygiène ou par caprice. Après un déjeuner pendant lequel César n'avait rien laissé soupçonner de ses intentions, il montait son cheval favori Soliman et disait inopinément au capitaine des gardes : « Courons un cerf. »

En quelques minutes, veneurs, chevaux, tout l'équipage était prêt.

Les distractions du souverain ont donné lieu aux anecdotes les plus piquantes : tireur très médiocre, il n'était pas heureux à la chasse à tir. On trouve à ce sujet dans les écrits du temps des détails assez plaisants.

M. de Beauterne faisait charger sous ses yeux les fusils de l'Empereur et les remettait au premier page qui les présentait immédiatement à Napoléon. Celui-ci ne se servait habituellement que de petits fusils simples, très légers, à canons courts, ayant appartenu à Louis XVI, et auxquels le roi avait travaillé de ses mains. Comme il épaulait mal, qu'il tenait à ce que les armes fussent fortement chargées et, dit la chronique, fortement bourrées, il arrivait qu'après la chasse il avait l'épaule, le bras et quelquefois les mains meurtries. Un jour, un fusil éclata ; une autre fois, ne s'étant pas donné la peine d'ajuster, il envoya une balle destinée à un sanglier, dans la cuisse d'un valet de vénerie.

Mais le plus haut fait d'armes en ce genre eut pour héros « l'enfant chéri de la Victoire ».

Le maréchal Masséna et Berthier marchaient en avant non loin de l'Empereur, une compagnie de perdrix se lève ; l'honneur du premier coup de feu appartenait au souverain ! Celui-ci tire et Masséna reçoit un plomb dans l'œil. On s'empresse auprès du blessé.

Napoléon s'écrie :

— Berthier, vous venez de blesser Masséna !

Le grand veneur s'en défend, l'empereur insiste, Berthier se tait, et chacun, y compris Napoléon, rentre de très mauvaise humeur : la chasse était finie.

Arrivé à la Malmaison, l'empereur ordonne à son aide de camp de partir sur-le-champ pour Paris, de dire au baron Larrey de se rendre à Rueil sans perdre un moment, parce que Masséna est malade, et de remettre au maréchal le pli cacheté qu'il lui envoie.

L'ordre est exécuté. Le célèbre chirurgien arrive à Rueil chez le maréchal.

— M. le maréchal, l'empereur me mande que vous êtes indisposé, j'arrive.

— Parbleu, il le sait bien, répond Masséna, voyez !

— Ce n'est pas dangereux, maréchal, mais l'œil me paraît bien malade !

— Est-ce que je deviendrai borgne ?

— Je ne dis pas cela, mais il faudra beaucoup de soins... A propos, j'oubliais de vous remettre ce billet de la part de Sa Majesté.

— Lisez, mon cher Larrey, je n'y vois pas du tout.

Larrey ayant brisé le cachet lut à haute voix :

« Mon cousin, aussitôt que votre santé le permettra, vous partirez pour aller prendre le commandement en chef de l'armée de Portugal. Et sur ce, je prie Dieu qu'il vous ait en sa sainte et digne garde. »

« Napoléon. »

— Le diable d'homme, s'écria Masséna avec un sourire qui déguisait mal sa joie, il faut toujours qu'il vous jette de la poudre aux yeux !

A un laisser-courre en forêt de Fontainebleau, auquel assistait l'impératrice, le cerf aux abois vint se jeter jusque sous les roues de la voiture de Joséphine, et il s'empêtra si bien que les valets s'en emparèrent aussitôt.

Cet accident le sauva, car l'impératrice, touchée des angoisses de la pauvre bête, la prit sous sa protection, et demanda à l'empereur de ne la point servir. Napoléon ayant ordonné qu'on l'épargnât, Joséphine prit la chaîne d'or qu'elle portait et voulut qu'elle fût mise au cou de l'animal.

— Au moins, dit-elle, ceci attestant son inviolabilité, le protégera contre les chasseurs !

— Contre les chasseurs, reprit en souriant Napoléon, c'est possible, mais, contre les voleurs, je n'en réponds point; je parie que la bête n'existera plus demain !

La prédiction de l'Empereur a dû se réaliser, sinon à l'échéance indiquée, du moins dans un court laps de temps, car la chronique cynégétique ne fait pas mention par la suite qu'on ait couru un cerf le cou orné d'une chaîne d'or !

Sous Napoléon III, les fonctions du grand veneur furent remplies par le maréchal Magnan. Le chenil, situé allée des Veuves, renfermait quatre-vingt-dix chiens de race anglaise très vites : les écuries comptaient cinquante chevaux anglais. Les laisser-courre avaient lieu dans l'ordre suivant : à Saint-Germain, pendant les mois de janvier, février et mars; à Versailles, Verrières et Meudon, en avril; à Rambouillet, en mai, juin et juillet; à Compiègne, en août et septembre; à Fontainebleau, en octobre, novembre et décembre.

La chasse à courre en Angleterre, sans avoir en aucun temps égalé la nôtre, a eu cependant autrefois une importance beaucoup plus grande qu'aujourd'hui.

Avant la destruction des immenses forêts qui la couvraient, les cerfs à l'état sauvage existaient en grande quantité et donnaient lieu à de superbes chasses qui, depuis, ont été remplacées par la chasse au renard. Autrefois les piqueurs étaient forcés de faire le bois de très bonne heure le matin pour détourner le cerf, et lorsqu'ils étaient certains du gibier, ils en rendaient compte aux chasseurs.

En 1775, la reine Élisabeth, aimant énormément la chasse à courre, son favori Dudley, comte de Leicester, organisait à son intention de magnifiques parties à Kenilworth-Castle, dont on retrouve des comptes rendus dans les mémoires du temps. La reine chassait tous les deux jours, les chasses duraient des journées entières. A cette époque, lorsque la chasse royale avait perdu un cerf, on faisait des proclamations dans les villes et villages environnants, prévenant quiconque qu'il était défendu de chasser, poursuivre et tuer l'animal égaré, afin qu'il puisse retourner dans la forêt d'où il avait été chassé: le cerf était alors déclaré animal royal, *hart royal proclaimed*. On a retrouvé dans les parchemins du temps, à Nottingham Castle, qu'en 1194 Richard Ier avait poursuivi un cerf, depuis la forêt de Sheerwood jusqu'à Barnsdale en Yorkshire, et là l'ayant perdu, il fit proclamer à Tunhill en Yorkshire et dans tous les environs de Barnsdale que personne ne devait poursuivre, chasser ou tuer le cerf en question, pour qu'il puisse retourner à Sheerwood.

White-hart-silver est un cerf à pelage blanc dont il est aussi question dans les vieux manuscrits: ce cerf tué par un propriétaire, le baron T. de la Lynde, à Dorsetshire, fut cause que ce veneur fut condamné à payer l'amende, l'animal ayant été déclaré cerf royal par Henri III.

On cite aussi, parmi les prises les plus intéressantes, l'anecdote suivante: les Saint-Clairs sont d'origine normande, descendants de William de Saint-Clair et de Marguérite, fille de Richard, duc de Normandie. Pendant le règne de Malcolm Cranmore ils servirent en Ecosse et obtinrent de grands biens dans le Mid-Lothian; ces propriétés prirent de l'importance, grâce aux libéralités des monarques successeurs, et furent augmentées des baronnies de Rosline, Pentland, Cowsland, Cardaine et autres terres. On raconte qu'une grande partie de ces biens fut donnée par Robert Bruce à l'occasion suivante: Le roi chassait à courre aux environs de Pentland Hills et avait déjà plusieurs fois poursuivi inutilement un vieux dix cors à poil blanc qui avait toujours mis ses chiens en défaut. La chasse arrêtée, il demanda à ses nobles invités qui l'entouraient, s'ils croyaient qu'il existait d'autres chiens qui pourraient prendre ce cerf: tous ses courtisans se turent, sauf William Saint-Clair de Rosline qui répondit sans hésitation qu'il parierait sa tête que deux de ses chiens favoris Help et Hold tueraient le cerf avant qu'il ne puisse dépasser le March-Burn. Le roi accepta de suite, et paria la vie de William Saint-Clair contre sa forêt de Pentland Moor. La chasse eut lieu dans les circonstances suivantes: On découpla quelques chiens lents pour faire lever le cerf et Sir William Saint-Clair se mit dans le meilleur endroit pour donner le cerf à vue. Il fit alors une invocation à Jésus, à la Vierge et à Sainte-Catherine. Dès que le cerf fut lancé, sir William suivit ses chiens, les appuyant de son mieux. La chasse approchait de l'endroit désigné, et le chasseur, se croyant perdu, descendait de son cheval, lorsque le cerf ayant fait un retour et tenu tête aux chiens, Hold lui fit tête pendant que Help

EN DÉPLACEMENT.

l'attaquant par derrière tuait l'animal tout près de l'endroit où se trouvait
sir William. Le roi, arrivant en ce moment, embrassa l'heureux chasseur,
lui octroya les terres et forêts de Kirkton, Lagonhoure, etc. Sir William,
en exécution du vœu qu'il avait fait, fit élever une chapelle à Sainte-
Catherine. L'endroit où cette mémorable chasse a eu lieu et où le roi s'est
arrêté, se nomme King's hill.

Georges III pratiquait beaucoup la chasse, mais ce n'était point un
brillant cavalier, il n'aimait pas à aller vite, aussi arrêtait-on les chiens pour
laisser à Sa Majesté le temps d'arriver, puis on les remettait sur la voie.

La chasse du cerf a aujourd'hui pour objectif un cerf à demi-domes-
tiqué que l'on amène en charrette à un point déterminé, puis qu'on lâche
devant les chiens. On lui laisse un certain temps pour prendre un parti
avant de découpler. Lorsque les chiens vont trop vite, on les arrête, afin
de laisser à l'animal le temps de reprendre haleine. Cette chasse, comme
on le voit, ne saurait être comparée à la chasse française.

Il existe cependant encore, dans le Royaume-Uni, quelques équipages
chassant le cerf, mais ils n'offrent rien de remarquable.

On compte dans les trois royaumes : 20 équipages de stag-hounds,
186 équipages de fox-hounds, 138 de harriers et 28 de beagles, bassets
et autres chiens de petite vénerie ; en tout 372 équipages. Les meutes les
plus nombreuses ont soixante couples de chiens, la moyenne est de 15
à 20. Chaque équipage découple deux fois par semaine : les dates de
sorties sont fixées à l'avance et publiées dans la presse spéciale sous
forme de tableaux synoptiques.

En résumé, la chasse à courre en Angleterre se résume dans la chasse
au renard : sport dans lequel brillent dans tout leur éclat les qualités
des insulaires, et qui personnifie pleinement le caractère national.

Lord Yarborough, propriétaire de la célèbre meute de Foxhounds
du Lincolnshire a calculé à combien revenait la chasse au renard en
Angleterre, en Écosse et en Irlande. 330 meutes y sont employées, coûtant 414,850 livres sterling par an. 100 hommes environ sont attachés à
chaque meute et montent 3 chevaux chacun. Chaque cheval, revenant à
15 shilling par semaine, les 99,000 chevaux coûtent, par an, 3 millions et
demi de livres sterling. Ce qui fait que ce sport provoque annuellement, dans les Iles Britanniques, un déplacement de 4 millions et demi
de livres ou plus de 100 millions de notre monnaie française.

La vénerie contemporaine est dans une période brillante : les fêtes de plein air n'ont jamais été plus suivies, les équipages de chasse plus multipliés. Depuis quelques années, on publie même l'*Annuaire de la Vénerie* où sont contenus les noms des maîtres d'équipages, la date de la formation de l'équipage, le pays où il chasse, la liste des invités qui suivent.

L'engouement est général. La bourgeoisie d'hier découple avec les fils des grands seigneurs d'antan ; les ducs et l'industriel courent botte à botte, la gaie science triomphe encore comme aux diverses époques que nous venons d'évoquer.

Il serait difficile d'énumérer ici les nombreux équipages, lesquels, d'un bout de la France à l'autre, donnent le bien aller en chaque saison : depuis que nous avons commencé cet ouvrage, quelques-uns ont disparu, d'autres se sont créés.

Nous nous bornerons à citer les plus remarquables et les plus connus.

Le Vautrait d'Orléans, au prince de Joinville à Arc-en-Barois (Haute-Marne), composé de 70 *fox hounds* provenant d'achats faits tous les ans en Angleterre. La tenue est bleue, galons de vénerie.

L'équipage Chambray, au marquis de Chambray, célèbre depuis plus de quarante ans, chasse en forêt d'Évreux, de Breteuil et de la Ferté-Vidame, il est composé de 40 chiens pur sang normand. La remonte se fait par l'élevage au chenil de Chambray, aucun chien n'est vendu. Le marquis de Chambray a fêté sa millième prise de cerfs en 1884. Habit vert, parements noirs, gilet couleur grenat, culotte brune.

Taiaut-Rallie, au vicomte de la Besge ; la meute de Persac en Poi-

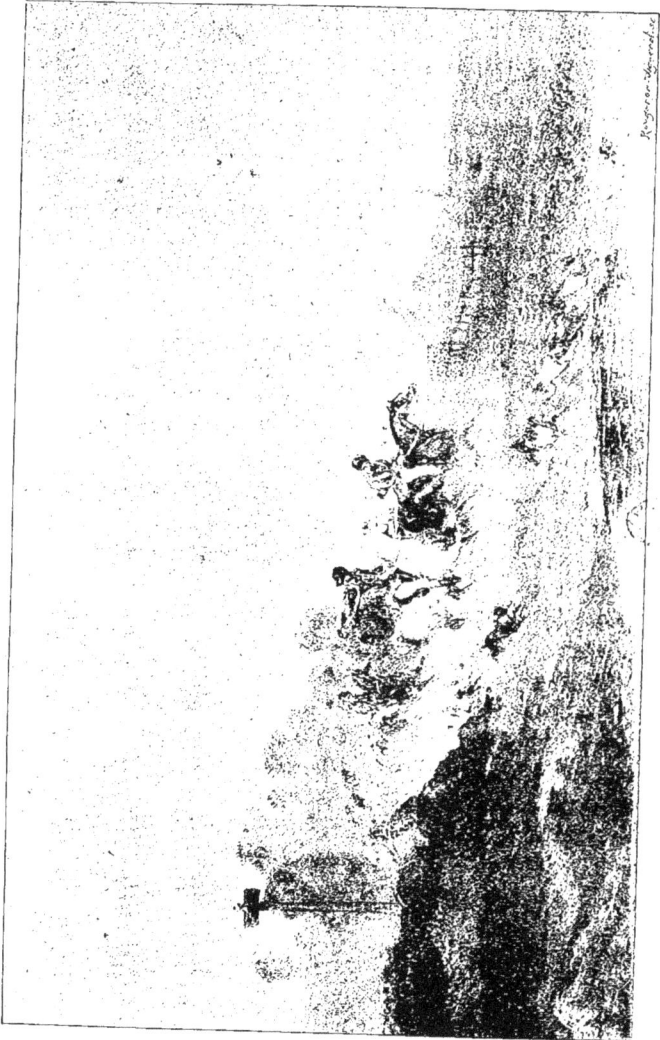

RADEAU COURANT.

tou se compose de 15 chiens, chasse le loup et le chevreuil; veste verte, parements de velours noir, gilet grenat, culotte et cravate blanches, bottes à l'écuyère.

L'équipage de Folambray, au comte de Brigode, chasse le cerf dans les forêts de Saint-Gobain et de Coucy. L'effectif de la meute est toujours de 50 à 60 chiens anglais et anglo-vendéens : la tenue est rouge garance, poches parements et collet en velours vert.

L'équipage de Saint-Martin, au comte Le Couteulx de Canteleu, un maître écrivain en vénerie, compte 40 bâtards et *fox hounds*. Chasse le cerf et le sanglier dans les forêts de Gisors. Tenue bleue, parements amarante, gilet bleu galonné vénerie, culotte de velours bleu, toque en velours noir.

L'équipage du parc Soubise, au comte de Chabot, opère de nombreux déplacements en Anjou et en Bretagne. La meute, composée de 25 à 30 chiens anglo-saxons-saintongeois, chasse particulièrement le chevreuil, accidentellement le cerf. Tenue : habit rouge, gilet chamois, culotte blanche, bottes vernies.

L'équipage de la Grande Garenne, au vicomte de Montsaulin. La meute est de 60 à 80 chiens dans la voie du chevreuil, elle chasse dans le Cher et en Sologne.

Rallye-Viel-Anjou, au comte d'Andigné, se compose de 45 bâtards, chasse le cerf et le chevreuil en Poitou et en Bretagne. Habit bleu de roi, gilet, parements amarante.

Rallye-aux-Angevins, à MM. Jacques de Vezins, Guy de Charnacé et Camille Quinefaut, est composé de 70 chiens dans lesquels le sang de Poitou et de Vendée est mêlé avec le sang anglais: vitesse et fond. Il chasse le cerf et le renard, mais plus souvent le chevreuil, dans la forêt de Vezins, aux bois d'Anjou, dans les forêts de Bécon en Maine-et-Loire, de Valles dans la Mayenne. Habit et gilet rouges.

L'équipage de Valençay, au duc de Talleyrand et de Valençay, chasse uniquement le cerf dans les forêts de Gatines, Luçay, Saint-Paul, Moulins ; il est composé de 60 chiens bâtards de Poitou et de quelques anglais. La tenue est l'habit rouge, col, parements et gilet en velours bleu, culottes blanches, bottes Chantilly.

L'équipage de Virelade, au baron Carayon de la Tour, compte 45 chiens croisés de Saintonge et de Gascogne dans la voie du chevreuil. Habit bleu, parements, gilet et culottes rouges, galon de vénerie.

Rallye-Bonnelles, à Madame la duchesse d'Uzès, chasse dans les bois du domaine et exclusivement le cerf à Rambouillet. La meute compte 85 chiens bâtards moitié saintongeois, moitié vendéens. Habit rouge, col parements et gilet bleu, galon de vénerie.

Rallye-Poitou, appartenant à une société dont M. Étienne de la Besge est président, composé de 40 chiens du haut Poitou, chasse cerf, chevreuil et louvart. Tenue : habit rouge, parements et gilet en peluche vieil or, culotte à volonté.

L'équipage Valpinçon, à M. Louis Valpinçon, se compose de 30 petits bâtards dans la voie du lièvre, chasse près Maintenon dans les bois de Saint-Christophe, des Hayes-le-Roi, les Bois-Francs, la forêt de Bourth dans l'Eure, habit vert avec collet, parements et gilet en velours amarante.

Rallye-Lepus, à M. Raoul de Maichin dans la Vienne, chasse presque exclusivement le lièvre. Il est composé de 20 petits bâtards du haut Poitou. Tenue bleu clair, parements jaune d'or.

Picard-Piqu'Hardi, au vicomte Gaétan de Chezelles, comprend 70 bâtards et chasse exclusivement le cerf en forêts de Compiègne et d'Ermenonville. Tenue bleue et ventre de biche pour les maîtres, rouge pour les hommes.

Rallye Maine-et-Anjou, à MM. le comte d'Andigné et baron de Breuil, est composé de 40 griffons français chassant le chevreuil.

L'équipage d'Onsembray, au vicomte Henri d'Onsembray, chasse le cerf dans les forêts de Lyons et de Bagueville en Normandie. Il se compose de 40 bâtards du Poitou et de quelques Anglais de grande origine. Habit bleu de roi, col, parements et gilet de velours grenat, culotte en velours bleu à côtes, galon de vénerie.

L'équipage Servant, à M. Alexandre Servant, comprend 60 bâtards du haut Poitou pour la chasse au cerf, un vautrait de *fox-hounds* de grande taille. La tenue est rouge, galon de vénerie.

CHAPITRE V

On peut diviser en trois grandes catégories les chiens employés pour la chasse à courre :

Les chiens courants français ;

Les chiens courants anglais ;

Les bâtards produits par le croisement de ces diverses races.

Nous n'avons pas à signaler les races disparues soit en France, soit en Angleterre ; il suffit d'indiquer les espèces employées, celles dont on trouve encore des spécimens et que l'on pourrait conserver et régénérer.

Races françaises

Les vendéens ; poils ras et poil dur ;

Les poitevins ;

Les saintongeois ;

Les gascons ;

Les briquets d'Artois ;

Les normands ;

Les chiens de Bresse ;

Les chiens d'Auvergne ;

La race Saint-Hubert ;

Les chiens gris de Saint-Louis dont, il y a peu d'années, nous avons vu encore de beaux spécimens au château d'Anet.

Races anglaises

Le blood-hounds ;

Les fox-hounds ;

Les harriers ;

Les beagles ;

Les bâtards désignent les produits de croisements faits entre les races françaises et les races anglaises.

Le fox-hound est le type adopté pour le croisement avec les normands, les chiens du haut Poitou, ceux de Vendée, de Gascogne et de Saintonge.

Nous ne devons pas oublier les bassets formant les équipages de petite vénerie ; ils sont d'une extrême endurance, parfaits pour la chasse à tir ; ils peuvent, en résumé, chasser tous les animaux. Leur allure très modérée les rend précieux pour les bois de peu d'importance, lorsqu'on veut tirer beaucoup. Nous avons déjà parlé de cet avantage pour la chasse du lièvre et du lapin.

La France est le pays où l'on trouve la race la plus pure de ces chiens bas sur pattes, si précieux pour leur travail intelligent. Il y a à peine vingt ans que cette espèce est connue en Angleterre. Une meute composée d'excellents bassets est inestimable et procure à son heureux possesseur des satisfactions sans nombre. J'ai dit qu'ils chassaient sûrement, même les plus grands animaux. Sir Snapshol, qui a collaboré au *Field* sous le pseudonyme de Wild Fowler, raconte qu'il a tué deux loups poursuivis par un basset à jambes torses qui les lui avait ramenés. On compte beaucoup de variétés de bassets ; mais on peut les diviser en deux classes : les bassets à jambes droites, les bassets à jambes torses ; dans ces deux classes, on distingue les bassets à poil ras, généralement tricolores ou mouchetés, les bassets griffons à poil dur et soyeux, blancs à taches jaunes ou grisâtres.

Je reviens aux grandes races.

Les vendéens

On les divise en deux catégories : les chiens de Vendée à poil ras et les griffons. Les uns comme les autres sont de fiers chiens, extrêmement passionnés pour la chasse, d'où peut-être le défaut qu'on leur reproche d'être peu sûrs, ils s'emballent. Ces grands chiens à poil blanc fin, lavé très légèrement de taches pâles, chassent bellement avec entrain surtout au début. Ce qu'on peut déplorer, c'est le manque de fond : fougueux au départ, ils sont à bout d'haleine assez promptement·

Parmi tous les équipages, il n'en est peut-être point qui aient le don d'exciter aussi puissamment l'enthousiasme de la foule aux expositions comme les griffons de Vendée, ces fières bêtes, à l'apparence de vieux grognards, à moustaches tombantes, à physionomie hirsute. Ce bel animal, de haute taille, d'une forte structure, à livrée blanche avec taches fauves ou grises, doué d'une grande intelligence, est intrépide à la

Griffon vendéen, d'après un dessin de Mahler pour l'*Acclimatation*.

chasse ; il attaque seul dans les fourrés. On le prise beaucoup à cause de sa sagacité, de sa forte constitution, de son activité pour la chasse au sanglier.

Les poitevins

Les chiens du Poitou sont assez délicats, les veneurs le regrettent d'autant plus que leur finesse de nez est remarquable. Généralement, ils

42

sont tricolores ; très requérants, excellents pour le loup que leur fond
inépuisable permet de chasser une journée entière.

Poitevin, d'après un dessin de Mahler pour l'*Acclimatation*.

Les saintongeois

Le calme, le chasser régulier de ces chiens, sont peints sur leurs
figure débonnaire. Certains de leur travail, sans ambition stérile, ils vont
droit au but avec patience ; ils composent d'excellentes meutes pour le
cerf, le chevreuil et le lièvre. Ils sont blancs avec taches noires, marques
fauves au-dessus des yeux, oreilles larges tombantes.

Leur voix, un peu sourde, donne par intermittences, mais sûrement.

Les gascons

Très hauts de taille, blancs ou tirant sur le bleu avec larges taches
noires ou de couleur, et mouchetures nombreuses, l'œil comme injecté de
sang, ces chiens chassent bien. Ils sont mordants, de bonne consti-

Saintongeois, d'après un dessin de Mahler pour l'*Acclimatation*.

Briquet d'Artois, d'après un dessin de Mahler pour l'*Acclimatation*.

tution; ils crient beaucoup, mais leur voix est peu sonore, on leur reproche leur manque de vitesse.

Briquets d'Artois

Le nom général de briquets a été donné aux chiens courants qui tiennent le milieu entre les chiens d'ordre et les bassets. On les emploie dans la chasse à courre et au fusil du lièvre ainsi que dans les chasses en battues sous bois pour faire lever le gibier. Ceux d'Artois ont, de tout temps, été les plus renommés. De vitesse moyenne, mais soutenue, très intelligents, doués d'une grande finesse de nez et d'une belle gorge, ils forment de jolies meutes.

Ce qui caractérise ces chiens fond blanc avec taches, mesurant de 0^m,52 à 0^m,60 de hauteur, c'est leur nez court, un peu retroussé, encadré d'oreilles plates très longues. Ils ne sont pas considérés comme chiens de haute vénerie.

Les normands

Le chien normand, écrit le veneur de la Conterie, est de la plus haute taille; tricolore ou orangé, la tête assez sèche, le front large, l'œil gros, l'oreille basse, mince, pendante, longue et papillotée en dedans, les épaules un peu chargées, le corps un peu long, mais très robuste. Le Couteulx de Canteleu pense que ce type si fameux descend du vieux chien de Saint-Hubert, avec lequel il a plusieurs points de ressemblance; peut-être, dit le veneur écrivain, vient-il du croisement du Saint-Hubert avec le vendéen.

Ce qu'il y a de certain, c'est que le type normand a toujours été très considéré; on l'a souvent croisé avec le sang anglais. S'il est lent d'ailleurs, il a beaucoup de fond, un odorat très subtil, il rapproche admirablement, la nature l'a pourvu d'une gorge admirable. Il chasse toute espèce de bêtes.

Le chien de Bresse

Les récits colorés de Foudras ont contribué à populariser ce vieux type de griffon, à longs poils du Morvan, connu dans la Bresse, la Franche-

Comté, le Bourbonnais ; très endurants avec beaucoup de fond, les chiens de Bresse étaient prisés pour la chasse au loup et pour celle du sanglier. L'espèce s'est faite plus rare depuis que les veneurs ont adopté les croisements de sang; cependant, il est encore facile de s'en procurer.

Normand, d'après un dessin de Mahler pour l'*Acclimatation*.

Les chiens d'Auvergne

Un peu abandonnée aussi, cette race n'en a pas moins de grandes qualités. Ces chiens tricolores ou blancs, à taches noires et feu, sont remarquables par leur finesse de nez et par la sonorité de leur voix qu'on entend de loin.

Le blood-hound

Blood-hound signifie chien de sang. Ce type des chiens courants, dont il est le plus grand, le plus massif, paraît n'être autre que notre ancien chien de Saint-Hubert. Il a l'air majestueux, sa tête est grosse, ses babines tombantes, ses oreilles sont fort longues; son poil est jaune foncé marqué de taches brunes. Peu criant, d'un odorat très affiné, il fait parfaitement l'office de limier. L'usage que l'on a fait pendant les guerres d'Irlande, à Cuba et dans les Indes pour les chasses à l'homme, c'est-à-dire lorsqu'il s'agissait de reprendre des esclaves fugitifs, a fait donner, dans le public, au mot blood-hound un sens qu'il n'a pas à notre avis. On a vu que cette qualification venait de ce que ces chiens dressés à faire la chasse aux pillards et aux voleurs, étaient altérés de sang. Ici, le mot sang veut dire chien-type, qui a donné naissance à plusieurs autres races.

Le blood-hound n'a pas les instincts féroces que son nom semble indiquer. Aux époques dont on ne devrait pas se souvenir pour l'honneur de l'humanité, où il servait à traquer l'homme, c'est l'éducation qui lui a donné ou développé ses instincts féroces. En réalité, les chiens de cette espèce ne sont ni méchants, ni indisciplinés; il ne s'agit que de bien les traiter.

Fox-hounds

Ces chiens à renard qui chassent également le cerf, le sanglier, sont remarquables par le fond, la vitesse et la résistance. On a calculé qu'ils peuvent atteindre la vitesse de 6 kilomètres et demi en sept minutes. Leur taille varie de 0^m,70 à 0^m,72. C'est la race dominante en Angleterre, elle fait merveille pour la chasse au renard, laquelle, comme nous l'avons dit, n'est qu'un steeple-chase désordonné. En France, ces chiens sont employés dans quelques meutes pour le lièvre et le chevreuil, mais nos veneurs leur reprochent de manquer de voix. Les principales couleurs du poil sont le noir et le blanc, le noir feu et blanc moucheté couleur de lièvre ou couleur de blaireau.

Les Harriers

Tricolores ou à taches jaunes ou noires, ces chiens d'un grand pied

Chien bleu de Gascogne, d'après un dessin de Mahler pour l'*Acclimatation*.

Blood-hound, d'après un dessin de Mahler pour l'*Acclimatation*.

tiennent le milieu entre le fox-hound et le beagle. Ils sont particulièrement affectés à la chasse du lièvre surtout dans les pays découverts. Mené par une meute de ce genre, en plaine rase, un lièvre perce devant elle sans avoir recours à ses ruses habituelles. On prend vite, sans incidents, sans que le pauvre hère puisse fournir une défense honorable, mais ce n'est point là ce que recherchent les veneurs de race, et beaucoup préfèrent, pour le même usage, le beagle.

Fox-hound, d'après un dessin de Mahler pour l'*Acclimatation*.

Les beagles

Aux expositions canines, tout le monde a pu admirer ces petits chiens tricolores bien coiffés, à l'œil gros et rond, si gais, si avenants, qu'on les prendrait volontiers pour des chiens d'appartements. Ces chiens appelés beagles sont très prisés pour la chasse du lièvre et du lapin. Depuis quelques années, les meutes se sont multipliées dans notre

Harrier, d'après un dessin de Mahler pour l'*Acclimatation*.

Beagles, d'après un dessin de Mahler pour l'*Acclimatation*.

43

pays. Le beagle est un chien charmant, vite, auquel il manque un peu de voix, mais résistant, rempli d'entrain. Il y en a de plusieurs tailles : les plus petits sont dénommés Élisabeth-Beagles ; ils ont de 0^m,23 à 0^m,25, les autres 0^m,36 à 0^m,39.

Les races que nous venons d'énumérer donnent le maximum de leurs qualités dans leur pays d'origine. Certainement les déplacements journaliers auxquels sont habitués les grands équipages démontrent qu'une meute d'ordre peut chasser en forêt de l'Ouest comme en forêt du Centre. Il n'en est pas moins vrai, cependant, que les chasses de Vendée, de l'Anjou et du Morvan ne sont point faites pour des chiens habitués à fouler les plaines du Nord et des environs de Paris. Les terrains de la Normandie et de la Bretagne diffèrent essentiellement des pays de sables et de plaines.

Tout en n'étendant pas au-delà d'une certaine limite la comparaison, il en est des chiens comme des chevaux de chasse : la force et les qualités de ces derniers doivent varier suivant les pays et la nature du sol ; pour ceux-ci, la première qualité est d'avoir du fond et être dociles. En ce qui regarde les chiens, ils devront répondre à la nature du plaisir que l'on cherche ; ils seront vites ou lents, en vue du charme que chacun recherche dans la chasse.

L'âme de la chasse c'est le chien : chaque province a eu et a encore ses héros en chiens comme en hommes dont les noms se transmettent de veneurs en veneurs.

Le premier chien de l'équipage destiné à détourner les grands animaux, s'appelle « limier ». C'est avec ce chien conduit au trait que le piqueur fait le bois. Dès que le limier se rabat, il raccourcit le trait, examine la terre ; s'il aperçoit la voie de l'animal qu'il doit détourner, il casse une branche qu'il met sur le chemin, le gros bout tourné du côté des fuites de l'animal. Ces branches ainsi rompues pour indiquer la voie suivie, s'appelle *brisées*. Une des difficultés est d'empêcher le limier de se rabattre indistinctement sur toutes les voies.

Le piqueur alors examine bien le pied afin de le reconnaître plus tard, puis il raie le talon. Il est essentiel de rayer toutes les voies que l'on rencontre, afin de distinguer dans le cours de la chasse une voie nouvelle. Si le limier se rabat à nouveau, le piqueur le laissera entrer dans ce fort, mais à longueur de trait seulement, car s'il le laissait pénétrer plus avant, l'animal, qui n'est peut-être pas loin, pourrait être lancé.

Après quoi on ramène le limier en arrière, puis on lui fait prendre le contre-pied. A l'examen de la rosée, on se rendra compte si les fumées sont fraîches. Quand, après bien des observations, le piqueur sait que l'animal est entré dans une enceinte, il doit s'assurer s'il n'en est point sorti ; dans ce but, il quitte le chemin de rentrée et suit en avant et en arrière celui où il aboutit. Il cherche d'autres entrées et d'autres sorties ; à chacune d'elle il assure des brisées qu'il compte avec soin. Si le nombre des entrées est plus grand que celui des sorties, l'animal est là.

En ce cas, le piqueur porte son jugement qui est l'appréciation qu'il fait de l'âge, du sexe, de la taille, des qualités de l'animal, en considérant les empreintes laissées sur son passage, soit par son pied, par ses fumées, ou tout autre indice. On juge un animal par ses allures, ses fumées, ses foulées, ses abatures, etc. Le jugement est la science la plus difficile de la vénerie ; ce n'est qu'à force de temps, de pratique et d'expérience qu'on arrive à déchiffrer sûrement ces hiéroglyphes : là est le triomphe des veneurs français.

Le veneur le plus rompu à cette science, même quand il croit être sûr d'un jugement, emploie la forme dubitative pour faire son rapport.

Le Verrier de la Conterie donne un exemple de cette forme pondérée, qui, une fois de plus, rapproche le chasseur du sage et demeure le libellé classique du veneur : « Ou mes yeux ou mon chien *me trompent*, ou *je crois*, Monsieur, avoir détourné dans tel endroit, un cerf que *je juge* dix-cors par le pied qu'il a long devant, long et étroit derrière... il a beaucoup de jambes et est très bas jointé, ce qui me fait *croire* que c'est un cerf rusé qui se recèle, et le même, *je crois*, qui nous fit l'abandonner il y a quinze jours. »

Il y a lieu d'admirer dans cette rédaction la modestie dont font preuve les plus avancés dans la science de vénerie.

La meute destinée à tenir la voie depuis le lancé jusqu'à l'hallali s'appelle meute à mort ; on chasse alors de meute à mort : autrement on met à profit des relais qui sont des hardes des meilleurs chiens en réserve, après avoir fait mettre sur pied par quelques vieux chiens d'attaque, trop lents pour tenir aux relais. Depuis quelques années, presque tous les équipages sont de meute à mort si bien en fond, qu'ils se trouvent presque tous à l'hallali.

La grande vénerie est une science des plus compliquée dont les règles immuables ont été, pour ainsi dire, codifiées par d'éminents esprits.

C'est aux traités qui font autorité en la matière : les ouvrages des Salnove, de Selincourt, d'Yauville, le Verrier de la Conterie, Baudrillard, le Couteulx de Canteleu, Boisrot de la Cour, que nous renverrons le lecteur.

Il y trouvera les documents les plus précis sur la manière d'aider les chiens courants, de les appuyer; sur les bons et mauvais vents, sur la quête, le lancé, le défaut, le change, etc.

Nous nous réservons, du reste, de donner à la fin du présent livre une liste complète des auteurs cynégétiques faisant autorité en matière de chasse quelle qu'elle soit, dont la lecture est indispensable aux chasseurs et veneurs qui veulent en connaître à fond l'art et la science.

Il en est de la chasse comme du catéchisme, on doit l'étudier toute sa vie, car il y a toujours à apprendre.

CHAPITRE VI

Le chasseur au chien courant n'est point un veneur. Le veneur de la vieille école est un type à part : veneur engendre un veneur ; on hérite de cette passion comme on hérite d'un titre nobiliaire. Le veneur chasse à forcer, le chasseur aux chiens courants chasse à tir ; c'est-à-dire qu'il fait lancer le gibier par les chiens et le tire quand il passe à portée. Si absolument, on voulait établir une distinction, on appellerait *grande vénerie* la chasse à forcer des grands animaux, et *petite vénerie*, le courre à force du lièvre et du renard. Dès qu'on fait usage du fusil, le courre est remplacé par la chasse, le veneur fait place au chasseur.

Le chasseur aux chiens courants se différencie également du chasseur de plaine ; sa passion est plus tenace, plus sauvage même : son tempérament est tout autre ; c'est une variété très vivante, très colorée.

Plus on s'enfonce dans la campagne, plus le type apparaît dans sa netteté poétique. Là où manque le chien d'arrêt, on est certain de rencontrer le courant sans lignée bien précise, lequel est, ainsi que son maître, comme envoûté de cette passion de la chasse solitaire, saupoudrée d'une sorte de misanthropie.

Bien des chasseurs au début de leur carrière prisent peu la chasse aux chiens courants, à moins cependant qu'ils ne soient nés ou n'aient été élevés à proximité des bois ; alors ils recourent d'instinct à cette chasse ; d'eux aussi on peut dire ce que l'on dit des veneurs : la passion se transmet, elle est dans le sang.

La raison qui éloigne les jeunes chasseurs de la chasse aux chiens courants, c'est que le résultat pratique est souvent moins immédiat ; avec ce mode de procéder, on tire moins, et le plus ardent désir du débutant est de tirer. Nous aussi, en nos premières années de chasse, nous n'avions pas grande appétence pour le fouillis à la billebaude, alors que le lièvre prenait immédiatement un parti, débuchait par un côté du bois où nous n'étions pas, était tué par un autre ou encore entraînait en plaine les chiens à sa suite, interrompant pour une heure au moins la chasse au début de laquelle nous avions conçu les espérances les plus vives. Nous ne comprenions bien le courant que pour la chasse au lapin, parce que celle-ci répond à toutes les ardeurs juvéniles. Le coup de fusil résumant tout, il était naturel que nos sympathies ne fussent point acquises à une chasse dont les déduits sont si intéressants pour qui s'y livre avec connaissance de cause. Nous n'avons pas tardé, du reste, à revenir d'un préjugé étayé sur l'inexpérience.

La chasse aux chiens courants a précédé la chasse au chien d'arrêt ; elle lui survivra peut être, parce qu'elle est plus près de la nature primitive, qu'il en coûte moins de se procurer un couple de bassets qu'un bon chien ferme, que la chasse avec un auxiliaire de haute école se réduit sensiblement à cause des changements de culture et de la difficulté de chasser en plaine.

Quelques hectares de bois que l'on peut peupler, de grosses haies, quelques arpents de bruyères ou de joncs marins, deux petits chiens suffisent pour entretenir cette passion ; il n'est pas un habitant de la campagne qui n'ait un chien courant ou demi-courant apte à seconder son maître pour dépister un lièvre ou un lapin.

La chasse aux chiens courants sans relais, mais à l'aide du fusil se pratique en France d'une façon générale.

Nous n'appliquerons pas la qualification de veneurs à ces possesseurs de petites meutes variant de quatre à six chiens, créancés soit pour le lièvre, soit pour le lapin ; ce sont des chasseurs aux chiens courants, non disqualifiables sans doute, mais ils ne sont que cela. Quelques-uns même n'ont que deux chiens. Qu'ils en possèdent deux ou six, ils tirent autant de plaisir de leur modeste équipage que les veneurs à la tête de quarante ou soixante animaux. Ils atteignent le but qu'ils se proposent aussi franchement que le font les autres, pourquoi en demander davantage ?

Ces petits équipages, qui coûtent peu d'entretien, donnent toute la satisfaction désirable ; ce sont ceux qui conviennent dans les bois de 100 à 80 hectares.

Seulement, nous dirons que, plus la meute est réduite, meilleure elle doit être. Il ne s'agit pas ici des grands équipages dans lesquels quelques chiens, dits clefs de meute, font, à eux seuls, une grande partie du travail, les autres suivant de confiance. Dans les petits équipages où les chiens sont au nombre de quatre ou six, ils doivent tous avoir les qualités des clefs de meute: gorges sonores, de tons différents autant que possible, un cagneux, deux ou trois hurleurs, un chien à voix stridente. En outre, ils doivent être tous bien collés à la voie, s'arrêtant net lorsqu'elle s'interrompt, avoir le nez fin, n'être ni trop bavards ni chiches de voix, tourner circulairement les enceintes, être rigoureusement du même pied.

Il est un terme de chasseur, lequel définit clairement ce que l'on doit obtenir des chiens courants bien ameutés. Lorqu'on les aperçoit en plaine, se récriant avec ensemble en groupe serré, on les couvrirait avec une nappe, dit-on. La comparaison est exacte.

Quant à la vitesse, nous en avons déjà parlé, cela dépend de la vigueur du maître d'équipage et de l'étendue du bois dont on dispose. Si l'on désire une grande vitesse, on emploiera les briquets chiens de grand pied. En ce cas, le débuché est rapide et, si l'on ne tire pas l'animal à sa sortie, il est à craindre que la chasse ne dure trop longtemps au gré des tireurs. Après les briquets viennent les beagles, moins rapides, d'un bon pied cependant; puis les petits griffons, les dash hound, les bassets, enfin les bassets à jambes torses, dont la lenteur assure les triomphes. Ces chiens, chassant tous les gibiers, sont préférables pour les petites chasses où l'on désire tirer beaucoup. Pour le lapin, ce sont les meilleurs.

On pourrait établir ici un parallèle entre les chiens de meute pour petits équipages et les variétés de chiens d'arrêt. Tels maîtres, tels serviteurs. Dans l'un et l'autre cas, on choisit suivant son tempérament en se basant sur l'étendue de terrain que l'on possède.

La couleur de la robe du chien, laquelle du reste n'a aucune influence sur ses qualités, n'est point sans importance. On doit préférer les animaux où le blanc domine; ils sont ainsi plus visibles au bois et en plaine. Les tons roux ou fauves peuvent amener des méprises, surtout sous bois; ce n'est point là un point négligeable, car c'est toujours le meilleur chien de la meute qui passe de vie à trépas, grâce à un fusil trop vif.

Quoiqu'on dise ordinairement que les chiens courants n'ont pas de rappel, on parvient cependant, avec de la patience, à les créancer, afin qu'ils soient bien au commandement. C'est là un point essentiel, que l'on doit s'efforcer d'obtenir, soit pour les maintenir dans la quête, soit pour

les couper lorsque la bête de chasse a pris un parti et qu'on ne désire
point courir l'aventure d'une poursuite en plaine.

Avec les petits équipages, on ne quête point à trait de limier; on
fouille le bois à la billebaude, procédé amenant forcément des déceptions
et, qui pis est, a l'inconvénient de livrer ses chiens à eux-mêmes, mais
auquel sont aussi attachées d'agréables surprises.

En tout cas, il convient de toujours serrer les chiens de près: en ce
faisant, on les aide à démêler plus facilement les voies.

Les chasseurs qui ont une meute peuvent l'entretenir par reproduction; ils choisiront une lice de bonne race, la feront couvrir par un bon
et beau chien: pour que le produit soit dans les conditions requises et
vigoureux, il faut que l'un et l'autre soient âgés de deux ans au moins,
mais n'aient pas plus de cinq ans. On ne saurait trop insister sur ce fait
que l'éducation se transmet.

Les saisons les plus favorables à la chasse avec chiens courants sont
l'automne, le commencement du printemps. Le grand froid, le grand chaud
sont défavorables. D'où il résulte que pour que la chasse aille bien, il
faut une température moyenne, et cela particulièrement lorsqu'il s'agit
de la chasse au lièvre. Les vents influent vivement sur le plus ou moins
de réussite : les vents d'est et d'ouest sont bons; ceux du nord et de
l'est, défavorables en hiver, ne le sont pas au printemps et en été ; le
vent mitoyen tirant de droite et de gauche est plus ou moins favorable
soit qu'il se rapproche, soit qu'il s'éloigne.

L'heure d'entrer en chasse varie, suivant la saison et le temps du
jour où l'on chasse. S'il y a du brouillard, il est bon de le laisser enlever
par le soleil; s'il y a du givre ou une forte gelée blanche, on attendra que
le vent ou le soleil aient séché les arbres et la terre; dans l'été ou dans
les jours chauds on rapproche en plein midi. Les chiens chassent mal dans
la rosée. Lorsque la nuit, il a fait un temps sombre sans brouillard, sans
pluie ni gelée, l'heure matinale est la meilleure: les voies seront fraîches,
on lancera facilement. Si d'un côté on doit préférer la poussière à la
rosée, d'autre part il est important de ne pas laisser effacer les voies.

Pour mettre à la billebaude un lièvre hors du bois, je considère la
quête du matin comme la meilleure.

CHAPITRE VII

La Fauconnerie

L'art de la fauconnerie, en tel honneur aux siècles passés qu'il était considéré comme un des plus nobles exercices cynégétiques, apanage des rois et des grands seigneurs, n'est plus aujourd'hui qu'un souvenir. En parler, c'est remuer les cendres d'un passé lointain, et je ne crois guère que jamais cet art, poussé si haut sous Louis XIII, revienne en faveur, malgré les tentatives faites à certaines époques, jusqu'en ces dernières années même.

Je ne vois pas bien en nos temps les financiers, rois de la démocratie, viser à l'office de grand fauconnier, parler, raisonner de toute manière de faucons, d'éperviers, d'autours, etc. Regardé comme le plus élevé des arts, vraisemblablement parce que le profit n'y entrait d'aucune part, ce noble déduit n'aura plus jamais cours.

On parlera de haut vol et de bas vol, mais dans un autre sens !

L'art de voler les oiseaux remonte à la plus haute antiquité : en France il a été honoré par ce qu'il y a eu de plus grand sous le règne de Henri II.

Le connétable de France, Anne de Montmorency, envoyé en Angleterre en qualité d'ambassadeur extraordinaire pour ratifier le traité qui nous rendait Boulogne usurpé sous François Ier, mena avec lui cent vingt gentilshommes lesquels, pour rendre son entrée dans Londres plus magnifique, portaient chacun un oiseau sur le poing.

Sous Charles VIII, la terre de Maintenon devait, le jour de l'Assomption, à Notre-Dame de Chartres, un épervier armé prenant proie. Un oiseau armé signifie un oiseau garni de ses jets, sonnettes et longes ; prenant proie, veut dire prenant perdrix et cailles qui sont le gibier des susdits oiseaux en pareille saison.

On a vu au xve siècle le maréchal de Chastelleux, en sa qualité de chanoine d'Auxerre, assister au service divin le faucon sur le poing.

44

Nous trouvons dans *le Mercure Français* de 1735 le curieux document suivant :

« Aux termes d'un acte spécial daté de 1642, il est permis au curé de Sarsay de faire dire sa messe, soit par le curé d'Ezy ou autre, en l'église de Notre-Dame d'Évreux, devant le maître-autel, quand il lui plaira, et peut, le dit sieur ou curé chasser dans tout le diocèse d'Evreux avec autour et tiercelet six épagneuls et deux levriers, et peut le dit sieur, faire porter et mettre son oiseau sur le coin du grand-autel au lieu le plus commode à son vouloir. Peut, le sieur curé, dire la messe, botté éperonné, dans ladite église d'Evreux, tambour battant au lieu et place des orgues. »

Au moyen âge, gentilshommes abbés et quelquefois évêques entraient à l'église avec leurs oiseaux qu'ils déposaient sur les marches de l'autel : les gens d'église du côté de l'Évangile, les gens laïques du côté de l'Épitre.

La Fauconnerie, déjà en décadence au commencement du dernier siècle, a disparu presque entièrement avec la Révolution ; plus tard, alors que la chasse à courre et la chasse à tir ont suivi une marche ascendante, depuis que le droit de chasse est devenu accessible à tous, ses derniers vestiges s'en sont allés avec les souvenirs des splendeurs qui l'accompagnèrent jadis. Les équipages de Fauconnerie comprenaient les oiseaux destinés au vol, les fauconniers, les chevaux et les chiens.

Les oiseaux étaient : le faucon, l'autour, l'épervier, le gerfaut, le sacre, le lanier, l'émérillon, le hobereau.

On distingue deux sortes d'oiseaux : ceux de haut vol ou *fauconniers* proprement dits ; ceux de bas vol, autrement *autourserie :* 'autour et l'épervier.

Pour dresser les faucons, on les contraignait par la faim et la lassitude à se laisser coiffer la tête d'un chaperon qui leur couvrait les yeux, puis on les apprenait à sauter sur une proie fictive appelée *leurre ;* après quoi on les lançait dans la campagne en leur donnant la nourriture une seule fois par jour. Un mois environ était nécessaire pour dresser les faucons; quinze jours seulement pour les oiseaux dits *niais,* c'est-à-dire pris au nid. Le faucon dressé couvert du chaperon était porté sur le poing par les chasseurs à cheval jusqu'à l'endroit où l'on devait chasser.

Sur le terrain de chasse, on le déchaperonnait. Il prenait son vol verticalement à une grande hauteur, d'où il fondait avec la rapidité d'une flèche sur le gibier en vue ; après quoi, il revenait sur le poing du chasseur.

Le faucon pèlerin, le gerfaut et le lanier s'employaient pour la chasse du héron, de la cigogne, du milan, du lièvre ; l'épervier, l'émerillon, le hobereau pour celle de la perdrix, de la caille, de l'alouette.

Charles de Morais, dans son *Véritable fauconnier*, indique comment il faut dresser les oiseaux pour chaque vol, notamment le vol du héron un des plus ordinaires, ou pour mieux dire, un des plus communs, le vol de la corneille, de la pie, le vol pour champs, le vol de rivière. *La Fauconnerie* de Charles d'Arcussia, dont l'édition princeps date de 1598, est aussi fort intéressante à étudier : comme les anciens mémoires, elle ressuscite le passé.

Des tentatives ont été faites, ai-je dit, pour remettre en vigueur ce genre de chasse. L'exemple est venu de la Hollande : En 1841, le roi des Pays-Bas entretenait une fauconnerie sur un grand pied ; tous les ans, au château de Loo on volait le héron dans les plaines environnant le domaine royal. C'était un véritable engouement. Un riche Hollandais, grand amateur de fauconnerie, très enthousiasmé par les récits de d'Arcussia dont nous venons de mentionner le livre, vint en France exprès pour visiter en Provence l'ancienne demeure de cet illustre maître, et parcourir, ses œuvres à la main, la terre d'Esparron-de-Pallières où s'étaient accomplies de si merveilleuses chasses au vol. Ses illusions durent promptement s'envoler, hélas ! Le vieux château féodal n'était plus qu'une ombre ; le gibier, jadis abondant, était devenu plus que rare.

Je reviens à la fauconnerie du roi des Pays-Bas.

L'équipage, sous la direction de deux fauconniers, était composé de vingt-cinq faucons pèlerins qui prenaient environ 200 hérons par an. A la fin de la saison, les oiseaux étaient lâchés ; on ne gardait que les faucons très bons afin de s'en resservir l'an prochain. Quelques gentilshommes prenaient quelques-uns de ces oiseaux pour les mettre au vol de la corneille et continuer ainsi la fauconnerie-chasse.

Mais il arriva qu'en 1853 le roi qui avait jusque-là donné l'autorisation de voler dans les plaines de Loo, la refusa. De nouveau la fauconnerie rentrait dans l'ombre. Des deux fauconniers du roi, l'un vint en France, où il ne resta que quelques mois, l'autre alla en Autriche et y fit refleurir ce sport favori.

Vers 1875, une Société française pour le haut vol se forma ; le fauconnier, un Anglais, retourna peu de temps après dans son pays, si bien que cette nouvelle tentative échoua encore. Avant la guerre de 1870, le comte Werlé de Reims, entretenait encore, à Châlons en Champagne, un équipage. En 1879, M. Paul Gervais tenta de vaincre la malchance qui s'attachait à ce sport et fit venir d'Islande un fauconnier qu'il envoya en Hollande apprendre à dresser des oiseaux de chasse, afin de mettre au courant un fauconnier français.

Cet équipage restreint, bien tenu et habilement conduit, fit quelques bons vols. Ces huit oiseaux prirent en une année 87 corbeaux et 9 pies. Les autours firent merveille : l'un d'eux prit 18 lapins sur 19, un autre 17 lièvres sur 32 vols. Il importe également de citer la fauconnerie de Beauchamp située dans les plaines de Saint-Leu-Taverny, aux portes de Paris, où M. Barrachin entretient aigles, gerfauts, pèlerins, autours, ainsi que les tentatives de M. Cerfon à Évreux.

L'affaitage ou dressage de l'autour demande beaucoup moins de temps et de science que celui des faucons. Il suffit généralement d'une semaine pour l'affaiter et le mettre au gibier auquel on le destine.

MM. de la Rue et Belvalette ont cherché à attirer l'attention sur ce sport facile qui constitue à la campagne une distraction charmante et se trouve à la portée de chasseurs qui ne s'y livrent pas ou parce qu'ils l'ignorent, ou parce qu'ils s'en exagèrent les difficultés.

L'originalité de ce divertissement a pu un instant faire tendre l'oreille aux invites séduisantes faites par des hommes compétents en la matière; l'autourserie pouvant être entreprise partout sans grandes difficultés, comme aussi sans dépenses considérables, quelques adeptes se sont levés ; mais la foi manquait, et je crois qu'au moment où j'écris, ils se sont dispersés. Certains déboires, inséparables des essais, les ont sans doute rebutés, ils n'ont point persévéré.

C'est regrettable, non pas tant pour l'exercice en lui-même dont l'élégance contraste si fort avec nos mœurs embourgeoisées, que pour la démonstration que tous les animaux sont, quels qu'ils soient, au service de l'homme; qu'il n'a qu'à vouloir pour s'en servir utilement.

QUATRIÈME PARTIE

IMPORTANCE ÉCONOMIQUE DE LA CHASSE. — LE GIBIER.
RICHESSE FONCIÈRE. — SA CONSERVATION. — ÉLEVAGE.
BALANCE DE LA NATURE. — OUVRAGES FRANÇAIS
SUR LA CHASSE.

CHAPITRE I

Souci du gibier a l'état sauvage. — Repeuplement. — Elevage. — Le faisan. — La perdrix. — Œufs de fourmis. — Agrainages. — Le lièvre. — Grillages en fil de fer. — Le lapin.

La triste situation faite au gibier depuis plus de vingt-cinq ans, situation due à des causes multiples : au nombre sans cesse croissant des chasseurs, aux armes à longue portée, plus encore à la rapidité du chargement, à la transformation du sol, aux défrichements, aux terribles battues, à l'armée des braconniers si ouvertement protégés, impose le souci du repeuplement annuel et de l'élevage.

Aux temps plus fortunés que nous avons connus, le gibier se suffisait presque à lui-même ; à l'exception des années marquées par des hivers exceptionnels ou par des pluies excessives à l'époque de l'incubation, il se présentait en septembre dans des conditions à peu près normales. On parlait d'excellentes années où, le jour de l'ouverture, fermiers et gens de la campagne vous offraient de très beaux perdreaux à soixante-quinze centimes, prix qu'on leur en donnait au marché.

En ce temps-là, il y avait encore des patackes et des diligences desservant les petites localités ; or, il était coutumier de voir, à un tournant de route, des paysans arrêter le postillon pour lui jeter une grappe de perdreaux à destination du bourg. Quelquefois, c'était le maire lui-même, une bonne figure réjouie qui, le fusil à l'épaule, en bras de chemises, venait de tuer, par-dessus son mur, sept à huit perdreaux faisant vanette. Tout cela se faisait au grand jour ; et si je rappelle toutes ces choses, minces détails si l'on veut, intéressantes cependant comme coup de pinceau, ravivant les couleurs sur de vieux tableaux

passés, c'est que je les ai vues, et qu'elles font renaître une époque
disparue.

En ce temps-là, dans les fermes, dans les demi-cottages, on élevait
bien par-ci par-là, quelques perdreaux provenant de nids soigneusement
préservés de la faux par les faucheurs; mais ce n'était point en vue du
repeuplement; pour cela, on s'en remettait à la nature. Telle couvée avait
été sauvée parce qu'elle était menacée par une cause ou par une autre,
et qu'alors, on n'écrasait pas les œufs en haine du propriétaire du fonds
ou du chasseur qui pourrait en profiter. Quand on avisait une couvée,
c'était pour la protéger ou pour l'offrir. En résumé, le mobile était l'intérêt
de tous ou le désir de faire plaisir.

Le monde marche, la friponnerie aussi !

Ce qui nous conduit à dire : « Aide-toi, le ciel t'aidera ! »

C'est bien pénétré de cette vérité qui plane sur les âges depuis l'origine des mondes, que nous nous arrêterons sur les moyens mis en notre
pouvoir pour la conservation et la propagation du gibier.

Tout d'abord, il y a sa conservation, sa protection à l'état sauvage,
puis son repeuplement par l'élevage.

La protection à l'état sauvage peut être assimilée à la sollicitude
d'un bon père de famille soucieux de conjurer les maux qui s'abattent
si aisément sur l'enfance et de venir en aide aux misères imprévues.

Il s'agit, au printemps, de veiller à ce que la reproduction s'effectue
dans les meilleures conditions possibles, en garantissant les couvées
contre les maraudeurs de toute espèce.

En hiver et aux temps de neige, il importe de s'inquiéter si les
lièvres, les perdrix, les chevreuils ont de quoi tondre la largeur de leur
langue ou pouvoir glaner un grain de froment.

Quand la neige s'est épaissie sur le terrain gelé, on la fera au préalable
balayer dans un ou deux carrefours du bois, en bordure aux sorties les
plus fréquentées, après quoi on y fera jeter des botillons de luzerne, des
carottes coupées, des pommes et même des choux : voilà pour les
lièvres. Quelques bottes de foin, de la paille aux abords et enceintes
affectionnées par le chevreuil ; aux environs des garennes, du foin, des
épluchures. Toutes ces provendes seront aisément découvertes par ces
pauvres affamés, qui savent qu'en plaine ils n'ont rien à se mettre sous
la dent ; ils parcourent les bois cherchant vainement à ronger les cépées
recouvertes de neige gelée. A l'intention des perdrix, on fera déblayer

la neige non loin des habitations : château, ferme ou métairie, l'on y jettera du blé noir ou des épluchures de grange. Un agrainage semblable devra être fait dans le bois en vue du faisan.

Grâce à cette facile générosité, on sauvera lièvres, faisans, perdrix, car c'est pour ces trois espèces en particulier que la neige est un vrai temps de désolation. La distribution pour les lièvres, les lapins et les chevreuils devra avoir lieu avant la tombée de la nuit; pour les faisans deux fois : le matin et le soir à trois heures ; pour les perdrix, dès le matin à onze heures et vers les trois heures.

La vie du gibier à plume est plus vite menacée par le manque de nourriture que celle du gibier à poil. Par sa nature, il doit manger fréquemment; il n'a point, comme les lièvres, les chevreuils, les lapins, la ressource des branches d'arbres à l'aide desquels ceux-ci trompent souvent leur faim. Par la neige, tout lui manque. Son instinct l'avertit qu'aux endroits habités il trouvera le grain. Son regard, plus perçant que celui des mammifères, découvrira le grain oublié ou mis en vue par prévoyance. Du plus loin, cette tache noire sur le grand tapis blanc attirera son attention; il reconnaîtra la terre, cette terre dont il vit, qui lui a été subitement voilée dans toute son étendue. Une compagnie en amènera une autre.

Dans les campagnes on voit, par les hivers rigoureux, les perdrix se mêler aux poules de basse-cour.

Le lièvre lui aussi se rapproche des habitations.

Je trouve quelque chose de touchant dans le fait de ces animaux, les plus timides de l'espèce, de se serrer contre l'homme aux jours de détresse. Il y a là une évolution de l'instinct établissant la suprématie de l'homme sur la bête, suprématie que cette dernière reconnaît, d'ailleurs. Tant qu'elle a pu se suffire, elle a fui le maître ; du moment où elle est sur le point de succomber faute de nourriture, elle se rejette vers lui ; son instinct lui suggère que c'est de lui que vient le secours.

Le gibier à l'état sauvage se repeuple beaucoup mieux, pour peu qu'on l'aide, il est plus résistant que le gibier élevé en parquets; cependant, puisqu'il ne suffit pas à la consommation, il est nécessaire de le renforcer.

L'élevage en grand, tel qu'il se pratique sur certains domaines privilégiés, nécessite une grosse fortune. Une notable faisanderie coûte cher ; mais, si l'on peut se livrer à un élevage important, il n'en coûte guère

45

plus d'élever un millier de faisans que deux cents ; les soins à donner sont absolument les mêmes, la seule difficulté se trouve dans l'approvisionnement. L'élevage sur une petite échelle est presque aussi dispendieux que s'il était entrepris sur de grandes proportions. Les conditions de nécessité consistent à ce que la chasse soit entre les mains d'un bon garde et que celui-ci soit muni d'un outillage complet.

Dans les départements où la presque totalité des terres sont gardées, il est de l'intérêt du plus petit propriétaire d'élever ; s'il profite des élevages plus considérables de ses voisins, son élevage, tant minime qu'il puisse être, ne sera pas perdu. Si je lâche cent perdreaux dans une propriété restreinte, mais entourée de spacieux domaines engiboyés, je bénéficierai du superflu de ces réserves ; mes perdreaux iront chez les voisins, ceux des voisins viendront chez moi... Il ne s'ensuit point qu'il faille absolument compter sur ce dernier, car, dans l'hypothèse, ma chasse ne serait bonne que le jour où l'on chassera.

Occupons-nous maintenant des moyens pratiques.

Que faut-il repeupler ?

La plaine et le bois.

Pour la plaine, nous avons la perdrix ; pour le bois, le faisan, le lièvre, le lapin. Nous laisserons de côté le repeuplement du chevreuil pour lequel il suffit, suivant le nombre d'hectares, de se procurer quelques chevrettes par l'intermédiaire des commissionnaires aux halles, en ayant soin, toutefois, de ne les recevoir qu'après l'époque du rut.

L'élevage de la perdrix et du faisan sont à peu près identiques. Celui qui réussira l'un réussira l'autre : plus d'espace, un matériel plus étendu et c'est tout. Il n'est pas de chasseur habitant la campagne qui ne puisse mener à bien l'élevage d'une douzaine de perdreaux. Les procédés, pour les uns comme pour les autres, sont les mêmes.

Reste à déterminer quel mode on choisira pour ce repeuplement : se servira-t-on de reproducteurs repris à la vie sauvage, ou aura-t-on recours à l'incubation au moyen d'œufs que l'on se procurera de droite et de gauche ?

Parlons d'abord du faisan.

Dans les grandes faisanderies, le repeuplement se fait en partie avec des reproductions de l'espèce conservée, augmentée des élèves de l'année précédente, repris au moyen de mues à l'époque de la fermeture et à l'aide d'œufs que l'on achète pour les donner à couver à des poules

domestiques de choix ou pour lesquels on a recours aux couveuses artificielles.

Acheter des œufs, les faire éclore par l'un de ces deux procédés, est à
la portée de la généralité des chasseurs.

Le prix des œufs de faisans s'est sensiblement accru depuis quelques
années ; il a même doublé ; il va quelquefois jusqu'à quarante centimes
l'œuf, néanmoins on en trouve facilement ; les Anglais nous en expédient
chaque année un nombre considérable dans de bonnes conditions. Malgré
ce prix élevé qui s'abaisse quelquefois de moitié, il est peut-être moins
dispendieux d'acheter que d'élever, on évite ainsi bien des déboires. Une
centaine d'œufs peut donner une soixantaine d'élèves, ce qui déjà est un
chiffre. Certainement, les œufs récoltés sur place sont les meilleurs, parce
que d'abord ils n'ont point couru les risques du transport, ensuite parce
que les éclosions seront simultanées, gros avantage ; mais lorsqu'on est
obligé de faire appel à des marchands ou à des gardes, il est nécessaire
d'être renseigné sur la provenance. Le colportage des œufs étant devenu
une industrie scandaleuse, on ne saurait prendre trop de précautions.
Des fournisseurs ne se font pas scrupule, avant de livrer les œufs, de
les agiter à dessein peut-être, ou imprudemment ; lorsque dans la livrai-
son il s'en trouve beaucoup d'impropres à l'éclosion, le client se voit
forcé de demander de nouvelles couvées. Double gain !

Un excellent usage est de ne payer les œufs qu'après l'éclosion.
Fréquemment on vous vend des œufs ramassés sur votre propriété ; par
conséquent ceux-ci vous appartiennent. C'est là ce qu'entre eux les gardes
appellent un tour plaisant ! La première poule venue peut couver des œufs
de faisan ou de perdrix ; il est cependant préférable, tout en choisissant
une poule légère, de prendre une moyenne poule quand il s'agit du
faisan, vu qu'une espèce un peu grosse est à même de couver quelques
œufs en plus, et nécessairement plus apte, semble-t-il, à réchauffer ces
oiseaux d'un volume supérieur à celui des perdreaux. La durée de l'incubation est de vingt-quatre à vingt-six jours ; les élèves resteront sous leur
mère à l'endroit où ils sont éclos, environ vingt-quatre heures, après quoi
on les installera dans les boîtes à élevage.

Ainsi donc, quelques poules couveuses, une ou deux boîtes à incubation, avec cela une couveuse artificielle, des parquets vastes pour les
faisans, restreints pour les perdrix, une volière, le tout dans une enceinte
bien close, telle est la faisanderie.

Le nid le plus simple consiste en une boîte ou en un panier rembourré de foin ou de paille hachée de forme concave; on dépose ce nid dans un local peu éclairé, tranquille et chaud, d'une température peu variable. Le réduit à couver aura 80 centimètres de large sur 1^m,50 de longueur. Dans un coin appuyé au mur du fond, une échelle de deux ou trois échelons et une botte de paille : le réduit sera fermé avec une porte munie d'une chatière ménagée dans le bas, porte que l'on ouvre lorsqu'il fait chaud. Un judas vitré permettra de surveiller les oiseaux sans les déranger. Un semblable logement est nécessaire, quand même on ne voudrait pas confier l'incubation aux faisanes : elles viendront y pondre, on aura ainsi la latitude d'enlever les œufs sans risquer de les trouver brisés.

Les couveuses artificielles très perfectionnées, en grand usage aujourd'hui, ont été établies d'après cette observation, que le faisan communique à ses œufs une chaleur qui varie entre 38 et 40 degrés.

A quelques différences près, elles se ressemblent toutes. En voici la description.

Une boîte en bois blanc, dans laquelle se trouve une caisse de zinc reposant sur une toile métallique ou galvanisée ; sous cette caisse de zinc que l'on remplit d'eau, se trouve un tiroir pouvant contenir environ quarante œufs. Sur un des côtés de l'appareil, on a ménagé la place d'une lampe qui doit maintenir l'eau à plus de 50 degrés. Ces œufs sont déposés dans le tiroir sur une couche de foin très fin ; on ferme le tiroir et les œufs sont chauffés à 39 degrés seulement, parce que l'eau ne leur communique point une température aussi élevée que la sienne propre. Pour obtenir cette température, on se sert d'une lampe à deux becs en hiver; mais, en été, on se contente d'un seul bec.

Une ou deux fois par jour, on ouvre le tiroir afin de retourner les œufs pour leur faire prendre l'air de la chambre. Les poussins ne sont extraits du tiroir que vingt-quatre heures après leur naissance.

Les pieds de l'appareil sont engagés dans des étuis en partie remplis de sciure de bois, afin d'amortir les secousses produites par le va-et-vient des voitures, le cas échéant. Des thermomètres mettront à même l'éleveur de connaître exactement la température de l'eau et celle des œufs : cette dernière ne doit jamais passer 40 degrés.

Les petits, vingt-quatre heures après leur éclosion, sont portés dans une poussinière en forme de cage vitrée. A l'une des extrémités de cette cage, un bassin en zinc reçoit de l'eau chauffée à 70 ou 80 degrés qu'on a soin de renouveler souvent, afin qu'elle ne descende point au-dessous de 35 degrés. Au-dessous du bassin, une peau d'agneau en guise de tapis pour les poussins que l'on nourrit là pendant quinze jours, après quoi on les habitue peu à peu au grand air, en ayant soin de laisser ouverte cette petite serre, en guise de refuge.

La période d'élevage du premier âge s'étend de la naissance au vingt-deuxième jour, pendant laquelle ils ont besoin des soins les plus minutieux.

La température de l'appartement où on les tient ensuite ne doit pas descendre au-dessous de 20 degrés. Quarante-huit heures après l'éclosion,

on leur sert une pâtée composée d'œufs durs et de chènevis pilé ; deux jours après, on peut leur présenter des larves et des fourmis. Donnez-leur peu à manger chaque fois, mais souvent ; le petit trèfle blanc, le mouron blanc, le gazon à discrétion. Pendant les premiers jours, on conseille pour boisson du vin sucré étendu d'eau ; un peu plus tard, on leur servira de l'eau claire dans un vase peu profond ; dans la suite, on déposera dans le fond de l'eau une poignée de clous rouillés. Ce qu'il faut éviter avec le plus grand soin, c'est l'humidité.

La boîte dite à élevage est d'une incontestable utilité, surtout pour les faisandeaux qui ne prennent pas toujours la nourriture que leur présente la couveuse.

Cette boîte a pour objet d'enfermer la poule et de mettre en même temps les élèves dans l'impossibilité de s'éloigner d'elle ; renfermée, la couveuse ne peut manger les œufs de fourmis, de plus, elle ne gratte pas. La boîte comprend une caisse de 1^m,50 de long sur 0^m,60 de large et 0ᵐ,50 de haut, le toit garni de zinc est en bizeau. Ce toit mobile s'ouvre au moyen de charnières, on y ménage une ouverture vitrée afin de voir ce qui se passe à l'intérieur. La caisse est divisée en deux compartiments, séparés par une trappe, entre les barreaux de

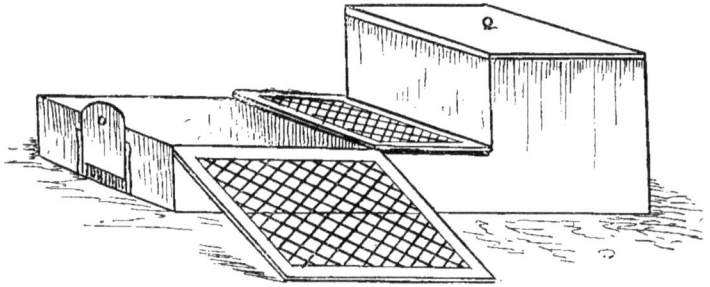

laquelle les poussins peuvent passer, soit pour retourner près de la mère, soit pour gagner leur promenoir. Quand les élèves grandissent, on les fait passer dans le parquet; la boîte à élevage devient dortoir; elle est

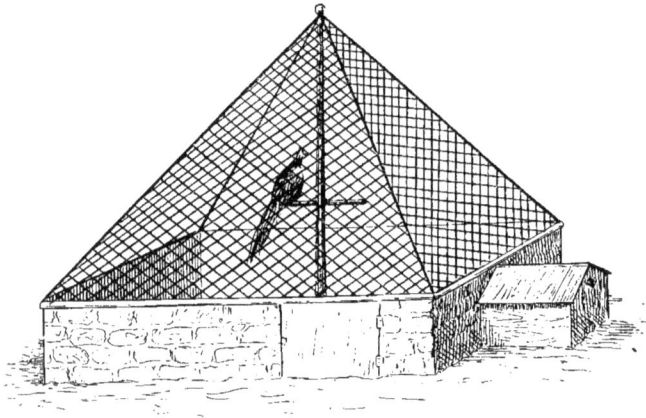

au parquet ce que le hangar est à la volière. Les parquets communiquent à la volière au moyen de trappes. C'est généralement au bout de trois semaines qu'on les livre aux faisandeaux. Ils se composent d'un compartiment de 3 mètres de côté, entouré d'une boiserie peinte ou d'une maçonnerie en briques sur champ, jointes au ciment, à la hauteur de 80 centimètres. Ces petits murs sont surmontés d'un grillage formant une pyramide à quatre faces soutenue au milieu par un montant en bois de 5 centimètres d'équarrissage sur 2^m,50 de haut; une porte ménagée sur le côté du mur livre passage au faisandier. Le sol recouvert par le parquet doit être gazonné; on laissera seulement tout autour une allée sablée de 40 centimètres. Le poteau soutenant la pyramide de fil de fer portera, à un mètre du sol, quelques traverses en bois pour servir de perchoirs. Si l'on se trouvait dans l'impossibilité de se procurer des œufs de fourmis en quantité suffisante pour ses élèves, on y suppléerait de la manière suivante :

Pâtée de mie de pain rassis finement émietté, d'œufs durs, de graines écrasées pour les premiers jours; plus tard, on y ajoutera de la laitue hachée ou du cœur de bœuf pilé.

Pâtée de riz cuit, de cerfeuil, de chicorée sauvage, de millet, de cœur de bœuf pilé, d'œufs durs avec leur coquille, de mie de pain, de farine de maïs et de fromage blanc. Pâtée ordinaire à laquelle on ajoute des insectes, principalement des hannetons séchés au four, pulvérisés. On emploiera alternativement les recettes indiquées.

Quand les faisandeaux acceptent franchement le sarrasin, le petit blé, on peut cesser l'usage des pâtées, sans jamais négliger la verdure; la laitue en particulier est très favorable. En domesticité, le faisan est sujet à beaucoup de maladies qui, souvent, l'emportent. On cherchera à les prévenir en les purgeant de temps à autre avec de l'aloès en poudre, et en ferrant sérieusement l'eau.

Quelques éleveurs prohibent la boisson pendant les premiers jours, surtout si l'on n'a pas à sa disposition des œufs de fourmis.

On emploie les mêmes procédés que ci-dessus : boites à élevage, parquets fixes et mobiles pour la perdrix.

Les perdreaux gris se passent plus facilement d'œufs de fourmis que les faisandeaux ou les perdreaux rouges. Cependant cette nourriture aide au développement rapide des élèves. Œufs durs, chènevis écrasé, mie de pain rassis, verdure et laitue hachée, voilà le fond pour le premier âge; le petit blé, le sarrasin ensuite.

Si l'on prend des poules couveuses, la poule dite « poule de soie » et la petite poule « perdrix » sont celles qui conviennent le mieux.

C'est vers le commencement de mars qu'on lâche les faisans au bois.

Le premier soin est de préparer les places ; pour ce, on choisira un taillis de six à huit ares au centre de la propriété, dans ce taillis, on fera sélection de quelques arbres peu élevés garnis de branches à 6 ou 8 mètres du sol, puis, dans un rayon de 10 mètres, on enlèvera les cepées et les basses branches. Le terrain une fois dépouillé des grandes herbes, remué à la herse, on sèmera quelques poignées de sarrasin qui germeront aux premières pluies de septembre. La place ainsi préparée, on choisit une nuit calme ; — les faisans comme les perdrix ne doivent être mis en liberté qu'après le coucher du soleil. Après avoir placé les élèves dans des paniers très bas, l'éleveur les prendra un à un, leur mettra la tête sous l'aile en les balançant un peu pour les endormir, puis, il les déposera sur les branches des arbres préparées à cet effet. On aura soin de s'assurer qu'il n'en tombe pas des perchoirs.

Pendant plusieurs jours, on portera quelques provisions à la place où on les aura lâchés, en plus, des récipients remplis d'eau claire.

Les perdreaux se lâchent plus tôt. On peut donner la liberté à quelques couples après la fermeture, ou en décembre si la température n'est pas rigoureuse, ils se mêleront aux perdrix de la plaine et la reproduction sera assurée. En juillet, on sait où cantonnent toutes les compagnies ; à cette époque, il ne reste plus qu'à assortir les perdreaux d'élèves avec leurs frères libres. Au cri d'un de vos élèves, la poule sauvage arrivera près de vous, à ce moment-là vous ouvrirez le panier, en quelques instants toute la couvée sera emmenée par elle.

Le grand ennemi des perdreaux et des faisandeaux auxquels on donne la clé des champs, c'est le chat.

L'élevage du faisan et de la perdrix ayant pris une extension considérable, se généralisant un peu partout, on s'est préoccupé de savoir si la cueillette des œufs de fourmis dans les bois est licite.

L'un dit oui et l'autre dit non ; les tribunaux eux-mêmes ne sont pas d'accord, à Fontainebleau et à Reims, les juges ont acquitté les prévenus, tandis que la cour de Paris, par deux fois, y a vu un délit prévu par le Code forestier et a réformé le jugement de la cour de Fontainebleau. Une des raisons qui semble avoir déterminé le tribunal de Reims à ne voir aucun délit dans l'espèce, c'est que les prévenus avaient, paraît-il, eu le soin de tamiser la terre dans laquelle se trouvaient les œufs qu'ils avaient recueillis. En sorte, toujours d'après les juges, que les prévenus n'avaient point fait tort au propriétaire foncier, puisqu'ils avaient

laissé la terre et que c'est la terre seule dans laquelle ont séjourné les
œufs, non point les œufs, qui constitue un engrais. Cette distinction
est plus que spécieuse ; le propriétaire du bois se trouve plus
lésé par l'enlèvement des œufs séparés de la terre qu'il ne le serait de la
capture d'un boisseau de terreau.

Les locataires de chasse entendent avec raison se réserver l'exploitation de leurs fourmilières, les jugements rendus par la cour de Paris
nous semblent équitables. Les fourmilières d'un bois, comme les ruches,
appartiennent au propriétaire du bois, soit qu'il les utilise pour lui-même,
soit qu'il en fasse commerce, car ces œufs ont une valeur marchande,
puisque l'État lui-même en abandonne la jouissance aux locataires de ses
forêts. Donc, celui qui s'en empare sur le terrain d'autrui sans autorisation, commet un vol : le délit est parfaitement caractérisé. Le possesseur
du sol ferait bon marché de cet engrais dont l'enlèvement ne constituerait, à bien le prendre, qu'un délit forestier ; mais il revendique le produit de ce sol dont il a besoin pour l'élevage du gibier.

Quant à la répression, elle ne nous paraît pas difficile, si cette
théorie était admise et sanctionnée par un arrêt de la cour suprême. L'objection que l'on fait généralement, à savoir que les gens qui vont recueillir les œufs de fourmis ne croient pas commettre un larcin, serait vite
réfutée par cet axiome répété à satiété, que nul n'est censé ignorer la loi.

D'autre part, pour bien affirmer le dicton, qu'un homme prévenu en
vaut deux, pourquoi ne mettrait-on point à l'entrée des bois des écriteaux avec une pancarte défendant d'enlever les œufs de fourmis. Ces
écriteaux feraient pendant à ceux « chasse gardée », le délinquant
n'aurait plus alors à se retrancher derrière son ignorance.

Le gibier aime les endroits où il trouve une nourriture à son goût ;
il appartient aux chasseurs soucieux de le retenir, dans les limites du possible, de lui fournir bon gîte et bonne table. Tout comme nous autres
humains, il a un goût prononcé pour les bonnes maisons, il accorde
volontiers sa confiance à celles où il se trouve bien.

Les agrainages choisis, multipliés, voilà la grande affaire. Communément employé, le blé noir, ou sarrasin, est une excellente remise dans
une plaine ; cette plante enclavée sur une étendue d'un hectare bien à
découvert, au milieu d'un bois, empêchera les faisans d'aller loin au
gagnage, les concentrera dans la limite de la chasse, les mettant ainsi à
l'abri des voisins.

Nous avons fréquenté une très belle chasse en Seine-et-Marne, où des agrainages de cette nature avaient été ménagés de la sorte en plein bois. Habitués à cette réserve au sein de laquelle ils vivaient en pleine sécurité, ces oiseaux s'éloignaient peu du bois. Si l'espace permet d'entourer le sarrasin de quelques arpents d'orge ou d'avoine, il n'en sera que mieux. Les agrainages, au cœur même de la propriété, sont certainement les meilleurs, puisqu'ils refoulent forcément le gibier dans les enceintes les moins abordables aux maraudeurs. Malheureusement, on ne peut pas toujours agir ainsi, et on est obligé de les répartir en bordure. Là aussi, ils sont d'une utilité réelle, parce qu'ils empêchent, dans une certaine mesure, le vagabondage du gibier en en favorisant le tir.

Les plants d'oseraie sont incontestablement la meilleure remise autour d'un bois peuplé de faisans. Ces oiseaux affectionnent cette plantation au-dessus de toutes les autres, à cause de la nature humide du terrain qui convient à son développement. Pour peu que ces oseraies soient peu distantes de la lisière, elles seront un excellent couvert pour les lapins vers la fin de septembre. A cette époque, le soleil a pompé en partie l'humidité de la terre, et ils se plaisent à établir leur gîte dans le chevelu des racines.

Le maïs, le chanvre, les topinambours, fournissent de bons couverts : le maïs pour la caille, le lapin, quelquefois le lièvre ; le chanvre pour la perdrix, la caille, le faisan ; le topinambour pour le lapin, le faisan ; mais ils ne valent pas l'orge, le seigle, l'avoine, surtout le blé noir. Le maïs pousse trop compact, ne plaît guère au faisan, lequel le visite cependant. Le chanvre est meilleur ; quant au topinambour, ses feuilles retiennent trop la rosée, surtout à la fin de septembre ; il n'offre qu'un attrait médiocre à la perdrix. Un agrainage bien entendu, quelle qu'en soit la nature, est de rigueur dans une chasse soignée ; il est comme le ciment pour empêcher la disjonction des pierres, servant à la fois de couvert et de provende ; il retient le gibier tout en facilitant sa recherche. On obtient tant de choses des hommes par de bons dîners qu'il n'y a rien de surprenant à ce que les bêtes se laissent séduire par un bon ordinaire et des mets de leur choix.

La sauvagine n'est pas à l'abri des séductions de ce genre.

Pour attirer les canards, il suffit de planter dans les marais, dans les mares et étangs, du céleri agreste. Ces oiseaux sont très friands de cette nourriture, laquelle, entre parenthèse, les rend très succulents. Le céleri

agreste croît dans les eaux douces et dans les eaux légèrement sau-
mâtres.

Le repeuplement du lièvre est moins compliqué que celui de la perdrix ou du faisan. On refait un bois ou une plaine en se procurant des
lièvres adultes provenant du trop plein d'une autre chasse ou achetés de
l'étranger. C'est là le seul procédé pratique ; c'est ainsi qu'agissent les propriétaires ou tenanciers de chasses importantes. Quelques-uns s'adressent
directement à l'Allemagne, qui leur expédie ces grands lièvres que l'on
connaît. On leur livre rarement le nombre demandé, presque jamais à
l'époque fixée ; en outre, dans le nombre des individus qui arrivent à leur
destination, il s'en trouve beaucoup d'éclopés, impropres à la reproduction.

Nous engageons vivement ceux qui doivent avoir recours à l'étranger pour le repeuplement de leurs bois, à s'adresser à la Belgique : le
trajet est beaucoup moins long, par conséquent les animaux arrivent en
meilleur état, la race des lièvres belges est la même que celle des lièvres
français ; puis, la probité de nos voisins du Nord est connue! Certaines
provinces de la Belgique abondent en lièvres, beaucoup de chasses
peuvent en céder sans s'appauvrir.

Pour des chasses modestes, on peut aisément se procurer une
dizaine de hases et trois bouquins en s'adressant aux propriétaires de
domaines engiboyés. Les hases doivent toujours être dans la proportion
des deux tiers sur les bouquins. Il est imprudent de mettre au bois de
trop jeunes levrauts ; c'est offrir bénévolement une pièce de choix aux
renards, chats, putois, etc. Si vous avez un enclos muraillé, laissez-les-y
grandir jusqu'à ce qu'ils aient atteint la taille de ce qu'on est convenu
d'appeler un demi-lièvre. C'est pendant le jour, le matin, que l'on doit
lâcher les lièvres de repeuplement. Si cette opération se faisait le soir ou
la nuit, ces animaux s'éloigneraient immédiatement et ne reviendraient
point : on sait que les lièvres font leur nuit et sont tranquilles le jour.
Abandonné à lui-même le matin, il vagabondera peu, se rasera non loin
de l'endroit où il aura été déposé.

Le lièvre est un animal d'une grande fécondité, protégé, il serait
abondant partout.

L'habitude que l'on a prise d'entourer les chasses de grillages lui est
très préjudiciable. En deux années, des bois de 200 hectares vifs en
lièvres se sont trouvés ruinés ; la disparition de cet animal dans cer-

taines chasses, les mieux engiboyées, est uniquement due à ces clôtures.

Un lièvre qui, une seule fois, en voulant sortir d'un bois, soit qu'il soit traqué, soit qu'il procède par bonds lorsqu'il se dégîte pour aller au gagnage, se sera heurté le nez contre ces mailles traîtresses qui lui laissent apercevoir l'horizon, tout en le retenant captif, usera de toutes les ruses pour abandonner le bois ainsi cerné, et il n'y reviendra plus.

Ces ceintures en fil de laiton, contre lesquelles se heurtent dans leurs courses folles, ces animaux apeurés, leur font l'effet de pièges permanents, au voisinage desquels ils ne s'habituent jamais. Si la ceinture de laiton est peu élevée, ils la franchiront, si la conformation du terrain ne le leur permet point, ils chercheront une solution de continuité jusqu'à ce qu'ils la rencontrent, et ils la trouveront.

Les grands parcs muraillés sont loin de présenter les mêmes inconvénients. Les lièvres ont conscience de ce que c'est qu'un mur, jamais ils n'iront se casser la tête contre les moellons.

Le lapin est, de tous les animaux sauvages, le plus prolifique, celui dont le repeuplement coûte le moins et le plus facile. Je serais même porté à dire qu'il est plus aisé de remplir un bois de lapins que de les détruire jusqu'au dernier, quand le terrain, aménagé en terriers, en refuites et accidents divers, leur plaît.

On se procure facilement ces animaux pour la reproduction ; le prix est infiniment moindre que celui des lièvres, perdrix et faisans. Pour avoir ces reproducteurs, il n'y a qu'à s'adresser soit à un marchand de gibier des halles, soit à des gardes particuliers, ou a des connaissances qui, déjà bien fournies de ce gai compère, ne demanderont pas mieux que de vous en céder quelques couples. Au cas où l'on serait réduit à les acheter, il ne faut pas s'effrayer par avance ; la dépense est légère. Une moyenne de vingt-quatre femelles et de dix mâles, pour soixante hectares, constituerait, au bout de deux ans, une chasse dans laquelle on pourrait tuer plus de cinq cents lapins.

Le lapin constitue une chasse permanente, il s'agit de l'entretenir en quantité suffisante pour qu'il ne manque point à son rôle de fournisseur ordinaire des bourriches et carniers.

CHAPITRE II

Afin de faciliter la reproduction, il est indispensable de désinfecter les bois et la plaine des animaux de rapine : braconniers à quatre pattes, oiseaux destructeurs, auxquels n'est nullement applicable la fameuse loi Bérenger.

Un grand chasseur, propriétaire foncier d'un millier d'hectares de bois, dont les gardes surveillent avec un soin la propriété au point de vue des braconniers au fusil, me disait, un jour : « Je ferais bon marché de tous ces procès-verbaux faits pour un coup de fusil tiré par-ci, par-là, sur un lièvre ou sur un lapin, si mes gardes me délivraient des bêtes puantes qui infectent mes bois. »

Ce chasseur y voyait clair, la destruction par les armes à feu ne saurait être comparée à la destruction quotidienne que font les bêtes de rapine. On se rendra difficilement compte de ce qu'une fouine, un renard, un putois, un épervier, pour ne parler que de ceux-là, consomme individuellement de têtes de gibier par semaine, partant par année. Une statistique approximative, s'appliquant à toutes les bêtes malfaisantes, établirait un total presque invraisemblable. En février, doit commencer l'échenillage des bois ; le moment est propice. On sait, par expérience, que lorsque les couples se forment, ils deviennent moins sauvages, trop occupés d'eux-mêmes pour être très attentifs aux embûches de l'ennemi.

Le gibier est beaucoup moins sur la défensive, il s'agit de venir à son aide ; ses ennemis se trouvant dans le même cas, il est plus aisé de s'en emparer ; enfin, en les détruisant à l'époque de la reproduction générale, on porte un coup plus certain à leur accroissement.

Les petits carnassiers, y compris maître renard, sont plus précoces que les rapaces de l'air qui ne font leur nid que plus tard; ils sont prêts à augmenter leur famille en mars, avril ou mai.

Les moyens de destruction sont le fusil et les pièges. L'arme à feu est bonne ; seulement, exigeant la présence permanente de l'homme, les animaux qu'on recherche ne se rencontrant qu'accidentellement, elle ne peut être utilisée que rarement.

Nous ne parlerons que pour mémoire du poison ; nous avons en trop de circonstances protesté contre son emploi, en vue des accidents, pour que nous ne le proscrivions pas absolument, d'autant plus que nous connaissons d'excellents gardes qui n'ont jamais voulu y avoir recours, et dont les chasses confiées à leurs soins rivalisent avec celles où l'usage de la gobe empoisonnée est journalier. Un auteur dont l'ouvrage « sur les animaux de rapine » est à consulter, M. le baron Drion, s'est rangé à notre opinion : lui non plus ne permet pas qu'on se serve du poison sur ses terres, ce terrible facteur est mis à l'index.

Les bons piégeurs sont rares ; il y a des gardes qui trouvent beaucoup plus commode de semer des boulettes de strychnine dans les chemins d'un bois, que d'y entretenir des sentiers d'assommoir, d'installer des traquenards, de tendre des pièges à palette : ce sont là des gardes dont on fera bien de se priver, car leur préférence pour le poison prouve ou leur paresse ou leur ignorance en fait de piégeage.

Le piège, dressé avec art, en temps opportun, dans les bons endroits, fait l'effet d'un gendarme sans cesse au port d'armes qui met la main au collet du maraudeur imprudent, quel qu'il soit. Point d'échappatoire : incontinent le procès est terminé, justice est faite. Rempli d'endurance, sans défaillance, inexorable, ledit gendarme est toujours en fonctions. Un maraudeur est pris, au tour d'un autre.

Le salut des chasses est là.

L'objection faite au sujet des pièges, à savoir la destruction de quelques pièces de gibier, sera promptement résolue. Qu'importe vraiment que quelques pièces soient sacrifiées à l'intérêt général! Lorsque, pour deux douzaines de lapins, une demi-douzaine de lièvres même, deux à trois cents lapins et peut-être cent lièvres en plus grossiront l'appoint de la chasse.

Le piégeage est la partie la plus difficile du métier de garde, l'homme, avec son intelligence, se trouve aux prises avec l'instinct des bêtes. Un garde doit connaître à fond les mœurs des animaux, leurs refuites, être capable de capturer, renards, blaireaux, fouines, putois, oiseaux de rapine. Il doit avoir à sa disposition d'excellents pièges, savoir les disposer avec adresse et les entretenir avec soin.

Si la plupart des gardes se montrent rebelles au piègeage par incapacité ou par paresse, il en est aussi qui se sont dégoûtés du métier parce qu'ils n'avaient eu en leur possession que des pièges de bazars mal confectionnés, se détraquant à tout moment. Les propriétaires eux-mêmes se lassaient de dépenser deux ou trois cents francs d'engins sans obtenir de résultats satisfaisants; et ils en restaient là. Ce qui a pu déprécier la valeur des pièges dont on se servait journellement, c'est une fabrication à bon marché faite d'éléments défectueux, à l'usage de revendeurs qui déconsidèrent les produits innommés qu'ils entassent sans souci de la provenance, à seule fin de satisfaire à toutes les demandes des passants et des clients qu'ils pipent à force de réclames tintamaresques. Aujourd'hui, les propriétaires de chasses n'auront plus à se plaindre. S'ils continuent à être mal servis, c'est qu'ils persisteront à s'adresser aux camelots du genre.

Les meilleurs pièges sont ceux dits *pièges Aurouze*, de la maison de ce nom, auxquels l'inventeur a apposé sa griffe. Tous les engins qui sortent de cette maison sont signés comme des canons de fusil, depuis le grand piège à engrenage dit « cou de cygne » pour prendre loups et renards jusqu'au piège à poteau destiné aux oiseaux de proie.

Ces engins se réduisent à quatre espèces types: le piège à planchette avec ou sans dents, le piège à dents pour fouines, martres, oiseaux de proie, le piège à cou de cygne à engrenage, la boîte-assommoir.

Bien qu'on en puisse penser, les sentiers d'assommoirs, surtout dans les bois fourrés, sont très utiles. Un assommoir tendu est un engin de destruction permanente. Seulement, comme ces pièges se détraquent souvent, qu'ils subissent les variations de la température, il est néces-

saire de les visiter chaque jour et de s'assurer de leur fonctionnement.
On agira prudemment en en plaçant deux dans le même sentier, car, si
une bête y saute, tournant le dos à l'un, elle trouvera l'autre au bout de
la route. Quant au piège le plus particulièrement destructeur et dont
l'emploi multiplié dans une chasse est des plus efficaces, c'est le traquenard, surtout en vue des renards.

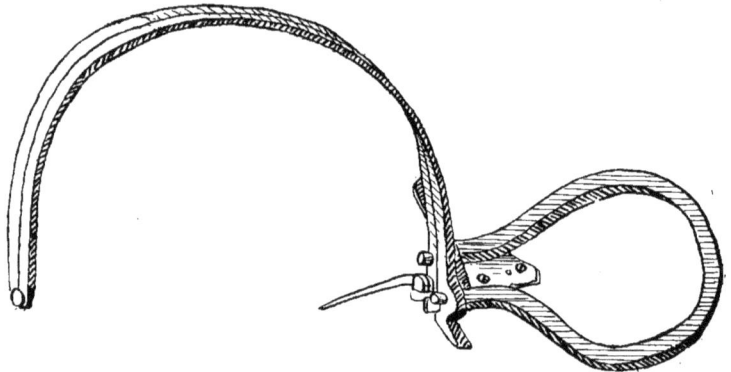

Voir, pour la pose des pièges à cou de cygne et à palette, et leur
entretien, notre brochure : *les Ennemis du gibier* (1).

Nous avons pu constater, tant par nous-mêmes que par les rapports
de nos amis, l'efficacité des pièges Aurouze. Non seulement les pièges
dits « cou de cygne », ceux à palettes, les boîtes à assommoir, mais
encore les pièges à poteaux pour rapaces, sont des engins de premier
ordre qui, maniés par des gardes intelligents et soigneux, échenilleront
en peu de temps une chasse de bas en haut.

Le pauvre gibier a contre lui bien des ennemis ; il lui faut lutter
contre les dévorants qui l'entourent, contre les oiseaux de proie, contre

(1) Éditée par Pairault, 3, passage Nollet, à Paris.

les intempéries des saisons : les hivers rigoureux le déciment sans jamais atteindre sérieusement ses ennemis naturels.

Il n'y a pas d'exemple qu'un renard ait été trouvé mort de faim ou de froid.

Au contraire, ce bandit, en compagnie d'autres plus petits, mais non moins dangereux, profite de la désolation générale pour tomber sur le gibier amaigri, paralysé, et s'en nourrit grassement.

Il en est, du reste, dans l'espèce animale comme dans l'espèce humaine, à l'époque des tourmentes de toute sorte, révolutions, épidémies, ce sont les braves gens qui pâtissent : les malandrins, les déclassés tirent toujours leur épingle du jeu. On peut dire que plus l'eau est troublée plus ils font leurs affaires.

Le gibier, au moment où il devrait jouir d'un repos bien mérité, conventionnellement sous la protection des lois, est en butte à un ennemi aussi redoutable que celui dont nous venons de parler : il s'agit des chiens vagabonds.

Nous l'affirmons : une des causes les plus indiscutables de la dépopulation de la plaine et des bois, est la libre circulation dans la campagne, pendant la période de clôture des chiens de toutes sortes : roquets, mâtins, chiens de berger, chiens dénommés chiens de garde.

Tous ces chiens, soit qu'ils accompagnent leur maître pendant qu'il travaille aux champs, soit qu'ils vagabondent à leur fantaisie à travers sainfoins, luzernes, buissonnant de-ci de-là, piquant des pointes dans les bois, sont autant de braconniers de la pire espèce, qui étouffent jusque dans le germe les espérances futures des chasseurs.

Ces chiens, sous leur air bonasse et auxquels nous n'en voulons point individuellement, sont la plaie de la plaine et du bois. Ils sont pires que de véritables chiens de chasse, et, à ceux-là, on leur interdit absolument la campagne, tandis que, dans une commune de douze cents habitants, il y a bien cent cinquante chiens qui, toute l'année, vagabondent à leur gré.

Ce roquet, pas plus gros qu'une belle hase, qui sommeille tranquillement à deux pas de la blouse de son maître, s'est mis sur l'estomac, avant de s'endormir, une omelette d'œufs de perdrix. Cet autre mâtin, que vous avez plusieurs fois rencontré dans les chemins de traverse, allant d'un hameau à l'autre, a, sur sa conscience de chien, au moins une demi-douzaine de levrauts par saison.

47

Voilà comment les premières couvées de perdrix se trouvent anéanties. Résultat : deux tiers en moins de perdrix ; perdreaux à peine duvetés à l'ouverture, produit forcé des couvées tardives ; en outre, moitié moins de lièvres.

Les chiens vagabondant pendant les mois de clôture, particulièrement au moment de la fécondation, sont cause de la pénurie de gibier dont nous nous plaignons tous.

Nous ne parlerons pas de nombreux accidents de voitures dont ces vagabonds sont souvent l'origine, ni des cas de rage qui se présentent. Chiens mal soignés, sans maître quelquefois, privés de nourriture, étant obligés de se pourvoir eux-mêmes, ils sont à moitié sauvages et deviennent, comme tels, très accessibles à cette maladie mortelle. Fréquemment, tel cas de rage se produit dans un village qui a pour point de départ une morsure faite par un chien errant qu'on n'a point revu.

Nous ne signalons ce gros point noir qu'en passant, notre objectif principal étant la chasse.

Il est de l'intérêt de tous de protester contre un vagabondage si funeste.

CHAPITRE III

Au lieu et place de « dommages causés », il serait peut-être plus juste de dire « qui pourraient être causés », car, à part le lapin et les sangliers, qui font parler d'eux au-delà de ce qu'il faudrait, les dégâts du gibier si réduits grâce aux traques dont il est l'objet, ne sont-ils pas plutôt dans l'imagination que réels ? Nous ne sommes plus au temps où la pauvre agriculture, foulée journellement par les meutes et les piqueurs, était nuitamment ravagée par les daims, les cerfs des domaines féodaux. Elle a d'autres fléaux, non moins redoutables il est vrai, mais ce n'est plus cela ! Comme fiche de consolation, on mène grand bruit contre le gibier qui lui est si funeste, assure-t-on ; on prétend la protéger efficacement de ce côté-là. C'est avec satisfaction que nous voyons qu'on se souvient d'elle, d'elle qui fut une des gloires de la France à des époques presque lointaines, tant les choses ont marché ! La diminution progressive du gibier rend à peu près inutile cette protection officielle, qui se manifeste si bruyamment qu'on pourrait croire à une plaie d'Égypte menaçant notre pays. Nous consentons avec empressement cette protection, affirmation du principe que la liberté ne peut être illimitée, qu'en temps qu'elle ne blesse en aucune façon l'intérêt du voisin.

Les incursions des animaux sauvages peuvent nuire aux récoltes, c'est indéniable, aussi, est-il de toute justice que les riverains des domaines engiboyés soient indemnisés des dégâts qu'ils auraient à subir, ou mis à même de détruire ces animaux lorsqu'ils les trouvent sur leurs cultures.

En fait de grands animaux, il n'y a guère que les cerfs, les biches, dont les dommages soient imputables au propriétaire des forêts où on les laisse se multiplier pour les plaisirs de la chasse. Les daims n'existent plus que dans les parcs; les chevreuils ne pourraient être à craindre que dans les forêts très vives en semblables animaux, encore ne méritent-ils pas la mauvaise réputation qui les a fait classer parmi les bêtes fauves. Les lièvres sont nomades, la responsabilité incombant au propriétaire de bois longeant les champs ensemencés est moins étendue quand il s'agit de dégâts causés par ceux-ci, que s'il s'agissait de lapins. Les lièvres ne peuvent être détruits en temps prohibé que lorsqu'ils ont été classés par les préfets au nombre des animaux malfaisants et nuisibles. Il est à souhaiter que pareille envie n'en vienne pas de sitôt à ces fonctionnaires galonnés.

L'animal le plus redoutable pour les champs cultivés est, à coup sûr, le sanglier. En une nuit, il retourne un champ, comme si le soc de la charrue y avait passé. Les fermiers de la chasse dans les forêts de l'État sont responsables des dommages causés aux propriétés voisines par ces pachydermes, lorsqu'ils n'ont pas pris les précautions nécessaires pour en empêcher la propagation. Mais, pour qu'un propriétaire de bois ou un locataire de chasse demeure responsable, il faut qu'il soit manifestement établi qu'il y a eu négligence de sa part, ou qu'il en a favorisé la multiplication. Il en sera ainsi, s'il est prouvé qu'il s'est abstenu de chasser, ou qu'il a refusé aux riverains le droit de chasser; ou si, faisant des battues, il a empêché la destruction des laies.

Un propriétaire sera responsable quand il aura fait peupler de gibier ses bois, qu'il aura laissé multiplier d'une façon préjudiciable aux voisins les animaux dont il se réserve la chasse.

Je ne nommerai la perdrix et le faisan que parce que quelques esprits fâcheux ont essayé de les compromettre : il n'est personne en ce monde à l'abri de la calomnie!

Cela dit, parlons de Jean lapin. Maître Jean est, de tous les hôtes du bois classés comme gibiers, celui qui a la plus mauvaise réputation. Cette renommée est la cause de méchantes aventures; néanmoins, il continue à vivre heureux, insouciant et gai, sans que ce fâcheux renom l'inquiète en quoi que ce soit.

En dehors de ce qui constitue sa nourriture quotidienne, le thym, le serpolet, il n'a guère souci des biens de ce monde, mais il tient à son déjeuner, à son souper, à certaines petites friandises qui donnent lieu, de sa part, à des incursions, lesquelles sont interprétées de la façon la plus malveillante.

Ce friand de rosée s'est mis à dos toute la population rurale, qui s'arroge le droit unique de propriété sur tout brin d'herbe végétant en lisière.

Cette jolie petite bête est devenue une véritable « bête noire ».

Certainement il y a beaucoup à dire contre le lapin; comme il aime à bien vivre, que sa famille est très nombreuse, il va de soi qu'il commet des dégâts, et le propriétaire d'une garenne est passible des dommages causés par cette population vagabonde. Comme bien l'on pense, les lapins ont le dos bon, ce sont eux qui font les frais de la plupart des procès. Ils ont développé les facultés spéculatives, déjà bien vivaces cependant, dans la cervelle des paysans. Il en est qui en vivent, quelques-uns s'en font un revenu sérieux ; les fredaines réelles ou supposées de maître Jean leur permettent quelquefois d'acheter un lopin de terre. C'est toujours lui qui est responsable des mauvaises récoltes, des inondations, de tous les maux dont est affligé l'homme des champs : aussi est-il exploité de toutes les façons. D'abord on le tue clandestinement sous prétexte de légitime défense ! Ensuite, son nom sert de bannière à toutes les revendications : du petit contre le grand, de celui qui n'a rien contre celui qui possède ; il devient la manifestation la plus éclatante des jalousies que suscitent les chasseurs.

Les dommages-intérêts ne sont dus qu'à deux conditions qui doivent être réunies.

Il faut, pour obtenir une réparation, un dommage justifié, appréciable, suffisamment important pour qu'on ne puisse le considérer comme une des charges naturelles, une servitude de voisinage, s'imposant aux propriétés situées à proximité d'un bois. Il est nécessaire qu'on puisse établir à la charge du propriétaire du bois une faute, une imprudence de nature à engager sa responsabilité.

Cette double justification servira de base à la condamnation, d'après une jurisprudence unanime (Cour de cassation, 21 août 1871 ; même Cour, 11 novembre 1875).

Le difficile est de déterminer le fait, imprudence ou négligence. Le champ des appréciations est illimité, si bien que l'application de la loi est soumise la plupart du temps à des conditions essentiellement variables et mobiles. Si tout le monde est d'accord sur le principe, il s'en faut qu'on le soit sur l'application : des considérations de personnes, d'opinions, d'intérêt, font pencher la balance ! Le propriétaire ou locataire d'un bois

est responsable, lorsqu'il a notoirement favorisé la multiplication des
lapins, soit en peuplant le domaine, soit en s'abstenant de prendre les
mesures indiquées pour les détruire, telles que battues, chasses et furetage. Au cas où il n'aurait procédé que très tard à la destruction, et sur
la plainte des riverains, il est également responsable. Si le bois est
entouré d'une clôture, grillage ou palissade, que cette clôture offre des
solutions de continuité, sa responsabilité est en jeu. Mais s'il est établi
que le propriétaire a pris les mesures nécessaires, que, grâce à ces
mesures, les lapins ont été réduits à un nombre relativement minime ; que
les dégâts, insignifiants, ne dépassent pas les limites de ceux qu'en-
traînent fatalement le voisinage d'un bois, il ne peut être astreint à
aucune indemnité.

Nous n'admettons pas que le riverain qui a ensemencé le sol d'une
semence délicate, dont les lapins sont particulièrement friands, soit fondé à
une réclamation. Il a fait cette semence en connaissance de cause, souvent
à dessein, afin de bénéficier du casuel des dommages-intérêts.

Lorsqu'un propriétaire de bois désire se mettre autant que possible
à l'abri de ces taquineries de riverains, il devra faire trois expertises des
terres circonvoisines: la première en octobre ou en novembre ; la
seconde en mars, à l'époque de la levée ; la troisième en juillet, avant la
moisson.

Les lapins s'attaquent de préférence au frêne, à l'acacia, peu au
bouleau, rarement au tilleul et à l'orme.

Appelé depuis longtemps le pain du garde, il est aussi la beurrée
des riverains des grands domaines : ceux-ci verraient avec une peine
extrême son extinction.

Nous ne défendons pas le lapin ; ses déprédations sont un fait ;
mais il serait à souhaiter que les tribunaux missent un terme à ces spé-
culations éhontées de cultivateurs qui, ne cultivant rien, n'ont d'autre
but que d'exploiter leurs voisins au lieu d'exploiter leurs terres. Pour
quelques grattes de lapin, ils s'insurgent ; si on les écoutait, il faudrait
que le voisin leur payât le prix de la terre qu'ils possèdent.

Lorsque la nécessité en a été reconnue, des battues peuvent être
prescrites ou autorisées pour la destruction des animaux nuisibles.

Un propriétaire qui a obtenu l'autorisation de détruire le lapin, ou
tout autre animal spécifié dans la demande, à l'aide du fusil, est tenu
d'indiquer les jours des battues au maire et au commandant de la gen-

BATTLE AU BOIS.

darmerie du département, afin que ces autorités puissent faire surveiller ces battues, empêcher qu'on ne tue les espèces de gibier à protéger, et dresser procès-verbal en cas de contravention.

Les personnes qui prennent part à une traque, doivent être munies d'un permis de chasse. A l'égard des loups et sangliers, le maire a les droits les plus étendus pour en assurer la destruction par tous les moyens possibles. Dans les battues prescrites par l'autorité compétente, il appartient au maire qui l'a sollicitée de se munir de rabatteurs ; la mission du lieutenant de louveterie qui y préside est uniquement d'organiser la traque et de placer les tireurs. L'indemnité à donner aux rabatteurs regarde le maire. L'animal tiré appartient à celui qui l'a tué : ceux des habitants qui se sont plaints des dégâts et qui, dûment appelés, ne se sont pas rendus à la convocation, sont passibles d'une amende de dix francs.

Dès qu'il s'agit de tuer des animaux qui appartiennent à autrui, on est toujours certain de rencontrer un stock de bonnes volontés.

On trouve, dans ces destructions autorisées si inconsidérément par les dispensateurs de permissions de tous genres, deux plaisirs à la fois : d'abord, celui de détruire pour détruire, ensuite celui de vexer un gros propriétaire, ce qui ne manque jamais de charmes ! Ce sentiment est tellement humain qu'il y aurait naïveté à s'en étonner.

Dans le principe, les traques étaient presque des solennités pour lesquelles le ban et l'arrière-ban des communes et hameaux étaient convoqués en vue de rendre la tranquillité à tout un pays troublé par les incursions des loups ou des sangliers. Il s'agissait alors de sécurité publique. Depuis, ces convocations ont eu pour objet de diminuer le nombre exagéré des grands animaux ou des animaux nuisibles dans une forêt ; enfin, elles se sont introduites dans la chasse proprement dite et elles sont devenues monnaie courante au grand détriment des chasses.

Les battues, les seules nécessaires, sont celles au loup, au sanglier et au lapin ; mais, puisqu'enfin elles sont entrées si avant dans les mœurs du jour pour toute espèce de gibier, nous ne les conseillerons que lorsqu'il y a beaucoup de gibier, en fin de saison.

Il y a deux sortes de battues : la battue en plaine et la battue au bois. La première est la plus difficile : les tireurs sont généralement postés sur une route ou abrités par un fossé. Poussé par des traqueurs, le gibier suit une direction que l'on peut déterminer à l'avance : les lièvres gagnent invariablement tel ou tel bois ; les perdrix prennent haut leur vol pour se

48

jeter dans les labours ou dans les remises éloignées. Or, si la route est garnie d'arbres, elles choisiront comme passage l'endroit où les arbres sont le plus écartés formant pour ainsi dire une brèche aérienne. On gardera donc de préférence les endroits où il manque un arbre. Le tir de la perdrix au rabat est sérieux ; parmi les habitués de ces sortes de chasses, il en est peu qui s'en tirent brillamment.

Au bois, c'est tout différent, le gibier se laisse facilement assassiner : si l'on est favorisé par un bon poste, on peut s'offrir le plaisir d'une tuerie en règle, sans pour cela être très savant ; il suffit d'un peu de sang-froid et de tirer passablement.

Dans les traques, il n'y a que le président de chasse, qui ait besoin de bien connaître le terrain, les habitudes, les mœurs du gibier ; les tireurs n'ont qu'à obéir, éviter de quitter avant la fin de la battue la place qui leur a été assignée. Le garde-chasse est chargé de diriger les traqueurs : il les place, accélère ou modère la marche du centre et des ailes ; il se porte là où il juge sa présence nécessaire. Les numéros d'ordre distribués, les tireurs doivent se rendre en silence au poste qui leur a été assigné. Une fois placés, il leur est prescrit de ne point abandonner leur place avant la fin de la battue même pour aller sous bois chercher la pièce qu'ils ont culbutée. Ils feront face à l'enceinte, ne tireront qu'en face d'eux où, lorsqu'ayant traversé le layon où ils sont postés, le gibier se trouvera derrière eux dans l'enceinte à laquelle ils sont adossés.

A l'apparition des rabatteurs, le tir de face doit cesser. Quand des tireurs ont été placés en retour, ceux qui occupent l'extrémité de l'aile droite ou de l'aile gauche formant le front, s'exposent, en tirant obliquement, à leur envoyer du plomb. On conjurera le danger en restant en communication avec ses voisins de droite et de gauche par un avertissement discret et monosyllabique, judicieusement ponctué par intermittences.

Avec un peu d'éducation, il n'en coûte guère de déférer aux prescriptions de celui qui nous invite.

CHAPITRE IV

GARDES. — BRACONNAGE. — COLPORTEURS. — RECELEURS. — GARDES

Le recrutement des bons gardes devient de plus en plus difficile. La récente loi assujettissant ces gardiens des propriétés engiboyées à grands frais, au bon plaisir des préfets et sous-préfets », comme on devait s'y attendre, rendu très ardu le fonctionnement de ce service indispensable aux chasses bien tenues. Cette loi porte atteinte au droit de celui qui choisit ses serviteurs; comme conséquence, elle vise directement le droit de propriété. C'est ce que l'on cherchait en attendant la main mise sur la propriété elle-même !

La politique fera désormais les frais de ces révocations arbitraires.

Dès l'instant que les gardes particuliers peuvent être révoqués comme de simples agents sur un caprice du préfet, la propriété foncière ouvre ses portes aux braconniers.

Le nombre de ces soldats du devoir, victimes bien souvent, hélas! de leur obscur dévouement, diminuera d'année en année.

Resteront, les médiocres, les hommes à tout faire. Il nous faut chercher les meilleurs, nous les attacher par de bons procédés, en faire des hommes qui fassent, pour ainsi dire, partie de la maison, s'y attachent comme à leur bien propre sur lequel ils veulent vivre et mourir. Autrefois les choses se passaient de la sorte: on était garde de père en fils sur le même domaine, celui qui était né sous le grand-père faisait tirer le premier coup de fusil au petit-fils !

Les meilleurs gardes se trouvent dans les familles de gardes dans lesquelles le fils, accompagnant son père dans les tournées, visitant les pièges, aidant à l'élevage du gibier dès son enfance, a été élevé à bonne école. Ils ont d'abord le goût du métier ce qui, avec l'honnêteté, forme les deux premières qualités requises. C'est là qu'il faut d'abord chercher ; mais le résultat n'est pas toujours heureux : les vrais gardes restent dans la pépinière où ils ont été élevés, lorsque faire se peut. Car eux aussi aiment la terre où ils sont nés, les bois qu'ils ont courus enfants, qu'ils connaissent dans leurs coins et recoins ; il en est qui envisagent un changement de pays comme un exil ; ils ne se déplacent que contraints et forcés. Le hasard joue donc un rôle dans le choix qu'on peut faire. On est arrivé à former de bons gardes avec d'anciens braconniers : ceux-là, en partie du moins, connaissent le métier, aiment le bois pour lui-même, cependant il serait imprudent de trop se fier à ce recrutement. Si un braconnier, dont la famille est honorable, ne s'est déclassé que par la passion de la chasse et du coup du fusil, par l'amour de la vie de plein air, on peut, avec certaines chances, le prendre. Mais, si en dehors de sa passion qui le discrédite, sa conduite n'a rien de régulier, s'il hante les cabarets, il sera prudent de s'abstenir, malgré les belles promesses qu'il puisse faire.

Il y a bien les anciens militaires, hommes de devoir, sur l'honnêteté desquels on peut compter : cependant, devant ce choix s'élève une objection ; c'est qu'ils sont à peu près tous dépourvus de capacités cynégétiques, et rarement ils les acquerront à l'âge où on les prend.

Passé vingt-cinq à trente ans, on apprend difficilement ce rude métier, pour lequel il faut être né, dont l'apprentissage est des plus compliqués. Un bon garde doit d'abord être foncièrement honnête, avoir une certaine éducation, être poli, connaître l'élevage du gibier, celui des chiens, leur dressage, les aimer — nous insistons sur ce point — être ferré sur le piégeage, le furetage, ne point être étranger à la culture, apprécier les dégâts que le gibier peut causer, aimer le métier ; être robuste, actif, avoir bon pied bon œil, du sang-froid, et, ce qui ne gâte rien, être conciliant tout en étant ferme.

Je n'ai pas besoin d'ajouter qu'il est indispensable qu'il sache lire, écrire, calculer, rédiger un procès-verbal. Les plus mauvais gardes-chasse sont ferrés sur ce point.

Toutes ces qualités réunies sont loin d'être communes. Si l'on trouve cet homme, — la fortune pour une chasse — il est urgent de se l'attacher, dût-on faire quelques sacrifices, le mettre à même de vivre honnêtement de sa place, non que nous conseillions les trop gros appointements, lesquels, étant donnée la nature humaine, finissent par faire des paresseux des individus les mieux doués ; cependant, il ne faut pas que le salaire soit trop maigre, parce qu'alors ce serviteur se verrait forcé de chercher une autre occupation pour vivre. Donc rémunération équitable, sans dépasser la mesure : les nombreuses primes font les bons gardes.

Les primes, plus ou moins fortes pour chaque tête d'animal nuisible, sont acceptées par les sociétés de chasse et les propriétaires. Ces primes sont prélevées sur les frais généraux, elles ne contribuent pas peu à maintenir les chasses en bon état. Mais il en est une autre que je regarderais comme plus féconde en bons résultats : c'est celle que l'on devrait affecter à chaque pièce de gibier tuée dans une chasse. Toute pièce abattue vaudrait une rémunération au garde ; plus on aurait tué de gibier dans une journée, plus le bénéfice du garde serait grand. Ce serait là un véritable encouragement non seulement pour redoubler de surveillance, mais encore pour faire tuer du gibier au propriétaire, aux actionnaires et aux invités.

Le but du chasseur est de tuer le plus de gibier possible, celui du garde, d'augmenter honnêtement ses appointements ; or, ces deux *desiderata* très naturels seraient atteints du même coup ; le salaire s'accroîtrait proportionnellement avec le gibier : satisfaction pour le garde et pour le chasseur. Cette prime légère aurait sa valeur à cause de la quantité ; en raison même de sa modicité, elle ne pèserait guère sur les individus ; de plus, elle pousserait les gardes à la faire se multiplier.

Un garde marié vaut-il mieux qu'un garde célibataire ? Les opinions sont partagées. Quand l'habitation du garde tient à celle du maître, un célibataire est plus entièrement au service de celui qui l'emploie ; mais si le garde est logé isolément, il vaut mieux qu'il soit marié.

Il n'est guère, nous semble-t-il, besoin d'en déduire les motifs : sa femme, ses enfants aideront le garde dans les menus soins d'élevage et du chenil ; il ne s'attardera pas dans les auberges, ce qui est à considérer.

Un bon ménage est souvent une garantie ; nous sommes enclins à lui donner la préférence, vu qu'il confirme notre théorie sur la génération de gardes se succédant au service des grandes familles.

Il est admis qu'un seul garde suffit pour cinq ou six cents hectares en temps ordinaire.

En groupant, en guise de portrait, les qualités que doit avoir ce garde, nous avons ouvert la voie à l'induction sur les devoirs. Nous insisterons uniquement sur l'irrégularité voulue qu'il doit apporter dans ses tournées, afin de laisser toujours sur le qui-vive les braconniers qui s'inquiètent de ses faits et gestes plus qu'il ne le souhaiterait; tournées de nuit, tournées de jour doivent être des surprises.

Dans les rondes nocturnes, les grands chiens bien dressés sont de puissants auxiliaires; il serait à souhaiter que chaque garde se fît accompagner par un de ces molosses aussi obéissants que fins d'entendement. Ces chiens de nuits sont féroces peut-être, mais, défendant leurs maîtres, ils sauveraient la vie à bien des gardes. Un de ces animaux suffisamment dressé, docile, obéit à toute injonction, sautant sans balancer sur ceux qu'on lui désigne, se faisant tuer plutôt que de reculer.

Dans les bois, en rase campagne, comme il n'y a rien à faire au milieu de la nuit, il est certain que ceux que l'on rencontre n'y sont ni pour admirer le paysage, ni pour étudier l'astronomie: ce sont gibiers à chiens de nuit. Le chien n'a point de sensiblerie mal placée, il possède la notion du juste et de l'injuste; il ne connaît que la consigne. J'estime qu'il évitera en bien des cas les conflits à main armée.

Si les bons gardes font les bonnes chasses, les mauvais les ruinent. A côté de ces soldats du devoir, il en est qui ne voient dans la chasse qu'un moyen d'arrondir leur pelote en rançonnant les chasseurs.

Alors que les premiers travaillaient l'hiver en tout temps, risquant leur santé, leur vie, ceux dont nous voulons parler se reposaient, ne voulant avoir rien à démêler avec les braconniers; mais, dès que la chasse est ouverte, que tout danger est passé, ils se mettent en campagne, non pour veiller à ce que les gens sans permis ne puissent chasser, mais pour vexer de mille manières les chasseurs et leur soutirer une pièce quelconque.

Chaque année, ils sont l'objet de plaintes amères.

A peine l'ouverture a-t-elle sonné que l'on aperçoit ces assermentés dont l'unique but est d'exercer des vexations sur tout malheureux portant un fusil.

C'est littéralement une armée d'estafiers à l'œil louche, qui en veulent à votre bourse. Ils verbalisent à tort et à travers, entassant mensonges sur mensonges pour amener un prétendu délinquant devant la police correctionnelle. J'en ai vu laisser des chasseurs ne connaissant pas bien le pays s'engager sur des terres qu'ils gardaient, alors qu'ils auraient pu et dû les prévenir : tout cela afin d'y aller de leur petit procès.

C'est une véritable croisade contre les chasseurs ; certains maires qui, pendant tout le temps de la clôture de la chasse, n'ont point voulu prendre un arrêté contre les chiens errants, soutiennent ces gardes, qui ne brillent que par leur mauvaise foi et leurs faux témoignages. Des propriétaires d'une moralité douteuse incitent même les hommes qu'ils emploient à ce métier de détrousseurs de passants.

Si l'on doit protéger les bons gardes, les défendre en toute occasion, un propriétaire qui se respecte doit chasser incontinent ces drôles, lesquels, au fond, se moquent du patron et ne visent que leur escarcelle. Ce sont ces gardes déclassés qui font, de gaîté de cœur, germer des haines indestructibles contre les propriétés gardées.

L'ennemi du chasseur, c'est le braconnier.

Les braconniers sont les anarchistes du plein air : forêt, plaine, marais ; destructeurs impitoyables, ils détruisent à cœur joie une des plus belles richesses de la France. On peut les diviser en deux catégories : ceux qui chassent sans permis en toute saison, la nuit par tous les moyens, à l'affût, à l'aide de collets et de filets ; ceux qui ne chassent qu'au fusil sans permis en temps prohibé ou en temps d'ouverture.

Les premiers sont les bêtes puantes de l'espèce, deux ou trois de ces malfaiteurs suffisent pour dévaster tout un pays, y détruire jusqu'au dernier lièvre ; ils ne placent leurs engins qu'après nuit close et les relèvent avant le jour. Ce n'est pas seulement dans les haies qu'ils tendent les collets, ils le font en plein taillis ; un brin d'herbe coupé ou simplement couché indique le passage du gibier, ils se trompent rarement ; en temps de neige, ils inspectent les voies du lièvre, tendent sûrement leur piège à l'endroit du passage. Dans les plaines malheureusement dépourvues d'arbres, ils se servent de filets, appelés « drap des morts », mesurant jusqu'à trois cents pieds, et opèrent des razzias dont on soupçonne peu l'étendue. Ils détruisent pour détruire, dans leur intérêt personnel, sans la circonstance atténuante que présente la passion de la chasse. Ce sont des maraudeurs malfaisants, des voleurs par escalade.

Le braconnier au fusil cause relativement peu de dégâts, qu'il chasse en plein jour clandestinement, ou qu'il affûte, et cela pour trois raisons : la première c'est qu'un coup de fusil tue seulement une pièce ; la seconde que les braconniers à l'affût sont bien moins nombreux que les autres ;

la troisième, enfin, c'est que leur mode de procéder les rend plus cir-conspects, car une détonation attire fatalement l'attention. Il est donc moins redoutable que l'autre ; si le fusil de l'affûteur tue dix lièvres par an, le colleteur en prend cent vingt-cinq à cent cinquante !

La tendue des lacets pour perdrix n'est pas moins meurtrière que la tendue pour lièvres. Le tendeur opère à la lisière des bois, des haies vives, au bord des champs de blé, d'orge et de sarrasin. Il commence par s'assurer du cantonnement habituel d'une ou deux compagnies et des couverts où elles se remisent. Là, il dispose une cloison serrée de 20 centimètres environ de hauteur, dans laquelle il ménage de place en place des ouvertures qu'il garnit de lacets de crin assujettis à des piquets. On trouve de ces tendues dans les taillis, dans les vignes, dans les plants de pommes de terre. Le long des haies vives, le braconnier n'a pas recours aux cloisons plus ou moins longues comme dans les couverts, mais il complète l'impénétrabilité de la haie sur une certaine surface, puis place ses collets aux ouvertures naturelles.

Voilà pour les chefs de file.

Sont encore braconniers, les faucheurs qui écrasent les couvées de perdrix, ou les enlèvent pour les vendre. Fruits du braconnage, ces chapelets d'œufs de gibier suspendus sur les cheminées de fermes ; dans un village de trois cents feux, il y en a au moins cent qui étalent ces tristes trophées.

Les couvées de toutes espèces appartiennent de droit au propriétaire foncier ou à son représentant légal, le locataire de la chasse ; eux seuls ont autorité, pour prendre les nids, non cependant pour les détruire, mais pour en favoriser l'éclosion et veiller à leur élevage. La loi de 1844 est formelle. Ce qu'il y a de lamentable, c'est que des gardes, désireux d'augmenter le gibier de leurs chasses, n'hésitent pas à se faire com-plices de ces voleurs en achetant ces œufs dont ils feignent de ne pas connaître l'origine.

Cette funeste industrie est d'autant plus redoutable qu'elle s'exerce concurremment avec les travaux faits en plein air là où il n'y a point de moyen de contrôle : elle fait un tort considérable à la chasse.

Le nombre des braconniers, considérablement accru depuis trente ans, forme presque un corps dans l'État : les drames du braconnage aug-mentent de jour en jour. Sous prétexte d'humanité, on intervertit les rôles, on s'apitoye sur le bandit que l'on regarde comme une victime, tandis que le garde est voué à la malédiction. Ces humanitaires sont étonnants ; ils trouvent des notes attendries pour ces irréguliers, voleurs de profession, qui finissent souvent par l'assassinat, et cet assassinat, ils l'excusent, parce que, dans leur prétendue logique, il est la conséquence forcée du vice des institutions sociales et qu'il est reconnu comme professionnel. Par contre, les gardes sont gibier de potence dont un coup de chevrotine est la fin tout indiquée.

Si les braconniers n'avaient pas de complices dans les marchands, les coquetiers, les restaurateurs, le nombre ne tarderait point à diminuer ; plus de colportage, plus de vente ni d'achats de gibier clandestin.

Les sociétés pour la répression du braconnage doivent exercer leur surveillance tout particulièrement sur les marchands revendeurs et les restaurateurs.

Un gros bonnet d'entre eux, connu pour son art à flatter le palais des gourmands, me disait un jour : Il me faut pour mon établissement des perdrix prises au filet ; ma clientèle de choix ne tolérerait pas qu'on lui présentât un gibier endommagé par un coup de fusil. La partie touchée par le plomb s'avance plus vite que les parties non frappées ; de là une accentuation de fumet que les gourmets redoutent. Il serait mal séant de leur servir une perdrix dont la couleur ne serait pas uniforme, ce que nous ne pouvons obtenir d'un oiseau tué au fusil, qui conserve toujours une rougeur sanguine à l'endroit où il a été frappé, je suis obligé de m'incliner devant le goût de ceux qui m'honorent de leur confiance. N'est-ce pas là un aveu dépouillé d'artifice ?

Voilà un restaurateur ayant pignon sur rue, appelé par la correction de sa maison à donner la becquée à la fine fleur des viveurs qui, pour complaire à ses clients, se croit obligé de traiter avec des braconniers pour se procurer des perdrix prises au filet !

Une fois la chasse fermée, le fait de servir du gibier dans une auberge doit être assimilé à la vente en temps prohibé.

Après clôture, un délai de quelques jours, accordé aux détenteurs de gibier, est suffisant pour que, passé une semaine, la loi puisse être appliquée dans toute sa rigueur.

Dans le grand-duché de Bade, à partir du quinzième jour qui suit celui où une espèce de gibier est réservée, jusqu'à l'expiration du temps prohibé, est considéré comme vente le fait d'en servir dans les auberges et ce délit est puni d'une amende de 20 à 150 marks.

49

Reste le point noir : les conserves!

Les conserves ne sont qu'un pavillon inventé pour couvrir la fraude. Pour couper court à ces roueries qui ne trompent personne, le gibier, même à l'état conservé, devrait être assimilé à une vente défendue.

Ces conserves ne répondent à aucun besoin. On ne nous fera jamais croire que l'on ne saurait se priver de venaison pendant l'espace de six mois. Ce sont là des hypocrisies auxquelles on a recours pour éluder la loi.

CHAPITRE V

Balance de la nature. — Tout animal créé a sa raison d'être.

Protection des petits oiseaux

L'infinie sagesse qui a présidé à la création de tout ce qui vit et respire n'a pu se tromper, ni nous tromper; il est évident que dans le monde organique tous les animaux ont leur raison d'être, qu'aucun n'a été créé sans motif. Dans l'ordre naturel comme dans l'ordre moral, le mal est à côté du bien, c'est la loi !

Sans doute, le but utile de certaines créations nous échappe, parce que tout est mystère dans la nature, et que, s'il est permis à nos intelligences bornées de les étudier, il ne nous appartient point de les comprendre.

Les mots : « balance de la nature » expliquent fort bien, en langage humain, les raisons primordiales qui ont présidé aux créations.

Nous affirmons ceci, c'est que l'homme ne peut s'en prendre qu'à lui de certains fléaux qui s'abattent sur la campagne. Par des destructions absurdes, malgré les leçons de l'expérience, il dérange sans cesse l'équilibre voulu !

Ici ce sont les hiboux, auxquels on a déclaré une guerre d'extermination; ailleurs les moineaux sont proscrits : aujourd'hui tel animal, demain tel autre. L'homme a en lui un besoin inné de destruction; quand il opère dans cette voie, il va loin.

Les anéantissements des espèces amènent à leur suite des châtiments; ces châtiments sont des fléaux dont on se plaint quand il est trop tard.

Il n'est cependant pas malaisé d'allier cette théorie conservatrice, surprenante peut-être au premier abord, avec celle que nous soutenons, à savoir : qu'il faut protéger le gibier contre ses ennemis naturels. En principe, la nocuité d'un animal, si l'on excepte le renard, le putois, la belette, le chat, la martre et quelques autres, nous semble décidée avec une légèreté qui n'a d'égale que la facilité avec laquelle on se déjuge deux ou trois ans plus tard. Il en est que nous condamnons sans les avoir vus à l'œuvre : tel le hibou brachyote, ce grand chat-huant jaune qui fait une guerre acharnée aux mulots. Lorsqu'on parle de destruction, on prend ce mot beaucoup trop à la lettre. Nous devons, en bonne sagesse, entendre par là éclaircir les rangs, en un mot, avoir en vue un émondage salutaire.

Si l'on voulait réfléchir, en logique tout animal serait nuisible, parce qu'il n'en est pas beaucoup qui, par un certain côté, ne vivent aux dépens de l'homme. Le fait est exact : la mouette s'approprie le petit poisson qu'attendait, avec sa ligne, un pêcheur ; la perdrix, se dressant sur ses ergots, butine après des épis de blé, dont les graines eussent été bien venues par le propriétaire du champ. Ainsi de suite : le loriot mange des cerises, la grive manifeste d'une façon éloquente son goût prononcé pour le fruit de la vigne ; le bouvreuil est friand de bourgeons d'arbres fruitiers, le tarin est granivore, le lièvre lui-même s'attaque aux labiées odorantes dont on fait cas, etc. Tous les animaux : oiseaux, mammifères, prélèvent un droit sur le patrimoine que l'homme revendique comme lui appartenant uniquement.

Reste à savoir si l'animal mis en suspicion fait plus de mal que de bien.

Nos chasses sont si exiguës, le terrain accordé à la faune est si restreint, qu'il est utile de protéger les espèces sans défense contre celles qui, comme l'homme, ne vivent que de déprédations. Il est clair que, dans ces conditions, ce sont ces dernières qui auraient le dessus. La raison du plus fort triompherait là comme ailleurs.

Nous ne sommes plus, hélas! à l'âge des longs espoirs, des roses pensées ; il s'en faut que nous prenions des utopies charmantes pour des réalités : les déclins de toute sorte nous font apprécier la situation ! Il est évident qu'une chasse bien engiboyée, gardée avec une extrême vigilance, sur laquelle il n'existerait point un animal nuisible, produirait du gibier à foison ; que les grands vides opérés pendant la saison de guerre, se combleraient d'eux-mêmes. Ce que nous voulons affirmer, c'est que la radiation du globe des espèces les plus mal famées d'apparence ne nous causerait que des mécomptes. Faisons une distinction entre les animaux réellement nuisibles et ceux qu'un caprice irraisonné voue à une destruction sans appel.

Quant à la question des oiseaux insectivores auxiliaires nés de l'agriculture, auxquels on fait une guerre aussi acharnée que ridicule, au moyen des filets de la pipée, de la raquette et de la glu, il importe qu'on s'y arrête tout particulièrement. Ces bestioles, le charme des jardins, diminuent d'une façon sensible dans toute l'étendue de la France, il n'est que temps d'aviser à ce qu'il leur soit accordé une protection spéciale.

D'après le *Journal de l'Agriculture*, on a évalué à 300,000 le nombre d'œufs d'insectes qu'une mésange dévore en quelques heures ; à 16,000 le nombre de moucherons exterminés par une hirondelle pendant chaque séjour qu'elle fait en notre pays ; à 6 ou 7,000 le nombre d'insectes de toute sorte qu'un couple de mésanges distribue à ses petits pendant le temps que dure l'alimentation au nid ; à 300 le nombre de limaces que consomme chaque jour un couple d'étourneaux nourrissant leurs petits.

Les oiseaux insectivores se livrent ainsi dans des proportions plus ou moins importantes, suivant leur taille, à de véritables hécatombes de larves de chenilles et d'insectes. On voit combien serait utile une protection sérieuse à ce petit peuple de travailleurs, qui ne nous demande rien et ne fait jamais grève, si on le laisse agir.

Les hirondelles sont des gendarmes ailés de la plus grande utilité ; il en est de même des fauvettes, des gobe-mouches ou becfigues, du roitelet huppé, du rossignol, du rouge-gorge, des queues-rouges, de la sitelle, des traquets, des tarins, des motteux, du troglodyte, du grimpereau, du pic au bec puissant destructeur d'insectes, tant sur les arbres que sur les cimes, les toitures ; de combien d'autres !

Ces petits inspecteurs de nos jardins sont autant d'ouvriers sur lesquels on peut compter, pour combattre les légions d'insectes nuisibles. Si le nombre des ennemis des plantes s'accroît de cette façon, c'est parce que les ouvriers chargés du nettoyage des branches s'en vont ; l'homme se creuse vainement la tête dans le but de trouver un moyen d'enrayer le mal.

Nous avons sous la main le remède et nous n'en avons cure. On dit aux propriétaires, fermiers, agriculteurs, possesseurs de jardins qui se lamentent : « Protégez les petits oiseaux ! » ils ne tiennent aucun compte de l'avis. Ils laissent les enfants s'attaquer à tous les nids du bois, du jardin et du verger : souvent même ils les aident à installer leurs trophées d'œufs sur la cheminée de la maison.

Les chats, les enfants, les oiseleurs, les gamins des villages, les garçons de ferme, les dénicheurs de nids, les oiseaux de proie, voilà les ennemis des récoltes.

A entendre les farceurs des laboratoires, la chimie aura raison de tout cela : chenilles, vers blancs, insectes dévorants, n'ont qu'à se bien tenir ! Jusqu'alors la chimie n'a réussi qu'à empoisonner les hommes en falsifiant toutes les denrées alimentaires assurant une jolie fortune aux adeptes de la tromperie et de la fumisterie ; mais ses inventions de haut goût n'ont point trouvé prise auprès de ces peuplades minuscules qui dévorent la campagne, celles-ci montrant en la circonstance qu'elles sont moins bêtes que les inventeurs.

Quand une espèce disparaît, c'est au détriment d'une autre : ces insectes, ces vers qui, eux, végètent dans la terre, sur les plantes et les fruits, sont destinés à alimenter une multitude d'oiseaux dont ils sont l'unique nourriture. Du jour où l'on supprime ces familles dévorantes, auxiliaires de l'homme, puisqu'en subvenant à leur vie quotidienne, elles débarrassent les moissons des parasites qui les rongent, on a mauvaise grâce à se plaindre de ces fléaux dont notre stupidité est la cause.

J'ai parlé de la consommation d'insectes que font les mésanges et les hirondelles ; le rouge-gorge consomme chaque jour une moyenne animale représentant un ver de terre long de 4 à 5 mètres ; la grive mange en un seul repas une énorme chenille équivalant, si l'on tient compte de sa taille, à une cuisse de bœuf pour un homme.

En principe, il n'y a pas un seul oiseau qui ne contribue peu ou prou à la salubrité des champs. Je n'en excepte même pas le moineau, en dépit des petits méfaits qu'on lui reproche ; les petites chenilles, les papillons blancs, les hannetons, savent à quoi s'en tenir à son égard.

Pauvre petite alouette, si bien chantée par Du Bartas, tu n'as vraiment pas de chance avec ceux qui se croient prédestinés à représenter notre gai pays dont tu es l'emblème. Il y a dix ans, un préfet te déclarait animal nuisible; aujourd'hui en voici un autre qui vise à l'extinction complète de ta race, en demandant que ta chasse soit autorisée en tous temps à l'aide de filets. Console-toi, dans un récent concours en Normandie pour la destruction des animaux nuisibles, on a accordé une prime à un garde qui avait présenté trois têtes de bouvreuils !

CHAPITRE VI

Un mot sur les locations de chasse. — Terrains clos. — A propos de l'ouverture. — Droits du propriétaire. — Droits du chasseur. — A qui le gibier. — Royauté de la chasse.

Depuis que l'on fait argent de tout, que la chasse elle-même est exploitée comme le serait une mine à charbon, par ceux mêmes qui n'attendent point après les revenus que cette exploitation d'un nouveau genre peut donner, les locations ont acquis une importance énorme. Il nous paraît donc utile de rappeler à nos lecteurs l'intérêt qu'ils ont à ce que les dispositions particulières de l'acte de location qu'ils signeront soient précises. Indépendamment des prix exorbitants des chasses tant soit peu importantes, qui finiront par lasser les meilleures volontés, plusieurs causes contribuent à rebuter les amodiateurs. Nous en signalerons en particulier deux : les termes ambigus dans lesquels sont souvent rédigés les traités de location qui donnent lieu à des contestations ; les modifications de cultures, notamment les défrichements.

Avant de signer un bail, il est nécessaire de bien étudier, article par article, le cahier des charges, de s'assurer des droits conférés par la location, de se pénétrer des devoirs du locataire et du propriétaire. Aucune clause ne saurait être laissée à l'appréciation ; le droit de chacun devra être délimité exactement.

En ce qui concerne les modifications de culture, il est nécessaire d'établir une distinction entre la plaine et le bois.

Il est de l'essence même de la culture de la plaine, que cette culture soit modifiée chaque année ; le fermier n'ensemencera point deux ans de suite le même champ avec du blé ; on ne saurait le contraindre à perpétuer de la luzerne là où elle se trouvait au moment de la location. C'est là un cas que le bon sens résoudra sans qu'il soit besoin d'insister.

Il n'en est pas de même pour le bois.

Si je loue trois cents hectares de bois avec un bail de neuf ans, il me semble équitable que le bois soit maintenu, pendant la période du bail, dans l'état dans lequel je l'ai loué. Je ne parle point, bien entendu, des coupes annuelles ; mais je pense que si, après la première location, le propriétaire foncier se met à défricher une partie de ce bois, y établit des carrières pour l'extraction des cailloux ou de la pierre, il outrepasse ses droits. Ces défrichements, non consignés dans le bail, me causent un préjudice réel ; ces travaux poussés avec activité au cœur de la chasse dont je suis devenu acquéreur, peuvent être une cause de résiliation. Par le fait de ma location, je me suis substitué au propriétaire pour une exploitation déterminée, il ne saurait lui être facultatif d'entraver cette exploitation, ainsi que cela arriverait, s'il défrichait ou faisait extraire de la pierre de la propriété que je tiens de son consentement.

Par le fait du bail, est permis au locataire de prendre, pour la conservation du gibier, toutes les mesures qui lui semblent utiles, à condition que ces mesures n'apporteront aucune entrave sérieuse aux droits du cultivateur. Ainsi, pour se mettre en garde contre les panneaux, a-t-il le droit de faire épiner les terres qu'il a louées. L'épinage est indispensable dans les vastes plaines plates, en favorisant la multiplication du gibier, il empêche le braconnage.

Il est bien évident que, du moment où le chasseur ne transforme pas la plaine en roncier, l'épinage des champs ne cause aucun préjudice au fermier. Pratiqué dans la mesure habituelle, c'est-à-dire cinquante épines environ pour une pièce de chaume de dix hectares, l'épinage ne lèse en rien les intérêts du cultivateur. Alors que celui-ci a signé le bail, il a dû se rendre compte qu'il devait subir quelques inconvénients du droit de chasse, si inconvénients il y a dans l'acte que nous précisons. Le jour où le fermier aura besoin de faire labourer son champ, il enlèvera les épines, son droit est incontestable ; mais si, par taquinerie, il enlevait sans motif ces épines protectrices, il pourrait, croyons-nous, s'exposer à ce qu'on lui réclamât des dommages-intérêts. Ces dommages-intérêts pourront être assez importants s'il est constaté que, depuis l'enlèvement des épines, les braconniers ont traîné leurs filets sur la plaine.

Un bail doit être rédigé sur papier timbré à 60 centimes et enregistré ; ce point est important. Il doit en être fait autant d'originaux qu'il y a de parties contractantes.

La question des terrains clos sur lesquels on peut chasser en tout temps et sans permis donne toujours lieu à des controverses, bien que la solution nous paraisse absolument limpide.

Ainsi là, des bricoleurs de profession loueront deux ou trois arpents de terre en bordure d'une propriété bien engiboyée, entoureront ce lopin de terre d'un méchant grillage, construiront sur le terrain, si déjà elle n'existe pas, une chétive bicoque, et, par ce fait, ils profiteront de leur situation pour tuer en tout temps, sans permis, le gibier élevé à grands frais par leur voisin. Sur un autre point, on verbalisera contre un petit propriétaire qui aura tiré dans son jardin, ou verger, ceint d'une légère haie, étourneaux, loriots ou merles.

Ce simple rapprochement, consignation d'un fait journellement observé, fait voir comment est interprétée la loi !

La faculté accordée par l'article 2 de la loi du 3 mai 1844 au propriétaire ou possesseur, de chasser ou de faire chasser en tout temps dans son domaine entouré d'une clôture continue attenant à une habitation, a eu pour objet de protéger l'intégrité du domicile, de telle sorte que nul ne puisse y pénétrer du dehors sans violer ce domicile. On ne pouvait soumettre la propriété close au régime commun, sans porter atteinte au principe du droit. Le législateur, afin d'éviter les abus, a déclaré qu'il ne suffisait pas, pour jouir de ce privilège, que dans le terrain clos il se trouvât une construction susceptible d'être habitée ; il fallait encore que cette construction fût, sinon actuellement habitée, au moins destinée à l'habitation. S'il en était autrement, un rendez-vous de chasse établi au milieu d'un bois de deux cents hectares, entouré d'un treillage, constituerait un endroit privilégié échappant à la loi.

La seconde condition indiquée est que le terrain soit entouré d'une clôture continue, faisant obstacle à toute communication avec les héritages voisins : mur, grille, pal, grillage en fil de fer, haies vives ou sèches, si elles offrent par leur hauteur, leur solidité et leur épaisseur un obstacle sérieux à qui voudrait les franchir. Il demeure acquis que ces clôtures ne doivent point avoir de solution de continuité. Une barrière s'ouvrant à volonté n'infirme pas les qualités de propriété close.

Un jugement du tribunal de Marseille du 17 septembre 1844, cité par Dalloz, a considéré comme suffisamment close, une propriété bornée par une route, dont les berges avaient quatre mètres d'élévation. Enfin, l'eau établit une clôture dans le sens de l'article 2, suivant plusieurs juris-

consultes, quand elle est suffisamment large et profonde pour former
un obstacle, qu'elle soit une propriété privée ou qu'elle ne soit ni navi-
gable ni flottable. Si le cours d'eau est public, il faut qu'il soit non navi-
gable ni flottable, car autrement, il serait assimilé à une grande route.
Un fossé plein d'eau, ne pouvant pas être franchi sans effort, est considéré comme une clôture. L'avis général, au sujet de la clôture par l'eau,
est qu'il n'y a de clôture que lorsque celle-ci empêche la communication
avec les héritages voisins.

La première condition pour bénéficier de l'article 2 de la loi de 1844
est que la possession soit attenante à l'habitation ; la propriété close
doit être la continuation du domicile, elle n'en doit être séparée ni par
une route ni par une rivière.

Occupons-nous à présent de l'ouverture relativement aux conflits
qu'annuellement ce jour de liesse fait naître.

L'ouverture de la chasse est un peu comme le premier jour des
vacances des lycéens. Toutes les campagnes sont envahies dès l'aube.

Les jeunes chasseurs, — élèves de première année en général, —
regardent la campagne comme un pays conquis, broussant à travers tout,
n'ayant souci ni des récoltes ni des clôtures qu'ils brisent avec la
désinvolture de poulains débarrassés d'entraves.

Le libre exercice de la chasse, le jour de l'ouverture en particulier, envisagé comme une fête, ne doit point être marqué par des
conflits regrettables ou d'interminables taquineries. Afin de prévenir des
tracasseries qui d'ordinaire assombrissent l'inauguration de la vie en
plein air, rappellons aux uns et aux autres : chasseurs et cultivateurs, les
droits d'un chacun.

Tout plaisir en ce monde vit de concessions, la liberté de l'un ne
doit, en aucun cas, être préjudiciable au droit de l'autre. Que la chasse
soit libre ou bien qu'elle soit louée, il est de droit élémentaire qu'un
chasseur a à s'abstenir de traverser les récoltes encore debout telles que :
avoines, blés, orges, sarrasins, trèfles rouges en graine, plants d'œillette,
vignes. En dehors de la vigne, dont l'ouverture est réservée, les avoines,
les seigles, en particulier les sarrasins, sont presque toujours endom-
magés par le passage même d'un chien. Il convient donc d'empêcher
votre fougueux ami de les traverser, à moins que vous n'ayez la permission expresse du propriétaire. Le passage d'un chien dans un trèfle ne
cause pas grand dommage, cependant le maître du champ peut s'y opposer.

Les pommes de terre, les betteraves ne sont pas dommageables par le passage du chasseur; ce serait vraiment mauvaise volonté que d'en interdire l'accès. Quant aux chanvres, s'ils ne sont pas en pleine maturité, un chien qui les bat ne saurait leur causer de préjudice; il en est de même des maïs. Pour les tabacs, il ne faut, sous aucun prétexte, les traverser; à ce propos, je rassurerai les chasseurs en leur disant que le gibier fuit généralement ces abris. Il est aussi défendu de franchir une haie clôturant un potager ou un champ.

Les cultivateurs sont soucieux à juste titre de conserver le fruit de leurs travaux; les gardes-messiers sont chargés de les protéger. A tous nous demanderons une tolérance aussi large que possible en tant que leurs droits ne seront pas lésés. Que les chasses libres ou louées ne soient point des traquenards autour desquels chaque pas provoque une contravention! Les champs réservés doivent être convenablement épinés, ou porter ostensiblement aux deux extrémités un écriteau constatant la défense de chasser. Qu'il ne suffise pas qu'un chasseur mette le pied dans une pièce de betteraves, pour que derrière une haie surgisse un garde aposté exprès pour dresser procès-verbal. On n'est point en contravention parce qu'on met le pied sur une terre réservée qui ne porte aucun écriteau, alors que le délinquant se retire immédiatement sur l'injonction qui lui en est faite.

Avec des concessions, de la loyauté de part et d'autre, les communes bénéficieraient dans de justes limites de la passion des fils de saint Hubert et les chasseurs ne se verraient point gâter leur plus doux plaisir qu'ils achètent souvent si cher.

Passons aux contestations qui s'élèvent entre les chasseurs au sujet de la propriété du gibier. Plusieurs coups de fusils partent en même temps après une compagnie de perdrix, de laquelle il se détache une seule victime frappée par le plomb. Chacun d'habitude revendique la malheureuse et croit, de bonne foi, l'avoir fait passer de vie à trépas. Entre gens de bonne compagnie, c'est assez la coutume de l'abandonner au premier occupant, c'est-à-dire à celui qui le premier la ramasse. Cependant, il n'en est pas toujours ainsi. Nous avons assisté à de vives discussions tournant rapidement à l'aigre-doux. Dans le cas précité, si tous les chasseurs ont tiré simultanément, toutes les détonations n'en ayant fait qu'une seule, il est assez difficile de distinguer. Je sais bien qu'un chasseur consciencieux connaît huit fois sur douze si son plomb a porté;

seulement tous les tireurs ne sont pas aussi expérimentés ou n'ont pas cette conscience scrupuleuse.

Celui qui n'a pas tiré et a observé la fusillade est tout indiqué pour trancher la question ; il peut, s'il a suivi le vol, apprécier exactement à quel moment précis la pièce est tombée. Si personne n'est à même de rendre ce jugement qui doit être sans appel, la pièce tombée demeure au plus audacieux qui a mis la main dessus.

Parfois l'équité n'a rien à démêler avec ce procédé; mais qu'y faire? Un perdreau ne vaut pas une dispute : dans les affaires de ce monde, l'audacieux réussit toujours. Si, en thèse absolue, le gibier appartient à celui qui l'a tué ou mis en état de non-survivance à son coup de feu, il se présente des cas où deux chasseurs revendiquent la même pièce avec une certaine apparence de raison, bien qu'en fait, en y regardant de près, elle doive être la propriété d'un seul, et que le possesseur légal soit clairement désigné.

Un chasseur tire un faisan qu'il fait basculer; mais l'oiseau continue son vol pour gagner le bois, un tireur, à 20 mètres du premier, ajuste l'oiseau et le fait tomber. Dans ce cas, il nous paraît évident que la pièce appartient au second, bien que le premier l'ait blessée, car, sans ce second coup de fusil, elle fût allée du même vol au bois, où non seulement on n'aurait pas pu la retrouver, mais où peut-être elle ne serait point morte. Le premier coup de fusil ne l'avait point empêchée de fuir, elle continuait à être gibier volant, objectif légal de tous les autres chasseurs. Un faisan frappé d'un coup de feu en plaine tombe sur le coup et se met à courir pour gagner un fourré, il est sinon la propriété, du moins le bien sur lequel le tireur a mis des arrhes. Or, si un second tire l'oiseau à pied, l'arrête avant son entrée au bois, il ne saurait s'en déclarer le propriétaire. Il n'a fait, en l'espèce, que rendre un service au premier en empêchant la pièce d'être perdue, c'est à tort qu'il l'a réclamerait.

Ces deux cas délimitent parfaitement les nuances.

Un chasseur tire un lièvre, lui casse une cuisse. l'animal continue sa route ; cinquante pas plus loin, un individu lui envoie un coup de fusil, le roule. Le lièvre appartient de droit à celui qui a tiré le dernier; nous nous basons sur ce fait, qu'un lièvre qui a la cuisse cassée est loin d'être un lièvre pris et même mort. L'expérience est là pour le prouver. La grave blessure, mais non organique, que l'animal a reçue dans la circonstance prise pour exemple, a pu rendre le coup plus facile au second chasseur, mais ce sont là jeux de la vie ; ils n'infirment en rien la légalité de la capture.

Cependant, lorsqu'un chasseur, après avoir brisé la cuisse à un lièvre, appuie à la poursuite de l'animal blessé un chien très vite, que ce chien le gagne de vitesse, comme il y a de grandes probabilités pour que le lièvre soit blessé ailleurs qu'à la cuisse et que le chien est en mesure de le prendre à un moment donné, les chasseurs témoins du coup de fusil ou seulement de la poursuite du chien n'ont pas le droit de le tirer.

Le chasseur poursuit son action de chasse avec l'aide du chien, dès lors la mainmise sur le gibier est un acte indélicat semblable à celui de chasseurs embusqués qui tiraient un lièvre devant des chiens courants. Les uns et les autres contreviennent aux lois de la chasse.

En chasse, les porte-carniers seraient d'excellents juges des coups contestés s'ils étaient impartiaux; ils ont l'œil exercé, se trompent peu. Seulement, quelquefois ces messieurs ont leur vanité qui les porte à une grande indulgence en faveur de leur maître à la journée.

J'ai été témoin de ces rivalités de porte-carniers particulièrement amusantes ; il y aurait à craindre l'influence de la pièce blanche : la corruption électorale se glisse partout, même à la chasse.

Les votes s'achètent au grand jour, la royauté de la chasse, cette aimable royauté d'un jour, se paie aussi derrière une haie ou à quelques enjambées d'une remise ; l'amour-propre des chasseurs étant aussi intense que celui des poètes et manieurs de plume en tout genre !

La bonne éducation seule mettra fin à des discussions regrettables. La chasse, un divertissement, ne doit pas dégénérer en indélicatesses blessantes. Couramment, en ces parties de plaisir, la parole d'honneur part aussi vite que le coup de fusil des débutants.

En gens bien élevés, on ne conteste point ces paroles d'honneur, instantanées comme la conflagration de la poudre, seulement on fait ses réserves *in petto*, et on s'arrange afin de tirer tout seul la prochaine pièce de gibier.

La royauté éphémère soulève aussi quelquefois des contestations. On est d'accord qu'elle appartient à celui qui compte le plus de pièces à son actif, sans pour cela qu'aucune hiérarchie soit établie entre les pièces de gibier abattues. Il faut seulement que ces pièces constituent un gibier. C'est là que l'on rencontre parfois des divergences d'opinions.

D'aucuns refusent à la grive, au pigeon ramier, le droit de figurer comme nombre sur le palmarès glorifiant cette pacifique royauté.

Nous pensons que ces dédaigneux se montrent par trop rigoureux ; et, en dépit de la sentence de Blaze : « Que oncques elle (la grive) ne sauva qui que ce fut de la bredouille », nous sommes enclins à croire que la grive mérite bien de compter au tableau. On éprouve autant de plaisir à tirer des grives que des lapins, et nous persistons à penser que si, sur deux chasseurs rentrant au logis avec le même nombre de pièces, l'un d'eux avant de désarmer a la chance de décrocher une de ces aimables mangeuses de raisins, il devra être considéré comme le roi de la journée, car il aura une pièce de plus.

Le dédain pour la grive ne me semble pas raisonné : cet oiseau fait excellente figure sur la table.

CHAPITRE VII

Arrivé où nous en sommes de cet ouvrage, il serait superflu de faire
l'éloge de la chasse : chaque chapitre, chaque page témoignent suffisamment de l'action passionnelle que, de tout temps, ce plaisir a exercé sur
certains individus.

Nous ne parlerons point non plus des critiques, des dédains s'adressant à ce plaisir consacré depuis l'origine des mondes, d'autant moins
fondés que la chasse fut d'abord une loi de l'existence. Ce que nous
tenons à dire, à la veille de terminer ces feuillets, c'est que, indépendamment du côté agréable, la chasse doit être considérée en France comme
produit du pays.

L'objectif de la chasse, le gibier, est une richesse du sol, considérable par sa variété, son abondance si on y tenait la main, une ressource
alimentaire qu'il serait coupable de laisser disparaître. *Sed tristia ! tristia!* la situation est grave. Il serait sage de se préoccuper de cet état
de choses, plutôt que de la fondation de clubs fantaisistes en vue d'accorder à telle ou telle poule les fameux points en dehors desquels elle ne
saurait exister.

La belle affaire en vérité que ces expositions, ces field-trials, et
autres récréations intéressantes en elles-mêmes, mais parfaitement super-
flues, du jour où il n'y aura plus un moineau dans la plaine.

Le moindre perdreau nous réjouirait davantage.

La chasse est une ressource pour l'alimentation, un revenu pour le
fisc ; un nombre considérable d'industries s'y rattachant ; c'est là l'idée
haute que nous tenons à dégager.

Parlons d'abord de la consommation du gibier en France. Cette consommation, augmentant chaque année, il est de toute nécessité d'avoir
recours dans d'énormes proportions à l'importation étrangère. C'est par

millions de kilogrammes que se chiffre cette importation ; c'est aussi par millions que l'on peut compter l'argent que, de gaieté de cœur, on laisse sortir du pays ! Quelques chiffres puisés aux sources officielles édifieront le lecteur.

La veille de Noël, un seul facteur avait en gare vingt wagons de gibier qu'il fallait diriger sur tous les points du territoire, afin d'écouler ce stock sans occasionner une baisse trop forte sur les prix.

Dans le cours d'une seule année, l'Autriche fournit environ deux cent mille perdrix, l'Allemagne cent quatre-vingt mille, l'Espagne soixante-seize mille, la Hollande douze mille.

C'est de l'Autriche et de l'Allemagne que nous arrive la plus grande quantité de lièvres dans les proportions moyennes suivantes: l'Allemagne cent cinquante mille, l'Autriche cent quatre-vingt mille. L'Autriche, la Bohême, la Moravie et l'Angleterre nous expédient des faisans. Nos voisins d'Outre-Manche en ont exporté à notre destination vingt-cinq mille pendant le mois de novembre seulement.

Les chevreuils proviennent de la Bavière et du Wurtemberg. L'Allemagne envoie par an cent mille grives, la Bavière cent cinquante mille.

Le gibier de Russie arrive à Paris dans la période comprise entre février et avril. Les lièvres blancs empilés, par centaines dans des tonneaux, la viande d'ours et de rennes, les gélinotes, les lagopèdes, les coqs de bruyère, sont expédiés de Saint-Pétersbourg par voie ferrée au port de Rewal. De là, le gibier russe vient par bateau à vapeur jusqu'à Dunkerque d'où on le dirige sur Paris par chemin de fer.

En temps de carême, la Hollande approvisionne Paris de gibier d'eau, nous fournissant jusqu'au 1er mai : canards sauvages, pilets, sarcelles, rouges de rivière, vanneaux, pluviers, etc.

Nous estimons que si on n'avait pas laissé gaspiller sottement ce patrimoine naturel, nous ne serions point annuellement les tributaires de l'étranger pour des sommes aussi fantastiques ; notre gibier serait en quantité suffisante pour l'alimentation, et l'argent nous resterait. D'après les relevés de l'octroi, la consommation totale du gibier en France s'élève à cinquante millions: dont dix millions pour Paris seulement, quarante millions pour la province.

Cette statistique par à peu près, car je suis resté volontairement au-dessous de la vérité ne prenant que les chiffres ronds, est, je pense, d'une éloquence suggestive pour prouver l'importance du gibier, son rôle

dans l'alimentation et de quels revenus il peut être la source.
Voilà pour le produit direct de la chasse.

Les revenus en tant que location de plaine et de bois méritent également d'être appréciés.

L'évaluation pour le rendement locatif des chasses de plaine est difficile à établir, puisqu'un grand nombre de plaines sont banales ; cependant, comme il y a une portion notable du territoire cultivé, louée par adjudication, on peut, sans pouvoir fixer un chiffre, dire qu'il s'opère de ce côté un revenu important. Quant à la location des forêts domaniales et communales, grâce à la *statistique forestière* de M. Mathieu, professeur à l'école forestière, les éléments d'appréciation ne nous manquent pas. Nous voyons dans ce travail que le montant des locations dans les forêts communales s'élève à 720,523 francs. Ces forêts comprennent une superficie de 1,959,747 hectares, la chasse n'en est louée que dans 240 cantonnements forestiers sur 433.

En ce qui concerne le rendement des forêts domaniales, il est évalué en moyenne à 1,500,000 francs, quelquefois à deux millions. Le nombre d'hectares qui ne trouve pas d'amateurs est estimé à deux cent mille environ. Si les adjudicataires font défaut, la cause principale en est au manque de gibier, car la difficulté matérielle de pratiquer la chasse dans certaines régions, objection qui a sa valeur, ne touche qu'à un nombre relativement infime d'hectares. C'est, en résumé, l'absence de gibier qui fait que beaucoup de lots ne trouvent pas d'adjudicataires.

La conclusion se tire d'elle-même.

Engiboyez les forêts, veillez à la conservation, au repeuplement, vous louerez cent cinquante mille hectares de plus, les locations seront plus élevées.

Que voulez-vous que des chasseurs, disposés à grever leur budget pour avoir une chasse productive, répondent à l'administration qui leur offre, même à bas prix, des forêts où le gibier est un mythe ? Ils s'abstiennent sagement ; ces chasseurs préfèrent louer un bois particulier où ils trouveront ce qu'ils cherchent, que de s'empêtrer d'une location souvent très distante de l'endroit où ils habitent, laquelle ne leur réserve que des mécomptes. Sans nul doute le revenu des forêts domaniales serait doublé, même triplé, si la situation du gibier était meilleure. Nous en avons une preuve éclatante dans la représentation économique du droit de chasse dans les forêts particulières, beaucoup mieux engiboyées que celles relevant de l'État : représentation qu'on ne peut estimer à moins de 2 francs l'hectare par an.

L'ensemble des locations, ou valeur des chasses de bois en France, atteint annuellement, au minimum, la somme de douze millions.

Les chasses des pays giboyeux se louent cher ; si avec cela ces pays se trouvent à proximité d'un centre important, les prix deviennent excessifs. Dans les forêts giboyeuses favorables au gibier, on estime que la location de la chasse représente plus d'un sixième de la valeur des produits-bois.

N'avions-nous pas raison de dire que le gibier doit être protégé et gardé comme le serait une mine précieuse ?

Enfin, pour établir un dernier point de comparaison instructif entre le revenu des chasses par hectare dans nos départements les plus favorisés et un de ceux où la chasse est en partie ruinée, nous prendrons l'Oise, la Seine-et-Oise, la Seine-et-Marne et les Vosges.

En forêt de Compiègne, dans l'Oise, le revenu annuel par hectare est en moyenne de 8 francs.

En Seine-et-Oise de 6 fr. 40.

En Seine-et-Marne de 7 fr. 80.

Dans les Vosges, il varie entre 15 et 25 centimes.

Ces exemples suffisent pour démontrer l'erreur des uns en tant que détracteurs de la chasse, la folie des autres, qui ayant des yeux ne voient point et laissent perdre un bien tout trouvé ne coûtant rien, la scélératesse de ceux qui, comme tuteurs et conseils des masses, se font un malin plaisir de dilapider les fonds à eux confiés et mettent la cognée à l'arbre afin de satisfaire les appétits des révoltés, leurs soutiens.

Considérons maintenant l'impôt volontaire : l'impôt volontaire c'est le permis ou, pour plus exactement parler, le port d'armes. Un recensement très exact a porté, il y a cinq ans à peu près, le nombre des chasseurs en France au chiffre de quatre cent mille. Depuis, ce total a fléchi, toujours à cause de la diminution croissante du gibier. Quelques uns se sont lassés — cela se conçoit — de jeter leurs pièces de cent sous dans l'escarcelle du Gouvernement sans rien recevoir en compensation. Mais, tout en tenant compte, dans une mesure sérieuse, des abstentions des demandeurs depuis quatre à cinq années, il est permis, sans exagération, de fixer le nombre de contribuables à cet impôt volontaire à trois cent cinquante mille. En se basant sur ce chiffre, la taxe du permis donne par an, pour l'ensemble du pays, la somme de 9,880,000 francs. Nous négligeons les 60 centimes de feuilles de papier timbré pour chaque demande, une misère sans doute au milieu du gaspillage général, petit cours d'eau cependant concourant à grossir la rivière du budget.

De ce fait donc la chasse donne un revenu net de presque 10,000,000.

Si nous passons aux impôts indirects, nous incrirons la poudre et le plomb pour une contribution minima de plus de 2,000,000.

En se basant sur le chiffre très modeste de un chien par chasseur, ainsi que sur une taxe moyenne de 8 francs, l'appliquant au chiffre de 350,000 chasseurs, que nous avons admis, nous recueillons de ce fait un autre revenu annuel de 2,800,000 francs.

Puis viennent les trafics divers, alimentés par la chasse, les branches commerciales et industrielles, qui en vivent uniquement, telles : l'arquebuscrie, achat d'armes, réparations, fournitures de toutes espèces ; sellerie, habillement, chaussures ; transaction, commerce de gibier, vivant ou mort, élevage, déplacement, chemins de fer, voitures, etc.

En tout cela, je n'ai indiqué que la chasse à tir.

La chasse à courre, avec ses meutes, ses chevaux, ses piqueurs, son personnel, son entretien, ses déplacements qui font vivre des villages entiers, figure triomphalement dans cette danse des millions. L'évaluation même approximative des dépenses de tout genre, qu'entraîne la vénerie, et de l'argent qu'elle sème à la volée sur son passage, est chose impossible. Seulement tenez pour certain qu'elle décuple les millions inscrits à l'actif de la chasse à tir.

Les chasseurs dépensent, bon an mal an, de 150 à 200 millions.

Le gibier sédentaire, cette richesse de bon aloi, rapporte au bas mot :

50 millions pour la consommation ;
12 — du rendement locatif des forêts ;
10 — fournitures d'armes, réparations, accessoires ;
2 — poudre et plomb ;
2 — taxe sur les chiens ;
50 — déplacements, transactions de gibier, élevage de chevaux, de chiens, leurs dressage, etc.
25 — personnel, piqueurs, achats divers ;
5 — élevage du gibier.

Total : 176 millions.

J'ai tenu à rester beaucoup au-dessous des chiffres réels dans mes appréciations. Tel qu'il est, ce total est suffisant pour prouver d'une façon indéniable l'importance économique de la chasse.

A mesure que le gibier diminue, les revenus perdent une part d'importance proportionnelle. Si la chasse pour lesquelles nous bataillons depuis plus de vingt années, à l'aide du livre et du journal, venait à disparaître, ce serait non seulement le plus grand et le plus moral des plaisirs de l'homme anéanti d'un seul coup, ce serait encore un véritable désastre pour le pays, en même temps un coup mortel porté aux diverses industries qui en vivent. N'est-ce pas une véritable aberration de contraindre les agents de l'Administration, officiers, forestiers ou simples gardes, à rester complètement étrangers à la conservation d'un pareil revenu? Est-ce que le gibier ne pullulerait pas dans les forêts, si on y prêtait la main?

La prise du gibier, tolérée comme une maraude enfantine, est un vol, car il s'agit d'une chose dont la conservation entraine de grandes dépenses; c'est une violation du droit de propriété.

On condamne à la prison ou à l'amende des promeneurs, pour avoir cueilli quatre fleurs de syringa dans une propriété privée; par contre, on n'a que des paroles paternes pour les détrousseurs de grands chemins, qui s'approprient deux ou trois cents francs de gibier.

En défendant la chasse comme une richesse territoriale, qu'il est criminel de laisser disparaître, nous luttons pour la Patrie: ceux qui, sans être chasseurs, ont souci de la fortune, où qu'elle se montre, seront avec nous.

Si le chasseur ne tuait que pour son plaisir, l'équilibre se maintiendrait peut-être; mais nous savons tous qu'il en est qui affèrment des chasses pour vendre le gibier; que dans les battues hebdomadaires, la vanité entre pour une grosse part dans l'âpreté que l'on déploie à surenchérir sur les tableaux des chasses rivales. Si l'on chasse un peu pour s'amuser, on chasse beaucoup par gloriole. D'où que le gibier vienne, que'que prix qu'il coûte, il en faut: la chasse est prisée surtout pour le résultat.

Voici le résumé des mesures à prendre pour enrayer le mal et protéger efficacement le gibier tant sédentaire que migrateur:

1° Prohibition absolue, dans la France entière, de toute chasse ne se faisant point à l'aide du fusil. Bien entendu, nous faisons toutes réserves pour la chasse à courre.

Interdiction des lacets, filets, tirasses, tenderies, glu, appeaux, qu'il soit question de grives, d'alouettes ou d'autres petits oiseaux. L'autorisation, en certains cas, d'employer les engins autres que le fusil, maintient forcément l'industrie du braconnage.

Les filets, à quelque classe qu'ils appartiennent, doivent être proscrits aussi sévèrement que la dynamite. A l'encontre du picrate de potasse, ils ne détonent point ; mais leurs effets sont aussi destructeurs : la propagation du gibier, le salut de la chasse ne seront obtenus qu'à ce prix.

Qu'importent les armes à tir rapide, à longue portée, le nombre croissant des chasseurs, les saisons hivernales destructives, les printemps désastreux ! Ce ne sont là pour ainsi dire qu'accidents qui n'atteindront point dans leur essence les forces vives de la nature, prête à réparer ses pertes et à combler les vides.

Empêcher la vente de tout gibier qui ne sera pas tué au fusil et le confisquer.

2° Interdiction de toute chasse, à part celle des bords de la mer, pendant la période de reproduction ; point de chasse à la bécasse après la fermeture ; qu'il en soit de même pour la bécassine au retour.

3° Que tout gibier migrateur soit assimilé au gibier sédentaire et protégé de même, par conséquent prohibition du transport de ce gibier d'où qu'il vienne, par navires ou par chemins de fer. Défense de préparer et de vendre le gibier sous *forme de conserves*.

Qu'on n'en doute pas un seul instant, c'est à notre détriment que l'étranger nous bonde de gibier migrateur.

Il faut atteindre le braconnage international, car l'intérêt général doit passer avant l'intérêt particulier ; peu importe si d'un coup on ruine quelques industries louches qui enrichissent quelques-uns pour dépouiller la masse.

4° Interdire la capture des nids quels qu'ils soient. Assimiler le dénichage à un délit de chasse.

5° Empêcher, dans toutes les communes de France, la divagation des chiens dans les campagnes, depuis le lendemain de la fermeture jusqu'à l'ouverture.

6° N'accorder aux locataires de la chasse des bois aucune autorisation subséquente après la fermeture légale, qui serait ainsi une clôture générale, commune à tous, sans privilège d'aucune sorte. Enfin, s'il le faut, renouveler les ordonnances de Henri II, en taxant à bas prix le gibier.

Voilà pour la réglementation intérieure. Maintenant, si on ne trouve pas à propos de faire un traité international avec les puissances voisines, en ce qui concerne le gibier, il y aurait lieu, puisqu'on a revisé les traités douaniers, de supprimer, au bulletin des lois douanières, un article par lequel le gibier de toute espèce est confondu avec la volaille. Qu'on frappe l'introduction du gibier migrateur d'un droit prohibitif.

Nous sommes convaincu que ces mesures radicales strictement observées seraient suffisantes pour la réfection complète du gibier en France, surtout avec les sacrifices que les propriétaires des chasses font pour repeupler.

En prohibant *d'une façon absolue* les filets, en supprimant les chiens errants, en surveillant de très près le colportage en temps prohibé, on aura plus fait pour sauver la chasse de la ruine qui la menace qu'en élaborant une nouvelle loi faite de pièces et de morceaux.

CHAPITRE VIII

Il s'en faut de beaucoup que notre loi sur la chasse, de 1844, soit parfaite : nous devons convenir cependant que, si elle était appliquée dans l'esprit qui a animé les législateurs, elle serait encore la plus libérale, puisqu'elle laisse ce plaisir à la portée de toutes les classes sociales. Amendée par les six dispositifs que nous venons de proposer, elle deviendrait d'un seul coup suffisamment protectrice.

Je ne crois pas qu'il soit utile, et même prudent, de nous affliger de la loi allemande ou autrichienne, si conservatrices qu'elles soient.

Ce serait, en réalité, un retour en arrière, la confiscation arbitraire d'un droit absolu. Ce qui peut être toléré par un peuple accoutumé à courber l'échine ne saurait convenir à un peuple libre.

Nous donnerons, à la volée, un aperçu des législations actuelles en Europe, chez les différents peuples qui nous entourent. De ce tableau comparatif peuvent surgir quelques observations judicieuses qui ne seront pas sans utilité.

En Angleterre, la chasse a conservé son caractère aristocratique, malgré l'abolition de certaines restrictions ; puisqu'il suffit présentement de payer un impôt sur le revenu, ce plaisir est loin d'être démocratique. Cela tient à ce qu'il est interdit de chasser le dimanche, que le permis de chasse coûte 75 francs. Chaque individu porteur d'un fusil, qu'il ait ou non un permis de chasse, doit payer une taxe de 10 schellings.

En Écosse, la législation est plus draconienne. Pour avoir le droit de chasser, il faut être propriétaire, ou délégué dans son droit par le propriétaire.

En Irlande, c'est pis encore ; non seulement pour chasser, mais même pour avoir un chien de chasse, il faut justifier d'une propriété d'au moins 25,000 francs.

L'ouverture et la fermeture de la chasse dans le Royaume-Uni varie suivant les espèces de gibier. En dehors du gibier proprement dit, les oiseaux de passage et le lapin peuvent être chassés en tout temps. Des dispositions particulières interdisent de vendre, de colporter le gibier seulement *dix* jours après la fermeture de la chasse, et d'en posséder *quatorze* jours après. Pour vendre du gibier, il faut une licence spéciale du prix de 50 francs.

Le droit de chasse en Allemagne est l'apanage des propriétaires, mais l'exercice en appartient aux communes ; cependant, les propriétaires possédant cent cinquante hectares d'un seul tenant peuvent retenir ce droit. Les communes louent elles-mêmes le droit de chasse ou l'exploitent pour le compte des propriétaires. Les autorités locales ont la faculté d'interdire la chasse les dimanches et fêtes, cette coutume est à peu près générale. Il y a des ouvertures pour les différentes espèces de gibiers ; chaque espèce fait l'objet d'un règlement spécial. Les permis de chasse portent au dos l'application de ces diverses réglementations ; on sait par avance l'amende encourue si l'on enfreint le règlement.

La législation de la chasse en Autriche et en Hongrie se rapproche beaucoup de celle de l'Allemagne du Nord. Elle est cependant un peu moins féroce. Les petits propriétaires peuvent s'associer pour constituer l'étendue de terrain exigée afin d'exercer le droit de chasse. Les époques d'ouverture et de fermeture sont fixées par les règlements provinciaux. En général, la chasse est fermée du 1er février au 31 juillet. Le prix du permis est de 10 florins pour les invités. Le personnel auxiliaire doit être détenteur d'une carte dont le prix est de deux florins. En Hongrie, on délivre des permis temporaires.

En Hollande, le droit de chasse est très compliqué. Ce sont les gouverneurs de province ou le pouvoir central qui réglementent cet exercice selon leur bon plaisir : ils peuvent même aller jusqu'à fixer les jours de la semaine où l'on peut chasser, déterminer le chiffre de gibier qu'un chasseur peut tirer ou prendre en un jour ! On compte dans ce pays trois sortes de permis : le grand, coûtant 30 florins, valable pour toutes les chasses ; le permis moyen de 15 florins, valable pour toutes les chasses, sauf la chasse à courre et la chasse au faucon, enfin le petit permis de 5 florins pour la chasse au filet des cailles, bécassines et oiseaux d'eau. Les dates de fermeture et d'ouverture varient. Les canardières sont fermées du 15 mars au 1er mai, du 15 juin au 15 septembre. On ne chasse pas le dimanche.

On remarquera que c'est dans les seuls pays protestants que la chasse est interdite le dimanche. Ironie !

La législation belge se rapproche de la nôtre : elle est un peu moins libérale, mais elle est infiniment plus efficace pour la protection du gibier, nous serions bien venus de lui emprunter quelques dispositifs pratiques. C'est ainsi que nous constatons une distinction très équitable en matière de chasse. Les peines sont différentes en cas de délit, pour le chasseur pris en faute accidentellement ou pour le braconnier de profession. Le permis varie suivant les provinces. Il en est où il coûte quarante francs, dans d'autres trente-cinq. On se préoccupe beaucoup dans ce pays de fixer des ouvertures spéciales pour les différents gibiers.

En Italie, les choses se passent plus simplement : on peut chasser partout où la chasse n'est pas expressément défendue. C'est tout le contraire de ce qui a lieu en France ; toutefois, si l'on voulait bien réfléchir, le système italien est préférable, il évite les tracasseries des boutiquiers, bourgeois retirés qui spéculent sur l'ambiguïté pour arracher une pièce de dix francs au malheureux chasseur égaré. Il est d'ailleurs plus logique parce qu'il repose sur ce principe que tout ce qui n'est pas défendu est permis. On peut chasser en Italie du 1er août au 1er mars. La chasse à courre n'ouvre que le 15 octobre. Le permis de chasse avec armes à feu coûte 24 francs, en outre, on délivre des permis différents variant de 18 à 60 francs pour les différentes chasses au filet, au lacet ou au piège. Chaque permis indique l'engin, le gibier et l'endroit où l'on peut exercer son droit.

En Espagne, le droit de chasse n'est réglementé que depuis 1879. On y délivre deux permis coûtant chacun 25 francs ; l'un est pour la chasse au fusil, l'autre est exigible lorsqu'on se sert de lévriers. Les militaires en activité, les décorés de l'ordre de Saint-Ferdinand peuvent seuls chasser sans permis.

En Suède, en Norvège, la chasse est absolument libre ; les étrangers seuls doivent prendre une licence. Chaque province fixe les dates d'ouverture et de fermeture, suivant la situation du gibier. Dans les provinces du Nord, la chasse de l'élan, du cerf et du castor est interdite.

52

Longtemps, la chasse fut libre en Russie ; aujourd'hui, il faut des permis ; elle est interdite du 1ᵉʳ mars au 1ᵉʳ juillet.

En Turquie, on doit se munir d'un permis ; mais ces permis sont délivrés gratuitement. Quant aux règlements qui interdisent la chasse du 1ᵉʳ avril au 31 juillet, ils ne sont nullement observés.

En Grèce, la chasse est libre excepté à l'époque des couvées. La principauté de Monaco est le seul coin de terre européen où la chasse soit complètement interdite toute l'année.

Ce bref exposé de la législation européenne nous conduit nécessairement à parler du permis de chasse. Nous venons de voir qu'il n'existe ni en Norvège, ni en Suède, ni en Grèce ; on se contente d'interdire la chasse à l'époque de la pariade. Il n'y a que peu d'années que l'Espagne et la Russie en ont fait une obligation. Chez nous, le bruit a couru avec une certaine persistance que l'on pensait à l'abolir.

Ainsi qu'il arrive lors d'une innovation quelconque, les opinions se sont partagées en deux camps : les partisans de la nouvelle mesure et ceux qui tiennent pour le permis.

Ce qui nous a le plus surpris en la circonstance, c'est que le fisc ait pu avoir un seul instant l'idée de s'arracher de l'aile une plume qui lui rapportait annuellement plusieurs millions. Notre surprise était fondée, puisque l'affaire en est restée là. Mais, puisque la question s'est posée, a été discutée, il nous paraît opportun d'en toucher quelques mots dans un chapitre consacré à la réglementation de la chasse.

La suppression du permis de chasse aurait-elle pour résultat d'augmenter le nombre des braconniers ; par conséquent, de contribuer à la destruction du gibier ? là est le problème unique qui doive nous préoccuper. Le port d'armes, appelé à tort le permis de chasse, ne permet rien ! Ce n'est point parce que l'on m'aura délivré, moyennant 28 francs, un morceau de carton imprimé, que j'aurai le droit d'aller sur une propriété qui ne m'appartient pas, ni même sur un territoire communal, s'il est affermé. Il ne me reste en fait que les terres libres, et elles sont rares, les grandes routes, les rivages de la mer, les zones abandonnées. Un permis est presque un non-sens dans ces conditions ; le prix actuel même me semble excessif pour si peu de divertissement.

Nous avons toujours considéré la chasse comme un droit insaisissable, ainsi que l'on dirait en argot judiciaire, qui ne saurait être confisqué par un Gouvernement. Or, la logique nous conduit à admettre parfaitement qu'on donne la liberté de la chasse *au propriétaire sur sa propriété*. C'est là une mesure libérale au premier chef.

Aucun Gouvernement n'a le droit de main mise sur cette prérogative : elle est celle de chacun de nous.

Il nous paraît absolument injuste qu'un propriétaire doive compte à l'État d'un coup de fusil qu'il tire sur ses terres. Ces terres sont à lui, il en est le maître : celui qui ne possède qu'un hectare ou un arpent a le même droit sur cette parcelle, à lui appartenant, que le propriétaire de trois mille hectares de bois ou de plaines sur son domaine. Pour être limités, les droits du premier sont aussi incontestables que ceux du second ; l'un et l'autre doivent être au même titre affranchis du consentement de l'Etat lequel, en la matière, commet un acte arbitraire, lorsqu'il les taxe, s'il leur prend fantaisie d'exercer un droit.

Depuis que la chasse n'est plus un attribut nobiliaire, on tend à en faire un privilège de l'aristocratie d'argent ; il en est qui, en réponse à l'idée de l'abrogation du permis de chasse, répondent en demandant qu'on l'élève à cinquante, même à cent francs ; qu'on impose chaque chien de chasse à vingt francs ! N'est-ce pas là vouloir confisquer ce plaisir salutaire rempli de séductions au profit des boursicotiers, flibustiers, accapareurs de toute sorte ? Alors, celui qui ne pourra chaque année débourser cent vingt francs pour le chien et le permis, se verra privé du droit de chasser sur les deux ou trois hectares qu'il possède ! Et l'humble qui n'a pas seulement deux perches de terre à son avoir, qu'en fait-on ? Il n'aura même pas la latitude d'aller sur le rivage tuer des oiseaux de mer ? L'homme des villes vivant de son travail n'aura même pas la faculté de s'offrir cette jouissance modeste. Allons donc ! Qu'on nous ramène de suite à la féodalité ; la féodalité des gros sous est cent fois pire que l'autre.

L'augmentation du prix de la poudre est une utopie, car la contrebande y pourvoira ; celle du prix du permis serait tout aussi absurde.

L'élévation du permis de chasse n'entravera point le braconnage ; on a lieu d'être journellement étonné que des gens de bon sens, animés d'intentions honnêtes, fassent de tout, à tout propos, une question d'argent.

On impose l'air, la lumière, un impôt sur le plaisir, dit-on, n'a rien de vexatoire. Raisonnement hypocrite des repus !

Nous sommes le pays d'Europe le plus abominablement traité par le fisc ; si ce pauvre pays n'avait pas tant de vitalité, il se serait, depuis longtemps déjà, effondré sous les charges de toute espèce qui l'épuisent ; il n'en peut mais ; cependant, il est toujours des victimes assez naïves pour dire : « Encore ! »

En présence de pareilles soumissions, l'État-vampire aurait vraiment tort de se gêner.

J'en arrive aux résultats possibles dus à l'abolition du permis.

Ce qui est intéressant comme conséquence, c'est de savoir comment la chasse s'en trouverait. Tout est là, les théories soi-disant économiques, ainsi que les mots à trois francs cinquante pièce : lois somptuaires qu'on s'est empressé de nous servir, ne sont que fadaises.

A mon sens, le libre exercice de la chasse est une des manifestations les plus nettes de la liberté individuelle. Il n'y a donc rien de surprenant à ce que j'envisage l'obtention de ce libre exercice comme une chose possible.

A ceux qui prétendent que la liberté ne peut pas être illimitée, parce que le droit de chacun s'y oppose, je répondrai que cette liberté, qui paraît illimitée, résulte de la combinaison du droit de tous avec le droit de chacun : ces deux catégories de droits ne sont point contradictoires, pas plus que ne sont contradictoires, dans l'ordre physique, des qualités qui, à première vue, semblent s'exclure. Mais ce sont là raisonnements d'ordre étranger à ce qui nous occupe, que je n'ai invoqués que par assimilation.

Le libre exercice de la chasse par chacun augmenterait-il le nombre des braconniers, nuirait-il au droit des intéressés à ce que le gibier ne disparaisse point ? *hic jacet lepus !* Il y a des arguments pour et contre.

Je ne crois pas qu'il augmente le nombre des braconniers, au contraire ; car tel habitant de la campagne qui se hasardait à tendre des lacets à l'entrée d'un bois, pour prendre un lapin ou un lièvre, abandonnera ce procédé silencieux, du jour où il pourra, là où il en aura le droit, envoyer un coup de fusil à la pièce convoitée.

Du moment où tout propriétaire sera libre de tirer sur ses terres sans avoir à en demander l'autorisation à l'autorité, la question du repeuplement aura fait un grand pas. En effet, le repeuplement ne peut s'accomplir qu'avec l'aide de l'homme des champs, puisque c'est sur ses terres que se reproduit le gibier ; c'est lui qui le nourrit en partie. Son indifférence, sa mauvaise volonté haineuse feront immédiatement place à un autre sentiment dès qu'il saura qu'il pourra, à une heure donnée, profiter de ce gibier. Il deviendra subitement conservateur, gardera avec un soin jaloux ce gibier. Si, au surplus, il y avait recrudescence de braconniers au fusil, nous pensons qu'il y aurait moins de colleteurs et de fileteurs ; c'est là le point capital.

Le coup de fusil est une passion, bien plus tenaillante que la pose d'un collet ou le traînage d'un filet: celui-ci tuera celui-là.

La liberté de la chasse en temps réglementaire, là où on en peut exercer le droit, satisfait le goût passionnel, est une dérivation aux menées ténébreuses qui ruinent actuellement les chasses, même les mieux gardées.

Des argumentations sérieuses se présentent cependant contre cette théorie de liberté, il est bon d'en tenir compte.

Dans les propriétés très morcelées, comme elles le deviennent un peu partout, en particulier dans le Midi, la chasse est autorisée en partie sur tous ces lopins épars.

Il advient donc que le paysan, qu'il soit petit propriétaire, métayer ou simplement domestique, est souvent braconnier non seulement sur ses terres, mais aussi sur celles de ses voisins. Sa présence permanente sur les lieux lui donne toute facilité pour détruire le gibier, car il sait où il cantonne ; pendant l'hiver, en mauvais temps, ses chances de destruction sont encore plus grandes. Les travailleurs de la terre pendant toute l'année, les bergers, ont l'occasion chaque jour de lever du gibier ; or, si les uns et les autres, nous dit-on, ont le droit de porter un fusil avec eux dans les champs, ils viendront rapidement à bout des perdrix et des lièvres d'une plaine.

Cette observation me touche, cependant il me faudrait encore un plus ample informé. Si l'on pouvait avoir deux poids et deux mesures, je chercherais à accommoder mes convictions avec l'intérêt général. Tout le monde aurait le droit de chasser sans taxe aucune, s'il justifiait de tant d'arpents, soit en propriété, soit en location, soit encore à titre de concession à l'amiable. Ceux qui n'ont point de terres en propre, ni permission, chasseraient également, sans pour cela qu'ils soient soumis à un impôt quelconque, ou sur les bords de la mer ou sur les zones en friches appartenant soit à l'État, soit aux communes.

Ce moyen terme sauvegarderait le principe de liberté que je crois défendable, en même temps qu'il couperait court aux abus que nous venons de signaler. Quoi que l'on fasse, il ne peut y avoir d'égalité complète en cela comme en autre chose, de même qu'il y aura toujours des riches et des pauvres. En adoptant une semblable mesure, il n'y aurait à surveiller que les endroits où un chasseur exerce son droit et sur la façon dont il l'exerce : je ne regarde pas la chose comme impossible. La vigilance, tout en étant simplifiée, deviendrait nécessairement plus sévère.

Cependant, je conclus tristement en disant que nous ressemblons furieusement à un enfant prodigue pour lequel le retour à la maison familiale me paraît bien problématique.

CHAPITRE IX

Les premiers écrivains en la matière ne sont bien connus que des chasseurs, à cause 'de la rareté des éditions, de la difficulté que l'on a à se les procurer, aussi peut-être à cause de cette forme de vieux langage qui en rend la lecture difficile.

Nous indiquerons les éditions les plus rapprochées de nous, celles contemporaines, lorsqu'il y aura lieu.

Parmi les maîtres faisant autorité, tous se recommandent par le fond : leur science de l'art qui nous occupe, quelques-uns par la forme, grâce à laquelle ils se sont égalés aux plus distingués littérateurs. Nous ne craignons pas d'affirmer que plusieurs d'entre ces écrivains spéciaux, s'ils n'ont pas joui de la faveur réservée aux illustres dans les lettres pures, n'en ont pas moins été de grands artistes, des poètes.

A part Buffon que l'Académie a distingué, combien d'autres auraient mérité d'être sacrés immortels par les suffrages de leurs contemporains.

C'est la postérité qui fait les véritables immortels ; en conservant, a travers les âges, les noms que nous inscrivons, elle les a mis au niveau de ceux qui surnagent glorieux !

Autant que durera le monde, les bibliothèques conserveront ces livres d'art, d'humour, avec leurs envolées poétiques, alors que tant d'ouvrages auxquels on aura voulu faire quelques jours de gloire seront disparus dans le tourbillon de ces cendres éphémères que dispersent les quatre vents.

Ces ouvrages perpétueront des noms.

A côté de livres techniques, historiques, purement documentaires,

trouveront place aussi ceux qui appartiennent au roman par une affabu-
lation ingénieuse : récits, souvenirs, improvisations humouristiques, écrits
de tout genre. Dans cette bibliothèque d'instruction et de récréation, il y
a de quoi satisfaire à lippées franches celui qui s'intéresse uniquement
aux fines choses de l'esprit.

1486. — *Le Livre du Roi Modus et de la Reine Racio,* lequel fait mention comment on doit deviser de toutes manières de chasses. — Un des volumes les plus
anciens et les plus rares sur la chasse. Ce livre dont le dernier feuillet a été
reconnu refait, a été vendu 5,000 francs en 1870. En 1839 une nouvelle édition a été
publiée sur le manuscrit de la Bibliothèque royale, avec préface d'Elzéar Blaze,
grand in-8° gothique. Prix : 50 francs.

1507. — *Gaston Phœbus* (comte de Foix): *Des Déduits de la chasse et des
oiseaux de proie.* — Ce livre a paru 161 ans après la mort de l'auteur. La première
édition, publiée par Vérard Petit, est un in-folio gothique : cette édition princeps fort
rare, a été vendue 9,900 francs. En 1854, Joseph Lavallée en a donné une édition
sous le titre : *Le Miroir de Phœbus, etc.* Le prix est de 15 à 20 francs. Gaston
Phœbus a aussi laissé un *Livre de prières,* édité par Léon de la Brière, en 1893.

1492. — GUILLAUME TARDIF : *L'Art de la fauconnerie et des chiens de chasse.* — Les
premières éditions sont très rares. En 1882, cet ouvrage a été réimprimé en deux
volumes in-16, par D. Jouaust, pour le *Cabinet de vénerie.*

1520. — GACES DE LA VIGNE : *Roman des déduits.* — In-4° gothique.

1561. — JACQUES DU FOUILLOUX : *La Vénerie.* — La première édition, éditée chez de
Marnefz et Bouchetz frères, à Poitiers, est introuvable. Les éditeurs en ont publié
successivement quatre éditions, la dernière moins rare se vend encore de 3 à
400 francs ; on en a publié vingt-deux éditions dans le courant du XVII° siècle. En
1844, surgit à Angers une nouvelle édition ; puis, en 1864, une autre, formant un
volume in-4° avec cinquante-neuf gravures sur bois. En Italie et en Allemagne
plusieurs traductions en ont été faites.

1566. — JEAN DE CLAMORGAN : *La chasse du loup, nécessaire à la maison rustique.*
— Jusqu'en 1866 cet ouvrage n'avait jamais été publié seul ; il faisait toujours suite
à un autre recueil : soit, *La Maison rustique,* soit, *Le Théâtre d'agriculture.* L'édition de 1866 est présentée avec une préface du comte d'Houdetot. Nouvelle édition
dans le *Cabinet de vénerie,* 1881.

1585. — JEHAN DE FRANCHIÈRES : *La fauconnerie.* — Au cours du XVII° siècle,
plusieurs éditions d'autres auteurs, traitent le même sujet.

1598. — CHARLES D'ARCUSSIA : *La Conférence des Fauconniers.* — En 1884,
MM. Julien et Lacroix ont édité de nouveau cet ouvrage, lequel forme le 7° volume
du *Cabinet de la vénerie.*

1625 (1).—CHARLES IX : *La Chasse Royale*. — Cet ouvrage, dicté par un roi de France à son secrétaire, Nicolas de Neuville, sieur de Villeroy, ne parut que cinquante et un ans après la mort du souverain. Cette première édition, très recherchée, publiée par *Nicolas Rousset*, en un volume in-8°, de 138 pages non compris le titre, est dédiée à Louis XIII. A la vente Behague un exemplaire a été vendu 12,630 fr.; en 1858, une nouvelle édition en a été donnée par M. Chevreul (Paris, Aubry).

1655. — SALNOVE : *La Vénerie Royale*. — Robert de Salnove est l'auteur classique par excellence. L'édition de 1665 est plus belle que l'édition princeps de 1655. La réimpression de cet ouvrage, commencée par les soins de Charles Godde, directeur du *Journal des Chasseurs*, avec la collaboration de Joseph Lavallée, a été terminée en décembre 1872. Auguste Goin, éditeur. 15 et 25 fr. l'exemplaire.

1683. — MORAIS : *Le Véritable Fauconnier*. — Paris, Gabriel Quinet. Deux siècles plus tard, en 1883, une réimpression de cet ouvrage devenu rare était donnée par *la Gazette des Chasseurs*, petit in-8, 7 fr.

1683. — SELINCOURT (Jacques-Espée de) : *Le Parfait chasseur*. — Paris, Gabriel Quinet. Ouvrage estimé, fort rare ; n'ayant point été réimprimé.

1692. — CHARLES PERRAULT : *La Chasse*, petit poème.

1769. — GOURY DE CHAMGRAND : *Traité de vénerie et de chasses*. — 1 vol. in-4°. 39 planches. Nouvelle édition, en 1776.

1771. — L. LABRUYÈRE : *Les Ruses du braconnage*. — La première édition (Paris, Cotin) est très rare ; la librairie Pairault en a donné une nouvelle en 1886, laquelle elle-même a été tirée à petit nombre.

1773. — LE VERRIER DE LA CONTERIE : *L'École de la chasse aux chiens courants*. — Rouen, Nicolas et Richard Lallemant, éditeurs : livre de grand mérite très consulté. Plusieurs éditions de l'œuvre du gentilhomme normand ont été faites ; la plus récente, la cinquième, est celle en deux volumes, donnée en 1892 par la librairie Pairault.

1784. — DESGRAVIERS : *Le parfait Chasseur ou l'Art du valet de limier.* — Plusieurs éditions ont été faites de ce livre, mais elles ne sont pas conformes à l'édition princeps.

1788. — D'YAUVILLE, premier veneur, ancien commandant de la vénerie du Roi : *Traité de la Vénerie*. — Bon ouvrage assez rare publié par l'Imprimerie royale : 80 à 100 fr. suivant la condition. En 1859, le *Journal des Chasseurs* en a donné une double réimpression, l'une sans gravures ni fanfares, l'autre en grand papier avec gravures et fanfares. Paris, Tinterlin.

1788. — MAGNÉ DE MAROLLES : *La Chasse au fusil*. — Paris, Théophile Barrois. Parue sans nom d'auteur, lequel se trouve seulement dans le Privilège du roi. — L'édition faite en 1836, revue par l'auteur, est la meilleure.

1808. — BOISROT DE LA COUR : *Traité sur l'art de chasser avec le chien courant*. — Dédié au maréchal Berthier, grand veneur. La première édition est devenue très rare ;

(1) Les dates qui précèdent les noms d'auteurs ne sont précises que pour désigner l'époque où vivait l'écrivain et en général l'apparition de la première œuvre. Les ouvrages successifs et les réimpressions comportent d'autres dates.

en 1883 la *Gazette des Chasseurs* en a publié une nouvelle édition in-8° carré, au prix de 15 francs.

1834. — Baudrillart : *Traité général des eaux et forêts, chasse et pêche.* — Recueil chronologique des règlements forestiers, contenant: ordonnances, édits des rois de France. Cet ouvrage continué forme 8 volumes allant de 1515 à 1818.

1835. — Deyeux : *Le Vieux Chasseur ; La Chassomanie.* — Plus de dix éditions ont été faites du premier ouvrage édité par Houdaille, dont le prix, à l'heure actuelle est assez élevé.

1836. — Elzéar Blaze : *Le Chasseur au chien d'arrêt; Le Chasseur au chien courant; Le Chasseur aux filets; Le Chasseur conteur; Histoire du chien chez tous les peuples du monde.* — Blaze est un des plus féconds écrivains cynégétiques de notre siècle. *Le Chasseur au chien d'arrêt* a eu neuf éditions, sans compter les contrefaçons belges.

1840. — Foudras : *L'Abbé Tayaut; Récits des Chasseurs ; Les Landes de Gascogne; Les Gentilshommes chasseurs; La Vénerie contemporaine, Madame Hallali; Les Veillées de Saint-Hubert.* — Le marquis de Foudras, agréable conteur, peut être regardé comme le romancier chasseur.

1847. — Le Masson : *Nouvelle vénerie normande ; Traité de la chasse souterraine du blaireau et du renard; La Chasse au furet.*

1847. — Toussenel : *L'Esprit des Bêtes; Le Monde des oiseaux; Tristia ; Histoire des misères et des fléaux de la chasse en France.* — Écrivain aussi remarquable qu'ornithologiste distingué, Toussenel est un des auteurs qui font le plus d'honneur à la France, et l'on a droit de s'étonner que l'Académie française ne l'ait pas jugé digne d'entrer dans sa Compagnie. C'était un grand esprit, malheureusement un peu phalanstérien, mais ses ouvrages auront place dans les bibliothèques des lettrés, des philosophes et des chasseurs ; il a relevé bien des erreurs des savants ; la lecture de son œuvre est passionnante.

1849. — Louis Viardot : *Souvenirs de chasse.* — La 7ᵉ édition a paru chez Hachette en 1859.

1855. — D'Houdetot (Adolphe): *Le Chasseur rustique; La petite Vénerie ; Galerie des chasseurs illustres ; Les Femmes chasseresses ; Dix épines pour une fleur; Petites pensées d'un chasseur à l'affût.* — Tous les ouvrages du comte d'Houdetot sont empreints d'une belle humeur communicative. Passionné chasseur, il n'a écrit que ce qu'il savait, et il l'a écrit d'une façon charmante; de plus il savait beaucoup. C'est un des maîtres. *Le Chasseur rustique* a eu huit éditions et il restera parmi les classiques de la chasse : la première édition de ce livre est très recherchée.

1852. — Gérard : *La Chasse au lion ; Le Tueur de lions.* — Éditions multiples.

1853. — Eugène Chapus : *Les Chasses princières en France.* — Hachette.

1854. — La Vallée : *La Chasse à tir en France; La Chasse à courre en France.* — Écrivain cynégétique autorisé. Ces deux volumes publiés par la maison Hachette ont eu plusieurs éditions.

1857. — Alexandre Dumas : *Histoire de mes bêtes, Black.*

1857. — Curel (Léonce de) : *Manuel du chasseur au chien d'arrêt.* — Gravure à l'eau-forte. — Alcan, éditeur, Metz.

1858. — Dax (Vᵗᵉ Louis de) : *Souvenirs de nos chasses et pêches dans le Midi de la France ; Nouveaux souvenirs de chasse et de pêche.* — Pages sincères d'un écrivain distingué.

1858. — Prarond : *Les Chasses de la Somme.* — In-4° à 300 exemplaires.

1858. — Le Coulteux de Canteleu : *La Vénerie française avec les types de races de Chiens courants dessinés d'après nature.* — In-4°, 14 planches. Bouchard-Huzard, éditeur.

1860. — Neuville (Adolphe de la) : *La Chasse au chien d'arrêt.* — Dentu, éditeur. Œuvre d'un chasseur pratiquant.

1860. — Bombonnel : *Les Chasses écrites par lui-même.* — Un livre d'une lecture attrayante qui a eu quatre éditions.

1860. — Chenu : *Encyclopédie d'histoire naturelle.* — 31 vol. in-4°.

1862. — Sylvain : Suarsuksiospok ou *Chasseur à la Bécasse.* — Volume curieux devenu rare, illustré par Rops-Gouin, éditeur.

1862. — Cherville (marquis G. de) : *Les Aventures d'un chien de chasse ; La Chasse aux souvenirs ; Pauvres bêtes et pauvres gens ; Contes de chasse et de pêche ; Les Bêtes en robe de chambre ; Notre gibier à plumes ; Les Oiseaux de chasse ; La Vie à la campagne.* — Cherville est un des écrivains contemporains qui a la plus grande autorité ; c'est un maître dans la science ; de plus, un conteur sans égal. Ses écrits sont des modèles du genre, empreints d'un charme pénétrant : ils demeureront classiques.

1862. — Giraudeau et Lelièvre : *La Chasse suivie de la louveterie ; Le Droit sur le gibier ; La Responsabilité des chasseurs.*

1862. — Bertrand (Léon) : *La Chasse et les chasseurs ; Tonton-Tontaine-Tonton.*

1863. — Vaubicourt (marquis de) : *Souvenirs d'un chasseur de renards.*

1865. — Révoil (Bénédict Henry) : *Vive la chasse ; Histoire anecdotique des chiens de toutes les races ; Histoire de chasse ; Mémoires du baron de Crac ; La Saint-Hubert.*

1867. — Noirmont (baron Dunoyer de) : *Histoire de la chasse en France depuis des temps les plus reculés jusqu'à la Révolution.*

1867. — Gayot (Eugène) : *Le Chien ; Histoire naturelle ; Races d'utilité et d'agrément.* — *Lapins, lièvres, léporides.*

1873. — La Rue (A. de) : *Le Lapin, le Lièvre,* — *les Animaux nuisibles ; Leur Destruction, leurs mœurs ; Les Chasses du second Empire* (ce dernier ouvrage a paru en 1882).

1873. — Garnier (commandant P.) : *Chasse du chevreuil en France* (Paris, Aubry) ; *Chasse du sanglier, du renard et du lapin ; Chasse du loup en France* (Paris, Aubry, 1878) ; *La Vénerie au XIXᵉ siècle ; Chasse des mammifères de France ; Chasse de la plume au chien d'arrêt en France ; Chasse de la plume dans l'Afrique du Nord ;*

Les Chasses du globe (mammifères) ; *Les Chasses du globe* (oiseaux) ; *176 Anecdotes cynégétiques* et un *Traité de la chasse des alouettes au miroir*, qui remonte à 1864. Ce traité est un des plus clairs qui aient été créés sur cette matière. — Écrivain infatigable, le commandant Garnier a chassé en Europe, en Afrique, a compulsé les auteurs français et étrangers de toutes les époques : son œuvre est très utile à consulter. Sa *Chasse du loup* est particulièrement appréciée des conteurs.

1876. — LA BLANCHÈRE (H. de) : *Les Oiseaux gibiers, leur histoire naturelle, chasse, mœurs et acclimatation ; Les Chiens de chasse, races françaises, races anglaises, chenils, élevage et dressage, maladies, traitements.* — Le premier de ces ouvrages n'a été tiré qu'à 300 exemplaires.

1878. — LE BLOND : *Le Code de la chasse et de la louveterie.*

1879. — AMEZEUIL (C. d') : *Madame Putiphar.* Avait publié en 1877 : *Comment l'esprit vient aux bêtes, ce que l'on voit en chassant.*

1879. — CHABOT (le comte de) : *La Chasse du chevreuil avec l'historique des races les plus célèbres de chiens courants existant ou ayant existé en France.* — Ce volume n'a été tiré qu'à 300 exemplaires.

1882. — CAILLARD : *Des Chiens anglais de chasse et de tir, et de leur dressage.*

1884. — VILLEQUEZ : *Du Droit du chasseur sur le gibier dans toutes les phases des chasses à tir et à courre.* — In-18, Paris-Laroze.

1885. — PAIRAULT (A.) : *Nouveau Dictionnaire des chasses ; Vocabulaire complet des termes de chasse anciens et modernes.*

1886. — DE CHARNACÉ : *Souvenirs d'une jument de chasse ; Les Veneurs ennemis.*

1887. — BELVALETTE : *Traité d'autourserie,* gravures et vignettes.

1887. — DONATIEN LEVESQUE : *Déplacement ; Chasses à courre en France et en Angleterre.*

1888. — GYP : *Les Chasseurs,* dessins de Crafty, livre humouristique.

1888. — LA ROULIÈRE (Louis de) : *Traité de la chasse du lièvre à courre en Poitou,* illustré de 75 compositions de Raoul Guignard, imprimées en couleur, Pairault, éditeur. — Volume original presque introuvable.

1890. — DE LA PORTE (Cte H.) : *Fanfares de chasse des équipages français,* paroles et musique. — Publication de luxe. — Ouvrage recherché. — Pairault, éditeur.

1890. — FUSILLOT (Paul Réveilhac) : *Une Ouverture de chasse en Normandie ; Un Début au marais.* — Deux livres sincères.

1891. — GRIDEL : *Souvenirs d'un louvetier.* — Le livre le plus suggestif qui ait encore été écrit sur la chasse au sanglier que l'auteur connaît à fond. Ouvrage d'artiste et de forestier.

J'ai pu, au courant de cette nomenclature, oublier quelques noms et quelques ouvrages ; mais j'ai conscience d'avoir cité tous les écrivains dont l'œuvre, à un point de vue quelconque, ne saurait passer inaperçue.

Parmi les périodiques : *La Vie à la campagne ; Le Journal des Chasseurs et La Gazette des Chasseurs*. Malheureusement elles ont vécu ! *la Vie à la campagne*, commencée sous la direction de Furne, comprend 10 volumes grand in-8°, dont le dernier a fini le 25 avril 1866 ; les dix premiers contiennent 160 belles gravures sur acier hors texte, et un grand nombre de bois ; *le Journal des Chasseurs*, fondé par Léon Bertrand, a paru depuis le mois d'octobre 1826 jusqu'au mois d'août 1870 : il forme 53 volumes. La *Gazette des Chasseurs*, brillamment illustrée, a paru le 1er août 1883 et a duré jusqu'au 21 mars 1886 : elle forme sept beaux volumes devenus déjà rares.

CHAPITRE X

Comme les arts et les sciences, la chasse a ses termes techniques. Ces termes ont leur raison d'être ; beaucoup d'entre eux sont tellement consacrés qu'il serait inexcusable de ne les connaître point. Il en est d'autres, parfaitement oubliés, qu'il serait pédantesque de vouloir exhumer.

Nous avons choisi parmi ceux qui se sont maintenus et se maintiendront les plus usités, comme aussi les plus pittoresques, devenus classiques, qui expriment une pensée établissant un véritable langage là où l'on n'a cru voir qu'un jargon.

A

Abois (vénerie). Un animal est aux abois lorsque, épuisé, il s'arrête devant les chiens.

Accompagné (vénerie). Un animal est accompagné, lorsqu'il se fait suivre par un autre pour donner le change.

Accourcir (vénerie). Tenir plus court le trait du limier.

Accul (chasse à tir). Extrémité du terrier d'un renard, d'un blaireau ou d'un lapin ; extrémité des bois et des forêts.

Affaîter (fauconnerie). Dresser les oiseaux de proie pour la chasse.

Affût (chasse). L'endroit où l'on se cache pour attendre un animal, soit le jour, soit la nuit, à la sortie des bois ou à sa rentrée.

Affouches (vénerie). Traces que les sangliers laissent sur le sol avec leurs boutoirs.

Aiglures (fauconnerie). Taches rousses dont le plumage des oiseaux est parsemé.

Aller au gagnage (chasse). Aller pâturer ou faire les viandis en plaine.

Aller d'assurance (vénerie). Se dit d'un animal qui marche sans être effrayé.

Ameuter (vénerie). Faire chasser tous les chiens d'un équipage ensemble.

Andouillers (vénerie). On appelle ainsi les premiers cors qui poussent le long de la perche.

Appâter (chasse). Placer les appâts.

Appel (vénerie). Sonnerie de chasse pour faire avancer les relais ou pour rallier les chiens.

Appelants (chasse). Oiseaux vivants qui servent à appeler leurs congénères. Ce mot est principalement employé pour désigner des canards.

Appuyer (vénerie et chasse). Encourager les chiens à l'aide de la voix et de la trompe.

Après (vénerie et chasse). Terme d'encouragement pour les chiens.

Armure (vénerie). On désigne ainsi la peau qui recouvre l'épaule du sanglier ; en cet endroit, elle est beaucoup plus épaisse qu'ailleurs.

Arrières (vénerie). On reprend les arrières, quand, pour relever un défaut, on fait revenir les chiens sur la voie déjà parcourue.

Arrêt (chasse). On désigne par arrêt l'acte instinctif de chien qui, au moment où il acquiert la certitude de la présence du gibier, s'arrête ; arrêt très ferme, bons arrêts. On appelle faux-arrêts une attitude du chien hésitante qui indique une piste fraîche.

Assentiment (vénerie). Odeur qui affecte le nez du chien et le fait se rabattre sur la voie d'où elle procède.

Attaquer (vénerie). Action de découpler les chiens sur la voie ; en un mot, lancer l'animal de chasse.

Assommoir (chasse). Piège-boîte que l'on fixe dans les sentiers des bois pour prendre les bêtes puantes.

Au retour (vénerie). Cri dont on se sert pour exciter les chiens à repasser les voies.

B

Balai (fauconnerie). Queue de l'oiseau de proie.

Balancer (vénerie). Les chiens balancent lorsqu'ils chassent avec crainte, soit que l'animal soit accompagné, soit qu'il sorte de la voie.

Battre (chasse). Une bête se fait battre lorsqu'elle randonne longtemps dans la même enceinte.

Battre l'eau (vénerie). Un cerf bat l'eau lorsque, pour se dérober aux chiens et à bout de voies, il entre dans l'eau.

Battue (chasse). On appelle ainsi toute chasse dans laquelle un certain nombre de traqueurs font lever le gibier et cherchent à le rabattre sur les tireurs postés à l'avance autour de la plaine ou du bois.

Bauge (vénerie et chasse). Endroit fangeux et fourré d'épines, écarté, dans lequel le sanglier se repose.

Beau revoir (chasse et vénerie). Il fait beau revoir lorsque le terrain conserve l'empreinte du pied de l'animal.

Béjaune (fauconnerie). On appelle ainsi les oiseaux niais qui ne savent rien.

Bellement (chasse). Terme de chasse employé pour modérer l'ardeur des chiens.

Bêtes fauves (vénerie). On désigne sous ce nom les cerfs, les daims, les chevreuils.

Bêtes de compagnie (chasse et vénerie). Jeunes sangliers depuis un an jusqu'à deux

Bête de meute (vénerie). L'animal que l'on chasse.

Bêtes noires (vénerie). Nom général que l'on donne aux sangliers quels que soient l'âge et le sexe.

Bêtes puantes (chasse). On désigne sous cette dénomination le renard, le blaireau, la martre, la fouine, la belette, le putois.

Bêtes rousses (vénerie et chasse). Jeunes sangliers lorsqu'ils ont cessé de porter la livrée ; ils gardent ce nom jusqu'à l'âge de deux ans.

Bien-aller (vénerie). Fanfare que l'on sonne pour appuyer les chiens.

Billebaude (vénerie et chasse). Lorsqu'on n'a point fait le bois à trait de limier et que l'on cherche un animal au hasard, on dit qu'on fouille à la billebaude. Lancer à la billebaude, c'est fouiller le bois avec toute la meute. On lance presque toujours le chevreuil à la billebaude, à moins qu'on ne veuille courir un brocard.

Bizarde (vénerie). On appelle ainsi la tête du cerf ou du chevreuil dont les andouillers sont mal semés.

Bloquer (fauconnerie). Se dit du faucon qui plane dans l'air au-dessus de sa proie.

Bois (vénerie). On se sert de ce mot pour exprimer l'ensemble de la ramure qui croît sur la tête des cerfs, daims, chevreuils.

Bondir (vénerie). Se dit d'un animal qui s'élance subitement de la reposée.

Bouquin (chasse). Le lièvre mâle.

Bourdon (chasse). Mâle de la perdrix.

Bourses (chasse). Poches ou filets dont on se sert pour prendre les lapins vivants.

Bourrer (chasse). On dit qu'un chien bourre, lorsque, ne tenant point bien l'arrêt, il cherche à s'emparer du gibier et le fait partir.

Boutis (vénerie). Traces que les sangliers font à terre avec leurs boutoirs.

Boutoir (vénerie, chasse). Nez du sanglier.

Botte (vénerie). Collier de cuir attaché au cou du limier.

Bramer (vénerie). Le cerf brame à l'époque du rut.

Bredouille (chasse). État du chasseur qui rentre chez lui sans une seule pièce de gibier.

Bréhaigne (vénerie). Vieille biche qui ne porte plus.

Bricoler (vénerie). Se dit d'un chien qui ne chasse pas droit et s'écarte de la voie.

Brisées (vénerie). Branches rompues que les valets de limier disposent sur les chemins pour indiquer la voie suivie par l'animal. Le gros bout doit être placé dans la direction des fuites.

Brocard (vénerie). Chevreuil mâle et adulte.

Broches (vénerie). Premier bois de la tête du chevreuil ; chez le cerf, on les qualifie de dagues.

C

Carnier (chasse). Sac en filet dans lequel on met le gibier.

Chandelier (chasse). Un lièvre fait le chandelier, lorsqu'il écoute, regarde, cherchant à saisir la direction que prennent chasseurs et chiens.

Change (vénerie). Substitution d'un animal à un autre.

Chapelet (vénerie). Fumées que les vieux cerfs et les biches jettent à la fin de juillet.

Chaperon (fauconnerie). Petit bonnet de cuir dont on couvre la tête des oiseaux de leurre.

Charbonnier (chasse). On appelle ainsi le renard qui a le poil du dos, les flancs et les pattes d'un noir foncé.

Chatonner (chasse). On dit qu'un chien chatonne lorsqu'étant près du gibier il marche à petits pas à l'instar du chat.

Chevalet (chasse). Morceau de bois garni à ses deux extrémités de chevilles dont on se sert pour apprendre aux chiens à rapporter.

Chevilles (vénerie). On nomme ainsi les branches latérales qui couvrent la tête du cerf, du daim ou du chevreuil.

Choupille (chasse). Race de chiens qui n'arrêtent point, mais chassent sous le canon du fusil. Ils indiquent le gibier du geste.

Cervaison (vénerie). Saison en laquelle les cerfs sont en venaison, depuis la fin de juin jusqu'à la mi-septembre.

Cimier (vénerie). Croupe du cerf.

Clabaud (vénerie). Chien courant qui crie mal à propos.

Clés de meute (vénerie). On désigne ainsi les bons chiens de créance les plus sûrs de l'équipage, qui relèvent les défauts.

Coiffer (vénerie). Se dit d'un chien qui saisit un sanglier ou un loup par les oreilles.

Collé à la voie (vénerie). Un chien est bien *collé à la voie* lorsqu'il suit exactement le nez entre ses jambes, sans se jeter ni à droite ni à gauche.

Connaissance (vénerie). Indices de l'âge d'un animal par la tête, le pied et les fumées.

Contre-pied (vénerie). On dit que les chiens prennent le contre-pied lorsque, au lieu de prendre la voie qui rapproche de l'animal, ils empaument celle qui s'en éloigne.

Coulées (chasse). Chemin que les animaux tracent dans les bois.

Coup du roi (chasse). Nom donné au tir vertical quand le gibier passe sur la tête des chasseurs.

Courable (vénerie). Animal en état d'être chassé : dix cors jeunement que l'on *peut* chasser. D'un vieux cerf, on dit qu'il est chassable, qu'on *doit* le chasser.

> *Bien jugé qu'il fut courable,*
> *S'il est cerf dix cors jeunement*
> *Ou fort vieux cerf et fort chassable.*
>
> Jodelle, *Ode à la chasse.*

54

Courre (vénerie). Poursuite du gibier par la vitesse ou la fatigue à force de chiens.

Créancé (vénerie). Chien bien dressé qui chasse avec docilité et évite le change.

Curée (vénerie). Action de donner aux chiens en pâture une partie de la bête prise. (Il y a deux sortes de curées : la curée *chaude*, laquelle se fait sur place aussitôt après la mort; la curée *froide,* qui n'a lieu qu'à la rentrée de l'équipage.)

D

Dagues (vénerie). Ainsi sont dénommés les premiers bois qui poussent sur la tête des cerfs au commencement de leur seconde année.

Daguet (vénerie). Jeune cerf à sa seconde année.

Dalter (chasse). Se dit d'une alouette se balançant au-dessus d'un miroir.

Décousures (vénerie). Blessures que les sangliers font aux chiens avec leurs défenses.

Débouler (chasse). Action du lièvre ou du lapin quittant rapidement sa retraite : tirer un lièvre au déboulé !

Débucher (vénerie). Acte d'un animal qui quitte le bois.

Déchaussures (vénerie). Égratignures que le loup fait à terre avec les ongles.

Découpler (vénerie). Enlever le couple qui retient les chiens, et les mettre à même de chasser.

Défauts (vénerie). Instant où les chiens ont perdu la voie et cessent de chasser.

Défenses (vénerie). Appellation des deux grosses dents que les sangliers portent à la mâchoire inférieure.

Déharder (vénerie). Séparer un cerf de sa harde pour le donner aux chiens.

Démêler la voie (vénerie). Distinguer les voies de change d'entre celles de la bête.

Démonter (chasse). Briser l'aile d'un oiseau.

Détourner (vénerie). Signifie faire le tour d'une enceinte soit seul, soit avec un limier, pour s'assurer qu'un animal n'en est point sorti.

Devants (vénerie). On dit prendre les devants lorsqu'on recherche la voie de la bête du côté où elle avait la tête tournée.

Dix cors (vénerie). On dit qu'un cerf ou un chevreuil est dix cors lorsqu'il est dans sa septième année.

Donner aux chiens (vénerie). Faire attaquer l'animal par la meute.

Doubler ses voies (vénerie). Se dit d'un animal qui repasse directement sur les voies parcourues.

Drag. Simulacre de la chasse à courre.

E

Écoutes (vénerie). Oreilles du sanglier.

Éjointer (chasse). Couper la membrane qui relie l'aileron au gros de l'aile dans le but d'empêcher un oiseau de s'envoler.

Empaumer la voie (vénerie). Suivre franchement la voie.

Enceinte (chasse). Partie de bois entourée par des chemins.

Épois (vénerie). Bois du sommet de la tête du cerf.

Épreintes (chasse). Laissées de la loutre.

Ergot (chasse). Ongle du lièvre, du lapin et du renard.

Erres (vénerie). Allures du cerf ; hautes erres lorsque la voie est vieille ; bonnes erres, lorsqu'elle est nouvelle.

Éventer (chasse). Se dit d'un chien qui prend le vent et perçoit les atomes émanant du corps d'un animal.

F

Faire sa nuit (chasse et vénerie). Se dit d'un animal qui sort du bois le soir, pour aller pâturer dans les champs.

Faire tête (vénerie). Action d'un animal qui, cessant de fuir, s'accule et cherche à se défendre contre les chiens.

Fanfare (vénerie). Air de chasse sonné sur la trompe.

Faon (vénerie). Petit de la biche, de la chevrette et de la daine.

Faux-arrêt (chasse). Indication fugitive de la part du chien qu'un gibier est passé il y a peu de temps à l'endroit où il se trouve.

Ferme (vénerie et chasse). Un sanglier est au ferme lorsque, acculé, il refuse de débucher, menaçant les chiens.

Field-trials. Épreuves en plein champ pour chiens.

Financier (chasse). Nom que l'on donne à un lièvre fait.

Fins (vénerie). Un animal : cerf, chevreuil, sanglier, est *sur ses fins* lorsqu'il est sur le point d'être forcé et qu'il n'entreprend plus rien pour se défendre.

Flâtrer (vénerie). Un animal se flâtre quand, poursuivi, il se couche sur l'herbe ou se remise dans un buisson, dans l'espoir de passer inaperçu.

Forcer (vénerie). C'est prendre un animal à force de chiens.

Forlonger (vénerie). Prendre une grande avance sur les chiens.

Fort (vénerie). Réduit fourré et secret où l'animal se retire pendant le jour.

Fouaille (vénerie). Part de sanglier réservée à la meute.

Fouler (vénerie). Battre pied à pied un endroit afin de lancer un animal.

Frapper aux brisées (vénerie). Lâcher les chiens d'attaque à la dernière brisée du valet de limier pour rapprocher et lancer l'animal.

Frayoirs (vénerie). Jeunes arbres ou baliveaux contre lesquels se frottent les cerfs pour faire tomber la peau velue qui couvre leurs nouveaux bois.

Fressure (vénerie). On appelle de ce nom le cœur, le foie, la rate, les poumons qui, hachés, servent à la curée.

Fuites (vénerie). Par ce mot on désigne les voies d'un cerf qui galope.

Fumées (vénerie). Fiente des cerfs et des biches.

Fureter (chasse). Chasser le lapin à l'aide du furet qu'on introduit dans les terriers.

G

Gabion (chasse). Hutte en torchis ou en briques recouvertes de plantes aquatiques, construite au bord d'un étang pour tirer les canards.

Gagnage (chasse). Terres de plaines ensemencées où les grands animaux : cerfs, biches, chevreuils, daims, lièvres et lapins vont faire leur nuit.

Garenne (chasse). Bois ou bruyères avec terriers où l'on conserve les lapins.

Gaulis (chasse). Bois de quinze à vingt ans.

Gîte (chasse). Lieu où le lièvre se repose pendant le jour : on l'appelle également *forme*.

Glapissement (chasse). Cri du renard quand il chasse.

Grais (vénerie). Les deux grosses dents que portent les sangliers à la mâchoire supérieure.

Grand-vieux (vénerie). Nom donné au cerf dix cors jusqu'à sa mort.

Guérets (chasse). Champs labourés et non ensemencés.

H

Hair (vénerie). Nom du cerf d'un an.

Halbran (chasse). Terme par lequel on désigne les canards sauvages de l'année.

Hallali (vénerie). Cri de chasse qui signifie victoire. On le pousse, lorsque l'animal chassé est sur ses fins ; il appelle joyeusement une fanfare.

Harde (vénerie). On désigne sous ce nom une réunion de bêtes fauves, vivant ensemble.

Harloup (vénerie). Terme dont on se sert pour faire empaumer la voie du loup aux chiens.

Hase (chasse). Nom que l'on donne à la femelle du lièvre.

Hotte (chasse et vénerie). On dit d'un lièvre qu'il *porte la hotte* quand, fatigué, il s'efflanque et fait le gros dos. Alors il est sur ses fins.

Houret (vénerie). Sobriquet donné à tout mauvais chien.

Hourvari (vénerie et chasse). Retour de la bête sur ses voies pour dépister les chiens.

Hure (vénerie). Tête du sanglier.

I

Il va là chiens ! (vénerie). Manière de parler aux chiens en leur indiquant la voie.

J

Jeter (fauconnerie). Se dit de l'action de faire partir du poing l'oiseau sur le gibier. On n'emploie ce terme que pour les oiseaux de haut vol ; pour les oiseaux de bas vol on dit *lâcher*.

Jouettes (chasse). Trous de peu de profondeur que font les lapins en jouant.

Jouir (vénerie et chasse). On fait jouir les chiens en leur donnant la curée. Un chien jouit lorsqu'il prend une pièce toute chaude et qu'on la lui laisse lécher.

Jugé (chasse). On dit tirer au jugé lorsqu'on jette le coup à l'endroit où l'on sup‑ pose qu'est le gibier.

L

Ladre (chasse). On donne ce nom aux lièvres qui vivent dans les terrains maréca‑ geux.

Laie (vénerie). Femelle du sanglier.

Laisser-courre (vénerie). Chasse aux chiens courants à forcer.

Lancé (chasse et vénerie). Lieu où l'animal est mis debout.

Larmiers (vénerie). On donne ce nom aux deux conduits que le cerf a sous le nez, qui donnent l'écoulement à une sérosité qu'on appelle les larmes du cerf.

Leurre (fauconnerie). Mannequin garni de plumes imitant la forme d'un oiseau dont les fauconniers se servent pour dresser les oiseaux de vol.

Limier (vénerie). Chien courant dressé à quêter et à détourner les grands ani‑ maux.

Liteau (vénerie). Endroit où la louve a fait ses petits.

Livrée (vénerie). Taches blanches et raies jaunâtres que les faons et les marcassins portent jusqu'à l'âge adulte.

Louvard (vénerie). Jeune loup de deux ans.

M

Maillé (chasse). Lorsqu'un perdreau quitte ses premières plumes auxquelles en succèdent d'autres de couleur plombée et marron, on dit qu'il est maillé, dans les années précoces, c'est ordinairement à la mi-août que ce changement s'opère.

Mal mené (vénerie). Un cerf ou un chevreuil est mal mené lorsque ses forces s'épuisent et qu'il se fait relancer souvent.

Manchon (chasse). Un lièvre est dit faire le manchon lorsque, atteint d'un coup de fusil, il fait un ou deux tours sur lui-même.

Mangeures (vénerie). Endroit d'un champ semé où le sanglier a mangé.

Marcassin (vénerie). Nom du petit sanglier jusqu'à dix mois.

Marche (vénerie). La voie du loup.

Massacre (vénerie). Tête complète du cerf détachée du corps.

Méjuger (vénerie). Un cerf se méjuge lorsqu'il ne met pas le pied de derrière dans celui de devant, qu'il ne tire pas ses voies droites.

Merrains (vénerie). Les deux troncs de la tête du cerf et du chevreuil qui supportent les andouillers.

Mescroire (vénerie). Terme que le valet de limier doit employer dans son rapport pour exprimer qu'il croit avoir rembuché un animal.

> *Sire, voilà d'un beau cerf dix cors,*
> *Que je m'escroy destourné en tels forts.*
>
> Du Fouilloux.

Mettre bas sa tête (vénerie). Se dit des cerfs et des chevreuils lorsqu'ils perdent leurs bois.

Meute à mort (vénerie). On qualifie de meute à mort les chiens qui, ayant lancé un animal, le conduisent à l'hallali, sans relais.

Miré (vénerie). Lorsqu'un sanglier de cinq ans et au delà présente ses défenses recourbées et émoussées, on dit qu'il est miré.

Moquettes (vénerie). Fumée du chevreuil.

N

Nappe (vénerie). La peau du cerf.

Nasiller (vénerie). Action du sanglier qui fouille le sol avec son nez.

Niais (fauconnerie). Oiseau pris au nid, qui n'a point encore été instruit.

O

Oiseaux de poing (fauconnerie). Faucons, sacres, laniers, gerfauts, émérillons, éperviers, autours : oiseaux que l'on portait sur le poing.

P

Pariade (chasse). Époque de l'accouplement des perdrix.

Paroi (vénerie). Peau de sanglier.

Pât (fauconnerie). Nourriture destinée aux oiseaux de chasse.

Pedigrée (chasse). Généalogie d'un chien.

Peloter (chasse). Culbuter une perdrix sans qu'elle fasse un mouvement.

Perche (vénerie). La partie du merrain dépourvue d'andouillers.

Pied (vénerie). La connaissance approfondie du pied des animaux est indispensable au veneur. Le pied se compose de plusieurs parties : les *pinces*, qui sont les deux extrémités antérieures ; le *talon*, qui en est la partie postérieure ; les *côtés*, qui forment la circonférence ; les *os* sont les ergots situés au-dessus du talon.

Pieter (chasse). Acte de la perdrix, du faisan, de la caille qui fuient devant le chien sans se servir de leurs ailes.

Pigache (chasse et vénerie). Sanglier dont une des pinces du pied est plus longue que l'autre.

Piller (chasse). Se dit du chien qui se jette sur le gibier.

Pince (vénerie). Bout du pied des cerfs, daims, chevreuils et des sangliers.

Piste (chasse). La voie du gibier.

Plateaux (vénerie). Fumées plates et rondes des bêtes fauves.

Porchaison (vénerie). L'époque où les sangliers sont gras.

Pouillard (chasse). Perdreau qui n'est point en état de se défendre.

Q

Quartanier (vénerie et chasse). Sanglier qui a quatre ans sonnés.

Quatrième tête (vénerie). Cerfs ou daims, de cinq ans.

Quête (chasse). Travail du chien d'arrêt dans la voie du gibier.

R

Rabouillère (chasse). Cavité que la femelle du lapin creuse dans les champs pour y déposer ses petits.

Raccourcir (chasse). Modérer l'ardeur d'un chien.

Ragot (chasse et vénerie). Nom du sanglier qui a quitté les bêtes de compagnie et n'a point encore trois ans.

Rallier (vénerie). Enlever les chiens d'une mauvaise voie.

Ramouter (vénerie). Arrêter les chiens de tête et les contraindre à attendre le reste de la meute.

Ramure (vénerie). Ensemble de la tête du cerf.

Randonnée (chasse). Circuit que fait le lièvre dans l'endroit où il a été lancé.

Rapprocher (vénerie). Diminuer la distance qui sépare l'animal que l'on a détourné.

Raser (chasse et vénerie). Se dit d'un animal qui se couche pour se dissimuler.

Ravaler (vénerie). Un cerf ravale lorsque les bois poussent irrégulièrement.

Rayer (vénerie). On raie avec un couteau les voies afin de les retrouver en cas de besoin.

Réclamer les chiens (vénerie). Sonner la retraite.

Recoquetage (chasse). Seconde couvée de la perdrix.

Régalis (vénerie). Grattes que fait sur le sol le chevreuil.

Relais (vénerie). Hardes des chiens que l'on dispose sur le passage du cerf, du chevreuil et du sanglier.

Rembucher (vénerie). Manœuvre qui consiste à suivre la voie de l'animal jusqu'à son fort.

Rencontrer (chasse). Action du chien qui perçoit le premier sentiment de la bête.

Repaire (chasse). Crottes du lièvre.

Reposée (chasse et vénerie). Le lit du chevreuil et du cerf.

Requérant (vénerie). Se dit du chien qui requête de lui-même.

Revoir (vénerie). Avoir plusieurs fois connaissance d'un animal, soit par le pied, soit par le corps.

Rompre les chiens (vénerie et chasse). Arrêter les chiens et leur faire quitter la voie.

Routailler (vénerie). Faire chasser par un chien tenu en laisse un sanglier ou un loup.

Ruser (chasse). Se dit d'un animal qui cherche à embrouiller ses voies.

S

Sentiment (chasse). Odeur du gibier qui frappe le nez du chien.

Servir la bête (vénerie). Tuer la bête de chasse d'un coup de carabine ou avec un couteau de chasse.

Sole (vénerie). Le dessous du pied du cerf, du daim et du chevreuil.

Solitaire (vénerie et chasse). Vieux sanglier.

Souffler au poil (chasse et vénerie). Se dit des chiens qui sont bien près de l'animal de chasse.

Souille (vénerie et chasse). Endroit bourbeux où le sanglier se repose.

Surandouiller (vénerie). Le plus grand et le premier des andouillers.

T

Taisson (chasse). Ancien nom du blaireau.

Tayau (chasse). Cri du chasseur qui indique qu'il a vu la bête.

Terrier (chasse). Trou creusé par les renards, les blaireaux et les lapins.

Tiers-an (vénerie). Sanglier âgé de trois ans.

Tout beau ! (chasse). Expression que l'on emploie avec le chien d'arrêt pour l'empêcher d'avancer.

Trace (vénerie et chasse). Empreinte du pied du sanglier et de la loutre.

Traîne (chasse). On dit que les perdreaux sont à la traîne quand ils suivent leur mère en marchant sans pouvoir se servir de leurs ailes.

Trait (vénerie). Corde attachée à la botte du limier lorsqu'on le mène au bois.

Troisième tête (vénerie). Cerf de quatre ans.

Trois quarts (chasse). Lièvre qui a six mois.

U

Usé (vénerie). Animal qui a les pinces usées, soit à cause de l'âge, soit à cause du terrain pierreux où il cantonne.

V

Va outre ! (vénerie). Expression employée pour faire marcher le limier.

Vautrait (vénerie). Nom de l'équipage pour le sanglier.

Venaison (vénerie). Nom que l'on donne à la chair du cerf, du daim et du chevreuil.

Vermiller (vénerie). Acte du sanglier qui laboure le sol en zigzags pour chercher des vers.

Véroter (chasse). Se dit de la bécasse, des pluviers, courlis, vanneaux, chevaliers, qui, matin et soir, vont chercher les vers dans les endroits marécageux.

Viander (vénerie). Action de pâturer (pour les grands animaux).

Voie (chasse et vénerie). Route que la bête a suivie. Une voie d'une heure ou deux est de *bon temps ;* si l'animal vient de passer, la voie est *chaude ;* celle qui garde à peine le sentiment est dite *voie légère.*

Voler (fauconnerie). Chasser à l'aide des oiseaux dressés.

Vue (chasse et vénerie). C'est lorsque les chasseurs ou les chiens voient le gibier par corps.

POST-FACE

La Chasse en France, que nous paraphons ci-dessous, sera peut-être un des derniers livres passionnels.

Dans l'avenir, on écrira des traités de *schooting* sur du gibier d'élevage. Les écrivains enthousiastes auront vécu : il ne surgira plus que des sportsmen enregistreurs. Les chroniques de field-trials, de la pédale, et autres sports, deviendront la manifestation exacte des divertissements à la mode, réglés comme des *garden-party* à l'usage des merveilleux ou élégants du moment.

Quant à notre livre, il demeurera, nous le croyons, comme une des dernières expressions de souvenirs bien vivants d'une longue et heureuse époque qui s'éteint après avoir fait son temps. La chasse a eu et a encore pour moi une séduction particulière ; je l'ai pratiquée en fanatique, je l'ai crayonnée en impressionniste. Ce livre est une œuvre vécue à laquelle j'ai mis fatalement mon empreinte, je ne le donne que pour ce qu'il vaut.

Charles Diguet.

LISTE COMPLÈTE

DES ŒUVRES CYNÉGÉTIQUES DE L'AUTEUR DE *la Chasse en France*

Tablettes d'un chasseur. 1868.

Le Livre du chasseur. 1880. — Ouvrage illustré, récompensé par la Société d'Acclimatation.

La Chasse au gabion. 1883. — Nouvelle édition en 1887 (illustré).

Mémoires d'un fusil. 1883.

La Vision de saint Hubert. 1884 (illustré).

Chasses de mers et de grèves. 1886.

Mémoires d'un lièvre. 1886. — Ouvrage illustré, couronné par l'Académie Française, adopté pour la Bibliothèque des écoles et des familles. Nouvelle édition, 1891. Nouvelle édition, 1895 (15e mille).

Le Guide du chasseur (illustré). 1887. — Nouvelle édition, 1893.

La Vie rustique. 1887-1888. — Édition, 1888.

La Vie rustique. 1888-1889. — Édition 1890. Médaille d'argent, grand module de la Société d'Acclimatation.

La Chasse au marais (illustré). 1889.

L'année cynégétique (Calendrier du chasseur). 1889.

Mes Aventures de chasse (illustré). 1893.

Les ennemis du gibier. Le piégeage. 1896.

TABLE

Introduction 1

PREMIÈRE PARTIE

Chapitre 1er

La chasse chez l'homme primitif. — Domestication du chien et du cheval. — L'arc du
père de Noë. — Proscription du lièvre par Moïse................................. 7

Chapitre II

Les cirques romains. — La chasse chez les Gaulois et chez les Francs. — Les patrons
des chasseurs. — Le roi Dagobert. — Saint Hubert............................. 11

Chapitre III

Anciens ouvrages de vénerie. — Privilèges de la chasse, gentilshommes à lièvre. — La
louveterie. — Réglementation de la chasse. — La Révolution..................... 21

Chapitre IV

Les lois modernes. — Les rapports de l'Église avec la chasse 27

Chapitre V

Prééminence de la chasse sur les autres exercices du corps. — Chasseurs et sporstman.
— Un peu d'hygiène 33

Chapitre VI

Les armes. — Du choix d'un fusil. — Son entretien............................... 37

Chapitre VII

Plomb. — Poudre. — Cartouches 46

Chapitre VIII

Du Tir. — Appréciation des distances 55

Chapitre IX

Les chiens. — Le chien, ami dévoué de l'homme. — Coadjuteur précieux du chasseur.
— Chiens d'arrêt à poils ras. — Chiens à longues soies : Français et Anglais.......   63

Chapitre X

Du choix d'un chien d'arrêt. — Parallèle entre les chiens anglais et les chiens français.   89

Chapitre XI

Dressage du chien d'arrêt. — Du nom à donner à son chien. — Élevage des chiots.
— Nourriture. — Le chenil..   95

DEUXIÈME PARTIE

Chapitre I

Le gibier à poil. — Ses mœurs. — Les procédés employés pour chasser chaque espèce
et chaque individu,..   107

L'Ours	109	Le Bouquetin..........	127
Le Loup,.......................	111	Le Mouflon	128
Le Cerf........................	116	Le Sanglier...........	128
Le Daim........................	121	Le Lièvre.............	133
Le Chevreuil...................	122	Le Lapin	146
Le Chamois-Isard...............	125	L'Écureuil............	152

Chapitre II

Les animaux de rapine...   154

Le Renard......................	154	La Fouine.............	160
Le Chat sauvage,...............	157	Le Putois.............	160
Le Blaireau....................	158	La Belette............	161
La Loutre......................	158	L'Hermine.............	161
Le Martre	159	L'Herminette..........	161

Chapitre III

Le gibier à plumes. — Ses mœurs. — Modes employés pour chasser chaque espèce. —
Oiseaux de bois,...   163

Le coq de Bruyère	164	Le Faisan	168
La Gélinotte	167	La Bécasse	173

Chapitre IV

Oiseaux de plaine...   180

La Perdrix grise	180	L'Alouette	195
La Perdrix roquette............	186	L'outarde.............	198
La perdrix rouge...............	188	La Canepetière	199
La Bartavelle	192	Le râle de Genet	201
Le Lagopède....................	193	Le Syrrhapte paradoxus..........	203
La Caille	193		

Chapitre V

Gibiers passereaux..   206

Grives.........................	206	Ortolans..............	210
Merles.........................	208	Bruans	210
Ramiers........................	208	Rouge-gorge...........	210
Tourterelles	209		

CHAPITRE VI

Oiseaux de rencontre 211

Etourneaux	211	Le Martin-pêcheur..................	216
Le Loriot...........................	212	La Pic-grièche..................	217
La Huppe	212	La Pie.............................	217
Les Pics...........................	213	Corbeaux..........................	218
L'Epeiche	214	Corneilles	218
Le Geai	215		

CHAPITRE VII

Gibiers d'eau et de marais... 221

La Bécassine......................	221	Le Butor..........................	238
Le Râle de marais..................	226	Le Blongios.......................	240
La Marouette......................	227	Le Flammant	240
La Poule d'eau.....................	228	La Spatule	241
La Foulque.........................	230	Le Cygne..........................	242
Pluviers	230	Les Oies	244
Vanneaux	233	Canards ,........................	246
Le Héron..........................	234	Sarcelles	259
Cigognes et grues..................	238	Grèbes-castagneux..................	261

CHAPITRE VIII

Oiseaux de rivage 264

Chevaliers.........................	264	Pics de mer....................... .	267
L'Avocette.........................	266	Courlis	268
Barges	266		

CHAPITRE IX

Oiseaux de mer 270

Goelands. — Mouettes..............	270	Le Cormoran......................	277
Le Labbe..........................	274	Harles	279
Le Fou de bassan	274	Guillemots	280
Sternes	275	Macareux	280
Petrels............................	277	Cat-Marin	283

CHAPITRE X

Mammifères marins.. 284

Phoques	284	Marsouins	286

CHAPITRE XI

Les rapaces de l'air.. 289

L'Aigle	289	L'Autour..........................	293
Vautours et gypaètes...............	291	L'Epervier........................	293
Pigargues	291	La Crécerelle	294
Le Balbuzard......................	291	L'Emérillon	294
Le Jean le Blanc..................	292	Le Faucon.........................	295
La Buse...........................	292	Le Hobereau......................	295
Le Milan..........................	292		

TROISIÈME PARTIE

CHAPITRE I⁻

La vénerie. — La Cour des ducs de Bourgogne. — M. le Prince et Rose.............. 299

CHAPITRE II

Chantilly 306

CHAPITRE III

La chasse à courre sous le premier et le second Empire. — La chasse à courre en
Angleterre. — William de Saint-Clair et ses chiens. — Ce que coûte la chasse au
renard.. 313

CHAPITRE IV

Nos grands équipages français contemporains...................................... 322

CHAPITRE V

Chiens courants... 327

CHAPITRE VI

Chasse aux chiens courants, chasse au fusil...................................... 341

CHAPITRE VII

La fauconnerie.. 345

QUATRIÈME PARTIE

CHAPITRE I⁻

Souci du gibier à l'état sauvage. — Repeuplement. — Elevage. — Le faisan, la perdrix.
— Œufs de fourmis. — Agrainages. — Le lièvre. — Grillages en fil de fer. — Le
lapin... 351

CHAPITRE II

Destruction des animaux de rapine. — Sentiers d'assommoir. — Pièges. — Les chiens
errants... 365

CHAPITRE III

Dommages causés par le gibier. — Battues. — Un arrêt de la Cour de Paris.......... 371

CHAPITRE IV

Gardes. — Braconnage. — Colporteurs. — Receleurs.............................. 379

CHAPITRE V

Balance de la nature. — Tout animal créé a sa raison d'être. — Protection des petits
oiseaux... 387

CHAPITRE VI

Un mot sur les locations de chasse. — Terrains clos. — A propos de l'ouverture. —
Droits du propriétaire. — Droits du chasseur. — A qui le gibier. — Royauté de
la chasse... 391

Chapitre VII

Importance économique de la chasse. — Résumé des moyens à employer pour arrêter la dépopulation 399

Chapitre VIII

Le code de la chasse en Europe. — Législations comparées. — La question du permis de chasse en France.. 407

Chapitre IX

Tableau chronologique des auteurs et ouvrages français faisant autorité en matière de chasse, de vénerie et d'histoire naturelle, depuis 1486 jusqu'à et y compris Anno Domini 1896, en laquelle est imprimé ce livre 415

Chapitre X

Petit vocabulaire alphabétique des principaux termes usités en chasse (vénerie, chasse à tir, fauconnerie) qu'il est utile de connaître............................. 422

Post-face 435

Liste complète des œuvres cinégétiques de l'auteur de La Chasse en France.......... 437

FIN

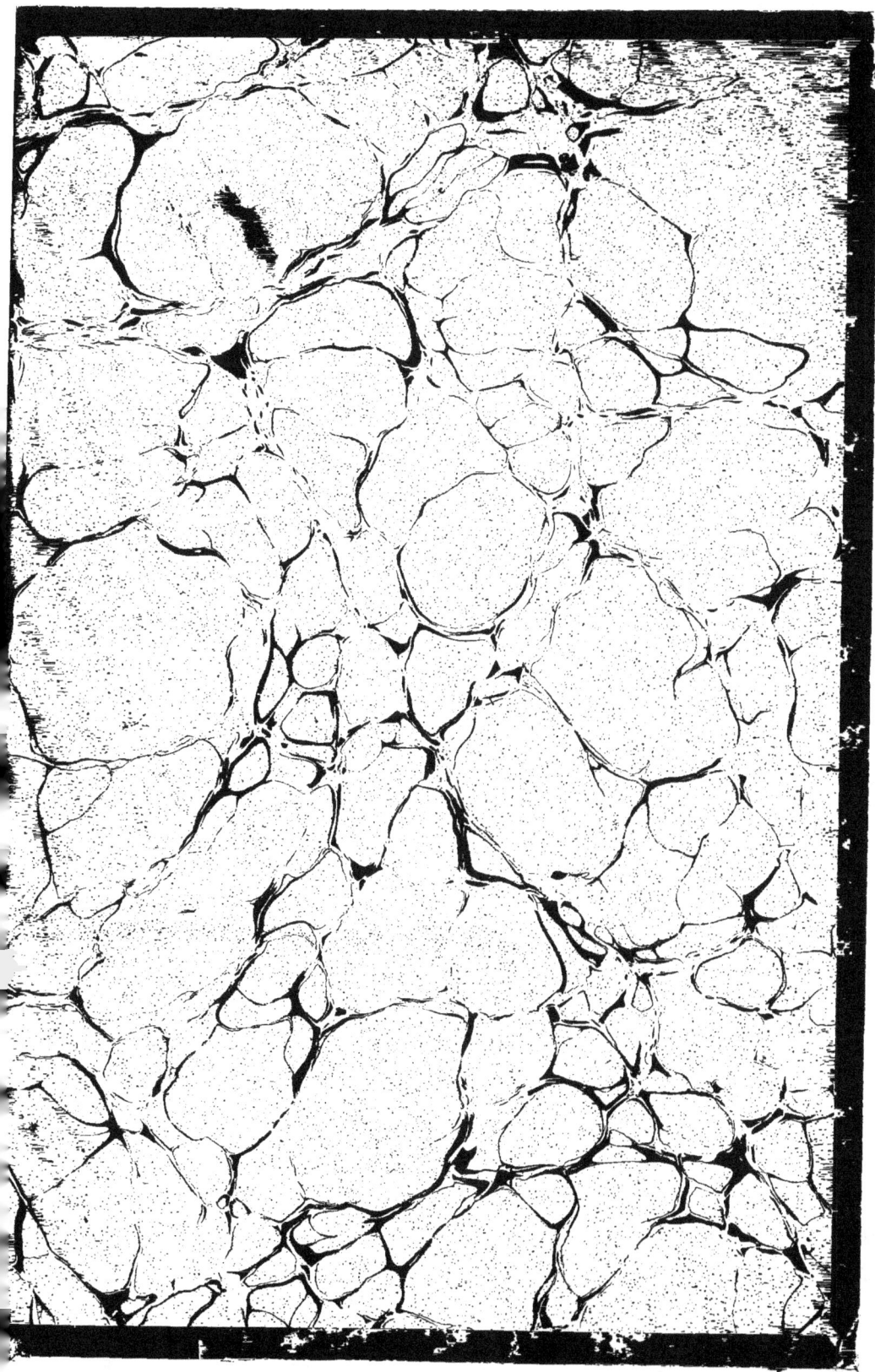

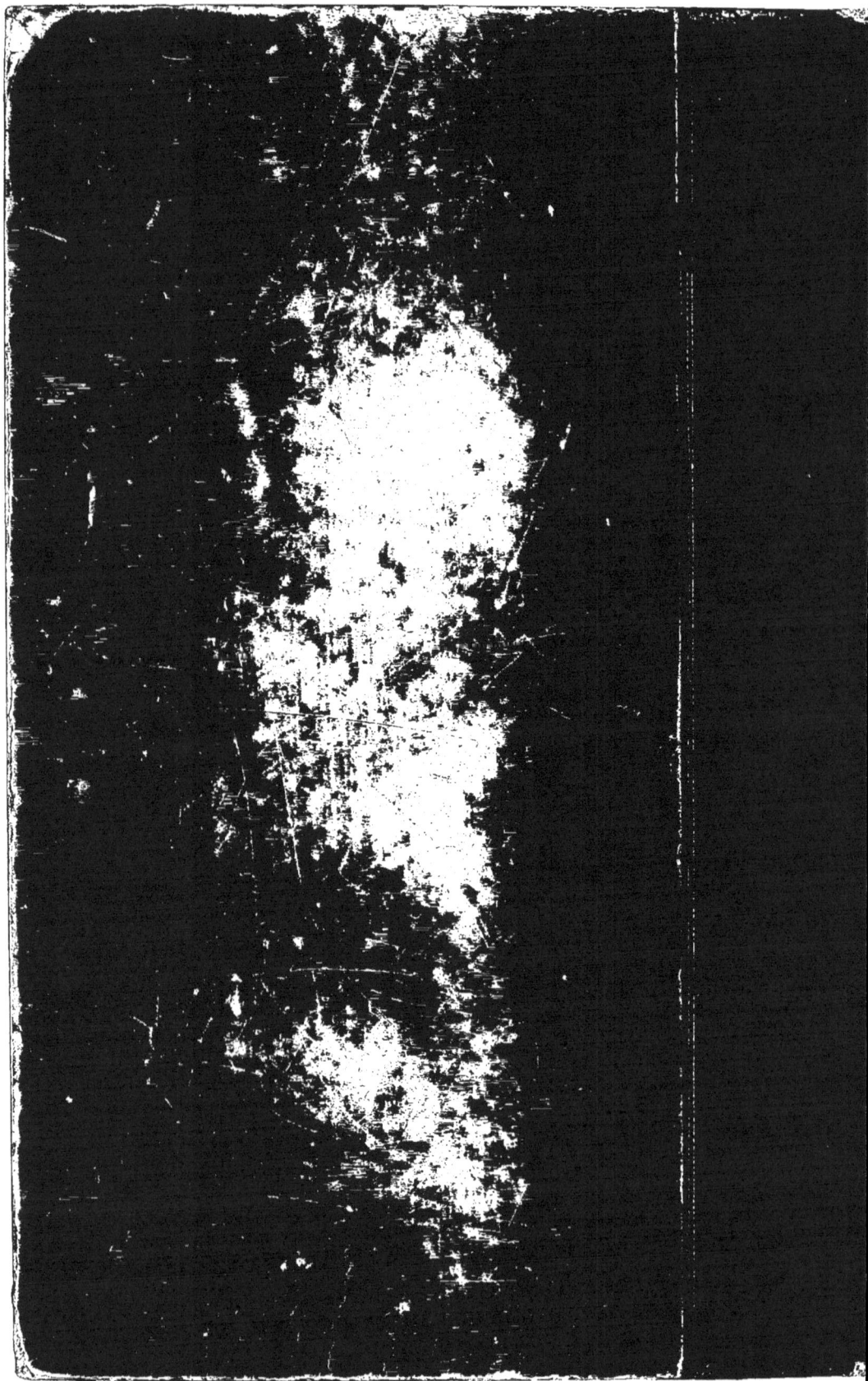

www.ingramcontent.com/pod-product-compliance
Lightning Source LLC
Chambersburg PA
CBHW052059230326
41599CB00054B/3371